돌연변이

돌연변이

유전적 변이와 인체의 형성

아먼드 마리 르로이 지음 | 조성숙 옮김

해나무

차례

시작하며 7

1 돌연변이 머리말 11

2 완벽한 결합 배아 속에 숨겨진 기하학 31

신성시된 리타와 크리스티나 | 한쌍의 괘종시계 | 결합쌍생아는 어떻게 만들어지는가

나를 형성하라 | 다수로부터 하나를 이룬다? | 연결 | 왼쪽과 오른쪽

3 최후의 심판 최초의 기관 형성에 대하여 73

외눈박이 괴물 | 세이렌 | 운명의 계산자 | 3000개의 스위치 | 필요에 따라 변화를 주는 것

4 집게손 팔과 다리에 대하여 113

사지의 이용 | 끝은 어디인가 | 손발가락 형성 과정 | 손과 발 그리고 조상

5 내 뼈 중의 뼈요, 살 중의 살이라 골격에 대하여 143

뼈의 생성 | 뼈의 성장 | 1944년 아우슈비츠 | 제동장치 | 재생

6 두루미와의 전쟁 성장에 대하여 173

완벽한 비율 | 피그미 | 크레틴병 | 칼이여 만세 | 정상적인 신체 크기에 대하여

7 완전함에 대한 욕망과 열망 성에 대하여 219

성기 | 50 대 50의 확률 | 만약 | 하이에나 | 욕망의 대상

8 연약한 거품 피부에 대하여 249

주느비에브 | 팔레트 | 얼룩백색증 | 딩카 족 대 네덜란드인 | 페트루스 곤살부스와 슈웨마옹
털에 대한 해부학 | 불모지대 | 털 없는 원숭이의 속털 | 에페소스의 아르테미스

9 소박한 삶 노화에 대하여 299

무기력한 선택 | 노인 정치가들 | 소박한 삶 | 죽음의 숨결 | 주름 | 100세 장수
수명 연장의 꿈

10 인간의 변이 맺음말 335

감사의 말 359
주 361
참고문헌 397
옮긴이의 말 433
찾아보기 437

일러두기

1. 이 책은 아먼드 마리 르로이(Armond Marie Leroi)의 *Mutants*(Viking, 2003)를 완역한 것이다.
2. 옮긴이 주는 *, **, ***…로 표기하였다.
3. 원서에서 이탤릭체로 강조한 단어나 문장은 고딕체로 구분하였다.

나는 다른 형태로 변하는 신체에 대해 말하고자 한다.

오비디우스, 『변신 이야기』

이 책은 인체의 생성에 대해 이야기한다. 자궁의 희미한 구석에 웅크리고 있던 단 하나의 세포가 배아에서 태아로, 유아로 그리고 성인으로 발전해가는 장치에 대한 이야기이다. '인간은 어떻게 만들어지는가?'라는 질문에 대해 잠정적이고 불완전하지만 뚜렷한 윤곽을 지닌 해답을 제시할 것이다.

이 질문에 대한 답은 부분적으로는 이미 명확히 밝혀져 있다. 우리의 몸은 유전자의 산물이다(여기에 정신까지 포함된다고 말할 수는 없을 것이다). 최소한 유전자 속에는 배아 세포가 다양한 신체기관을 형성하도록 이끌어주는 정보, 다시 말해 지침서가 들어 있다. 그러나 이토록 쉬운 대답 속에는 우리가 거의 알지 못하는 세계가 숨어 있다. 한 인기 작가의 말을 인용하자면, 유전학은 하나의 언어이다. "유전학은 유전자 자체로 표명되는 어휘, 유전 정보가 배열되는 방식인 문법, 인체 생성에 필요한 수천 가지 지시사항인 참고문헌을 가지고 있다." 그렇다. 다만 이 작가가 언급하지 않은 부분이 있다면, 유전자 언어는 대부분 이해할 수 없다는 점이다.

2001년 2월 15일, 국제적인 과학자 단체가 거의 완벽에 가까운 인간 게놈 배열을 보고하였다. 그들의 보고에 따르면, 인간은 약 3만 개의 유전자를 가지고 있다. 그리고 이 유전자들이 인체 생성을 위한 청사진을 담고 있다. 누구든지 웹사이트에서 인간 유전자 지도를 쉽게 접할 수 있다. 그러나 그럴 필요가 있을까. 차라리 평범한 영국인이 공자의 『논어』를 원본으로 접해서 현자의 지혜를 나눠 가지는 편이 나을 것이다. 유전학자들조차도 대부분의 지시사항을 이해하는 데 애를 먹는다. 그들은 게놈을 조사하면서 분명한 의미를 가지고 있는 단어들을 여기저기서 발견한다. 또한 몇몇 다른 단어들의 의미도 추측할 수 있을 것이다. 아마도 그들이 더욱 많은 유사성을 가지고 있는 동종 계열이기 때문일 것이다. 유전자가 자신의 의미를 표출하기 위해 결합하는 구문론적 법칙도 이해할 수 있을 것이다. 그러나 유전자의 통어법(通語法)은 인간이 사용하는 그 어떤 언어보다 복잡하고 미묘한 뉘앙스를 가지고 있다. 또한 유전자라는 언어로 된 문헌은 타인의 접근을 금하지는 않지만, 거의 읽을 수 없는 것도 사실이다.

이 말은 우리가 게놈 해독 방법을 모른다는 의미가 아니다. 이 책에는 유전자를 분석하기 위한 여러 가지 실험들이 등장한다. 이런 실험에는 보통 외과적으로 기관을 추가하거나 절제하고, 유전공학적으로 유전자를 삽입하거나 제거하는 등 배아에 대한 실험이 수반된다. 물론 영원, 개구리, 닭, 쥐 등 모든 동물들이 배아에서 출발한다. 그들의 배아는 우리 자신에 대한 많은 내용을 알려준다. 결국 모든 동물들의 유전자 문법은 상당히 비슷하기 때문이다. 그러나 시간이 흐르면서 인간의 언어들이 어휘나 문법 면에서 나라나 민족마다 서로 다른 방향으로 발전해왔듯이, 유전자 언어도 마찬가지다. 동물 연구만을 행한다면 레오나르도 다 빈치가 암소의 태반에 인간의 태아를 그린 것과 똑같은 실수를 저지르게 될 것이다. 결국 우리는 인간 게놈에서 인체로 발생해가는 직접적인 통로가 무엇인지를 밝혀내야 한다. 일설에 따르면 클레오파트라는 배아의 성장 과정을 관찰하기 위해 임신한 노예들의 배를 가르도록 명령했다고 한다. 바쁜 사교 활동 중에도 이런 호기심과 실험정신을 가졌다는 점은 감탄할 만하지만, 오늘날 그녀의 방식을 그대로 따를 수는 없다. 우리는 좀더 신중한 방법으로 인체에 접근해야 한다. 우리는 돌연변이를 찾아야 한다.

1

돌연변이 | 머리말

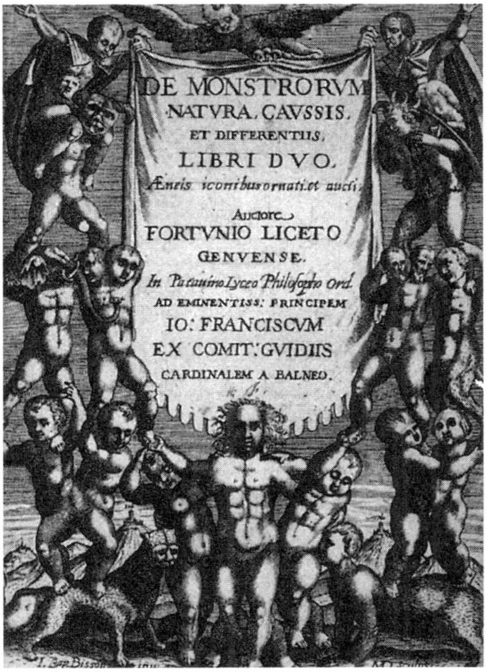

포르투니오 리세티, 『자연에서 찾은 괴물의 원인과 다양성』의 권두화, 1634

라벤나에 괴물이 태어났다는 말이 돌던 차에, 그것의 스케치를 받아 보았다. 괴물은 머리에는 뿔이 칼처럼 곧게 솟아 있고, 팔 대신에 박쥐처럼 날개가 두 개 돋아 있었다. 한쪽 가슴의 중앙에는 피오(Y자 형태의 표시)가 다른 쪽에는 십자가가 새겨져 있고, 허리 위쪽으로는 두 마리의 뱀이 혀를 날름거리고 있었다. 괴물은 자웅동체이며, 오른쪽 무릎에는 눈이 달려 있고, 왼쪽 발은 독수리의 발처럼 생겼다. 나는 스케치로 보았을 뿐인데 피렌체에 가면 누구든 그 그림을 볼 수 있다.

1512년 3월, 피렌체의 약제사 루카 란두치(Lucca Landucci)는 일기를 쓰고 있었다. 쓸 게 많았다. 이탈리아 북부는 전운에 휩싸여 있었다. 독일의 막시밀리안과 프랑스의 루이 12세가 구성한 연합군은 베네치아 공화국의 패권을 거머쥐기 위해 에스파냐와 영국 그리고 교황 율리우스 2세의 연합군과 전쟁을 치르고 있었다. 군대가 휩쓸고 지나간 도시들은 하나둘씩 황폐해졌다. 괴물이 태어나고 18일 후에 라벤나도 전쟁에 휩싸였다. 란두치는 이렇게 적었다. “전쟁은 그 괴물이 얼마나 사악

라벤나의 괴물(1512). 율리세 알드로반디, 『역사 속의 괴물들』, 1642

한 존재인지를 나타내는 증거이다! 이런 괴물이 태어날 때면 도시에 어김없이 큰 불행이 닥치는 것 같다."

란두치는 괴물을 직접 보지는 못했다. 괴물은 교황 율리우스 2세의 명에 따라 굶겨 죽였으며, 란두치도 피렌체에 전시된 그림만 보고 설명했을 뿐이다. 그리고 피렌체의 그림을 시작으로 여러 다른 그림들이 생겨났다. 목판화와 동판화가 제작되면서 유럽 전역에 괴물에 대한 소식이 퍼졌으며, 소문이 퍼질수록 이미 죽은 라벤나의 괴물에 새로운 특징이 하나둘씩 추가되었다. 라벤나에서 괴물의 다리는 두 개였지만, 파리에서는 하나로 줄었다. 어떤 판화에서는 박쥐의 날개가 달려 있는가 하면, 어떤 판화에서는 새의 날개가 달려 있었다. 자웅동체의 생식기를 그려넣은 판화도 있었고, 거대하게 발기한 성기만 그린 판화도 있었다. 라벤나의 괴물은 1506년 피렌체에서 태어난 다른 괴물의 모습이 합쳐졌고, 그런 뒤에는 중세시대 원죄형 인간의 상징인 프라우 벨트(Frau Welt)의 모습이 더해졌다. '프라우 벨트'는 박쥐의 날개에 다리가 하나뿐이며, 날카로운 발톱에 공을 움켜쥐고 있는 하르피이아*의 형상이다.

소문이 돌수록 괴물의 모습도 점점 기이해지고 출생 이유에 대한 분석도 한층 복잡해졌다. 이탈리아인들은 그것이 전쟁의 재앙을 알리는 전조라고 생각했다. 프랑스인들은 한층 분석적인 태도를 취했는데, 괴물의 뿔은 교만을, 날개는 천박하고 변덕스러운 정신을, 팔이 없는 것은 선행의 부재를, 맹금류의 발은 탐욕을, 기형의 성기는 이탈리아인들이 흔히 저지르는 죄악인 남색과 수간(獸姦)을 나타낸다고 보았다. 어떤 이는 괴물이 귀부인의 아이라고 말했고, 어떤 이는 수사와 수녀의 불온한 합일의 산물이라고 여겼다. 이런 근거 없는 주장들이 꼬리에 꼬리를 물었기 때문에 괴물의 원래 모습이 어떠했는지는 거의 알 수 없다. 그러나 이 괴물은 드물게 나타나고 심각한 기형을 수반하지만 불가사의와는 거리가 먼 유전적 질환을 가진 아이가 태어난 것에 불과할 수 있다. 대단히 파괴적인 돌연변이(mutation)를 가지고 태어난 아이에게서 발견되는 기형인 로버츠 증후군**을 보고 선불리 결론을 내린 것일 수도 있다. 어찌 되었든 라벤나의 괴물은 설령 양쪽 가슴에 뱀이 매달려 있고 무릎에 제3의 눈이 붙어 있는 정도는 아니라 해도 최소한 비정상적인 손발과 성기를 가지고 있었음은 분명해 보인다.

16세기와 17세기에는 괴물이 흔했다. 제후들은 괴물을 수집하고 박

---

* 그리스 신화에 나오는 기분 나쁘고 탐욕적인 괴물로, 여성의 몸체와 머리, 새의 꼬리와 날개와 발톱을 지녔다.

** Roberts syndrome, 세포 분열 동안의 염색체 이상에 의해 나타나는 것으로 추정되는 아주 희귀한 질병. 팔다리뼈가 없는 것이 특징이지만, 구개 분리, 심장 이상, 복부기관 이상 등도 나타난다.

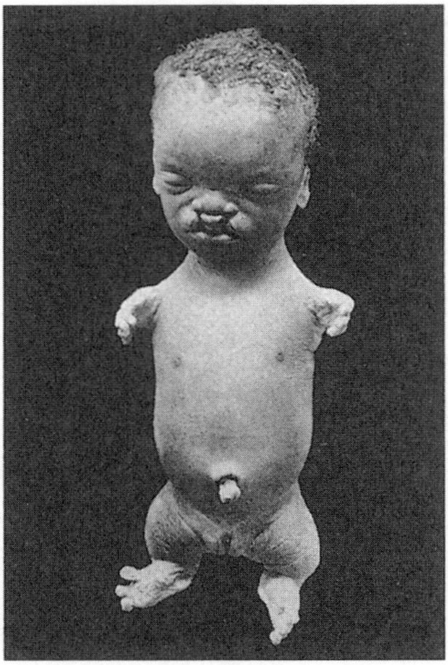

로버츠 증후군을 가진 사산아. 허스트와 피에르솔, 『인간의 기형』, 1893

물학자들이 목록을 작성했으며, 신학자들은 종교적 선동에 괴물들을 이용하였다. 학자들은 괴물의 출현과 의미를 정교한 삽화를 곁들여 기록하였다. 독일의 콘라트 리코스테네스(Conrad Lycosthenes)는 1557년에 『경이와 전능의 연대기*Prodigiorum ac ostentorum chronicon*』를 지었고(이 책은 나중에 『최후의 심판, 모든 인간이 심판대에 오르리라*The Doome, calling all men to judgement*』라는 제목으로 영역되었다), 프랑스에서는 피에르 보에스튀오(Pierre Boaistuau)가 1560~1582년 사이에 『불가사의의 역사*Histoires prodigieuses*』를, 앙브루아즈 파레(Ambroise Paré)가 1573년에 『괴물과 불가사의*Des monstres et prodiges*』를 펴냈다. 조금 뒤늦게 이탈리아에서는 1616년에 포르투니오 리세티(Fortunio Liceti)의 『자연에서 찾은 괴물의 원인과 다양성*De monstrorum natura caussis et differentiis*』이 출간되었고, 1642년에는 볼로냐 출신의 박물학자인 율리세 알드로반디(Ulisse Aldrovandi)의 유작 『역사 속의 괴물들*Monstrorum historia*』이 발행되었다.

종교적 감흥이 극에 달했던 시절, 기형은 흔히 신의 분노를 나타내거나 머지않아 닥칠 불운의 징조라고 여겨졌다. 보에스튀오의 『불가사의의 역사』에는 악마처럼 생긴 창조물들이 매우 많이 등장하는데, 비운의 '라벤나의 괴물' 뿐 아니라 '크라쿠프의 괴물'에 대해서도 자세히 실려 있다. 크라쿠프의 괴물은 1540년에 태어났으며 팔꿈치와 가슴과 무릎에 울부짖는 개의 머리가 달려 있고, 태어난 지 4시간 후에 "주목하라, 주께서 오시도다"라고 외치고 죽었다고 적혀 있다. 프로테스탄트 학자들은 괴물들을 다른 사물에 빗대어 분석하는 일이 많았다. 1523년에 마르틴 루터와 필리프 멜란히톤은 소책자를 펴냈는데, 여기에는 독일 프라이부르크에서 태어난 기형의 '수도사 송아지(Monk-Calf)'와 이탈리아의 테베레 강에서 낚았다는 또다른 피조물(아마도 인간일 것이다)에 대해 적혀 있었다. 그들은 매우 신랄한 어조로 두 괴물이 로마 교회의 타락을 상징한다고 해석하였다. 가톨릭은 이에 맞대응해서 그 송아지가 루터를 나타낸다고 비난했다.

1500년대 후반이 되자, 과학적인 차원에서 접근하려는 움직임이 강해졌다. 파리의 외과의사인 앙브루아즈 파레는 자연의 경이를 절충적 입장에서 집대성한 『괴물과 불가사의』에서 괴물이 생기는 원인을 나름대로 정리한다. 첫째 원인은 '신의 분노'였다. 그러나 신의 분노는 대부분 수간을 행하는 이들에게 내려지거나(그 결과 인간과 말, 개, 염소, 양의 혼합체가 생겨난다) 월경 기간에만 나타나는 것 같다고 보았다(구약 성서 레위기에는 이런 내용이 없다). 『괴물과 불가사의』에는 루터가 언급한 '수도사 송아지'도 등장하지만 로마 교회를 빗대는 표현은 등장하지 않는다. 그 대신에 이 괴물은 산모의 '각인'에서 빚어진 '상상력'의 산물이라고 여겼다. 사실 파레가 살던 시절은 물론이고 19세기 후반까지 임신부가 불경한 것을 보기만 해도 기형아가 생길 수 있다는 생각이 지배적이었다. 파레가 제안한 다른 기형의 원인들 대부분(정액이 너무 많거나 너무 적은 경우, 협소한 자궁, 외설스러운 체위 등)과 마찬가지로, 산모의 각인에 대한 이론도 전혀 옳지 않다. 그러나 『괴물과 불가사의』는 초자연적인 신의 섭리에서 벗어나 새로운 생각을 제시했다는 점에서 합리적인 관점을 제공한다. 즉, 기형의 원인을 자연에서 찾아야 한다고 주장한다.

17세기 초반 기형을 신의 섭리라고 보는 중세적 관점을 벗어나 '괴물을 연구하는 학문'인 기형학에 대한 움직임이 싹트기 시작했다. 1642년에 출간된 알드로반디의 유작 『역사 속의 괴물들』은 털북숭이 인간과 거인, 난쟁이, 결합쌍생아와 같은 그럴듯한 소재에 키클롭스(외눈박이 거인), 사티로스(반인반마), 스키아포데스* 등의 신화적 요소를 가미했기 때문에 합리적인 사고가 움트기 시작한 이즈음에는 이미 구식으로 취급받았다. 포르투니오 리세티가 1616년에 발행한 『자연에서 찾은 괴물의 원인과 다양성』은 대부분 명확히 인식할 수 있는 기형을 가지고 태어난 아이들에 대한 내용을 담고 있었다. 이 장의 권두화에서도 볼 수 있듯이 아이들은 마치 전령과 같은 자세를 취하고 있다. 물론 그림 속에는 인간의 머리를 가진 송아지와 라벤나의 괴물도 들어 있다. 그러나 가장 끔찍한 형상의 피조물조차 책 제목이 쓰인 깃발을 발톱으로 움켜쥐고 천사 같은 표정을 짓고 있다.

17세기 영국이 내전에 휩싸이던 몇십 년 동안,** 자연계의 법칙이 발견되면서 오래전에 잊혔던 새롭고 명확한 사실들이 드러났다. 당시에

---

* Sciapodes, 한쪽 다리가 매우 커서 누웠을 때 다리로 해를 가릴 수 있는 괴물.

** 1640~1660년 사이에 발생한 청교도 혁명을 의미.

는 생생한 설명으로 고색창연한 지식의 파편을 몰아낼 수 있었으며, 단순한 실험만으로도 자연에 대한 경이롭고 새로운 진리를 밝힐 수 있었다. 노퍽 주의 의사이자 박식가인 토머스 브라운(Thomas Browne) 경은 1646년에 『전염성 유견傳染性 謬見, 또는 일반적인 속설과 잘못 알려진 진리에 대한 탐구*Pseudodoxia epidemica, or, enquiries into very many received tenents and commonly presumed truths*』를 펴냈다. 이 기이하고 난해한 책에서 그는 당시 유행하던 여러 가지 미신을 소개하고 있는데, 예를 들면 죽은 물총새의 깃털은 항상 바람의 방향을 가리키며, 오소리는 왼쪽과 오른쪽의 다리 길이가 다르고, 흑인들이 검은 이유는 저주 때문이며, 노아의 홍수 이전에는 무지개가 없었다는 등의 내용이 그것이다. 그러면서 브라운은 이런 미신은 모두 사실이 아니라고 설명한다.

또한 그는 1642년에 펴낸 『의사의 종교*Religio medici*』에서 괴물에 대해 다루었다. 이 책에서 그는 이렇게 적고 있다. "기형이 아니라 기괴함이 존재할 뿐이다. 그리고 이런 기괴함 속에도 나름의 아름다움이 존재한다. 자연은 너무나도 독창적으로 불규칙한 부분들을 고안해내며, 때로는 순리보다 더욱 놀라운 결과를 만들어낸다." 이 설명은 엄밀히 말하면 과학적 자연주의에는 맞지 않는다. 왜냐하면 브라운은 아무리 기형적인 존재일지라도 자연의 작용은 모두 신의 섭리에 따라 움직인다고 보기 때문이다. 따라서 그는 괴물의 탄생이 신의 뜻이라면 혐오의 눈으로 봐서는 안 된다고 생각함으로써 비난 일색의 시대에 보석처럼 빛나는 관용적인 설명을 제시했다.

옥스퍼드에서는 혈액 순환의 원리를 밝히는 개가를 올렸던 윌리엄 하비(William Harvey)가 동물의 발생에 대해 연구하고 있었다. 왕당파 쪽에서 싸우던 하비는 1642년 내전의 소용돌이에서 물러난 뒤, 트리니티 칼리지에서 암탉의 알을 이용해 닭의 배아 발생 과정을 연구하였다.

이탈리아의 알드로반디와 (윌리엄 하비의 스승이었던) 파브리치우스(Fabricius)가 이와 비슷한 연구를 진행한 적이 있었는데, 알드로반디의 실험은 아리스토텔레스 이후 처음으로 행해진 동물 실험이었다. 그러나 하비는 더욱 큰 뜻을 품고 있었다. 영국의 로열 파크를 돌아다니는 붉은사슴 사냥이 취미였던 찰스 1세는 하비에게 사냥감을 해부해도 좋다고 허락해주었다. 하비는 새끼를 밴 사슴에서 태아가 자라는 과정을 매달 관찰한 뒤, 포유류의 태아에 대해 역사상 가장 생생하고 자세한 설명을 남겼다. "나는 태아의 성장을 오랫동안 관찰하였다. 암사슴의 자궁에서 잘라낸 완두 꼬투리만 한 크기의 태아는 모든 면에서 완벽했기에, 이 멋진 광경을 작고하신 국왕 폐하 부처께 보여드렸다. 태아는 (마치 아주 투명한 유리 그릇에 저장되어 있는 것처럼) 비둘기 알만 한 크기의 하얗고 투명하고 수정 같은 액체 속에서 완벽하게 균형을 잡고 유영을 했으며, 양막에 둘러싸여 있었다." 찰스 1세는 하비의 실험에 커다란 관심을 보였다. 따라서 찰스 1세의 처형으로 영국은 실험발생학에 관심을 가진 군주를 잃었고, 안타깝지만 오랫동안 이러한 실험은 행해지지 않았다.

1651년에 발행된 하비의 발생학 논문인 『동물발생학*De generatione animalium*』의 권두화에는 주신(主神) 제우스가 모든 생명의 원천인 알을 손에 움켜쥐고 독수리 등에 앉아 있는 그림이 그려져 있다. 알에는 '모든 것은 알로부터(*Ex Ovo Omnia*)' 라는 글이 새겨져 있다. 하비 자신은 이런 진리를 주장하지도 증명하지도 않았지만, 이 문구는 포유류와 가금류를 비롯한 모든 생명의 발생은 기본적으로 동일하다는 의미를 내포하고 있으며, 오늘날까지 큰 영향을 미치고 있다. 하비는 기형의 새들이 생기는 원인을 밝히고자 했다. 그는 '난황(卵黃)이 두 개일 때 기형의 닭이 생긴다' 는 아리스토텔레스의 생각을 탐구했다. 별것이 아닌 것처럼 보일 수도 있지만, 2000년 동안 파묻혀 있던 이론을 끄

집어낸 것은 대단한 일이다. 그러면서 파레나 리세티처럼 근거없는 생각만 하면서 기형의 원인을 밝히는 대신, 실험과 해부로 원인을 규명하고자 노력했다.

그러나 하비와 같은 시대에 진정한 과학적 차원에서, 그것도 매우 확고한 방법으로 기형을 다룬 사람은 따로 있었다. 바로 프랜시스 베이컨이다. 영국의 대법관을 지낸 그는 오늘날에도 냉철한 지성의 소유자로 잘 알려져 있다. 그는 자연계를 과학적으로 탐구할 수 있는 원칙을 정립하려는 포부를 가지고 있었다. 1620년에 발표한 『신기관*Novum Organum*』의 도입부에서 그는 자연의 역사를 분류한다. 그는 이렇게 말한다. "자연의 역사에는 세 가지 유형이 있으며, 이들은 각각 자연의 '자유' 나 자연의 '실수' 또는 자연의 '결합' 에 대한 내용을 담고 있다. 이런 구분 법칙을 인간의 역사에 적용한다면 '출생' 의 역사, '기이한 출생' 의 역사, '인위' 의 역사로 구분지을 수 있다. 인간은 인위의 역사를 종종 '구조적' 또는 '실험적' 인위의 역사라고 부르기도 한다." 이 말은 자연의 역사를 정상적 자연, 일탈적인 자연, 인간이 조작한 자연으로 나눠서 연구할 수 있다는 뜻이다. 계속해서 베이컨은 자연의 역사를 연구하기 위한 두 번째 단계를 설명한다. "우리는 자연의 역사에서 나타나는 모든 괴물들과 기이한 피조물들을 수집하거나 이들에 대한 특별한 자연의 역사를 설명해야 한다. 새롭거나 드문 것, 비정상적인 것 등 하나도 빠뜨려서는 안 된다." 물론 베이컨이 비정상적인 것을 수집하는 데 흥미를 보인 이유는 그들을 치유하기 위해서가 아니라 기형의 원인을 이해하기 위해서이다. 그러나 그는 원인을 이해하는 '방법' 은 언급하지 않은 채, 언젠가 과학이 그 방법을 제공해줄 것이라고 믿었다.

'괴물과 기이한 피조물' 을 수집해야 한다는 베이컨의 생각은 당시에는 새삼스러운 것이 아니었다. 오스트리아의 루돌프 2세나 프리드리히

2세를 비롯한 여러 제후들은 1500년대 중반부터 경이로운 피조물의 수집에 열을 올리고 있었다. 박물학자들도 여기에 가세했는데, 윤리세 알드로반디는 볼로냐에 있는 개인 박물관에 1만 8000여 점에 이르는 표본을 수집해놓고 있었다. 기형의 원인을 조사해야 한다는 베이컨의 제안 역시 당시에는 일반적이었다. 그러나 그가 어떤 이유에서 기형의 원인을 조사해야 한다고 주장했는지 살펴보면 그의 진정한 사유의 깊이를 알 수 있다. 베이컨은 단순한 의사도, 의학적인 편견에 사로잡힌 사람도 아니다. 그는 사물의 본질을 알고자 하는 철학자였다. 그의 생각을 통렬하고 명쾌하게 드러내주는 문장이 있다. "우리는 기이한 사례를 연구해야 한다. 왜냐하면 자연 속에서 변이가 관찰되고 그 원인이 규명되어 있다면, 우연히 발견되는 수준까지 인위적으로 자연을 만들어가는 것은 식은 죽 먹기일 것이다." 우리보다 수세기 전에 베이컨은 이미 실수의 원인을 좇는 것은 목적이 아니라 수단에 불과하다는 사실을 잘 알고 있었다. 그는 생소한 것이나 기이한 것, 평범하지 않은 것들은 모두 자연법칙을 드러내준다고 말한다. 따라서 자연법칙을 이해하면 우리가 원하는 세계를 재건할 수 있다고 믿었다.

어떤 면에서 『신기관』은 베이컨의 연구 활동에 대한 중간 보고서다. 이 책은 바람직한 인간의 모습뿐 아니라 변이(variety)와 실수로 가득 찬 인간의 모습도 담고 있다. 어떤 변이는 사소한 차이로 각자에게 독특한 외모를 주며, 기쁨의 원천이 된다. 다른 변이는 정상과 병리학의 중간 수준에 머물면서 사소한 불편만을 야기할 뿐이다. 그러나 어떤 것들은 발생상의 완전한 착오라고밖에 말할 수 없으며, 이런 변이는 치유할 수 없는 장애를 주고, 심지어 유아기에 목숨을 앗아가기도 한다. 어떤 경우는 극심한 기형을 유발시켜 도저히 사람이라고 생각하기 힘든 모습을 보이기도 한다.

'기형의 피조물' 을 수집해야 한다는 베이컨의 말에 혐오감이 들지도 모른다. 다양성에 대해 우리 인간은 허울뿐이고 가식적인 애정을 품고 있을 뿐이기에 여기에 기형의 모습이 깃들기 시작한 순간 이런 애정은 쉬이 사라져버린다. 기형에 대한 논의는 물론이려니와 수집하고 관찰한다는 생각만으로도 우리는 고개를 절레절레 흔들거나, 값싼 동정심이나 비뚤어진 욕정만을 느끼거나 차가운 비웃음을 날리며, 기껏해야 무분별한 수집에 지나지 않는다고 생각한다. 이런 수집은 제후들을 위한 동물원이나, 바넘(P.T. Barnum)의 곡예단*, 토드 브라우닝(Tod Browning)의 〈프릭스*Freaks*〉**를 생각나게 한다. 또 지금은 사라졌지만, 박물관의 어두컴컴한 지하실에서 선조들의 천박한 감각만을 만족시키기 위해 마련된 전시회장을 떠올리게 한다.

그러나 수단과 목적을 혼동해서는 안 된다. 베이컨이 '괴물' 이나 '기이한 피조물' 이라고 말한 대상들은 인간의 형상이라는 스펙트럼 중 하나일 뿐이다. 지난 20년 동안 과거 어느 때보다도 이런 스펙트럼에 대한 수집과 연구가 많이 행해졌다. 전문적이건 비전문적이건, 정상적이건 비정상적이건 전 세계의 생리학자나 골상학자들은 이런 스펙트럼의 목록을 작성하고 사진을 찍으며 계보를 작성하고 있다. 그들은 보츠와나와 브라질, 볼티모어, 베를린 등 세계 어디에서나 발견되었다. 과학자들은 그들의 혈액을 채집해서 연구소로 보내 분석하였다. 익명을 보장하고 생물학적인 관점에서만 다루었지만, 그들의 일대기가 과학잡지를 장식하였다. 그들은 자신도 모르는 사이 세계 굴지의 제약회사들의 연구 대상이 되었으며, 수만 명의 과학자들이 그들을 대상으로 연구에 매진하고 있다. 물론 그 목적은 인체가 어떻게 만들어지는가를 설명하

---

* 교묘한 심리조작을 잘 사용한 것으로 유명한 곡예단.

** 실제 기형 인물들이 출연해서 정상인들을 단죄하는 장면을 담고 있는 1932년 영화.

는 데 있다.

이런 실험대상자들은 대부분 돌연변이를 가지고 있다. 다시 말해서 그들은 특정 유전자에 결함이 있는 사람들이다. 돌연변이는 DNA를 복제하거나 치유하는 구조가 잘못될 때 발생한다. 현재까지 일반인들과 다른 외모나 감정, 행동방식을 일으키는 돌연변이가 1000여 개 이상의 유전자에 존재하고 있음이 밝혀졌다. 염색체 전체의 결실이나 삽입 때문에 일어나는 돌연변이가 있는가 하면, DNA의 구성단위인 뉴클레오티드 한 개에만 영향을 미친 것도 있다. 그러나 돌연변이의 물리적 성질이나 정도보다 더 중요한 것은 돌연변이의 결과이다. 유전질환은 유전자의 DNA 염기 서열을 바꾸는 돌연변이에서 비롯되는데, 그 결과 유전자가 암호화한 단백질이 정상과 다른 형태를 가지거나 아예 단백질이 생기지 않는다. 즉, 돌연변이는 유전자의 의미를 변화시킨다.

유전자 한 개의 의미만 바뀌어도 인체의 유전법칙에 상당히 광범위한 영향을 미칠 수 있다. 붉은 머리나 비만의 원인이 되는 돌연변이가 있는가 하면, 부분적인 백색증과 귀머거리, 치명적인 변비를 일으키는 돌연변이도 있다. 또한 손가락과 발가락이 매우 짧은 단지증이나 기형의 생식기를 유발하기도 한다. 돌연변이가 유전자의 의미를 바꾸는 과정을 살펴보면, 거꾸로 이런 유전자들이 인체에서 맡은 원래의 역할이 무엇인지를 알 수 있다. 다시 말해 돌연변이는 총체적인 의미에서 로제타석*과 같다. 돌연변이는 유전자의 숨은 의미를 해독할 수 있게 해줄 뿐 아니라, 유전법칙이 가진 모든 논리들을 낱낱이 해부하는 중요한 메스 역할을 한다.

돌연변이의 의미를 이해하려면 논리를 거꾸로 적용해야 한다. 말하

* Rosetta Stone, 1799년 나폴레옹의 이집트 원정군이 나일 강 어귀의 로제타에서 발견한 비석. 이집트 상형문자 해독의 단서가 되었다.

자면 처음에는 반(反)직관적인 태도를 취해야 한다. 돌연변이 때문에 아이가 팔이 없이 태어났다면, 얼핏 보기에 '팔이 없게 하는' 유전자가 있다고 생각할 수도 있다. 그러나 이런 돌연변이는 대부분의 인간에게 팔을 갖게 하는 유전자가 있다는 결정적인 증거다. 대부분의 돌연변이는 유전자의 의미를 파괴하기 때문이다. 이런 돌연변이를 '기능 상실 돌연변이' 라고 한다. 소수이긴 하지만 유전자의 의미를 추가하는 것도 있는데, 이를 '기능 획득 돌연변이' 라고 한다. 유전자의 의미를 제대로 해석하려면 해당 돌연변이가 둘 중 어디에 속하는지를 명확히 파악해야 한다. 한 가지 방법은 돌연변이가 어떻게 유전되는지 관찰하는 것이다. 기능 상실 돌연변이는 대부분 열성이며, 양쪽 부모로부터 결함 유전자를 물려받을 경우에만 아이의 신체에 영향을 준다. 기능 획득 돌연변이는 대개 우성이다. 따라서 아이가 한쪽 부모의 결함 유전자만 물려받아도 발현된다. 이런 구분이 항상 들어맞는 것은 아니지만(어떤 경우에는 우성 돌연변이가 기능 상실형이 되기도 한다), 처음에 돌연변이를 구분할 경우에는 많은 도움이 된다. 기능 상실이건 기능 획득이건 모든 돌연변이는 유전자의 기능을 이해하도록 도와주며, 유전법칙에 대한 실마리를 제공한다. 즉, 돌연변이는 인체를 역으로 설계해볼 수 있게 한다.

그렇다면, 누가 돌연변이*인가? 특정 유전자의 배열을 '돌연변이(mutation)' 로, 이런 유전자를 가진 사람을 '돌연변이체(mutant)' 로 구분하는 것은 바람직하지 못하다. 이런 구분은 완벽한 이상형에서 벗어

* mutant, 여기서는 돌연변이를 가진 개체를 '돌연변이체' 라 하지 않고 '돌연변이' 라고 했다. 돌연변이체를 돌연변이로 칭하는 것이 일반적으로 통용되기 때문이다. 대부분 문맥상으로 구분이 가능하지만 구분이 힘들 경우 괄호에 영어를 병기하였다. 또한 변이(variety)와 변이체(variant)도 이와 같은 방식에 따랐다.

난 것을 의미한다. 인간은 여러 가지 면에서 서로 다르며, 최소한 그런 차이의 일부는 유전적 요인에서 비롯된다. 그렇다면 우리 중에서 누가 다른 게놈 모두를 판단할 게놈 중의 게놈을 가지고 있단 말인가?

간단히 말해 그런 사람은 없다. 확실히 2001년 2월 15일자 『네이처 *Nature*』 지에 실린 인간의 게놈 배열은 표준적인 것이 아니며, 불특정 다수의 복합적인 게놈에 불과하다. 따라서 여기에 해독된 게놈 배열이 표준 상태나 완벽성을 나타낸다고 보기에는 무리가 있다(이 거대한 과업을 추진해서 개가를 거둔 과학자들 역시 그렇게 주장한 적은 한 번도 없었다). 그러나 이런 임의성을 감안해도 이 잡지에 실린 게놈 배열의 중요성은 조금도 줄어들지 않는다. 아무튼 모든 사람들의 게놈은 99.9퍼센트가 동일하기 때문에 한 사람의 게놈 배열은 모든 사람의 게놈 배열을 나타낸다고 볼 수 있다. 한편, 게놈은 거의 30억 개에 이르는 염기쌍을 가지고 있으며, 이 중에서 몇백만 개의 염기쌍이 개인간의 차이를 만들어낸다. 그리고 유심히 살펴봐야 할 것은 바로 이런 차이다.

완벽이나 표준 상태를 나타내는 게놈이 없다면, 주어진 유전자 속에서 이런 차이점들을 찾아낼 수 있을까? 가능할지도 모른다. 인간이 가진 3만 개의 유전자들은 적어도 약간의 변이를 보여준다. 최근의 인류를 살펴보면 인간 게놈의 각 염기쌍들은 평균적으로 240번의 돌연변이 과정을 겪었다. 이런 돌연변이들이 모두 유전자의 의미를 바꾼다고 할 수는 없으며, 심지어 유전자를 전혀 훼손하지 않은 경우도 있다. 어떤 돌연변이는 방대한 인간 게놈 중 하나만이 변화했기 때문에 돌연변이가 일어났는지 알 수도 없다. 인체의 법칙에 결정적인 역할을 하는 유전자가 없는 영역은 계속해서 돌연변이가 일어나지만, 극히 일부를 제외하고는 인체와 정신에 아무런 영향도 주지 않는다. 어떤 돌연변이는 유전 암호를 결정하는 영역에 발생하지만, 유전자가 암호화하고 있는 아미노산 배열을 실질적으로 바꾸지 않는다. 즉, 이들은 아무런 영향을 미치지 못한다.

유전자의 의미를 바꾸는 돌연변이 중에서 극소수는 유익한 것들이며 시간이 지남에 따라 더 흔하게 나타난다. 실제로 너무 흔해서 '돌연변이'라고 부르기에 적절하지 않아 '변이(variant)'라는 말을 사용하며, 전문적으로는 '다형성(polymorphism)'이라고 한다. 아프리카에서는 현재 CCR5 유전자의 Δ32 다형성의 발생 빈도가 증가하고 있는데, 이는 이 다형성이 인간면역결핍바이러스(HIV), 즉 에이즈(AIDS)에 대한 저항력을 길러주기 때문이다. CCR5 유전자의 다형성은 비교적 최근에 생겨났지만, 대다수의 다형성은 옛날부터 있던 것들이다. 이런 다형성들은 인간 다양성의 원천이다. 이로 인해 인간의 피부색이나 신장, 체중, 외모가 달라지며, 사람마다 성격이나 지능, 습관적 성향이 다른 것도 일부는 이에 기인한다. 다형성은 질병을 유발하기도 하지만, 그 질병들 대부분은 노인성 치매나 심장마비처럼 옛날부터 있어왔던 질병들이다.

돌연변이가 얼마나 자주 일어나면 다형성이라고 할까? 약간 자의적인 판단이지만, 변이의 발생 빈도가 세계적으로 1퍼센트 이상이면 역사상 큰 해악을 주지 않았으며, 심지어 보인자(carrier)에게 약간의 도움도 주었다고 볼 수 있다. 이런 기준으로 보면 인간 유전자의 65퍼센트 정도에서 최소 1개 이상의 다형성이 발견되었으며, 어떤 것들은 수십 개의 다형성을 가지고 있었다. 이런 차이는 중요한 의미를 지니지 못한다. 대부분의 인간 유전자는 다른 생명체의 유전자보다는 훨씬 흔한 변이를 하나씩은 가지고 있으며, 통계적인 관점에서 볼 때 이런 변이는 정상이라고 말하는 편이 좋을 것이다.

완벽함은 훨씬 까다로운 문제이다. 하나의 유전자 변이가 다른 변이보다 '더 우수하다'는 것이 입증되려면 이 변이가 보인자의 몸속에서 성공적으로 재생산될 수 있어야 한다. 다시 말해 다윈이 말하는 적자생존 능력이 다른 변이들보다 높아야 한다. 가장 흔한 변이가 적자생존 능력이 가장 높다고 생각할 수도 있지만 타당성은 불충분하다. 왜냐하면 유전자 변이의 발생 빈도는 과거를 토대로 내린 수치이기 때문에, 이 빈도를 현재나 미래에 적용하기에는 다소 무리가 있다. 특정 다형성에 대한 선호, 즉 겉으로 드러나는 외관에 대한 선호는 기호의 문제일 뿐이다. 이런 점에서 프랑스의 위대한 박물학자인 조르주 르클레르 뷔퐁(George Leclerc Buffon)이 카프카스 산맥의 여인들은 아름다운 피부와 검은 눈을 최고로 친다고 단언했던 주장이 떠오른다. 또한 카렌 블릭센*은 마사이 족의 전사 모라니의 아름다움을 예찬했다. 그러나 인간의 유전적 다양성을 인정하고 이를 흔쾌히 받아들인다고 해서 유전적 상대주의를 인정하는 것은 아니다. 인간 게놈에 영향을 미치는 돌연변이 중 대다수는 어떤 기준으로든 해를 주기 때문이다.

새로 생긴 배아는 부모에게 없는 100여 개의 돌연변이를 가지게 된다. 이런 새로운 돌연변이들은 특정 정자나 난자에는 없었던 것이며, 부모의 생식샘(생식선)에서 세포가 만날 때 생긴다. 또한 배아의 부모가 배아였을 때도 없던 것들이다. 이런 100여 개의 돌연변이 가운데 네 개 정도만이 단백질의 아미노산 배열을 바꾸면서 유전자의 의미를 변화시킨다. 그리고 유전자의 의미를 변환하는 네 개의 돌연변이 중에서 세 개 정도만이 배아에게 좋지 않은 결과를 초래한다. 좀더 정확히 말하면 이런 돌연변이는 배아의 체내에서 성공적으로 재생산될 수 있고 강한 생명력을 지니고 있기에 시간이 흘러도 자연선택 과정에서 소멸되지 않는다.

위의 수치가 정확하다고 단언할 수는 없다. 일부 유해한 돌연변이의

---

* 1885~1963, 덴마크의 여성작가. 필명은 이사크 디네센. 대표작으로 『아웃 오브 아프리카』 『바베트의 만찬』 『일곱 개의 고딕 이야기』 등이 있다.

발현 수치는 간접적인 방법으로만 측정할 수 있기 때문이다. 그러나 만에 하나, 이 수치가 정확하다면 경악하지 않을 수 없다. 유전적 착오가 끊임없이 일어나면서 인간의 건강과 행복을 계속해서 잠식하고 있음을 의미하기 때문이다. 하지만 이보다 더 심각한 문제가 있다. 인간은 배아일 때 획득한 자신만의 해로운 돌연변이뿐 아니라, 부모로부터 그리고 조부모로부터 물려받은 돌연변이도 가지고 있다.

그렇다면 인간이 평균적으로 가지고 있는 돌연변이는 전부 몇 개나 될까? 특정 돌연변이가 한 세대에서 다음 세대로 이어지는 기간은 그것이 가지고 있는 영향력의 심각성에 따라 달라진다. 만약 평균적인 돌연변이 하나가 유전자의 성공적인 재생산에 약간의 해로운 영향을 미치고 이런 영향이 100세대 동안 지속되며, 세대마다 새로운 돌연변이가 세 개씩 생긴다고 가정하면 암담한 결론이 나온다. 결국 사람은 날 때부터 건강에 해를 줄 수 있는 돌연변이를 300개씩 가지고 태어난다는 의미이기 때문이다. 이런 돌연변이의 폭풍을 완전히 피할 수 있는 사람은 아무도 없다. 그러나 이것이 사실이라 해도 폭풍에 휘말리는 정도는 사람마다 다르다. 어떤 사람은 우연히 미미한 수준의 유해한 돌연변이를 무수히 떠안고 태어나고, 어떤 사람은 훨씬 적은 수만 가지고 태어난다. 또한 단 하나에 불과하지만 대부분의 사람들에게는 발현되지 않는 치명적인 결과를 야기하는 돌연변이를 가지고 태어나는 사람도 있다.

다시 본론으로 돌아가보자. 그렇다면, 누가 돌연변이인가? 일상적으로 경험하는 정상과 병리학적 형태에 일치하는 대답은 단 하나밖에 없다. 우리 모두가 돌연변이이다. 단지 사람마다 정도가 다를 뿐이다.

2

완벽한 결합 | 배아 속에 숨겨진 기하학

골반결합 결합쌍생아. 쥐디트와 엘렌(1701~1723),

조르주 르클레르 뷔퐁, 『박물지』, 1777

리타 파로디(Ritta Parodi)와 크리스티나 파로디(Christina Parodi)의 해부 보고서에 실린 동판화를 보면, 이 쌍둥이 자매는 작고 우아하며 매우 아름답다. 검은 눈에 실크처럼 부드러운 고수머리가 나폴레옹 보나파르트의 초상화에서도 볼 수 있는 프랑스 제정시대의 스타일로 이마 위에서 물결치고 있다. 이마와 콧날은 시원하고 반듯하며 입술은 달콤한 곡선을 그리고 두 팔은 부둥켜안을 듯 서로를 향하고 있다. 그러나 둘 다 슬픈 표정을 짓고 있다. 어깨 위만 분리되어 있을 뿐 아래로 내려갈수록 하나로 녹아들고 있으며, 하나뿐인 배꼽 아래로는 완벽하게 합쳐져 있어서 음문과 직장, 골반이 하나뿐이며 다리도 한쌍밖에 없다. 기묘한 형상이다. 둘을 따로 생각하면 심각한 기형이지만 함께 보면 둘은 완벽한 대칭과 비례를 이룬다. 그들의 몸은 자연의 실수라기보다는 의도된 결과라고 생각해도 좋을 정도다. 동판화가 예술적이기에 아기들이 아름다워 보이는 것뿐이라고 생각할 수도 있다. 하지만 그들의 석고상 역시 균형잡힌 모습을 보이고 있다. 동판화의 흠이라면 아기들이 실제 나이보다 커 보인다는 것인데, 사망 당시 이 아기들의 나이

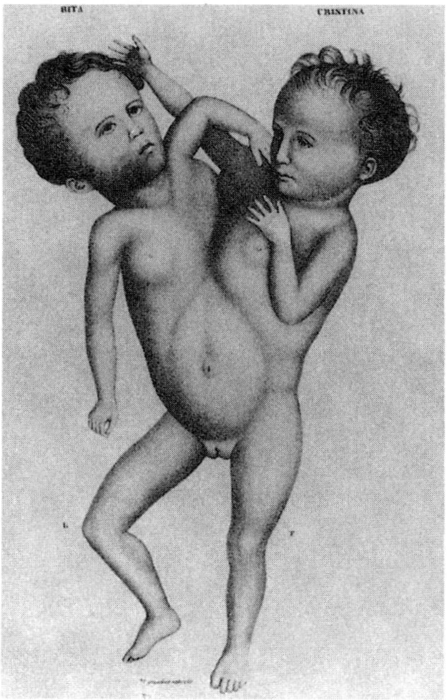

늑골결합 이두사지형 결합쌍생아. 리타 파로디와 크리스티나 파로디(1829)
에티엔 세르, 『초월성과 병리해부학에 대한 연구』, 1832

는 8개월에 불과했다.

신성시된 리타와 크리스티나

1829년 가을, 파로디 부부는 파리에 도착했다. 6개월 전 이탈리아 사르디냐 지방의 소도시인 사사리를 출발한 그들은 자신들의 아이를 보여주고 생계를 이어나가려고 했다. 이탈리아는 허용했지만 파리는 그렇지 않았다. 지방의 공공질서를 관장하는 치안판사들은 파로디 부부가 아이들을 군중에게 보여주는 것을 허락하지 않았다. 그래서 그들은 유일한 생계수단을 빼앗긴 것이다. 그들은 파리 외곽의 버려진 민가에 거주하며, 은밀히 아이들을 보러 오는 의사나 철학자들이 주는 푼돈으로 연명해나갔다.

그러나 그 돈으로는 입에 풀칠하기도 버거웠다. 학자들은 아기들의 모습에 당혹해하며 탐구를 계속했다. 심장은 하나일까, 두 개일까? 청진기를 대봤지만 혼란만 가중되었다. 그들은 두 아기의 전혀 다른 모습에 매혹되었다. 크리스티나는 아주 좋았다. 건강했고 활기에 넘쳤으며 식욕이 왕성했다. 반면에 리타는 허약하고 신경질적이었으며 청색증(cyanosis)*을 앓았다. 둘은 대개 동시에 잠을 잤지만, 한 아이가 배고파할 때 다른 아이는 쿨쿨 자는 경우도 많았다. 추위를 견디지 못한 리타는 기관지염에 걸렸다. 의사들은 두 소녀의 질병이 이중적인 동시에 서로 뒤얽혀 있다는 사실을 알아냈다. 리타가 숨을 헐떡이는 동안에도 크리스티나는 아무 문제 없이 생생했던 것이다. 그러나 리타가 죽고 3분이 지나자 엄마 품에서 훌쩍이던 크리스티나의 손도 온기를 잃기 시작했다. 그리고 아기들이 죽은 1829년 11월 23일, '두 개의 머리를 가진 리타-크리스티나'의 사후 세계가 시작되었다.

아기들이 죽고 몇 시간도 안 돼 왕립의학협회의 의사들이 시신의 형을 뜨고자 도착했다. 해부학자들도 시신을 넘겨받기 위해 부랴부랴 달려왔다. 어떤 거래가 있었는지는 모르지만 며칠 뒤 '두 개의 머리를 가진 아기'를 해부한다는 발표가 나왔다. 파리의 식물원 산하 자연사박물관의 거대한 원형극장에서 리타와 크리스티나의 시신이 나무로 만든 실험대 위에 벌거벗겨진 채 눕혀졌다. 해부학자들이 시신 옆에 빙 둘러섰다. '프랑스의 아리스토텔레스'라고 불리는 위대한 해부학자 조르주 퀴

* 혈액 내 산소 부족으로 피부나 손톱, 점막이 푸르게 변하는 현상.

비에(Georges Cuvier) 남작의 모습이 보였다. 또한 기형학의 권위자이며, 몇 년 뒤 기형학의 토대를 닦은 이지도르 조프루아 생틸레르(Isidore Geoffroy Saint-Hilaire)도 그 자리에 참석했다. 자애병원의 젊고 전도유망한 내과의사이며, 훗날 300페이지에 달하는 리타-크리스티나의 해부논문을 펴내 명성을 얻게 되는 에티엔 레이노 오귀스탱 세르(Étienne Reynaud Augustin Serres)도 그 속에 끼어 있었다.

박물관 너머 파리 전체는 흥분의 도가니에 빠졌다. 『쿠리에 프랑세 *Courier Français*』는 의사들이 두 아기를 죽게 내버려두었다고 넌지시 내비쳤는데, 이에 대해 의사들은 파로디 가족을 나락에 떨어뜨린 치안판사들이 비난받아 마땅하다고 응수했다. 기자이자 비평가인 쥘 자냉(Jules Janin)은 3000단어에 이르는 '고발문'을 발표하고 리타와 크리스티나라는 시적인 불가사의에 메스를 댄 해부학자들의 행위를 통렬히 비난했다. 그 내용은 이렇다. "그대들은 이 아름다운 시신을 훼손하고 있으며, 이 기이한 존재들을 범인(凡人)으로 전락시키고 있다. 모든 것이 끝나면 남는 것은 시신의 잔해밖에 없으리." 이렇게 말하며 그는 두 소녀가 소설의 훌륭한 소재가 될 수 있다고 말했다.

처음 메스를 댄 곳은 흉부였다. 하나의 흉골로 연결된 늑골이 두 소녀의 상체를 에워싸고 있었지만 구분이 뚜렷한 두 개의 척주에 연결되어 있었다. 그리고 이 척주들은 우아한 곡선을 그리며 하나의 골반으로 이어졌다. 심장은 두 개지만 심낭(心囊)은 하나였다. 리타의 심장은 심각한 기형이었는데, 심방 중격판에 구멍이 뚫려 있고, 두 개의 상대정맥이 좌심실과 우심실에 하나씩 연결되어 있었다. 이로 인해 리타에게 청색증이 생긴 듯 보였다.* 세르는 아기의 심장이 완전하고 부모의 살

* 우리 몸의 혈액은 크게 체순환(systematic circulation)과 폐순환(pulmonary circulation)을 하는데, 리타의 심장은 구조적인 기형으로 혈액의 원활한 순환이 불가능했을 것이며, 이로 인해서 혈액 내 산소 부족이 원인이 되어 청색증을 앓았다고 여겨진다.

럼이 더 윤택했으면 아기들이 무사히 자랐을 것이라고 한탄했다. 두 개의 식도와 두 개의 위를 가지고 있었으며, 결장도 두 개였지만 직장은 하나였다. 각자 자궁과 난소, 난관을 가지고 있었지만 한 아기의 생식기만 질에 연결되어 있고, 다른 아기의 것은 크기도 작고 미발달된 상태였다. 무엇보다도 크리스티나의 심장과 위와 간은 정상적으로 자리잡고 있었지만, 리타의 기관들은 크리스티나와 대칭으로 놓여 있었다. 즉, 두 아이의 내장 배열은 서로의 모습을 비추는 거울처럼 완벽한 대칭 구조였다. 해부학자들은 해부를 끝낸 뒤에 골격을 소독하고 전시하였다.

한쌍의 괘종시계

현재 밝혀진 가장 오래된 결합쌍생아는 아나톨리아 지방의 신석기시대 사원에서 발굴한 조각상이다. 흰 대리석으로 만들어진 이 조각상은 둔부가 결합되어 있는 풍만한 중년여인의 모습이다. 그 후 3000년이 흐른 뒤 오스트레일리아의 원주민들은 현재의 시드니 외곽에 있는 바위에 이두형 결합쌍생아*의 모습을 새겨놓았다. 또다시 2000년이 흐른 뒤(기원전 700년) 그리스 신화에서 헤라클레스가 나오는 부분을 보면 몰리오니데스 형제**의 모습이 등장한다. 두 형제의 이름은 에우리토스와 크테아토스이며, 후자는 포세이돈 신의 아들이고 전자는 악토르왕의 아들이다. 아버지가 다른 두 형제는 상체는 하나지만 팔이 네 개여서 각자 하나씩 창을 휘두를 수 있었다. 켄트 주의 교구에서는 부활

* dicephalus, 두 개의 머리와 하나의 몸을 가진 형태.

** Molionides, 몰리온(Molion)의 아들이라는 뜻.

늑골결합 이두이지형 결합쌍생아. 노르망디.
피에르 보에스튀오, 『불가사의의 역사』, 1560

절 월요일에 옆이 붙어 있는 두 여인 모양의 빵을 가난한 사람들에게 나눠주는 전통이 있다. 이 행사는 노르만 정복 시절로 거슬러 올라가며, 당시 그곳에 살았던 결합쌍생아의 자선활동을 기리기 위해 시작되었다.

오늘날의 영국판 타블로이드 신문이나 『뉴욕 포스트*New York Post*』에서처럼 16세기에 이르러 괴물이나 기이한 피조물을 다룬 선집(選集)에서 결합쌍생아들이 심심찮게 등장한다. 앙브루아즈 파레는 자신의 책에서 열세 쌍의 결합쌍생아를 설명하고 있다. 여기에는 등이 붙은 자매, 이마가 붙은 자매, 머리가 하나인 형제, 심장이 하나인 아기들이 등장한다. 1560년 피에르 보에스튀오는 영국의 엘리자베스 1세 여왕에게 금박으로 화려하게 장식한 『불가사의의 역사』 필사본을 헌정했다. 악마처럼 생긴 피조물이나 원시인들, 추악한 군주들의 모습을 담은 판화 중에는 한쌍의 다리로 들판에 서 있는 젊은 두 여인의 그림도 있다. 불꽃처럼 빛나는 붉은 머리가 어깨 너머로 굽이쳐 흐르고 있는 그녀들의 모습은 마치 보티첼리가 그린 비너스 두 명이 서로의 몸을 감싸 안고 있는 듯하다.

비유를 즐기는 사람들에게 결합쌍생아는 정치적 결합을 의미했다. 보에스튀오는 이탈리아에서 제노바와 베네치아가 마침내 오랜 전쟁을 끝내고 휴전을 선언한 날 결합쌍생아가 태어난 것은 우연의 일치가 아니라고 말한다. 그러나 몽테뉴의 의견은 달랐다. 그는 1580년경에 펴낸 『수상록』에 부모와 함께 프랑스 시골 지역을 마차로 돌아다니던 결합쌍생아를 만난 일을 적고 있다. 그는 하나의 상체에 서로 다른 사지를 가진 아이들의 모습이 엄격한 법치하에 여러 당파를 통합할 수 있는 국왕의 능력을 나타내는 것은 아니라고 말한다. "우리가 괴물이라 부르는 사람들에게서 항상 신의 뜻을 찾을 수 있는 것은 아니다. 신의 위대한 역사는 무한한 모습으로 나타나기 때문이다." 결합쌍생아는 속세에 대한 신의 뜻을 반영하기보다는 그의 전지전능함을 나타낸다는 것이었다.

18세기가 되면서 이런 인문주의적 움직임(토머스 브라운 경이 기형에 대해 관대한 태도를 가진 것과 같은 움직임)에 논리적인 결론이 더해졌다. 훗날 리타-크리스티나의 시신 해부가 이루어지게 될 '왕의 정원'(혁명 후에 식물원으로 개명)에서 이곳의 외과의사이자 해부학자인 조지프기샤르 뒤베르네(Joseph-Guichard Duverney)는 1706년에 둔부결합형 결합쌍생아를 해부하였다. 완벽한 결합에 감명한 뒤베르네는 그들의 모습은 의심의 여지 없이 '창조주의 풍부하고 정교한 기교'를 나타내며, 그렇게 태어난 이유도 신의 설계임이 분명하다고 말했다. 결국 신께서 배아의 형태를 주관하므로 아기의 모습이 잘못된 것도 전적으로 그분의 의지임이 분명했다. 실제로 기형아가 태어나는 이유는 배아가 잘못되었기 때문이 아니라 신의 계획의 일부라는 것이다. 뒤베르네는 인체는 시계와 같다고 말한다. 그는 결합쌍생아가 신의 개입 없이 그토록 완벽한 균형과 조화를 이룰 수 있다는 생각은 어불성설이라고 단정한다. 이것은 두 개의 괘종시계를 맞부딪치게 해서 각 부품이 전체적으로 조화롭게 작동하여 하나로 융합되기를 바라는 것과 같다는 것이다.

다른 학자들은 그의 생각이 어리석다고 비웃었다. 그들은 자연의 순리를 신께서 주관하시는 것은 분명하지만, 일종의 독창적인 장식을 위해 의도적으로 결함 있는 난자와 정자를 만든다는 생각은 터무니없다고 주장했다. 인체를 시계에 빗댄다면 세상에는 장인의 손길이 닿았다고 보기 힘든 시계들이 너무 많다는 것이다. 괴물은 신의 설계가 아니라 사고에 불과하다는 것이다.

이처럼 극단적인 견해 차이, 다시 말해 기형이 신의 설계라는 주장과 사고에 불과하다는 주장은 괴물 논쟁이라고 알려지게 되었다. 프랑스의 해부학자들은 두 패로 나뉘어 수십 년 동안 열띤 설전을 벌이면서 『왕립과학협회논문집 *Mémoires de l'Académie Royale des Sciences*』에서 상대편에 맹공을 퍼부었다. 신학적인 측면만 논쟁의 대상이 된 것은 아니었다. 그들은 배아 형성 과정에 대해서도 견해차를 보였다. 뒤베르네와 그의 추종자들은 전성설(前成說)을 믿었다. 그들은 난자는(또는 이론적으로 보았을 때에는 정자도) 작지만 완전한 형태의 사지와 간과 폐를 갖춘 온전한 배아를 담고 있다고 주장했다. 이상하게 들릴지 모르겠지만 이 작은 배아도 또한 난자와 정자를 가지고 있으며(현미경 사용자들은 이를 관찰할 수 있다고 주장했다), 이 난자와 정자 안에도 배아의 모습이 담겨 있다고 생각했다. 이런 순환은 무한히 계속된다. 다시 말해 이브의 난소는 미래의 모든 인류의 모습을 담고 있다는 것이 그들의 논리였다.

전성설은 독창적이어서 많은 지지자를 확보하고 있었다. 그러나 17세기와 18세기의 많은 철학자들, 그 중에서 뷔퐁과 모페르튀이 같은 자유 사상가들은 전성설보다는 오랜 역사를 지닌 '후성설(後成說)'을 믿었다. 이 이론에 따르면 배아는 난자나 정자에 원래부터 존재하는 것이 아니라 수정과 동시에 발생하는 것이었다. 논쟁이 무르익었던 시절에는 전성설의 생각이 좀더 옳다고 생각하는 사람들이 많았다. 그러나 오늘날에는 우열을 가늠하기 힘들다. 전성설과 후성설 모두 유전적 성질을 일관적으로 설명하지 못하기 때문에, 두 이론의 대립은 기형이나 배아 발생의 원인을 현대적으로 해석해주지 못한다. 배아의 무한한 순환을 주장하는 전성설은 다소 이해하기 힘들다. 다만 이 이론은 발생상의 착오는 흔히 난자나 정자가 되는 생식세포(germ cell)가 처음부터 잘못되어 있거나 그 안에 포함된 DNA가 잘못되었을 때 일어난다는 것을 훌륭히 설명해준다. 그러나 후성설이 한층 더 강력한 근거를 담고 있는데, 이 이론은 배아가 자기 창조를 벌이는 과정에서 외부의 영향이나 화학 약품과 같은 물질들 또는 세포 분열 시의 우연한 사고에 의해 잘못될 수 있다고 주장한다.

결합쌍생아는 어떻게 만들어지는가

결합쌍생아는 어떻게 만들어지는가? 아리스토텔레스는 이에 대한 독창적인 견해를 피력하였다. 그는 『동물발생론 *The generation of animals*』의 한 부분에서 두 개였던 배아가 뒤섞이면서 결합쌍생아가 발생한다고 주장한다. 그렇기 때문에 네 개의 날개와 네 개의 다리를 가진 결합형 닭이 나온다고 생각했다. 그러나 다른 부분에서는 하나였던 배아가 두 개로 분열되는 과정에서 결합쌍생아가 나온다는 말도 적고 있다.

배아 분열에 대한 아리스토텔레스의 생각을 현대적인 관점에서 이해하면 이상하게 들릴 수도 있지만, 배아 발생에 대한 그의 이론은 매우 훌륭한 설명이다. 아리스토텔레스는 현미경도 없었고 정자나 난자의 존재도 전혀 몰랐다. 그 대신에 월경액과 정액의 혼합으로 배아가 응결되며, 정액이 월경액을 진하게 만든다고 생각했다. 당시 그리스에서 흔히 행했던 우유에 무화과즙을 넣어 응결시켜 치즈를 만들던 것과 같은 이치다. 이 이론이 후성설의 '선구적인 이론'이다. 실제로 전성설은 아리스토텔레스의 배아 발생 이론뿐 아니라 기형의 원인에 대한 설명에도 맹공을 퍼부었다. 때때로 아리스토텔레스는 배아 혼합 전에 기형을 결정하는 요소가 매우 많다고 말한다. 이 중에서 몇 가지만이라도 정도를 벗어나면 육손이나 과잉 발달된 다리 등 신체의 일부가 더 생기거나 비정상적으로 커다란 기관을 지닌 아기가 태어난다. 또한 결합쌍생아가 태어날 수도 있고 배아 혼합이 더욱 진행되어 두 명의 일반적인 쌍둥이(분리형 쌍생아)가 태어날 수도 있다. 아리스토텔레스는 배아 혼합이 분리되어 두 개의 개체가 되는 과정을 폭포수의 이미지에 빗대어 설명한다. "그들은 자궁 내부의 폭포수와 같은 힘의 산물이다…… 특정한 힘을 실어나르는 강물이 무언가에 부딪히면, 하나의 개체에서 똑같은 힘을 가진 두 개의 개체가 생겨나게 된다. 배아에서도 같은 현상이 발생한다."

아리스토텔레스는 결합쌍생아의 생성 방법은 두 가지이며, 이에 따라 개체가 하나인지 둘인지가 결정된다고 말한다. 다시 말해 결합쌍생아가 두 개의 심장을 가지고 있으면 두 개의 배아에서 생겨난 존재이므로 개체도 두 개다. 심장이 하나면 개체도 하나다. 결합쌍생아의 개체수에 대한 판정은 역사상 많은 논란을 불러일으켰다. 토마스 아퀴나스는 개체의 수를 심장과 머리의 수로 판별할 수 있다고 생각했다(사실 사제들은 결합쌍생아에게 세례를 몇 번 해주어야 하는지를 놓고 끊임없이 갈등했다). 쌍둥이들이 부드러운 연골로만 연결되어 있다면 그들이 두 개의 인격체를 가졌다고 생각해도 무방하다. 1811년에 태어나 1874년에 죽은 역사상 가장 유명한 샴쌍둥이(결합쌍생아)인 엥과 창의 경우를 예로 들 수 있다. 그러나 결합의 정도가 심한 쌍둥이들은 어떻게 봐야 할지 구분이 힘들다. 리타 파로디와 크리스티나 파로디도 하나의 몸을 가진 두 소녀가 아니라 '리타-크리스티나' 또는 '머리 둘을 가진 소녀'로 불리며 하나로 취급되는 경우가 많다.

아리스토텔레스는 결합쌍생아의 원인이 융합이나 분열이라고 말했는데, 이를 두고 최근까지 논란이 분분했다. 대부분의 의학서들은 분열 쪽을 적극 지지한다. 이 책들은 일란성 쌍둥이는 하나였던 배아가 우연히 둘로 분열되어 생긴 것이라고 단언한다. 따라서 배아가 완전히 분열될 수 있다면 부분 분열만 발생하는 일도 가능하다고 본다. 이런 주장은 단순명료하다는 장점이 있다. 실제로 결합쌍생아들은 대부분 일란성 쌍둥이로, 하나의 난자가 하나의 정자와 만났을 때 생긴다. 그러나 결합쌍생아는 임신 초기 2~3주 동안 분리형 쌍둥이들과 매우 다른 생성 과정을 겪는다는 것을 곳곳에서 관찰할 수 있다.

결합쌍생아와 분리형 쌍생아의 가장 큰 차이점은 무엇일까? 결합쌍생아는 하나의 태반과 하나의 양수주머니를 가지고 있다. 분리형 쌍생아도 태반은 하나지만, 양수주머니는 일반적으로 두 개다. 이런 사실은 결합쌍생아의 분리가 분리형 쌍생아보다 늦게 일어난다는 것을 말해준다. 양수주머니는 태반이 만들어진 다음에 형성되기 때문이다.

둘 사이의 또다른 차이점은 쌍둥이의 성(性)에 대한 통계 수치다. 분리형 일란성 쌍둥이들에서는 여성이 50퍼센트를 차지한다. 이는 일반적인 인구비례상 약간 높은 수치인데, 대체로 여아들의 출생률이 남아들에 비해 약간 낮은 편이기 때문이다. 그러나 결합쌍생아는 여아 출생률이 거의 77퍼센트로 압도적으로 높다. 그 이유는 전혀 알 수 없지만, 분명한 점은 신석기 시대의 석상에서 『뉴욕 포스트』에 이르기까지 결합쌍생아는 여성이 훨씬 많다는 것이다.

결합쌍생아의 출생 원인이 배아의 부분 분열 때문이 아닐지도 모른다는 가장 그럴듯한 이유는 쌍둥이들의 모습에서 찾을 수 있다. 결합쌍생아는 머리가 붙어 있기도 하고, 가슴이나 배, 엉덩이가 붙어 있을 수도 있다. 또한 배 아래쪽이나 옆구리가 붙은 경우도 있고 등을 마주대고 붙은 경우도 있다. 어떤 경우에는 결합의 정도가 약해서 쌍생아가 기관을 각자 가지고 있기도 하고, 어떤 경우에는 결합의 정도가 매우 심해서 신체의 장기를 모두 공유하는 경우도 있다. 그들의 모습이 이토록 다양하고 복잡한데, 단순히 하나의 배아가 둘로 갈라지는 과정에서 결합쌍생아가 생긴다고 볼 수 있을까? 그러기에는 무리가 있다.

배아의 부분 분열이 아니라면 결합쌍생아가 생기는 원인은 무엇일까? 토머스 브라운 경은 자궁을 '불가사의의 세계'라고 칭했다. 결합쌍생아의 생성을 논할 때 이보다 더 좋은 표현은 없을 것이다. 그러나 최근 학계는 결합쌍생아가 융합이나 분열의 결과라는 아리스토텔레스의 이분법을 반박한다. 첫 번째 반박은 하나였던 배아가 둘로 분열된 뒤 다시 하나로 합쳐지면서 결합쌍생아가 생기는 것이 옳은 논리인가에 관한 것이다. 더욱이 하나의 배아에서 두 개의 배아가 만들어진다는 이론은 배아를 인위적으로 분리하는 것만큼 비합리적이다. 그 대신 좀더 신비롭고 흥미로운 방법이 있지 않을까. 실제로 인간은 결합쌍생아를 가장 기이하고 드문 기형으로 간주하지만(『더 타임스*The Times*』는 1996년에 '형이상학적인 모욕'의 의미로 '한쌍의 쌍둥이'라는 말을 사용하기도 했다), 결합쌍생아들은 자궁 내에서 인체의 질서를 좌우하는 장치가 무엇인지 알려준다.

나를 형성하라

임신 7일이 지나면 인간의 배아는 착상을 시작한다. 이때의 배아는 100여 개의 세포로 이루어진 속이 빈 공 모양에 불과하다. 그러나 엄마의 자궁 안에서 배아는 월경 주기 호르몬에 의해 이완하거나 팽창하는 자궁내막에 단단히 자리를 잡을 수 있다. 이 빈 공을 구성하는 대부분의 세포들은 자리를 잡는 데 주력하지만 일부는 다른 일에 매달린다. 이 세포들은 스스로 공의 모양을 형성하기 시작해서, 임신 9일째 배아는 상아로 만든 중국 장난감처럼 공 안에 공이, 그리고 그 안에 또 다른 공이 들어 있는 모양이 된다. 13일째가 되면 배아가 자궁내막에 완전히 착상되고, 착상 과정에서 생긴 상처는 저절로 치유된다. 그리고 배아의 모습이 형성되기 시작한다.

착상이 이루어진 배아의 첫째 임무는 신체기관을 위한 원재료를 만드는 것이다. 인간은 3차원적인 생물이다. 피부는 뼈와 근육을 감싸고 있으며, 뼈와 근육은 미로처럼 얽혀 있는 내부기관을 지탱해준다. 그리고 이 각각의 층은 전문적인 조직의 토대로 만들어진다. 그러나 배아는 이때 한 가지 문제에 직면한다. 힘들게 자신의 모습을 형성했지만 이 중에서 극히 일부, 다시 말해 가장 안쪽의 구를 형성하는 일부 세포들만 태아로 발전한다. 나머지는 모두 태반이나 탯줄 등 보조장치가 될 뿐이다. 그리고 이런 극소수의 세포에서 태아를 만들기 위해 배아는 자신의 모습을 재형성해야 한다.

이런 재형성 과정을 '낭배 형성'이라고 한다. 임신 13~14일째가 되면 태아로 발달할 이 소수의 세포는 위와 아래에 하나씩의 강(腔)*을 가진 원반 형태가 되며, 위쪽 강은 나중에 양막강이 되고 아래쪽 강은

* cavity, 신체나 기관 내의 속이 빈 공간.

난황낭이 된다. 원반의 중앙에는 '원시선(primitive streak)' 이라고 하는 홈이 나타나고, 세포들이 원시선으로 몰려들어 통과한다. 원시선을 처음 통과하는 세포는 난황낭 주위에 층을 형성한다. 더 많은 세포들이 원시선을 통과해서 처음 통과한 세포 위에 또 하나의 층을 형성한다. 그 결과 하나의 층이었던 배아가 세 개의 층을 형성하게 되는데, 이것이 낭배다.

세 개의 층으로 이루어진 낭배가 훗날 기관을 만든다. 제일 위의 층인 외배엽(ectoderm)은 표피층과 대부분의 신경계로 발생한다. 외배엽 바로 아래의 층인 중배엽(mesoderm)은 뼈와 근육이 된다. 그리고 난황을 덮고 있는 층인 내배엽(endoderm)은 태아의 내장과 췌장, 지라, 간 등이 된다(*ecto-*, *meso-*, *endo-*는 그리스어에서 온 단어로 외부, 중간, 내부를 의미하고, *derm*은 피부를 의미한다).

이런 명확해 보이는 구분과 달리 실제로 치아와 가슴, 팔, 다리, 생식기 등 인체의 대부분은 외배엽과 중배엽의 복잡한 조합으로 생성된다. 이런 원재료들로 배아가 기관을 형성한다는 것도 중요하지만, 일생을 좌우할 기하학적인 요소가 이 시기에 결정된다는 사실이 더욱 중요하다. 난자와 정자가 만난 후 2주가 지나면 배아는 머리와 꼬리는 물론이고 전후좌우도 구분된다. 배아는 어떻게 해서 이런 기하학적인 형태를 잡게 되는 것인가?

1920년 봄, 힐다 프뢰숄트(Hilda Pröscholdt)는 독일 프라이부르크에 있는 한 대학에 도착했다. 그녀는 당시 독일을 중심으로 생겨나고 있던 신생 학문인 '발생생물학(developmental mechanics)'의 가장 입지전적 인물인 한스 슈페만(Hans Spemann)과 같이 연구하게 되었다. 그녀는 성게의 투명한 배아를 이등분해서 살펴보고, 초록색 촉수를 가진 히드라의 머리를 잘라낸 뒤 다시 생기는 것을 관찰하였다. 또한 개구리와 영원*의 알을 추출해서 복잡한 수정란 이식 실험을 하였다. 프뢰숄트는 박사학위를 따기 위해 이 분야의 대가인 슈페만의 연구실에 들어왔다. 처음에는 고난의 연속이었다. 슈페만이 던져준 실험 과제는 기술적으로 불가능해 보이는 것투성이였고, 실제로도 그랬다. 그러나 그녀의 명민함과 인내심, 실력을 인정한 슈페만은 1921년 봄 다른 실험 과제를 제안했고, 이 실험의 결과로 배아 발생 순서에 대한 기본 윤곽이 잡히게 되었다.

그때나 지금이나 발생생물학의 가장 중요한 목표는 인간 배아의 발생 과정을 밝혀내는 것이다. 그것이 어렵다면 다른 포유류의 배아 발생 과정이라도 이해하고자 한다. 그러나 포유류의 배아 실험은 무척 힘든 작업이다. 자궁 밖에서 배아가 살아 있게 할 방법을 찾기 힘들기 때문이다. 그러나 영원의 배아는 다르다. 영원은 작은 알을 무수히 낳기 때문에 꾸준히 노력하면 외과적인 조작이 가능하다. 심지어 영원의 배아들에서 조직의 일부를 떼어내어 다른 배아에 이식할 수 있고, 그 이식 조직의 융합과 성장을 조작할 수도 있다.

슈페만이 프뢰숄트에게 부여한 실험 과제는 영원 배아의 원구(blastopore, 사람의 원시선에 해당함)의 가장 바깥에 있는 조직을 떼어내서 다른 배아에 이식하는 것이었다. 배아의 조직층과 기하학적 구조가 원구를 통과한 세포에서 발생하는 것을 관찰한 슈페만은 원구의 조직이 원구순을 통과하는 세포에서 명령을 내릴 수 있는 특별한 힘을 가졌다고 추측했다. 그렇다면 여분의 원구순을 이식받으면 배아는 어떻게 될까? 중배엽과 내배엽이 추가로 생길까? 심각한 기형으로 발전할까? 아니면 전혀 상관없이 정상적으로 발생할까? 슈페만이 직접 행했

* newt, 양서류 도롱뇽목 영원과의 동물. 도롱뇽과 달리 피부에 점액이 없고 거친 느낌을 준다. 우리 나라에서는 슈페만이 도롱뇽을 가지고 실험했다고 알려져 있지만 정확히 말하면 영원이 옳다.

던 실험들은 흥미롭지만 결과를 예측하기가 힘들었다. 이제 프뢰숄트가 적절히 실험을 수행해야 했다.

1921년부터 1923년까지 그녀는 259건의 이식 실험을 행했다. 실험 대상이 된 배아 대부분은 도중에 죽어버렸다. 그러나 훗날 발생생물학에서 가장 유명한 존재로 기억되는 여섯 개의 배아가 살아남는다. 이 배아들은 하나가 아니라 두 마리의 영원으로 자라났다. 이 여섯 쌍의 영원은 각각 두 개의 머리와 꼬리, 두 개의 신경관, 두 개의 근육조직, 두 개의 척색, 두 개의 내장을 가지고 있었다. 프뢰숄트는 복부가 붙은 결합쌍생아 영원을 만들어낸 것이다.

결합쌍생아를 만들었다는 자체도 놀랍지만 프뢰숄트 실험의 진정한 묘미는 공여체(donor)와 숙주(host)로 다른 종의 영원을 사용했다는 점이다. 공여체인 일반 영원은 검은 색소 세포를 가지고 있지만, 숙주인 큰관모영원에게는 이런 세포가 없다. 또한 추가적으로 생겨난 기관은 공여체의 배아가 아니라 숙주의 배아에 속한 것이 분명했다. 이는 이식된 원구순이 공여체와 같은 영원으로 발생하는 것이 아니라 미분화된 숙주 세포와 융합해서 숙주와 같은 영원을 유도했음을 의미한다. 슈페만은 이 작은 원구 조직이 새로운 생명체의 모습을 지시할 힘을 가지고 있으며, 거의 모든 기관의 모습을 좌우한다고 여겼다. 그는 원구상순부에 '형성체(organizer)' 라는 이름을 붙였고, 이 이름은 현대 생물학에서도 그대로 쓰이고 있다.

70년 동안 발생생물학자들은 형성체의 힘의 근원을 찾으려고 노력했지만 허사였다. 그들이 찾아야 할 것은 한 세포에서 분비되어 다른 세포에게 무엇을 하고, 무엇이 되어야 하며, 어디로 가야 하는지를 지시하는 분자였다.

형성체의 힘이 원구상순부 바로 밑의 중배엽 일부에 존재한다는 사실은 쉽게 밝혀졌다. 그 원리는 간단했다. 원구를 통과해서 배아 내부로 들어간 세포들은 순수하며 어떤 정보도 갖추지 않았지만 무한한 힘을 가지고 있다는 것이었다. 슈페만은 이 개념에 대해 이렇게 말했다. "우리가 직립하고 걸어 다니는 데 사용하는 신체기관들은 배아의 다른 부분에서 발생되었다면 사고능력을 위한 기관으로 사용되었을지도 모른다." 원구 가장자리에 있는 중배엽 세포는 배아로 전해질 신호를 만들어내며, 훗날 이 신호를 지칭하기 위해 모르포겐(morphogen, 형태 유도 분자)이라는 단어가 사용된다. 이 신호는 중배엽 세포 가까이에서는 강한 위력을 발휘하다가 멀어질수록 강도가 약해진다. 다시 말해 모르포겐 농도는 3차원적인 농도 구배를 가지고 있다. 세포는 이 농도 구배를 인식해서 자신의 위치와 해야 할 일을 파악한다. 신호가 강하면 외배엽은 등골인 척추가 되며, 약해지면 신체를 덮는 피부가 된다. 다른 배엽층에도 같은 논리를 적용할 수 있다. 형성체의 신호가 강하면 중배엽은 근육이 되고 약하면 신장이 되며, 더 약해지면 결합 조직이나 혈액 세포가 된다. 즉 형성체는 세포의 패턴을 좌우한다.

처음에는 여러 시행착오가 있었고 형성체의 모르포겐을 찾기 위해 오랜 기간을 허비했다. 개구리와 영원의 배아가 무수히 희생되고 이를 대신할 배아를 찾는 것도 무척 힘든 일이었기에, 1960년대에는 이 실험 자체에 대한 회의론이 팽배해지면서 포기해야 한다는 생각이 확산되었다. 피터 메더워*는 "과학은 문제를 푸는 기술이다(Science is the Art of the Soluble)"고 말했다. 정확히 말하자면 형성체의 모르포겐에 대한 문제는 당시의 과학 기술로는 풀 수 없는 것이었다.

1990년대 초 이 문제에 DNA 재조합 기술이 적용되었다. 1993년에

* Peter Medawar, 1960년 후천성 면역 내성 발견으로 버넷(F.M. Burnet)과 함께 노벨 생리·의학상을 받은 생리학자.

는 아프리카발톱두꺼비*의 배아에 주입했을 때 결합쌍생아 올챙이를 만드는 단백질이 무엇인지 밝혀졌다. 마침내 조악한 외과수술 없이도 오래전 프뢰숄트가 거두었던 것과 동일한 실험 결과를 얻을 수 있게 된 것이다. 이 단백질은 순수한 상태의 외배엽을 척수와 뇌로 바꾸는 능력을 가지고 있다. 학계에서는 이 단백질에 '노긴(noggin)' 이라는 이름을 붙였다. 이때쯤 기술 발전으로 배아 내에서 유전자가 활성화되는 장소가 밝혀졌다. 노긴 유전자는 원구순의 가장 끝에서 활성화되므로 형성체의 모르포겐을 암호화하는 유전자도 여기에 있는 것이 분명했다.

노긴은 세포들이 의사소통을 위해 사용하는 신호전달분자이다. 동물은 이런 신호전달분자를 무수히 가지고 있다. 인간 게놈이 가진 3만 개의 유전자 중에서 세포들의 의사소통과 연관된 단백질을 암호화하는 유전자는 최소 1200개인 것으로 여겨진다. 이런 단백질들을 관련된 분자들끼리 묶으면 TGF-β형**, 헤지호그형***, FGF형****을 들 수 있으며, 몇몇 그룹은 포함된 단백질이 10여 가지를 넘는다. 이 단백질들의 작용 방식은 세부적으로는 다르지만 목표는 같다. 한 세포에서 분비된 이 단백질들은 다른 세포 표면의 수용체(receptor)에 달라붙어 분자적 사건을 벌이면서 수용체 세포의 내부로 들어간다. 연쇄적인 정보가 마침내 유전자 활성화나 억제를 관장하는 세포핵에 도달하면 그 세포는

---

* African clawed toad, 등 양쪽에 실로 꿰어놓은 듯한 무늬가 있으며, 뒷다리가 굵고 네 다리에 세 개씩의 발가락을 가지고 있는 두꺼비.

** transforming growth factor-betas, 형질전환 성장인자 베타군으로 상피세포와 면역세포의 성장에 중요한 역할을 담당하는 성장인자.

*** hedgehog, 헤지호그는 근육섬유 유형이 형성되는 과정을 조절하는 유전자. 이 유전자에 돌연변이가 생길 경우 배아의 등뼈가 특정한 부위에서만 자라지 않고 몸 전체에 자라서 고슴도치(hedgehog) 모양이 된다.

**** fibroblast growth factors, 섬유아세포 성장인자. 섬유아세포에 강한 증식성을 나타내게 하는 성장인자이다.

자신의 운명을, 즉 역할을 받아들인다.

노긴 유전자를 처음 발견했을 당시 학계는 이 유전자의 엄청난 힘은 배아의 정면(正面)을 배면(背面)으로 만드는 것이라고 믿었다. 좀더 정확히 말하면 외배엽 세포에게 피부가 아니라 척주가 되라고 지시한다고 믿었다. 이것은 데이터를 너무 단순하게 해석한 결과였다. 또한 학계는 노긴은 외배엽 세포에게 좀더 고귀한 존재가 되라고 박차를 가하며, 노긴이 없는 세포는 비천한 피부에 머무르게 된다고 여겼다.

진실은 한층 더 미묘하다. 세포가 피부가 아닌 척주가 될 확률은 수용체를 향해 나아가는 노긴의 양에 따라 달라지는 것이 아니라 분자가 자신의 운명에 대항해 벌이는 싸움의 결과에 따라 달라진다. 앞에서 게놈은 수많은 신호전달분자를 암호화한다고 밝힌 바 있다. 이는 우리 몸의 세포가 사방에서 전달되는 무수한 신호들의 홍수에 빠진다는 것을 의미한다. 특정한 하나의 목소리를 내는 신호가 있다면 이에 상반되는 목소리를 내는 신호도 존재한다. 형성체의 노긴이 외배엽 세포에게 뉴런이 되라고 강요할 수도 있지만, 배아의 반대편에 존재하는 다른 분자, 예를 들어 BMP4(골형성 단백질4)가 이 세포에게 피부가 되라고 지시할 수도 있다.

배아는 두 가지 모순적인 신호 사이에서 현명하게 해결책을 찾는다. 각각의 신호는 자신이 붙을 수용체가 정해져 있지만, 교활하고 다재다능한 노긴은 세포 사이를 통과하는 자유로운 BMP4 분자에 달라붙어 이 분자를 무력화시킬 수 있다. 형성체 주위의 세포들은 뉴런이 되고 피부가 되지 말라는 신호를 받지만, 형성체에서 멀리 떨어진 세포들은 그 반대의 신호를 받아들인다. 세포의 운명은 두 개의 경쟁적인 분자가 어느 정도씩 존재하느냐에 따라 달라진다. 이 현명한 방법은 크든 작든 모든 척추동물의 발달 기간 내내 작용하면서 다양한 결과를 이끌어낸다. 그리고 그 결과에 따라 등과 배를 가진 두꺼비가 나오기도 하고 인간의 아이가 생기기도 한다. 이런 점에서 배아는 우리가 거주하는 세계의 축소판이다. 이런 신호의 세계는 우리에게 하나의 목적지만 향해 나아가며, 어울리지 않는 목표는 피하고, 참으로 다른 것은 거짓으로 받아들이라고 계속 재촉한다. 즉, 이런 신호의 틀이 우리의 모습을 형성한다. 이렇게 해서 우리의 모습이 만들어진다.

실제로 유전자나 이것이 암호화하는 단백질의 역할을 입증하기란 쉽지 않다. 한 가지 방법은 유전자를 제거한 다음 무슨 일이 일어나는지를 관찰하는 것이다. 자동차에서 역할이 불분명한 조그만 나사 하나를 제거하면 그것의 역할을 확실히 알 수 있는 것과 같다. 백미러 하나만 떼어내도 자동차의 기능이 멈춰버릴 수 있다. 같은 실험을 쥐의 유전자에도 적용할 수 있다. 만약 노긴이 오랫동안 찾았던 형성체 분자라면, 결함이 있는 노긴 유전자를 가진 쥐는 분명 심각한 기형을 지닐 것이다. 이 배아의 세포들은 정보 부족으로 인해 자신들의 위치와 임무를 제대로 파악하지 못할 것이다. 노긴이 없는 상태에서 성장한 쥐는 척주나 뇌가 없거나 앞뒤 구분이 없는 모습으로 태어나거나, 최소한 임신 초기에 사산될 것이라고 여겨졌다. 그러나 1998년 쥐의 노긴을 인위적으로 제거하는 실험을 했을 때 믿을 수 없는 결과가 나왔다. 쥐가 상당히 건강한 상태로 태어난 것이다. 척수와 일부 근육이 비정상이긴 했지만 기형의 정도가 예상보다 상당히 미미한 수준에 불과했다.

그 이유는 아직 완전히 밝혀지진 않았지만, 형성체의 복잡성이 원인인 듯 보인다. 노긴 발견 이후 최소한 일곱 가지의 신호전달단백질을 밝혀냈는데, 그 중에는 지옥의 문을 지키는 머리 셋 달린 개에서 따온 '케르베로스(Kerberos)' 라는 무시무시한 이름을 가진 단백질도 있고, 독일어로 '바보' 라는 뜻의 '디코프(Dickkopf)' 라는 이름을 가진 것도 있다. 이러한 다양성에 당혹스러울 따름이다. 어떤 단백질들은 꼬리가 아닌 머리가 되도록 형태를 형성해주거나, 중배엽이 아닌 외배엽에 지시 사항을 내리는 등 고유한 임무를 가지고 있지만, 어떤 단백질은 다른 단백질로 대체될 수 있다. 생물학자들은 다른 유전자와 같은 임무를 수행하는 유전자를 '잉여 유전자(redundant gene)'라고 말한다. 이는 기업에서 정리해고를 해도 회사의 운영에 큰 지장이 없는 종업원을 지칭하는 것과 비슷하다. 형성체 신호 중에서 최소한 노긴과 코르딘(chordin)의 역할은 부분적으로 중복된 것으로 보인다. 노긴과 마찬가지로 코르딘 역시 세포에게 앞이 아닌 뒤가 되라고 지시하며, 피부가 아니라 뉴런이 되라고 지시한다. 이렇게 하는 과정에서 배아의 반대편에서 침투해오는 BMP4 유전자를 차단한다. 또한 노긴 유전자에 결함이 있는 쥐와 마찬가지로 코르딘 유전자에 결함을 가한 쥐들도 사산되긴 하지만 어느 정도 정상적인 형태를 가지고 있다. 그러나 노긴 유전자와 코르딘 유전자 모두에 결함이 있는 이중돌연변이 쥐는 결코 빛을 보지 못한다. 이중돌연변이의 배아는 심각한 기형을 가지고 있으며, 출산되기 훨씬 전에 죽어버린다. 이중돌연변이인지를 확인하려면 임신 초기에 모체의 배를 갈라보는 방법밖에 없다.

힐다 프뢰쇨트의 실험 결과는 1924년에 출간되었다. 하지만 그녀는 논문이 출간되기 전에 죽었다. 박사 과정 중 프뢰쇨트는 슈페만 실험실의 동료 연구원인 오토 만골트(Otto Mangold)와 결혼했기 때문에 현재 학계에도 힐다 만골트라는 이름으로 알려져 있다. 박사학위를 받은 뒤인 1923년 12월 아들인 크리스티안을 출산하고 그녀는 연구실을 떠났다. 1924년 9월 4일 그녀가 슈바벤의 시댁에 머무르고 있을 때, 난로에 등유를 넣다가 옷에 불이 붙었고 심한 화상을 입은 그녀는 다음날 사망하고 말았다. 그때 나이 겨우 스물여섯이었으며, 바이마르 헌법* 체제가 한창 융성하던 시절이었다. 프뢰쇨트는 연구원 시절에 배아를 절개하지 않을 때에는 릴케와 슈테판 게오르게의 시를 즐겨 읽었으며, 에드문트 후설의 강의를 들었고, 집을 표현주의 화가들의 그림으로 장식했으며, 슈바르츠발트(흑림)를 오랫동안 산책하곤 했다. 그녀의 업적은 단 한 번의 훌륭한 실험밖에 없었지만, 사람들은 힐다 프뢰숄트가 살아 있었다면 슈페만과 1935년 노벨상을 공동 수상했을 것이라고 말한다.

다수로부터 하나를 이룬다?

샴쌍둥이인 엥과 창은 미국을 순회하면서 미국 주화에 새겨진, 미국 시민이라면 누구나 알고 있는 문구인 '에 플루리부스 우눔(*e pluribus unum*)'**을 선전문구로 내걸었다. 그럴듯해 보이지만 절반의 진실만 포함한 말이었다. 앞에도 나왔듯이 결합쌍생아는 '엑스 우노 플루레스(*ex uno plures*, 하나에서 다수를 이룬다)'에 속하기 때문이다.

인간의 쌍생아와 힐다 프뢰숄트가 만든 영원 결합쌍생아의 유사점을 보면 왜 그렇게 되는지를 짐작할 수 있다. 이를 위해서는 단일 배아 내에 형성체가 하나가 아니라 두 개가 존재해야 한다. 프뢰숄트는 인위적이고 약간은 조악한 이식 수술만으로 영원의 형성체를 둘로 만들었지만, 인간에서도 똑같은 결과가 나오려면 분자에 훨씬 미묘하고 복잡한 변화가 일어나야 한다. 게다가 노긴이나 케르베로스, 디코프와 같은 형성체의 신호전달단백질을 암호화하는 유전자는 다른 '제1조절 유전자

* 1919년 8월 독일 국민의회가 바이마르에서 체결한 헌법. 역사상 가장 민주적인 헌법에 속한다.

** Out of many, One. 다수로부터 하나를 이룬다는 뜻으로 1776년 미국 독립선언 이전 북미 지역의 영국 식민지들의 단합의 표어가 되었고, 이후 이민자들을 포용하자는 다원주의자의 표어가 되었다.

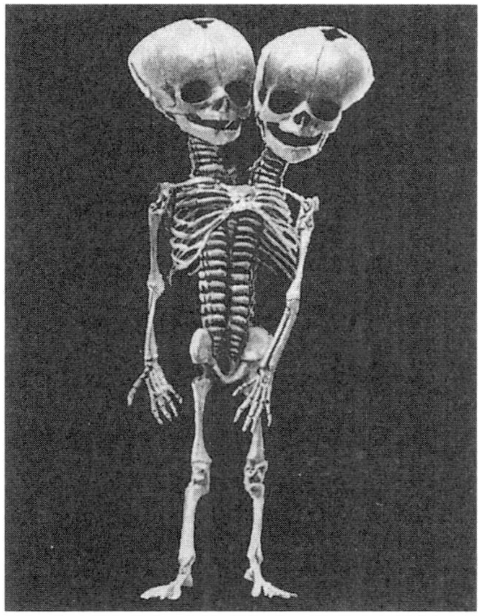

늑골결합 이두이지형 결합쌍생아의 골격.
허스트와 피에르솔, 『인간의 기형』, 1893

(master control gene)'의 조절을 받는다. 따라서 배아 내의 있지 말아야 할 곳에서 제1조절 유전자 중 하나가 발현되느냐에 따라 하나의 배아에서 두 개의 배아가 생길 수도 그렇지 않을 수도 있다. 제1조절 유전자가 비정상적인 장소에서 발현되는 이유는 전혀 밝혀진 바 없다. 인간의 결합쌍생아는 10만분의 1 수준으로 매우 드물게 발생하며, 예측도 불가능하기 때문에 원인을 찾을 뚜렷한 방법이 없다. 우리 주변에 있는 화학 물질을 원인으로 보기도 한다. 아주 드물게 사용하는 강력한 화학요법제를 한 가지 이상 투여하면 쥐의 결합쌍생아가 유도되기 때문이다. 결합쌍생아의 궁극적 발생 원인이 무엇이든 '두 개의 형성체' 이론은 하나의 배아에서 두 개의 배아가 생기는 이유를 거의 완벽하게 설명해준다. 그러나 결합쌍생아의 존재 이유, 다시 말해 그들의 가장 본질적 특징인 '결합'의 원인에 대해서는 아무런 설명도 하지 못한다.

결합쌍생아의 '결합 상태(conjoinedness)'를 깊이 연구한 사람으로는 에티엔 조프루아 생틸레르(Étienne Geoffroy Saint-Hilaire)를 들 수 있다. 1829년에 그는 자연사박물관의 교수였는데, 그때 프랑스에서 가장 입지전적인 해부학자이자 그의 영원한 라이벌인 퀴비에도 동료 교수로 재직하고 있었다. 조프루아의 제자인 에티엔 세르는 리타-크리스티나 파로디의 시신 해부에 대한 연구 논문을 발표했으며, 아들인 이지도르 조프루아 생틸레르는 두 소녀의 시신 해부를 주관하였다. 어쩌면 파로디 부부에게 시신을 넘겨달라고 설득하는 데 이지도르의 공이 컸을지도 모른다.

에티엔 조프루아 생틸레르는 당대 최고의 명석한 지성인이었다. 그가 쓴 거의 모든 글은 천재적 기질과 엉뚱한 생각을 동시에 담고 있었다. 그는 타고난 로맨티스트였다. 한편으로는 복어가 몸을 부풀리는 원리 등을 서술한 해부학자였지만, 다른 한편으로는 빛과 전기, 신경에너지 등 우주의 계량할 수 없는 유체 사이의 상호작용처럼 좀더 방대한 문제도 거리낌 없이 연구했다. 하지만 이에 대한 연구 결과를 출판하지는 않았다. 그는 또한 기형에도 많은 관심을 보였다. 실제로 기형학이 학문으로 자리 잡을 수 있었던 것도 그의 노고 덕분이다.

1799년 나폴레옹 보나파르트가 영국의 동진을 막기 위해 이집트 원정을 떠날 때 동행했던 학자들 중에는 에티엔 조프루아 생틸레르도 섞여 있었다. 그는 영국군이 이집트를 함락해서 그곳을 떠나야 할 때까지 악어와 몽구스, 따오기 미라*를 연구하는 한편으로 '괴물'이 생기는 원리를 체계적으로 연구했다. 조프루아는 철저한 후성론자였다. 그는 자궁 내부의 우연한 사건에 의해 괴물이 만들어진다면 인위적으로 괴물

* 이집트에서 따오기는 영조(靈鳥)로 여겨졌으며, 이집트인들은 따오기 외에도 개나 고양이, 원숭이 등 많은 동물들을 미라로 만들었다.

을 만들 수도 있다고 생각했다. 나일 강 계곡의 농부들은 수천 년 동안 쇠똥을 연료 삼아 흙으로 만든 화덕에 계란을 넣고 부화시켰다. 일종의 인큐베이터 장치였다. 여기에 착안해서 조프루아는 비슷한 부화실을 만든 다음, 계란을 이리저리 흔들어보거나 구멍을 뚫거나 금박을 씌우는 등 여러 가지 방법을 총동원해서 계란의 부화 단계를 체계적으로 연구하였다. 사실 병아리들은 기형으로 부화되기도 전에 죽는 경우가 더 많았지만, 가끔은 구부러진 발가락이나 이상한 모양의 부리와 두개골을 가지거나 눈이 없는 상태로 부화하는 경우도 있었다. 괄목할 만한 성과는 아니었지만 후성설에 대한 충분한 확신을 얻은 조프루아는 이를 근거로 전성설을 맹렬히 비난하였다.

기형의 닭에 대한 연구는 기형의 인간에 대한 연구로 이어졌다. 1822년부터 조프루아는 기형아들에 대한 연구 논문을 연달아 출간했는데, 여기에서 그는 동물학자들의 곤충 분류법을 이용해 기형의 형태를 분류하였다. 예를 들어 눈, 코, 입이 어떤 것인지 분간하기 힘든 아이는 크립토세팔루스* 속(屬)으로 분류하였다. 조프루아는 이와 같은 분류법을 인간뿐 아니라 개나 고양이, 심지어 물고기의 기형을 분류할 때에도 적용할 수 있다고 생각했다. 사실 그의 분류법은 모든 자연을 총망라하는 것이었다. 몇 년 후 아들인 이지도르는 아버지의 분류법을 체계적으로 정리했으며, 이후 몇 차례 수정이 가해지긴 했지만 이 방법은 오늘날의 기형학에서 그대로 쓰이고 있다. 가령 프랑스어로 '지포파주(Xiphopages)' 라고 말하는 리타-크리스티나처럼 옆구리가 붙고 머리가 두 개이고 팔이 네 개인 아이들을 '늑골결합 이두사지형 결합쌍생아(parapagus dicephalus tetrabrachius)' 라고 한다.

그러나 기형학에 미친 에티엔 조프루아 생틸레르의 가장 큰 공헌은

* *Cryptocephalus*, 곤충의 학명에서 잎벌레를 통칭하는 말로, 신체기관의 구분이 힘들다는 특징이 있다.

기형이 인체 발생의 조절 법칙에 따른 자연스러운 결과이며, 올바로 관찰할 경우 이런 기형아들이 그러한 법칙을 드러내준다는 사실을 깨달았다는 점이었다. 이것은 프랜시스 베이컨의 생각과 일맥상통하는데, 조프루아의 한 철학 논문에는 제임스 1세 시대의 대법관이었던 천재 베이컨에 대한 호의적인 견해가 적혀 있다.

조프루아는 결합쌍생아에서 인체의 조절 법칙이 가장 분명하게 나타난다고 생각했다. 1829년 리타-크리스티나 파로디를 해부하기 전에도 그는 수많은 결합쌍생아들을 해부해보았다. 그는 결합 상태가 배아 내의 정상적인 발생을 극명하게 반추한다고 주장했다. 배아의 기관은 따로 발생하다가 중력과 같은 불가사의한 힘에 이끌려 서로를 끌어당긴다. 바로 이런 힘의 작용으로 결합쌍생아가 서로를 끌어당기지만, 이 과정에서 힘이 잘못 배치돼 두 배아의 이웃한 기관이 융합된다는 것이었다.

이런 유도 결과에 매료된 조프루아는 당시 실증주의자들의 말을 인용해서 '대자적 자아에 대한 친화력(le loi d'affinité de soi pour soi)'이라는 법칙*을 만들어냈다. 에티엔 세르의 리타-크리스티나 해부 논문 초반부에는 '대자적 자아'와 함께 자신이 고안한 몇 가지 법칙이 설명되어 있다. 조프루아는 '대자적 자아'를 자신의 가장 위대한 발견으로 꼽았으며, 말년에는 이것을 한 차원 끌어올려 우주의 기본 법칙으로 삼았는데, 이는 '선택적 친화성(elective affinity)'의 관점에서 우주의 법칙을 설명한 괴테의 생각과 다르지 않다. 조프루아의 지나친 자신감으로 인해 오히려 '대자적 자아' 개념은 세상에서 거의 잊히고 말았다. 무척 안타까운 일이다. 비록 조프루아의 법칙은 미흡하고 모호하며 잘

* '대자(對自)'는 '존재함에 대한 의식'이라는 뜻을 지니고 있으며, 조프루아의 법칙을 풀이하면 호감 가는 것들끼리 친화력을 가진다는 의미이다.

못된 점도 많지만, 인간 배아의 형성 과정에 대한 중요한 요점을 담고 있었다. 그의 법칙은 결합에 대한 최초의 과학적인 설명이었다.

연결

임신 18일째의 배아는 하얀 타원형에 크기는 1밀리미터 정도이다. 기관은 없으며, 세 개의 조직층을 가진 단순한 형태에 불과하다. 심지어 이런 모습인지조차 확인이 힘든데, 시간에 따라 순서대로 자리 잡은 분자들은 분자생물학자들이 사용하는 특수 시약 없이는 그 의미를 파악할 수 없다. 그러나 그 후 10일 동안 상황이 변한다. 배아는 놀라울 정도로 인간의 모습에 가까워진다. 최소한 개나 닭, 심지어 영원과 같은 척추동물들의 배아와 매우 흡사하다. 이때가 되면 머리와 목, 척주, 내장은 물론이고 심장도 생긴다.

미래의 복잡성에 대한 징후는 임신 19일째에 처음 나타난다. 이 시기가 되면 배아의 가운데 원시선 위로 튤립 잎사귀처럼 길쭉한 모양의 조직이 형성된다. 이 조직(신경판)은 평평하지 않고 가운데를 향해 가장자리가 둥글게 말려 있다. 따라서 배아를 가로로 절단하면 완만한 경사의 U자형 단면이 나온다. 다음날이면 U자의 경사가 매우 가팔라진다. 이틀이 더 지나면 나방이 날개를 접듯 배아의 가운데에서 신경판의 양 끝부분이 만나면서 맞물린다. 그런 뒤 배아의 양끝이 완전히 맞물리고 23일째가 되면 그 안에서 세로로 길쭉한 빈 관(신경관)이 생기는데, 이것이 바로 인체의 중요한 신경관인 척수로 발전한다. 이 관의 한쪽 끝에서는 뇌의 원시 형태(원기*)를 볼 수 있다.

* 原基, 기관이 형태적 · 기능적으로 성숙하기 이전의 예정 재료나 단계.

신경삭(nerve cord)을 시작으로 다른 기관들도 형성되기 시작한다. 원기 신경삭의 양쪽에 벽돌 모양의 작은 조직이 두세 개씩 나타나고 이것은 10개에서 20개로, 마침내 44개로 늘어난다. 중배엽으로 이뤄진 이 조직들은 신경관 주변에 도달해서 반대편 조직들과 짝을 맞춘 뒤 신경관을 에워싼다. 그런 다음 척추와 근육, 진피층이 된다. 배아의 바로 밑에서 크고 흐늘거리는 난황낭을 감싸고 있던 내배엽이 배아 쪽으로 물러나와 내장이 된다. 내장이 수축하는 동안 이미 분열을 마친 배아의 양끝이 서로를 끌어당긴다. 이렇게 해서 맞물려 있지 않던 두 개의 관(管)이 연결되어 배아의 몸을 가로지르는 기다란 관이 되는데, 이것이 내장기관이다. 이제 배아는 앞에는 복부관(abdominal tube)을, 뒤에는 신경관을 지니게 된다. 며칠 뒤면 복부관이 몇 번의 꼬임을 반복한 뒤 작지만 정교한 장치로 발전한다. 아직은 이 시기의 배아에서 미래의 모습을 찾는 것은 불가능하지만, 윌리엄 하비가 말한 "생명의 토대이며 모든 것의 왕자이고, 소우주의 태양이며, 모든 초목이 의지하고, 활력과 힘의 원천"이라는 특징은 이미 충분히 갖추고 있다. 그리고 21일째에는 배아의 심장이 뛰기 시작한다.

이질적인 원기관(原器官)들이 서로 만나고 융합해서 신체 전반의 모습을 형성하는 능력은 배아 형성(embryogenesis)의 신비 중 하나이다. 세포 표면에 붙어 있는 수천 개의 분자들은 합쳐지고 싶다는 신호를 보내면서 다른 세포들이 자신을 동종의 세포로 인식하게 한다. 이런 분자들을 세포접착분자(cell-adhesion molecule)라고 하며, 분자생물학자들은 흔히 인체의 접착제라고 말한다. 이것들은 흩어져 있을 때는 약하지만 뭉치면 강해진다. 그렇지만 원기관의 융합은 정교한 작업이다. 특히 신경관 융합은 실패할 확률이 매우 높다. 아기들은 1000명당 1명꼴로 일부나 전체가 열려 있는 신경관을 가지고 태어나는데, 이를 의학용어로 '이분척추(spina bifida, 척추뼈갈림증)' 라고 한다. 이분척추의 가장 심각한 형태는 머리 쪽의 신경관이 전혀 닫히지 않은 것이다. 양쪽 끝이 그대로 노출된 신경 조직은 괴사되거나 붕괴되며, 이런 증상(무뇌증, anencephaly)을 가진 아이의 경우 뇌간(腦幹)이 흔적으로만 남아 있을 뿐 머리 뒤쪽이 식칼로 도려낸 듯 뭉툭하게 잘려나가 있다.

이런 무뇌아들의 출산율은 1500명당 1명이며, 눈꺼풀이 머리 밖으로 튀어나올 듯 두껍게 부풀어 있으며 혀는 입 밖으로 비죽이 내밀어져 있다. 이들은 몇 시간에서 기껏해야 며칠밖에 살지 못한다. 이분척추라는 말에서도 암시하듯, 이 기형은 신경관 융합은 물론이고 척주도 닫히지 않았기 때문에 신경삭이 뼛속에 안전하게 자리 잡지 못하고 그대로 노출되어 있다. 신경관에만 이런 결함이 생기는 것은 아니다. 간혹 배아의 양쪽 끝에 있는 심장의 원기관들이 만나지 못해서 이분심장(cardiac bifida)이 발생하기도 한다. 이는 말 그대로 심장은 두 개지만 반쪽씩밖에 없다.

인체로 발생하기 위한 세포들의 유착력은 경이로울 정도이다. 에티엔 세르의 리타-크리스티나 해부 논문에는 머리가 붙은 채 사산된 결합쌍생아에 대한 설명도 나온다. 머리부터 복부까지 붙어 있는 이 아이들은 얼굴이 상체에 비해 90도로 꺾여 있으며, 야누스처럼 서로 정반대 방향을 응시하고 있다. 이 아이들의 가장 놀라운 특징은 두 아이의 얼굴이 반쪽밖에 없으며 나머지 반은 다른 아이가 가지고 있다는 사실이다. 발생하다 만 두 아이의 코와 입술, 턱, 뇌의 나머지 부분은 다른 쪽에서 찾을 수 있으며, 그들의 얼굴은 완벽하게 이중으로 융합되어 있다.

결합쌍생아의 다양한 결합 형태는, 발생 중인 배반(embryonic disc)*

---

* 포배의 제일 바깥층 세포와 나머지 안쪽 부분 사이에 틈이 생기는데, 이때 위쪽은 양막이 아래쪽은 배반이 된다. 배반은 배(胚)를 만드는 데 관여한다.

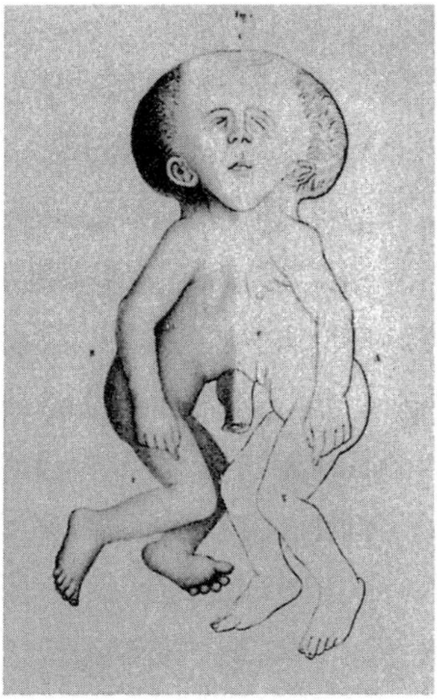

두상흉복부장골결합형 결합쌍생아.
에티엔 세르, 『초월성과 병리해부학에 대한 연구』, 1832

들이 난황주머니(yolk sac)에서 떠다니며 어떤 방향으로 접하느냐에 따라 달라지는 것으로 보인다. 리타-크리스티나의 배반은 나란히 놓여 있다가 척주가 폐쇄된 다음 하복부 내장이 형성되기 전에 융합되었다. 얼굴이 붙은 쌍둥이들은 배반의 얼굴 쪽이 붙어 있었다. 결합쌍생아의 가장 극단적인 형태는 '늑골결합 안면중복기형(parapagus diprosopus)'이다. 이 기형은 배아가 아주 많이 융합되었기 때문에 그들이 쌍둥이임을 외견상 알아볼 수 있는 유일한 증거는 부분적으로 중복된 척추와 2개의 코, 3개의 눈이 있다는 것이다. 이 상태가 되면 개체성에 대한 모든 논쟁을 다시 해야 한다.

결합쌍생아는 형제나 자매에 붙어서 살아가는 일종의 기생체로 점차 변화한다. 기생 관계의 구별은 비대칭의 문제다. 1630년대 유럽을 돌아다니면서 매력을 발산했던 라자루스 콜로레도(Lazarus Colloredo)라는 이탈리아 청년은 흉골에 조반나 밥티스타라는 쌍둥이 형제를 매달고 있었다. 1800년대 후반 미국의 랄루(Laloo)라는 인디언 소년에게도 붙어다니는 쌍둥이 형제가 있었는데, 이름 없는 이 형제는 머리가 없었으며, 배와 팔다리, 생식기관을 가지고 있었다. 1982년에는 35세 중국인의 오른쪽 머리에 기생하는 머리가 붙어 있다는 기사가 보도되었다. 이 또 하나의 머리는 작은 뇌와, 시력이 약한 2개의 눈, 2개의 눈썹과 하나의 코, 12개의 치아와 1개의 혀, 많은 머리카락을 가지고 있었다. 숙주가 되는 머리가 입을 열어 말하거나 혀를 내밀거나 눈꺼풀을 깜빡이면 붙어 있는 머리도 똑같이 행동했다. 숙주가 되는 머리가 음식을 먹으면 붙어 있는 머리도 침을 줄줄 흘렸다. 이 기생하는 머리는 신경외과 수술로 절제되었다. 발생 중인 인체의 신경관이나 흉골, 입과 같은 특정 부위들에는 기생(parasitism, 기생증)이 많이 생기는 편이다. 지금까지 약 40명의 아이들에서 입천장에 작은 기생체가 있다는 것이 보고되었다. 게다가 이런 기생체에게 다른 기생체가 있을 수도 있다. 1860년에 멕시코의 두랑고에서 태어난 한 소년의 입 속에 기생체가 자라고 있었으며, 이 기생체에는 기생체가 둘이나 더 붙어 있었다.

좀더 흔한 기생증인 기형종(畸形腫, teratoma)은 무질서한 조직 덩어리이다. 처음에 양성 종양이라고 착각해서 떼어내 조직검사를 해보면 분화된 조직과 머리카락, 치아, 뼈, 피부를 가진 치밀한 덩어리로 판명된다. 기형종의 원인은 옛날부터 생식세포가 잘못되었기 때문이라고 여겨졌다. 인체의 다른 세포들과 달리 생식세포는 어떤 세포로든 변화될 가능성이 있으며, 때로는 생식세포가 복부로 들어간 순간 돌연변이에 의해 기형아에 대한 모사품(simulacrum)이 만들어진다고 여겨진다. 오늘날 일부 기형종은 숙주인 형제 안에 완전히 들어가 있는 쌍둥이의 일종이라고, 다시 말해 '태아 속의 태아'라고 여겨진다. 1995년 네덜란드에서 태어난 한 아이는 뇌 속에 21명의 태아 잔해를 가지고 있었다

(이 수는 태아들의 다리 수로 판별한 것이다).

왼쪽과 오른쪽

리타-크리스티나의 경우에서 새롭게 알 수 있는 사실을 한 가지 더 꼽는다면 인체의 좌우가 정해지는 방법이다. 우리는 인간이 대칭적인 생물이라고 생각한다. 그리고 외견상으로는 그러하다. 그러나 실제로는 왼쪽보다 오른쪽 팔의 이두근이 더 발달되어 있으며(왼손잡이의 경우는 왼쪽이 더 발달되어 있다), 사지나 눈과 귀가 완벽하게 대칭인 사람은 아무도 없다. 그래도 이것은 본질적인 대칭 구조에서 약간만 벗어날 뿐이다. 그러나 우리의 몸속은 다르다. 인간은 달팽이만큼이나 좌우 비대칭이다. 심장을 펌프질하는 심실은 몸의 왼쪽에 있다. 대동맥과 흉관과 위와 지라는 왼쪽에 있지만, 대정맥과 쓸개 그리고 간의 대부분은 오른쪽에 있다. 간이 리타의 것과 섞여 있는 것을 제외하면 크리스티나의 내장 위치는 우리와 별반 다를 바 없었다. 그러나 리타의 내장은 거울에 비춘 듯 크리스티나의 내장과 정반대로 놓여 있었다.

이런 상태를 '역위(situs inversus)' 라고 하며 말 그대로 '뒤바뀐 위치' 라는 뜻이다. 대부분의 사람들은 정위(situs solitus)로 역위가 아주 드물지만, 결합쌍생아에서는 역위가 흔하다. 그렇지만 모든 결합쌍생아가 역위는 아니며, 두상결합이나 둔부결합이 아닌 측면결합인 경우에만 나타난다. 또한 측면결합 쌍생아 중에서도 우측결합인 경우에만 나타나며(여기서 '오른쪽' 은 관찰자, 즉 독자의 입장에서 바라본 오른쪽), 그 중에서 실제로 역위가 나타나는 비율은 50퍼센트에 불과하다. 이 최종적인 수치는 흥미로운데, 우측 결합쌍생아의 내장들이 무작위로 방향을 바꾼 듯 보이기 때문이다. 다시 말해 그들의 내장의 위치를 결정

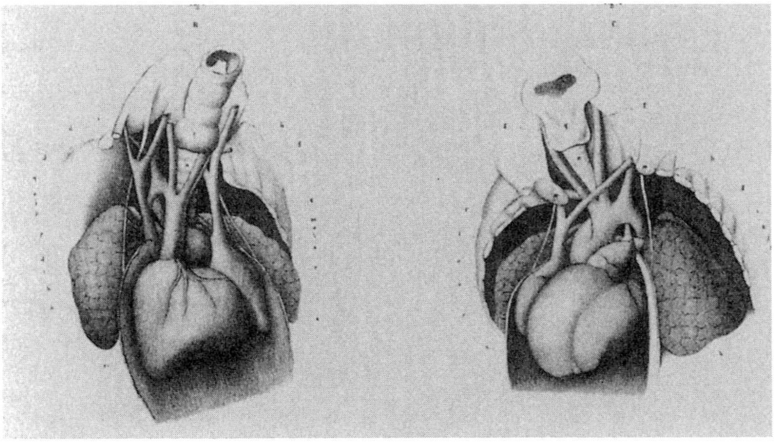

리타-크리스티나 파로디의 내장역위.
에티엔 세르, 『초월성과 병리해부학에 대한 연구』, 1832

할 때 자연은 일반적인 규칙을 따르지 않고 동전을 던지듯, '왼쪽'과 '오른쪽'을 구분한 듯 보인다.

최근 몇 년 동안 인간의 장기가 특별한 방향으로 배열되는 이유에 대해 많은 발견과 연구가 이루어졌다. 쌍둥이로 태어나지는 않아도 8500명당 1명꼴로 아주 드물게 내장역위가 발생하는 사람들에게서 어느 정도의 정보를 얻을 수 있다. 쌍둥이가 아니지만 내장역위로 가장 유명했던 인물은 1688년 앵발리드 병원에서 죽은 노병(老兵)이었다. 그에 대해서는, 루이 14세가 플랑드르를 행군하고 발랑시엔을 포위 공격한 다음 라인 강을 건너가 독일의 제후들을 징벌할 때 이끌고 갔던 수천 명의 병사들 중 하나였다는 사실만 알려져 있다. 이 노병은 사후에 그를 부검한 외과의가 심장이 오른쪽에 있다는 사실을 발견하면서 유명해졌다. 1600년대에 파리 사람들은 그에 관한 잡가를 지어 불렀으며, 1700년대에는 '괴물 논쟁'의 단골 소재였고, 1800년대에는 그 당시 유명했던 '발생학적 정체(developmental arrest)' 이론을 설명하기 위한 예로 삼았다. 오늘날의 과학자들이 그를 해부했다면 그가 그렇게 유명해지지는 않았을 것이다. 그는 선천성 질환의 일종인 '카르타게너 증후군(Kartagener's syndrome)' 이라는 진단을 받는 데 그쳤을 것이다.

이 진단에 따라 이 노병의 의학사를 재편성할 수 있다. 그의 직접적인 사망 원인은 밝혀지지 않았지만 틀림없이 내장역위와는 상관이 없었을 것이다. 그는 자신의 내장이 다른 위치에 놓여 있다는 사실은 전혀 몰랐을 것이다. 72세로 죽기 직전까지 건강한 상태였겠지만 자식은 없었을 것이고 후각도 매우 약했으리라 짐작된다. 이렇게 짐작할 수 있는 이유는 내장역위와 불임, 약한 후각이 카르타게너 증후군 환자들의 공통된 특징이기 때문이다.

카르타게너 증후군의 공통된 증상을 발견한 것 자체가 매우 놀라운 일인데, 이 증후군을 가진 사람들은 매우 드물기 때문이다. 1936년 처음으로 이 증후군에 대한 정의가 내려진 후에도 증상들의 연결고리를 찾는 데 수년이 걸렸다. 1976년 스웨덴의 내과의인 비요른 아프젤리우스(Bjorn Afzelius)는 섬모기형이 약한 후각과 불임의 원인이 된다는 사실을 알아냈다. 섬모란 세포 표면에 붙어 작은 노처럼 움직이는 미세한 소기관이다. 섬모는 목구멍으로 들어오는 먼지 입자를 걸러주며, 정자의 방향을 이끌어주는 꼬리인 편모도 커다란 섬모라고 말할 수 있다. 분자 모터가 섬모에 에너지를 제공해주지만, 카르타게너 증후군을 가진 사람들의 섬모에 붙은 분자 모터는 제 역할을 하지 못한다. 이 증후군을 가진 사람들은 섬모가 폐로 통하는 기도나 동(洞)* 을 청소하지 못하기 때문에 아동기에 만성 기관지염이나 부비동염에 걸린다. 그렇기 때문에 후각이 약해진다. 성인이 되어서는 정자의 운동성 부족으로 불

---

* sinus, 코와 머리 안에서 뼈 사이에 존재하는 공기로 가득 찬 부분으로, 농성(膿性) 물질의 배출을 담당하는 통로.

임이 된다. 섬모의 분자 모터 중앙에는 다이닌(dynein)이라고 하는 커다란 단백질복합체가 존재한다. 이것은 유전자에 의해 암호화된 10여 가지 작은 단백질로 구성되어 있다. 현재까지 카르타게너 증후군은 이 유전자들 중 최소한 2개 이상에 돌연변이가 있다고 밝혀졌으며, 다른 유전자에 관해서도 조만간 밝혀질 것으로 보인다.

무엇보다 카르타게너 증후군의 가장 두드러진 특징은 역위이다. 아프젤리우스는 카르타게너 증후군 환자들 모두가 내장역위인 것은 아니며, 결합쌍생아처럼 절반만 이 증상을 가지고 있다는 사실을 알아냈다. 그는 이것은 배아가 좌우를 구분하려면 반드시 섬모라는 장치를 사용해야 한다는 의미라고 말했다. 그러나 좌우 구분에서 섬모가 어떤 역할을 하는지는 밝혀내지 못했다. 불과 몇 년 전에 마지막 연결고리를 찾

해부 결과 내장역위를 보여주는 카르타게너 증후군의 유아.
조르주 르클레르 뷔퐁, 『박물지』, 1777

아냈지만, 아직도 많은 것이 미지의 영역으로 남아 있다. 결국 이 모든 문제는 당연히 형성체와 관련이 있다.

형성체가 배아의 원시선 한쪽 끝에 위치한 일단의 중배엽 세포라는 사실은 앞에서 이미 설명했다. 이 세포들 각각은 계속해서 오른쪽에서 왼쪽으로 움직이는 섬모를 하나씩 가지고 있다. 그들은 함께 배아를 둘러싼 양수에서 멕시코 만류처럼, 약하지만 아주 중요한 액체의 흐름을 만들어낸다. 섬모의 끊임없는 활동에 의한 이런 방향성 운동은 배아의 좌우가 달라지기 시작하는 첫 번째 신호이다. 1998년에야 발견된 이런 메커니즘은 놀라울 정도로 단순하며, 지금까지 알려진 바에 따르면 배아 형성 과정에서 좌우 구분 외에는 다른 일에 전혀 사용되지 않는다. 섬모의 정확한 역할은 알 수 없지만, 가장 그럴듯한 추측은 강의 소용돌이에 물거품이 한데 모여 있듯이 섬모도 특정 신호전달분자를 배아의 왼쪽에 집중시킨다는 것이다.

이런 아리스토텔레스 식의 가정은 솔직히 재고의 여지가 있다. 하지만 다음에 일어날 일에 비추어보면 합리적이라고 볼 수 있다. 형성체가 형성된 직후에는 유전자가 활동을 개시하고 형성체 주변의 세포가 좌우 구분이 이뤄진 것을 볼 수 있다. 유전자는 신호전달분자를 만들어내고, 신호전달분자는 형성체의 섬모가 확립한 작은 비대칭 신호를 배아의 다른 부분에 전달하고 증폭한다. 이 신호는 얼핏 보기에는 순차적인 신호전달이며 대단히 상호협조적이라고 생각할 수 있다. 그러나 실제로 이것은 치열한 선거전과 유사하다. 민주주의 국가에서 정권을 거머쥐기 위해 좌파와 우파로 갈려 치열한 경쟁을 벌이듯, 배아에서도 비슷한 현상이 벌어진다.

이런 사실을 입증해주는 한 가지 훌륭한 실험이 있다. 만약 배아 발생 초기에 형성체 양쪽에서 발산되는 다양한 신호들이 배아의 좌우 구분과 관련되어 있다면, 신호를 뒤바꿈으로써 배아 발생을 혼란스럽게 할 수 있을 것이다. 일반적으로 포유류의 배아에서는 이런 교란 신호를 만들어내기 힘들지만 닭의 배아에서는 까다로운 작업이 아니다. 암탉이 갓 낳은 계란의 껍데기를 조심스럽게 절개해서 난황에 놓여 있는 배아를 밖으로 드러낸다. 그런 다음 '좌측 신호'에 적신 실리콘 구슬을 조심스럽게 배아의 오른쪽에 놓는다. 또는 '우측 신호'에 적신 실리콘 구슬을 배아의 왼쪽에 놓아도 무방하다. 어떤 방법을 사용하든 배아의 비대칭 신호가 파괴된다. 또한 얼마 뒤면 심장의 비대칭 구조도 파괴되기 시작한다. 원래는 왼쪽에 심장이 놓여 있어야 하지만, 이 실험에서는 오른쪽과 왼쪽 어느 곳에서든 심장이 나타날 수 있다. 카르타게너 증후군 환자나 결합쌍생아의 내장역위 발생 확률이 반반인 것도 분명이와 같은 맥락이다. 실제로 리타 파로디의 심장역위는 분자 신호가 뒤섞여서 생긴 결과에 불과한 것으로 보인다. 두 소녀의 측면결합이 원시선이 배반 위에 나란히 놓였기 때문이라면, 두 개의 원시선은 각각 자신의 형태를 만들기 위해 독자적으로 움직인다. 그러나 리타의 경우 왼쪽의 크리스티나에서 보내지는 신호와 뒤섞여 이런 움직임에 혼란이 발생했다. 이런 혼란으로 인해 리타의 미래 모습을 결정할 분자적 비대칭이 파괴되었다. 그리고 그 순간부터 심장의 위치가 바뀔 확률은 50대 50이 되었다.

1974년 클라라-알타그라치아 로드리게스(Clara-Altagracia Rodriguez)는 분리수술에 성공한 최초의 결합쌍생아가 되었다. 그 후 음포-음포니아나(Mpho-Mphonyana, 1988년생, 남아프리카)와 케이티-에일리시(Katie-Eilish, 1993년생, 아일랜드), 앤젤라-에이미(Angela-Amy, 1993년생, 미국), 조지프-루카(Joseph-Luka, 1997년생, 남아프리카), 마리아 테레사-마리아 데 헤수스(Maria Teresa-Maria de Jésus, 2002년생, 과테말라) 등의 결합쌍생아 분리수술은 한 편의 드라마였다. 외과의와 판사

그리고 부모들은 솔로몬의 심판대에 올라야 했다. 그러나 외과수술이 발달한 지금도 리타-크리스티나 파로디의 분리수술은 성공하지 못했을 것이다. 하지만 더 오래 살았을 것은 분명하다. 미국에 사는 브리태니-애비게일 헨젤(Britanny-Abigale Hensel)이라는 결합쌍생아는 리타-크리스티나보다 훨씬 심하게 결합되어 있지만, 최근 열두 살을 맞이하였다.

쥘 자냉은 리타와 크리스티나가 살았으면 어땠을까를 소설로 쓰지는 않았지만 자신이 품은 생각을 한 편의 짤막한 이야기로 남겼다. 그의 산문의 격렬함을 온전히 적을 수는 없지만, 대강의 줄거리를 전하면 이렇다. 자냉은 가난이 무엇인지조차 몰랐으므로(가난의 손길은 모든 것을 망치므로) 두 소녀도 유복한 것으로 설정한다. 또한 둘은 머리 색도 다르다. 금발에 강인함과 귀족적인 용모를 갖춘 크리스티나는, 검은 머리에 허약하고 신경질적인 여동생을 애정으로 감싸준다. 모든 것이 평화로웠다. 열일곱 번의 봄이 지나고 사랑이 찾아온다. 수줍음 많은 베르테르가 사랑하고 사랑받는 이는, 당연히 크리스티나이다. 아, 모순이런가! 둘이되 심장은 하나, 그리하여 사랑도 하나로다. 이 비극을 어찌 필설로 다할 수 있으리. 리타가 시름시름 앓아누워 생과 사의 치열한 사투를 벌인다. 두 자매는 숨을 거두고, 자냉이 썼듯이, 그들은 '미지의 감정이라는 새로운 공포' 속에 내동댕이쳐진다. 자냉이 이 이야기를 소설로 옮기지 않은 것이 다행이다.

물론 현실은 전혀 달랐다. 세르는 리타와 크리스티나의 해부를 끝낸 뒤 골격뿐 아니라 다른 장기들도 보관해두었다. 자연사박물관의 옛 카탈로그들을 살펴보면 이 아기들의 뇌(1303, 1304)와 눈(1306, 1307), 혀(1308, 1309), 그 밖의 다른 장기나 신체 일부분 각각에서 두 개씩의 보관번호가 고풍스러운 서체로 쓰여 있다. 이 표본들은 대부분이 유실되었다. 하지만 박물관의 지하 저장실에 처박혀 있다가 언제 갑자기 세상에 모습을 드러낼지도 모른다. 그러나 리타와 크리스티나의 골격은 그들의 몸을 뜬 석고상과 함께 아직도 전해진다. 두 가지 모두 비교해부학 전시관에 있다. 성당처럼 내부가 아름답게 꾸며진 이 아치형 철조 구조물에서 불과 몇백 미터 떨어진 곳에는 두 자매의 해부가 이루어진 원형극장이 있다.

비교해부학 전시관이 두 어린 소녀의 유해를 전시하기에 부적합한 장소라고 생각할 수도 있다. 이 전시관에 정리된 수백 개의 골격은 대부분 종(種)·속(屬)·과(科)·목(目)의 분류 기준에 맞춰 진열된 동물들의 것이기 때문이다. 그러나 달리 생각하면 이보다 더 좋은 장소도 없다. 이 전시관은 프랑스의 위대한 박물학자들이 자연계에 질서를 부여하고자, 그리고 각각의 특징에 맞춰 종을 배열하고 그것들을 이해하고자 흘린 땀과 노력의 집합체이다. 무엇보다 에티엔 조프루아 생틸레르의 선천성 기형에 대한 연구는 자연 질서 속에서 결합쌍생아의 위치를 파악한다는 생각과 일맥상통한다. 조프루아가 좋아했을 법한 방식으로, 리타-크리스티나의 유해는 결합형 새끼돼지, 결합형 병아리와 같은 진열장을 차지하고 있다. 조프루아에게 이 표본들은 기형이 제멋대로 만들어진 존재나 자연의 변덕, 우주의 장난으로 생겨난 것이 아니라 우리가 이해할 수 있는 자연적인 힘의 결과임을 나타내주는 최상의 증거였다. 그는 이렇게 단언했다. "괴물은 없다. 그리하여 자연은 하나이다." 프랑스의 다른 격언들이 그렇듯, 이 말 역시 다소 모호하다. 그러나 리타-크리스티나 파로디를 담고 있는 진열장 앞에 서서 두 개의 머리와 네 개의 푸른 눈동자를 가진 분홍색 석고상을 바라보노라면, 그의 참뜻이 마음에 와닿을 것이다.

3

최후의 심판 | 최초의 기관 형성에 대하여

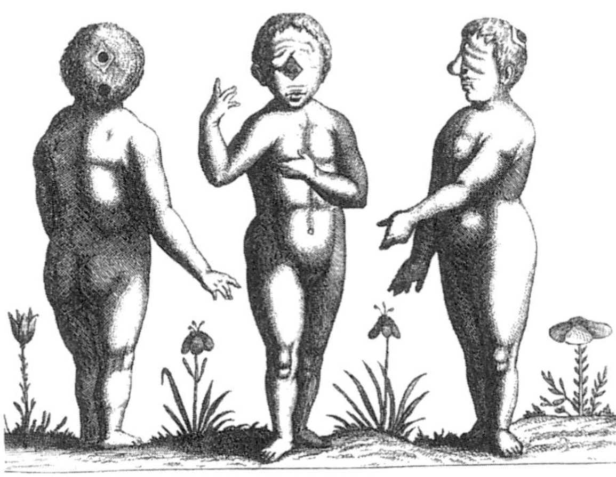

1624년 이탈리아의 피르메에서 사산아로 태어난 단안기형(單眼畸形),
포르투니오 리세티, 『자연 속에서 찾은 괴물의 원인과 다양성』, 1634

1890년 암스테르담 시는 1만 2000길더를 주고 빌렘 브롤릭(Willem Vrolik)의 해부학 컬렉션을 구입하였다. 이 컬렉션은 5103점의 표본으로 이루어져 있었으며 희귀 표본들이 다수 포함되어 있었다. 그 중에는 식민지 정복자들에게 모반을 꾀했다 실패한 데파티 토에토에프 호에라(Depati-teotoep-hoera)라는 수마트라 왕자의 두개골 표본도 있었다. 또한 덴마크 왕가의 소유였던 뿔이 두 개 달린 일각고래, 민족과 지역별로 모은 인간의 두개골, 여러 가지 선천성 기형을 보여주는 360점의 표본도 섞여 있었다. 성인 표본도 몇 있었지만, 알코올이나 포름알데히드에 잠긴 표본의 대부분은 유아들의 것이었다.

브롤릭 컬렉션은 18~19세기에 유럽에서 성행하던 대규모 기형 컬렉션의 하나이다. 런던의 가이즈 앤드 세인트 토머스 병원은 고든(Gordon) 박사의 컬렉션을, 왕립의과대학은 유명한 해부학자인 헌터(Hunter) 박사의 컬렉션을, 필라델피아는 뮈테르(Mütter) 컬렉션을 갖췄고, 파리에는 자연사박물관을 비롯해서 오르필라(Orfila) 컬렉션과 뒤퓌트랭(Dupuytren) 컬렉션이 갖춰져 있다. 당시 암스테르담 대학 의학부에 기증되었던 브롤릭 컬렉션은 현재 시 외곽의 현대적인 생의학 단지 내에 위치한 근사한 전시관에 진열되어 있다. 대부분의 전시관들이 의사나 과학자를 제외하고는 일반대중에게 기형적인 수집품의 관람을 꺼리는 반면, 브롤릭 전시관의 큐레이터들은 다르다. 네덜란드 특유의 합리주의를 반영하듯, 가장 추악한 전시물일지라도 보기를 원한다면 누구든 볼 수 있다.

이 소장품들의 기이함은 상상을 초월한다. 진열장의 브롤릭 표본들을 보고 있노라면 등골이 오싹해진다. 떡 벌어진 입, 뻥 뚫린 눈, 개복된 두개골, 절개된 복부, 한데 엉켜 있거나 어딘가가 없어진 사지들은, 헤롯왕이 어딘가에서 또 한 차례 무고한 이들을 살육하기라도 한 듯 참을 수 없는 분노를 품고 있는 것 같다. 브롤릭 컬렉션에 속한 아기들의 시신은 대부분 사산아이다. 멜론처럼 생긴 이마를 가진 신생아의 골격은 치명적 형성장애증*을 보여준다. 표본병의 벽에 찌부러질 듯 눌려 있는 발육장애의 사지들은 블롬스트랜드 연골형성장애증**을 보여준다. 신경관 융합에 실패한 영아들의 진열장도 있다. 이 아기들은 등이 갈라져 열려 있고 뇌가 두개골 밖으로 넘쳐 있다. 전시관 한편에는 결합쌍생아들을 진열해놓고 있으며, 그 중에는 숙주와 거의 동일한 크기의 기생체가 입천장에 매달려 있는 결합쌍생아도 있다. 그 옆에는 '무형무심체'***라는 라벨이 붙은 표본이 있다. 이것은 피부로 덮인 구체라고밖에 볼 수 없는데 작은 탯줄과 약간의 창자, 척추의 잔해만 제외하면 사람인지 아닌지 도저히 구분할 수가 없다. 브롤릭 컬렉션 같은 곳을 돌아보노라면 인간 형태의 한계가 어디인지를 헤아리기 힘들다. 이런 기이한 모습의 생물들이 많이 등장하는 그림으로는 현재 프라도

---

* thanatophoric dysplasia, 신생아 2만 명당 1명의 발병률로 우성유전된다.

** Blomstrand's chondrodysplasia, 장골 끝의 비정상적인 성장이 특징인 유전성 질병.

*** Acardia amorphus, 심장 없이 몸이 일그러진 채로 태어난 아기.

미술관에 전시되어 있는, 네덜란드 화가인 히에로니무스 보스의 유화를 들 수 있다. 물론 보스의 그림과 브롤릭 컬렉션은 의미가 다르다. 보스의 그림에 등장하는 괴물들이 탈선한 인류에게 내려질 사후 세계의 징벌을 경고하는 의미를 담고 있다면, 브롤릭 컬렉션은 도덕적 판단을 제외한 채 임상적인 기형만을 담고 있다. 그리고 이 점이 브롤릭 전시관의 가장 두드러진 특징이다. 그것은 과학 세대에게 내리는 최후의 심판이다.

외눈박이 괴물

빌렘 브롤릭의 저서 중 가장 훌륭한 책으로는 1844년에서 1849년에 걸쳐 발간된 『인간과 포유류의 정상적·비정상적 발생에 대한 판화 *Tabulae ad illustrandam embryogenesin hominis et mammalium tam naturalem quam abnormen*』를 꼽을 수 있다. 이 책에 실린 기형을 담은 석판화들은 그 아름다움이나 진실성 면에서 단연 최고로 꼽힐 수 있다. 그 중에서도 이마 한가운데 두 개가 아닌 하나의 눈이 박혀 있는 인간과 동물의 모습을 담은 판화가 가장 많다. 브롤릭은 이 책을 저술하기 전에 십여 년 동안 단안기형을 연구했으며, 이것에 대한 논문도 낸 바 있다. 또한 눈은 하나이지만 기형의 정도가 다양한 새끼돼지 표본 8점, 양 표본 10점, 인간 표본 5점, 새끼고양이 표본 1점으로 이루어진 24점의 표본을 수집하였다. 조프루아의 방법을 이용해서 브롤릭은 이런 외눈박이들에게 그리스 신화 세계에서 가장 추악한 괴물 중 하나인 '키클롭스(Cyclops)' 라는 이름을 붙였다.

헤시오도스의 『신통기神統記, *Theogonia*』에는 우라노스 신과 가이아 여신 사이에서 태어난 브론테스, 스테로페스, 아르게스라는 키클롭스 삼형제가 등장한다. 그들은 거인에다 추악하게 생긴 장인(匠人)인데 제우스 신의 천둥번개를 만들었다고도, 거대한 미케네 성벽을 쌓았다고도 한다. 호메로스의 『오디세이아』에 등장하는 키클롭스들은 더 인간에 가깝고 그 수도 훨씬 많다. 하지만 두 책 모두 외눈을 야만성의 상징으로 보는 점은 일치한다. 호메로스는 그들을 무법자라고 불렀다. 그 중에서도 가장 잔악무도한 키클롭스는 폴리페모스이다. 그는 인육을 즐겼으며 오디세우스의 동료들을 장난감처럼 가지고 놀다가 산 채로 뇌를 파먹었다. 호메로스는 무법자 폴리페모스가 사는 섬이 어디인지는 밝히지 않았다. 로마의 시인 오비디우스는 시칠리아의 에트나 벼랑이 그의 거주지이며, 비록 식인 취미를 가지고 있었지만 갈라테아 요정에게 많은 애정을 바쳤다고 적었다. 그리스인들은 청동 화병이나 대리석 화병에 오디세우스가 불 붙은 막대기로 외눈을 찌르자 폴리페모스가 바위를 던지며 광분하는 장면을 새기기도 했다.

대부분의 기형학자들은 기형을 신화 속의 괴물에 연관지어 생각했다. 그들은 반인반수의 도상학(圖像學) 모델은 인간의 아기라고 주장한다. 만약 그런 아이가 언젠가 나타났다면, 확실히 그 모델은 어렴풋이나마 기억되었을 것이다. 폴리페모스의 크기나 난폭함은 제각각이지만, 가장 초기의 문헌에서도 그의 외눈은 우리가 당연시 여기는 위치인 코 위에 있었다. 그러나 실제로 단안기형아의 눈은 반드시 코 바로 밑이나 왼쪽에 붙어 있다. 또 다른 학자들은 키클롭스가 빙하기 때 지중해의 여러 섬에 서식했던 소형 코끼리(dwarf elephant)의 반화석화 잔해에서 착안한 피조물이라고도 주장한다. 상당히 그럴듯한 주장이다.

키클롭스의 기원이 무엇이든 호메로스에서 브롤릭에 이르기까지 키클롭스에 대한 도상학은 뚜렷한 진화적 계보를 보여준다. 호메로스의 폴리페모스는 말 그대로 괴물이다. 오비디우스의 폴리페모스도 괴물임

갈라테아 요정에게 구애하는 키클롭스. 블레즈 드 비제네르, 『필로스트라투스의 판화』 1624

에는 분명하지만 감상적인 성격을 가지고 있다. 그러나 오비디우스가 죽고 60년 뒤에 키클롭스는 전혀 다른 모습으로 등장한다. 그들은 여행자와 철학자들의 권위에 힘입어 일종의 존재론적인 존재가 된다. 서기 77년에 대(大) 플리니우스는 백과사전적인 『박물지*Historia naturalis*』를 편찬하였다. 알렉산드로스 대왕의 정복 전쟁이 한창이던 기원전 303

년에 인도 특사로 파견된 메가스테네스와 같은 초기 그리스 작가들을 인용하면서, 플리니우스는 인도와 에티오피아(그는 두 나라를 거의 구분하지 않았음)를 수많은 전설상의 종족들로 채웠다. 그의 『박물지』에는 한쪽 발이 매우 커서 누웠을 때 그 발을 해 가리개로 쓰는 스키아포데스, 난쟁이 같은 피그미족, 개의 머리를 가진 키노세팔리, 얼굴은 없고 어깨 사이에 눈이 있는 사람들, 손발에 각각 여덟 쌍씩 손가락과 발가락을 가진 사람들, 천 년을 산 사람들, 거대한 귀를 가진 사람들, 꼬리 달린 사람들이 등장했다. 또한 그가 아리마스포이 사람(Arimaspo)이라고 한 외눈박이들도 등장하는데, 이들은 그리핀과 황금을 두고 싸움을 벌인다.

이때를 시작으로 기형을 정의하기 위해 신화적인 종족들을 사용하는 전통이 거의 15세기 동안 지속되었다. 3세기쯤에는 기독교 작가들도 이런 전통을 따르기 시작했고, 5세기 무렵 성 아우구스티누스는 이런 종족들이 아담의 후손인지를 두고 고심한다. 중세에 이르자 신비주의 서적에서 키클롭스는 단골로 등장하는 괴물이 된다. 그 예로 1240년경에 지은 토마스 아 캉탱프레(Thomas à Cantimpré)의 『만물의 본성에 대하여*De Naturis Rerum*』를 들 수 있다. 14세기에는 키클롭스가 카인과 함의 추악한 자손이라는 식으로 그들과 성경 인물들을 연결시켰다. 같은 시기에 마르코 폴로가 쓴 여행담에도 등장하며(이 이탈리아인은 실제로 키클롭스의 존재를 언급하지는 않음), 1500년대 초반 덴마크의 교회 벽화에는 키클롭스가 줄무늬 바지와 챙 넓은 모자 차림에 손에 가죽 지갑을 들고 있는 중세 후기 발트 해의 멋쟁이로 묘사되어 있다. 시간이 흐르면서 키클롭스는 작아지면서 한층 유순하고 사람에 가까운 모습으로 변모한다.

신화에 등장하는 키클롭스와 뚜렷이 다른 모습의 단안기형 그림을 처음 제시한 사람은 포르투니오 리세티였다. 그는 1634년 『자연 속에서 찾은 괴물의 원인과 다양성』에서 이탈리아의 피르메에서 1624년에 태어난 여아를 보여준다. 이 여아는 몸에는 아무 이상이 없었지만 얼굴이 매우 기괴했다. 얼굴 중앙에 코 대신 음경이나 서양배 비슷하게 생긴 피부 덩어리가 자리 잡고 있었다. 그 아래에는 정방형의 붉은색 피부 덩어리가 있고, 그 안에 닭의 눈처럼 가운데로 몰린 두 개의 눈동자가 위치해 있었다. 아이는 사산아로 태어났지만 그림에서는 고대 거인의 전설을 반영하듯 튼튼한 10세 정도의 아이로 보인다.

리세티의 책에는 같은 시기에 태어난 또 다른 단안기형의 결합쌍생아도 등장한다. 이 아이들은 두개골이 붙은 채 야누스 신처럼 서로 다른 방향을 바라보는 심한 두개골 융합을 보인다. 결합쌍생아든 단안기형아든 보기 드문 기형인데, 둘 다 한꺼번에 발생한 게 사실인지 의심이 생긴다. 그러나 1916년에 발표된 결합쌍생아에 대한 임상보고서를 보면 단안기형을 가진 결합쌍생아의 예가 많다. 리세티의 책에 실린 그림의 출처도 흥미롭다. 그는 이 그림이 로마에 있는 바르베리니 추기경의 소장품을 모사한 것이라고 말하지만, 그림의 원작자는 레오나르도 다 빈치인 것으로 추정된다. 그러나 현재 이 그림은 유실된 상태이다.

빌렘 브롤릭은 자신이 수집한 표본을 관찰하면서 아이들마다 기형의 정도가 다르다는 사실을 깨달았다. 눈구멍 안에 한 개의 안구(눈알)가 들어 있기도 했고 2개의 안구가 있기도 했다. 코를 알아볼 수 있는 표본이 있는가 하면 전혀 알아볼 수 없는 것도 있었다. 현대 임상의들은 단안기형을 머리 결함(head defect)의 두 가지 극단적인 형태 중 하나라고 생각한다. 또 다른 극단적인 형태는 위턱에 앞니가 두 개가 아닌 한 개만 있는 기형이다.

눈이 하나라는 것은 두개골 안쪽의 뇌도 기형임을 의미한다. 정상적인 척추동물의 뇌는 좌우가 구분된다. 인간은 좌측 대뇌반구와 우측 대

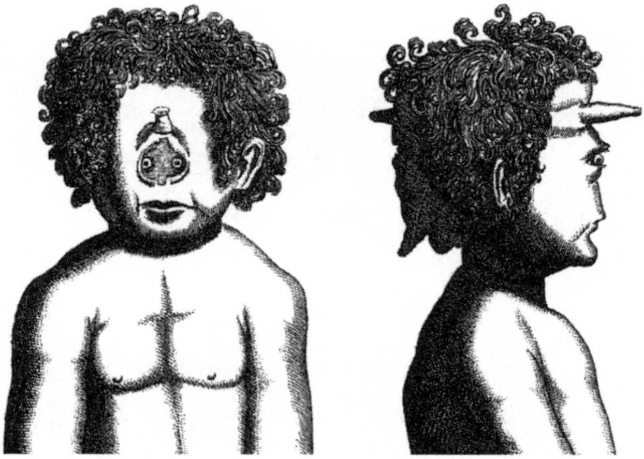

단안기형의 결합쌍생아. 레오나르도 다 빈치의 그림으로 추정됨.
포르투니오 리세티, 『자연 속에서 찾은 괴물의 원인과 다양성』, 1634

뇌반구를 가지고 있으며, 이를 두고 흔히 '좌뇌'와 '우뇌'라고 말한다. 단안기형의 아이들은 이런 구분이 없다. 전뇌(forebrain)의 대뇌반구, 시엽(視葉, optic lobe), 후신경엽(嗅神經葉)이 두 개씩이 아니라 구분이 힘들 정도로 하나로 합쳐져 있다. 임상의들은 이런 선천적 기형을 총망라해서 '완전전뇌증(holoprosencephaly) 계열'이라고 부른다. 그리스어로 *holo*는 전체를, *prosencephalon*은 전뇌를 의미한다. 완전전뇌증은 인간의 뇌 발생에서 가장 많이 나타나는 기형 중 하나로 출생아 1만 6000명당 1명, 유산된 태아 200명당 1명꼴로 나타난다.

태아가 단안기형일 확률은 경악할 정도로 높다. 어류의 배아는 열과 냉기, 방사선, 산소 부족 등에 의해 단안기형이 될 수 있다. 또한 에테르나 클로로포름, 아세톤, 페놀, 낙산, 염화리튬, 레틴산, 알코올, 식염이 원인이 될 수 있다. 1950년대 미국 서부에서는 단안기형의 양들이 무더기로 출산되었는데, 임신한 암양들이 익시아(corn lily)를 뜯어 먹은 것이 원인이었다. 이 붓꽃과의 식물은 아고산대에 서식하며 잎에 다

사산된 송아지의 단안기형.
빌렘 브롤릭, 『인간과 포유류의 정상적·비정상적 발생에 대한 판화』, 1844~1849

량의 독성 알칼로이드를 함유하고 있다. 사람의 경우 당뇨병을 가진 임산부는 단안기형아 출산율이 정상인의 200배이며, 알코올 중독인 경우도 마찬가지이다.

그러나 대부분의 단안기형은 모체의 임신 중의 행동과는 전혀 상관이 없다. 적게는 4개에서 많게는 12개 정도의 유전자 돌연변이가 완전전뇌증을 일으키기도 한다. 이 중 하나가 신호전달단백질을 암호화하는 소닉 헤지호그(sonic hedgehog)라는 유전자다. 이렇게 부르는 이유는 돌연변이 초파리 애벌레의 몸에 고슴도치처럼 쐐기 털이 무수히 박혀 있는 것을 발견한 시기가 1980년대 초반인데, 척추동물에서 이 돌연변이 관련 유전자가 발견되었을 때 '소닉 3(Sonic the Hedgehog)'라는 게임에 사족을 못 쓰던 대학원생은 자연스럽게 이 이름을 붙였다. 인간의 단안기형을 유발하는 소닉 헤지호그 돌연변이는 우성이다. 다시 말해 결함 유전자를 부모 중 한쪽에서만 물려받아도 단안기형이 되거나 최소한 완전전뇌증 계열의 기형을 지니게 된다. 그러나 어떤 이유

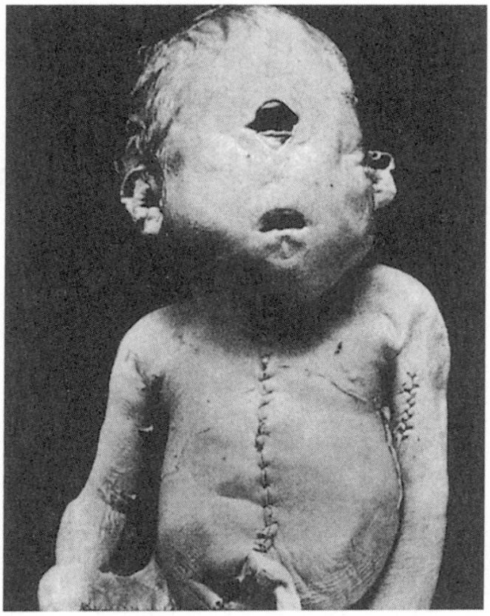

단안기형의 사산아. 허스트와 피에르솔, 『인간의 기형』, 1893

에서인지 이 돌연변이 유전자들의 몇몇 보인자들은 정상이다. 그렇기에 그들은 살아서 자손들에게 결함이 있는 유전자를 물려준다.

소닉 헤지호그 결함 유전자를 가진 아이의 대뇌반구가 하나라는 것은 중요한 사실을 시사한다. 정상적인 배아에서 전뇌는 처음 형성될 때 신경관 끝에 한 덩어리로 존재하다가 나중에야 좌뇌와 우뇌로 갈라진다. 이런 분열 과정을 유도하는 것이 소닉 헤지호그이다. 소닉 헤지호그는 다른 여러 신호전달분자들과 마찬가지로 모르포겐이다. 신경관이 형성되는 동안, 소닉 헤지호그는 전뇌로 발생할 부분 바로 아래 중배엽 세포 일부에서 나타난다. 그리고 소닉은 조직을 하나하나 점검해가면서 뇌를 좌우로 구분한다. 이 과정은 눈의 생성에서 가장 뚜렷이 나타난다. 배아가 눈을 가지기 오래전부터 전뇌의 일정 부분은 시신경 연결에 전념한다. 눈에 해당하는 이 영역에 배아의 전뇌를 가로지르는 하나의 띠가 나타난다. 소닉은 눈의 기하학적 구조를 형성해준 다음 두 부

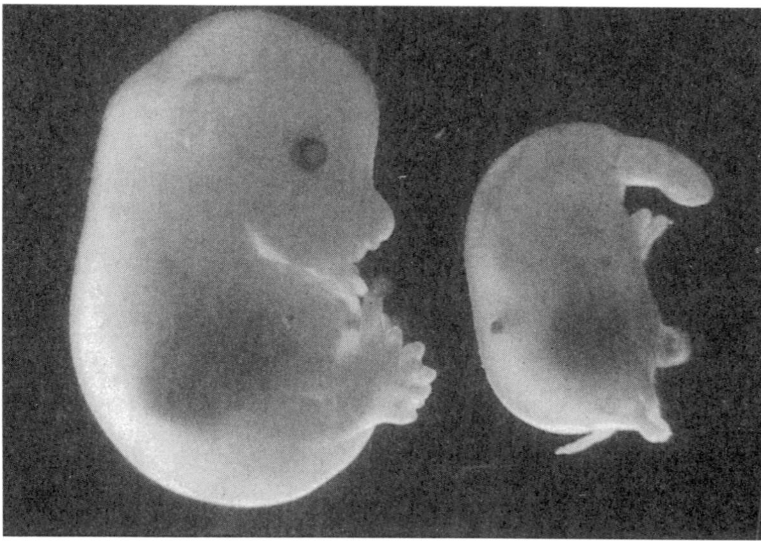

정상적인 쥐(왼쪽)와 소닉 헤지호그 결함이 있는 쥐(오른쪽).

분으로 나눈 뒤 머리의 좌우에 배치한다. 이때 돌연변이나 화학 물질이 소닉의 활동을 방해하면 외눈을 가진 단안기형아가 생겨난다.

소닉의 역할은 대뇌반구를 가르는 것에 그치지 않는다. 소닉 헤지호그 유전자가 완전히 파괴된 쥐들은 심장과 폐, 신장, 내장 등이 모두 기형이다. 이들은 언제나 사산되며, 발도 없다. 얼굴도 단안기형을 넘어서서 나무토막처럼 생겼으며, 눈은 물론이고 귀나 입도 없다. 이런 기형은 배아가 기관을 형성하고 발달시킬 때 소닉이 전방위적으로 사용된다는 사실을 암시한다. 심지어 머리가 생성될 때에도 여러 번 사용되는 것으로 보인다.

배아의 얼굴은 다섯 개의 서로 떨어진 돌기(prominence)에서 시작되는데, 이들은 나중에 융합된다. 이 중 두 개는 위턱을, 또 다른 두 개는 아래턱을, 나머지 하나는 코와 인중과 이마를 형성한다. 이 다섯 개의 돌기가 소닉 헤지호그 단백질을 분비한다. 이번에는 분비된 소닉이 이 돌기들의 형성과 이후의 얼굴 모습을 결정한다. 좀더 정확히 말하자면 얼굴의 너비를 조절한다. 소닉은 또한 양쪽 귀와 눈과 콧구멍 사이의 간격을 조정한다. 이렇게 단정할 수 있는 이유는 닭의 배아에 여분의 소닉 단백질을 주입하면 얼굴이 비정상적으로 넓어지기 때문이다. 주입량이 많아질수록 얼굴 역시 더 넓어져서 기관 복제를 시작하고 그 결과 하나의 얼굴에 두 개의 부리가 생긴다. 물론 이런 현상은 인간에서도 일어난다. 몇몇 유전병들은 미간이 비정상적으로 넓은데, 이를 양안격리증(ocular hypertelorism syndrome)이라고 한다. 이런 현상이 일어나는 이유 중 하나는 소닉의 활동을 정상적으로 제한하는 유전자에 돌연변이가 생겼기 때문이다. 몇몇 양안격리증 환자들은 여분의 소닉을 주입한 닭과 얼굴 형태가 비슷해지기도 한다. 코가 매우 넓거나, 코끝이 두 개로 갈라지거나 심지어 코가 두 개이기도 하다.

이런 유전병을 보고 있노라면 '인간의 얼굴은 어디까지 넓어질 수 있을까?' 라는 의문이 든다. 얼굴이 계속 넓어져서 기관 복제가 시작되고 결국 완전히 똑같은 얼굴이 두 개 생긴다면, 개체도 두 개일까? 이 의문이 현실로 나타났다. 샌프란시스코에서 두 개의 주둥이와 두 개의 혀, 두 개의 식도, 안구가 하나씩 박힌 세 개의 눈을 가진 돼지가 태어난 것이다. 이 돼지는 두 개의 배아로 시작했다가 나중에 비정상적으로 심하게 결합된 것일 수도 있다. 그러나 이런 기관 복제가 얼굴과 전뇌에서만 일어난 것으로 보아 이 돼지는 매우 넓은 머리를 가진 하나의 배아에서 나온 것일지도 모른다. 이 돼지는 1998년에 죽었지만 머리는 캘리포니아 대학 샌프란시스코 캠퍼스에 보관되어 철학적인 고찰거리를 제공한다. 이 돼지는 한 마리인가, 두 마리인가? 토마스 아퀴나스라면 이런 의구심을 품었겠지만 돼지를 보살폈던 과학자들은 그렇지 않았다. 그들은 형이상학적 문제는 무시하고 돼지를 보살피는 일에만 전념했으며, 이 돼지 친구(또는 친구들)에게 디토*라는 별명을 붙였다.

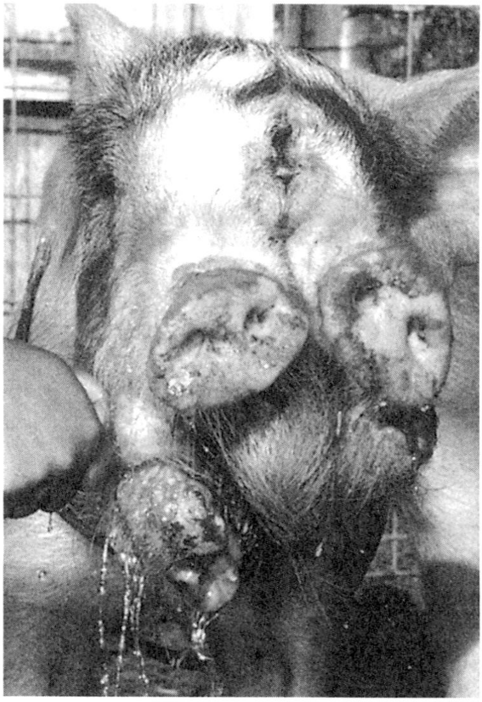

두 얼굴의 돼지 '디토'

세이렌

대규모 기형 컬렉션에는 인어체기형(sirenomelia)이라고 불리는 기형이 자주 등장한다(브롤릭 컬렉션에서도 인어체기형은 진열장 하나를 다 차지한다). 이 명칭은 오디세우스를 유혹했던 마녀인 '세이렌(Seiren)'과 팔다리를 뜻하는 '멜리아(melia)'에서 유래했지만 영어로 '인어증후군(mermaid syndrome)'이라 하면 의미가 명확해진다. 인어체기형아는 두 다리 대신에 하부 기관이 하나로 붙어 있으며, 넙다리뼈

* Ditto, '위와 같음'이라는 의미.

(대퇴골)와 정강이뼈(경골), 종아리뼈(비골)가 하나이기 때문에 위는 넓고 아래는 가는 관처럼 생겼다. 19세기 일본의 어부들이 원숭이와 물고기를 건조시켜서 만든 가짜 인어와는 생김새가 전혀 다르다. 단안기형과 인어체기형은 호메로스의 시에서 따왔다는 것 말고도 많은 연관성을 가지고 있다. 단안기형이 얼굴 정중선*의 기형으로 인해 눈을 좌우로 충분히 분리하지 못하듯이, 인어체기형 역시 하지의 정중선의 결함이 원인이다. 인어체기형아는 다리의 좌우 구분이 없이 하나로 융합되어 있다.

인어체기형의 발생 원인은 아직 뚜렷이 밝혀지지 않았다. 최근 두 그룹의 유전공학자들이 특정 유전자에 결함이 있는 쥐들을 연구한 적이 있었다. 뜻밖에도 이 쥐들은 꼬리가 없고 인어체기형처럼 뒷다리가 붙은 상태로 태어났는데, 이들이 인어체기형의 쥐였던 것이다.

인어체기형의 쥐는 CYP26A1 유전자를 제거했을 때 태어났다. 이 유전자는 레틴산(retinoic acid)을 조절하는 효소를 암호화한다. 유전법칙에 의하면 배아의 형성을 조절하는 중요한 분자들은 대부분 기다란 아미노산 사슬로 이루어진 단백질이다. 그러나 레틴산은 단백질이 아니다. 이것은 훨씬 작고 단순한 구조로, 꼬리가 달린 탄화수소 고리에 불과하다. 또한 배아의 분자 중 이해하기 어려운 분자에 속한다. 레틴산은 단백질이 아니기 때문에 연구도 힘들다. 우선 이것은 배아 내에서는 관찰이 불가능하다. 단백질 관찰에 이용되는 염색법을 탄화수소 고리에는 사용할 수 없다. 또한 단백질이 아니기 때문에 '레틴산 유전자' 도 존재하지 않는다. 다시 말해 레틴산 생성에 필요한 정보를 직접 암호화해주는 DNA의 영역이 존재하지 않는다. 그 대신에 레틴산을 생성하고

---

* median line, 신체 표면의 가상적인 수직선으로 좌우로 균등하게 나누는 역할을 한다. 배아 발생에서 정중선이 결함이 있으면 좌우 대칭구조를 만들지 못한다.

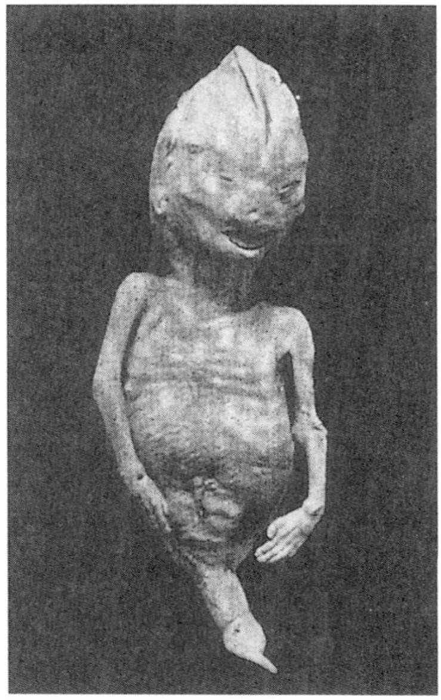

사산된 인어체기형(또는 인어증후군)
허스트와 피에르솔, 『인간의 기형』, 1893

분해하는 효소를 암호화하는 유전자가 있을 뿐이다. 유전자와 그 산물 사이의 관계는 실망스러울 정도로 간접적이다.

그렇지만 레틴산이 배아의 형성에 중요한 역할을 한다는 단서가 여기저기서 나타났다. 배아는 비타민 A(레티놀)에서 레틴산을 만든다. 비타민 A의 중요성이 대두되기 시작한 것은 1932년 텍사스 농과대학의 연구 결과가 나온 후부터였다. 연구진이 돼지에게 비타민 A가 부족한 사료를 먹인 결과 안구가 없는 새끼돼지가 11마리 태어났다. 레틴산 과다 부작용이 나타난 것은 1980년대로, 낭포성 중증 여드름에 이소트레티노인(isotretinoin)이라는 유사물질을 널리 처방하면서였다. 당시에도 약품의 기형 발생 가능성이 잘 알려져 있었음에도 일부 여성들이 임신을 모른 상태에서 약을 복용하고 말았다. 한 연구에서는 36명의 임신부 중 23명은 외형적으로 정상인 아기를 낳았지만, 8명은 유산하였고 5명은 기형아를 낳았다. 구개열이나 심장 결함, 중추신경계 질환이 나타났으며 귀가 없는 경우도 있었다.*

과학자들은 이 예기치 않은 연구를 확인하기 위해 동물의 배아를 레틴산에 담근 뒤 기형이 생기는지를 관찰하였다. 실험 결과 대부분의 배아에서 이소트레티노인에 노출된 배아에게 발생하는 것과 같은 사소한 기형이 발생하였다. 그러나 몇몇 배아에서는 놀라운 결과가 나타났다. 만약 올챙이의 꼬리를 자르면 곧바로 꼬리가 다시 자라나는 것이 정상이다. 그러나 올챙이 꼬리를 자른 부위에 레틴산 용액을 바르면 꼬리 대신에 다리가 여러 개 생긴다. 이 실험은 레틴산이 강력한 물질임을 극명하게 보여준다. 또한 올챙이가 레틴산을 이용해서 뒷다리를 조절할 수도 있음을 보여준다. 그러나 이를 입증하지는 못했다. 언젠가는 레틴산이 배아의 정상적인 발생 과정을 완전히 뒤엎는 일종의 외부 독소라는 반론이 나올지도 모른다.

그러므로 인어체기형 쥐에 대한 연구가 중요하다. 이 쥐들은 배아가 레틴산을 어디에 사용하는지에 대한 통찰력을 제공해준다. 이것은 아마도 배아에서 가장 중요한 것 중 하나인 모르포겐인 듯하다. 실제로 이 모르포겐을 배아의 길이와 폭을 관장하는 초(超)모르포겐(*Über-morphogen*)이라고 부를 수도 있다. 그러나 레틴산은 탄화수소 고리이기 때문에 일반적인 모르포겐과는 다르다. 단백질 신호 분자는 너무 커서 세포 내로 들어가지 못하고 세포 표면의 수용체에 달라붙는 반면, 레틴산은 세포막을 뚫고 들어가서 세포 내의 수용체에 달라붙는다. 그런 다음 세포핵으로 직진해서 유전자를 활성화시키기도 하고 비활성화

* 이와 같은 증상을 일으키는 기형을 이소트레티노인 배아병증(isotretinoin embryopathy) 또는 비타민 A 배아병증(vitamin A embryopathy)이라고 한다.

시키기도 한다.

레틴산은 어디에서 만들어질까? 또한 정확히 무슨 역할을 할까? CYP26A1 유전자는 레틴산 분해 효소를 암호화한다. 따라서 CYP26A1 유전자 결함의 쥐는 레틴산을 과도하게 가지고 있다. 인어체기형의 다리가 생긴 것은 배아 뒷다리에 레틴산이 비정상적일 정도로 많이 존재하기 때문이다. 레틴산이 너무 많을 경우 기형이 생기는 위치는 배아 뒷다리만이 아니다. 인어체기형의 쥐들은 머리에도 결함을 가지고 있다. 즉, 정상적인 머리는 레틴산이 존재하지 않는다는 말도 된다. 배아 내의 레틴산 농도 분포도를 그린다면, 아마도 목이 될 부분이 가장 높고 측면이나 전면, 등 쪽으로 향할수록 낮아지는 모양일 것이다. 모르포겐을 만들고 분해하는 효소들이 균형을 이루면서 이 농도 차이가 조심스럽게 유지되지만 이런 균형이 무너지면 배아는 여드름 치료제에 노출된 다리 여럿 달린 올챙이나 인어체기형의 쥐나 아기, 태아처럼 기형적인 모습으로 성장하게 된다.

운명의 계산자

단백질 분자이든 탄화수소 고리이든 모르포겐은 배아의 성장에 여러 영향을 미치면서 세포에게 일종의 좌표계를 제공한다. 그리고 세포는 이런 좌표계를 이용해 자신들이 어디에 있는지 그래서 무엇을 하고 무엇이 돼야 할지를 확인한다. 따라서 세포는 망망대해를 항해하며 육분의와 경선의로 위도와 경도를 확인하는 항해사와 비슷하다. 그러나 항해사와 세포 사이에는 한 가지 차이점이 있다. 항해사가 위치 확인을 위해 이용하는 별자리는 있어야 할 자리에 있지만, 세포가 참조하는 도구들은 그렇지 못하다. 인어체기형과 단안기형은 돌연변이가 세포의 지표가 되는 우주를 왜곡시키거나 심지어 완전히 붕괴시키기도 한다는 두 가지 예이다.

그러나 (물질 세계의 정확한 동작과 급하게 만들어진 생물체의 기구와 비교하면 당연한 것이겠지만) 이런 차이점을 명심하더라도, 양쪽의 유사성은 여전히 존재한다. 천체의 항상성에도 불구하고 항해사들은 걸핏하면 길을 잃는다. 이는 하늘을 읽기 위한 도구를 잘못 사용했거나 도구 자체의 부정확성 때문일 것이다. 마찬가지로 세포가 모르포겐을 인지하고 농도를 측정하도록 도와주는 수용체 역시 제구실을 못할 수 있다. 그리고 이런 과정에서 돌연변이가 세포에 영향을 미치면 선천성 기형이 발생한다.

그러나 세포와 항해사의 가장 큰 유사점은 다른 데 있다. 항해사가 위치 확인을 위해 계산을 하듯 세포도 그렇다. 세포는 정확한 계산을 위해 주변의 정보를 받아서 이를 계산한 뒤 답을 제시한다. '운명의 계산자' 라고 부름직한 이 계산자는 수많은 단백질로 구성되어 있으며, 이 단백질들이 세포 내에서 각자 맡은 바 임무를 완수해서 하나의 해답을 내놓는다. 물론 이 계산자는 완전무결하지 않다. 항해사가 때때로 틀린 답을 내듯, 세포도 그럴 수 있다.

세포가 이런 실수를 저지르면 어떤 결과가 발생할까? 헤르쿨라네움의 유적에서 발굴된 다소 생경하지만 관능적이고 아름다운 조각상을 보면 이런 실수의 결과가 잘 나타나 있다. 그것은 구두 상자 크기 정도에 불과한 작은 대리석상으로 염소의 신인 판(로마 신화에서는 파우누스라는 이름으로 등장함)이 암염소를 강간하는 장면을 담고 있다. 이 대리석상을 조각한 익명의 예술가는 능숙한 솜씨를 발휘해 동물과 인간을 같은 크기로 묘사하는 동시에, 털이 덥수룩한 다리와 갈라진 발굽, 두툼한 입술, 주먹코를 가진 모습으로 판(사티로스)을 조각해서 강렬한 폭력성을 표현하였다. 또한 이 조각상의 판은 보기 드문 해부학적 특징

염소와 사티로스 신의 과다경부외이. 〈염소를 강간하는 판〉, 원본은 헬레니즘 양식의 조각상이며, 위의 사진은 로마 시대의 모사품이다. 기원전 2~3세기.

을 가지고 있다. 빗장뼈(쇄골) 바로 위의 목 부근에서 달랑거리는 작은 혹이 둘 있는데, 이것들은 실물 크기로도 2~3센티미터에 불과하다.

이러한 혹은 이 조각상(현재 이 작품은 나폴리 고고학박물관의 귀중품 보관함에 전시되어 있음)처럼 기원전 2,3세기의 작품이나 그리스 시대의 원본을 로마 시대에 모사한 작품에 등장하는 판 신만이 가진 특징이다. 고대의 화병에는 검은색이나 붉은색으로 묘사된 염소신들이 양치기를 희롱하거나 님프를 낚아채 가는 장면이 무수히 등장하지만, 혹을 가진 판은 없다. 또한 보티첼리의 〈마르스와 비너스〉나 아니발레 카라치의 〈사랑은 모든 것을 이긴다〉처럼 르네상스 시대나 바로크 시대에 등장하는 판도 이런 혹을 가지고 있지 않다. 라파엘 전파의 아름답지만 생기 없는 판들의 목에도 혹은 없다.

이 조각상의 판이 목에 혹을 가지게 된 이유는 무엇일까? 염소의 목에도 똑같은 것들이 나 있기 때문일 것이다. 실제로 목의 혹은 가축용 염소들에게서 흔히 발견되는 증상이다(독일의 염소지기들은 이것을 '글로켄Glocken' 즉 '종鐘'이라고 부른다). 〈염소를 강간하는 판〉의 조각가는 자연에 대한 명민한 관찰력을 가지고 있었음이 분명하며, 판이 염소의 신임을 좀더 자세히 나타내고자 목에 혹을 단 것으로 보인다. 그러나 드물긴 하지만 염소뿐 아니라 인간도 목에 혹을 가지는 경우가 있다. 1858년에 영국의 버켓(Birkett)이라는 의사가 발간한 짧은 논문에는 목의 좌우에 비죽이 솟은 단단한 살덩어리를 달고 있는 7세 소녀에 대한 설명이 나온다. 소녀는 이것들을 태어날 때부터 달고 있었다. 버켓은 이것이 무엇인지 궁금해 살덩어리들을 절제한 뒤 현미경으로 관찰해보았다. 그리고 이 살덩어리들의 정체가 외이(外耳)라는 사실을 알아냈다. 소녀는 원래의 귀 외에 귀 한 쌍을 더 달고 있었던 것이다.

과다외이처럼 배아 발생 중에 기관이 비정상적으로 전환되는 현상을 상동이질형성(homeosis)이라고 한다. 목에 귀가 생기는 것과 같은 특이한 형질전환은 임신 5개월쯤부터 시작된다. 이때 배아의 머리 양쪽 어류의 아가미쯤 되는 위치에 다섯 개의 아치형 연골이 생긴다. 실제로 어류의 배아에서 이 연골은 아가미로 발전한다. 인간의 배아에서 이 아치형 연골은 위아래 턱과 내이(內耳)의 작은 뼈, 목의 여러 가지 연골조직과 같은 얼굴의 세부 기관을 형성한다. 귀에서 겉으로 보이는 부분(외이)은 첫 번째와 두 번째 아치형 연골 사이의 틈을 비집고 나와 발달한 것이다. 나머지 틈들은 자연스럽게 봉합되어 보통의 부드러운 목을 만들어준다. 하지만 때로는 인간도 염소처럼 아랫부분의 틈 중 하나가 그대로 벌어져 있다가 귀와 유사한 것으로 발전한다. 그러나 이런 외이와 진짜 귀는 겉보기만 닮았을 뿐이다. 이와 같은 목에 난 귀는 내부기관이 없기 때문에 전혀 듣지 못한다.

8세 소녀의 과다외이. 1858년 영국.
윌리엄 베이트슨, 『변이에 대한 자료』, 1894

상동이질형성을 하나의 독특한 현상으로 처음 인식한 사람은 영국의 생물학자 윌리엄 베이트슨(William Bateson)이었다. 그는 1894년 『변이에 대한 자료 *Materials for the study of variation*』에서 상동이질형성이란 용어를 만든 뒤 이러한 형질전환의 사례 수십 가지를 소개하였다. 베이트슨 자신이 『변이에 대한 자료』를 '상상의 박물관' 이라고 칭한 것에서도 알 수 있듯이 이 책에는 중세의 우화집 성격이 다분히 녹아 있다. 과다외이를 가진 아기나 홀수의 유두를 가진 어린 암소들과 함께, 다섯 장의 날개가 달린 나방, 여덟 개의 다리를 가진 딱정벌레, 눈이 있을 자리에 더듬이가 달린 바다가재들이 무수히 실려 있다. 당시로서는 상당히 기이한 책이었다. 그러나 오늘날 그의 책은 19세기의 몇몇 동물학 개론서들과 같이 분자생물학자들에게 상당히 귀중한 참고자료가 되고 있다. 그 이유는 베이트슨이 밝혀낸 형질전환이 배아의 가장 오묘한 장치 중 하나인, 다시 말해 세포와 조직과 기관이 다른 것으로 변할 수 있는 유전자 프로그램에의 길을 제시해주기 때문이다. 상동이질형성은 운명의 계산자에게 나아갈 방향을 제시해준다.

운명의 계산자가 처음 발견된 개체는 초파리였다. 지렁이와 마찬가지로 초파리의 몸도 반복적인 단위인 체절로 나뉜다. 이러한 체절은 구더기(유충)일 때 가장 분명하게 드러나며 변태를 겪으면서 경계선이 희미해진다. 초파리 성충의 체절은 몇 가지 특징을 지니고 있다. 머리 부분의 체절에는 음식을 섭취하는 하순수(下脣鬚, labial palps)와 냄새를 맡는 더듬이가 달려 있다. 흉부체절에는 날개와 다리, 평균곤(halter)*이라는 작은 균형감각기관이 달려 있다. 반면에 복부체절에는 부속기관이 전혀 없다. 각 체절의 기관들은 겉으로 드러나기 훨씬 전인 배아 때 자리를 잡는다. 비유하자면, 배아 때 이미 각 체절의 정체성이 확립되는 셈이다.

지난 80여 년 동안 초파리를 연구하는 유전공학자들은 체절의 정체성을 파괴하는 돌연변이를 수십 가지 발견하였다. 어떤 돌연변이는 초파리의 머리에 더듬이 대신 날개를 달게 해서 후각 기능을 없애버린다. 평균곤 자리에 날개가 돋는 돌연변이도 있으며, 이럴 경우 초파리는 쌍시류(dipteran)**라는 고유의 성격을 잃은 채 4개의 날개를 가지게 된다. 또한 날개가 있어야 할 자리에 평균곤을 만드는 돌연변이도 있는데, 이런 돌연변이는 날지 못하고 땅을 기어다녀야 한다.

이러한 돌연변이들은 일련의 유전자들을 와해시키는데, 베이트슨의 업적을 기리기 위해 이 유전자들에 호메오 유전자(homeotic genes)라는 이름이 붙여졌다. 초파리의 호메오 유전자는 여덟 가지가 있으며 울트라비소락스, 안테나페디아라는 이름의 유전자도 있고, 데포르메라는 좀더 직설적인 이름의 유전자도 있다. 이 유전자들의 이름만으로도 여기에 돌연변이가 발생했을 때 초파리가 어떤 기형으로 생길지를 떠올릴 수 있다.*** 그들은 체절 각각의 성격을 정해주는 계산식에서 변수

* 平均棍, 쌍시류의 곤충에서 뒷날개가 퇴화되고 변형되어 생긴 곤봉 모양의 물체.

** 雙翅類, 파리처럼 날개가 두 개인 곤충. 뒷날개 자리에는 날개 대신 평균곤이 자란다.

*** 울트라비소락스(Ultrabithorax)에 이상이 생기면 가슴이 두 개 이상 생기는 돌연변이, 안

로 작용한다.

체절 계산식은 나름의 미학을 가지고 있다. 이 계산식은 컴퓨터 프로그램의 불 논리*처럼 경제적이다. 특정 체절마다 호메오 유전자가 암호화해주는 단백질이 존재한다. 일부는 머리에, 일부는 흉부에, 일부는 복부에 존재한다. 그리고 체절에 맞는 기관을 형성시키는 정체성은 호메오 단백질들이 세포 내에서 얼마나 정확히 조합되는가에 따라 달라진다. 정상적인 초파리라면 제3흉부체절의 부속기관으로 평균곤을 가지며 계산식은 다음과 같다.

> 만약 울트라비소락스가 존재하고
> 다른 모든 호메오 단백질이 존재하지 않는다면
> 제3흉부체절은 평균곤을 가진다

위의 식은 제3흉부체절에서 평균곤이 자라려면, 다시 말해 제대로 된 제3흉부체절이 되려면 울트라비소락스가 필요하다는 의미이다. 이 과정에서 돌연변이가 유전자를 방해하면, 암호를 전달받는 단백질이 제 기능을 수행할 수 없다. 제3흉부체절 고유의 정체성이 사라지고 대신 제2흉부체절로 발달해 날개가 달리게 한다.

1980년대에 호메오 유전자의 클로닝과 염기서열이 알려지면서 호메오 유전자가 분자 스위치를 암호화한다는 사실이 입증되었다. 분자 스위치란 유전자의 개폐를 조절하는 단백질을 말한다. 분자 스위치는

테나페디아(Antennapedia)에 이상이 생기면 더듬이 자리에 다리가 생기는 돌연변이, 데포르메(déformer)에 이상이 생기면 형태가 뒤틀리는 돌연변이가 발생한다.

* Boolean logic, '1'과 '0'의 두 가지 비트 값만을 사용하는 논리.

mRNA(messenger RNA)의 생성을 통제한다. 대부분의 유전자는 단백질 생산을 위한 정보를 담고 있다. 그러나 정보는 전달 수단이 필요하며, 이 역할을 담당하는 것이 mRNA이다. 이중나선구조가 아닌 한 가닥의 뉴클레오티드로 이루어졌다는 점을 제외하면 mRNA는 DNA와 상당히 유사하다. mRNA는 DNA를 복제한 것이며, 기관차가 선로를 여행하듯이 유전자 배열을 따라 여행하는 장치에 의해 만들어진다. 이런 과정을 통제하는 것이 분자 스위치, 정식으로 말하자면 '전사인자(transcription factor)' 이다. 전사인자가 '조절요소(regulatory element)' 라고 불리는 각각의 유전자를 둘러싸고 있는 작지만 정확한 DNA 염기배열에 결합함으로써 이후 mRNA를 만드는 분자 엔진의 작동에 영향을 미친다. 몇몇 전사인자들은 엔진 속도를 높여주고, 어떤 것들은 엔진을 멈추게 한다. 조절요소에 달라붙은 전사인자들은 이중나선을 사이에 두고 얼굴을 맞댄 채 통제권을 갖기 위해 싸움을 벌인다. 여타의 협상이 그러하듯 싸움의 결과는 힘의 균형에 좌우된다. 즉, 맞서는 힘의 크기나 숫자에 좌우된다.

초파리의 여덟 가지 호메오 유전자들의 염기서열은 매우 다르다. 그러나 각 유전자는 (변이가 아주 적은) 180개의 염기쌍만으로 이뤄진 영역을 가지고 있으며, 이 영역은 다음과 같은 아미노산 배열을 암호화한다.

RRRGRQTYTRYQTLELEKEFHTNHYLTRRRRIEM
*AHALCLTERQIKIWFQNRRMKLKKEI**

이것이 호메오 박스(homeo box)이다. 호메오 단백질의 초현미경적

* 이 60개의 알파벳은 아미노산의 종류를 나타내는 기호이다. 예컨대 R는 아르기닌을 나타낸다.

인 3차원적 위상을 관찰할 때, DNA 이중나선의 홈에 자리 잡고서 수백, 어쩌면 수천 개의 유전자를 지휘하면서 여기에 맞는 호메오 단백질을 끌어오는 것은 호메오 박스이다. 각 단백질을 지휘하는 호메오 박스의 아주 작은 차이가 어떤 유전자를 통제하는가를 결정한다.

합스부르크 입술*에 있는 호메오 박스가 1984년에 발견되면서 호메오 유전자들은 서로 관련이 있으며 하나의 군을 이룬다는 사실이 제시되었다. 또한 초파리뿐 아니라 다른 동물들도 이런 유전자를 가지고 있다는 사실이 드러났다. 곤충이나 달팽이, 불가사리, 어류, 쥐뿐 아니라 인간도 호메오 박스 유전자를 가지고 있다. 아마도 10억 년 전 선(先)캄브리아대에서 생겨난 최초의 동물들도 이 유전자를 가지고 있었으리라 짐작된다. 호메오 박스 유전자가 초파리의 운명의 계산자에서 회로를 형성해준다면, 다른 모든 생물 심지어 인간에서도 같지 않을까? 분자생물학자들은 과장이나 허세를 삼가는 편이지만, 호메오 박스를 발견했을 때 이것을 성배나 로제타석에 비유하며 유난을 떨었다.

당연한 일이었다. 브롤릭 컬렉션의 골격 표본 하나를 보면 그 이유를 알 수 있다. 언뜻 보기에는 이 표본의 문제가 무엇인지 알기 힘들다. 곱사등도 아니고 연골무형성증(achondroplasia)의 난쟁이도 아니다. 두개골과 사지, 골반이 비정상적으로 길지만 그 외에 특이한 점은 전혀 없다. 갈색으로 변한 갈비뼈(늑골)가 붙어 있는 척추가 녹슨 금속 버팀목 위에 흔들거리며 세워져 있을 뿐이다. 심지어 전시실에 놓여 있지도 않다. 넘치도록 쌓여 붙어 있는 다른 수십 개의 골격과 함께 1세기가 넘도록 지하 창고에 보관되어 있다. 그러나 이 골격은 현재 매우 유명하다.

---

* Hapsburg's lip, 턱이 길고 아랫입술이 축 늘어진 특이형질. 독일계 오스트리아 합스부르크 왕족의 특성.

매년 봄이 되면 이 골격은 전시실로 올라와 왕립대학의 신입 의학도들에게 선을 뵌다. 의학도들은 이 골격에서 무엇이 기형인지를 밝혀내야 한다. 답을 알아내는 것은 거의 불가능하지만 답을 알고 나면 한눈에 그 사실이 보인다. 정답은 갈비뼈가 한 쌍 더 있다는 것이다.

과다늑골(extra ribs)은 항상 논란의 대상이었다. 토머스 브라운의 『전염성 유견』을 보면 마테오 레알도 콜롬보라는 해부학자가 피사에 사는 여인을 해부한 결과 한쪽에 13개의 갈비뼈가 있음을 알게 된 사실이 적혀 있다. "해부 결과에 대한 야유가 쏟아졌으며, 그는 심지어 갈비뼈를 들고 이것이 여인에게 있던 여분의 갈비뼈라는 맹세까지 해야 했다." 브라운은 이렇게 평한다. "그의 주장이 사실이라면 어느 쪽의 뼈로 이브를 만들었는지에 대한 모든 논쟁이 잠잠해질 것이다." 창세기 2장 21~22절이 대중들의 해부학적 상식에 미친 영향은 심각하다. 최근에 영국 유수의 대학의 생물학과 학생들 30명에게 남녀의 갈비뼈 수가 동일한지를 물어보았다. 약 6명 정도가 다르다고 대답했다. 브라운은 예의 쾌활한 어조로 말한다. "그러나 이 구절은 논리나 검증 결과와 다르다. 실제로 남녀의 갈비뼈를 조사하고 뼈의 구조를 관찰하면 남녀 모두 좌우 12개씩 도합 24개의 갈비뼈를 가지고 있다는 사실이 드러난다." 그의 말 그대로이다. 하지만 과다늑골을 가진 성인 남녀는 대략 10명당 1명 정도로 매우 많다(그러나 남성보다는 여성의 비율이 다소 높은 편이다).

대다수의 사람들은 33개의 척추를 가지고 있다. 척추는 머리에서 시작해서 7개의 경추, 갈비뼈가 붙은 12개의 흉추, 5개의 요추, 5개의 천추와 4개의 미추로 이루어져 있다. 과다늑골을 가진 사람들 대다수는 이런 패턴이 무너져 있다. 정상적으로는 갈비뼈가 붙어 있지 않아야 할 척추가 갈비뼈가 붙은 척추로 형질이 전환되어 있다. 이 척추가 경추일 때도 요추일 때도 있다. 이 호메오 유전자의 형질전환은 유전공학자들이 돌연변이 초파리에서 발견했던 체절의 형질전환과 상당히 유사하다.

초파리 체절의 정체성 확립과 마찬가지로 인간의 척추 역시 호메오 유전자의 통제를 받으며 정체성을 확립한다. 물론 사람의 경우는 문제가 훨씬 복잡하다. 초파리의 호메오 유전자는 8개밖에 없지만 포유류의 경우는 39개나 된다. 그래서 특징을 딴 라틴어 명칭이 없다. 인간의 호메오 유전자는 울트라비소락스나 인간의 프로보스키페디아* 같은 이름 대신 Hoxa3나 Hoxd13처럼 'Hox'라는 단어에 숫자와 문자를 붙이는 형식으로 이름을 정한다. 초파리와 마찬가지로 포유류의 호메오 유전자도 배아 발생 초기부터 발현되기 시작한다. 척추는 작은 벽돌이 줄지어 서 있는 것 같은 신경삭 좌우에 생긴 원체절이라는 중배엽절의 일부에서 발생한다. 각 호메오 단백질은 원체절 중에서도 몇 개에만 존재한다. 모두 39개의 호메오 단백질이 꼬리 원체절(somite)에 나타나고, 하나둘씩 사라져서 마지막에는 머리와 가장 가까운 부분의 원체절에 몇 개만이 남는다. 척추의 계산식은 그리 간단하지 않다. 가령 제7경추의 계산식은 다음과 같다.

만약 Hoxa4가 존재하고
Hoxa5도 존재하고
Hoxb5도 존재하고
Hoxa6도 존재하고
Hoxb6도 존재하고
다른 모든 혹스(Hox) 유전자는 존재하지 않는다면
제7경추는 '갈비뼈를 갖지 않는다'

---

* proboscipedia, 입술과 앞턱의 형성을 담당하는 유전자.

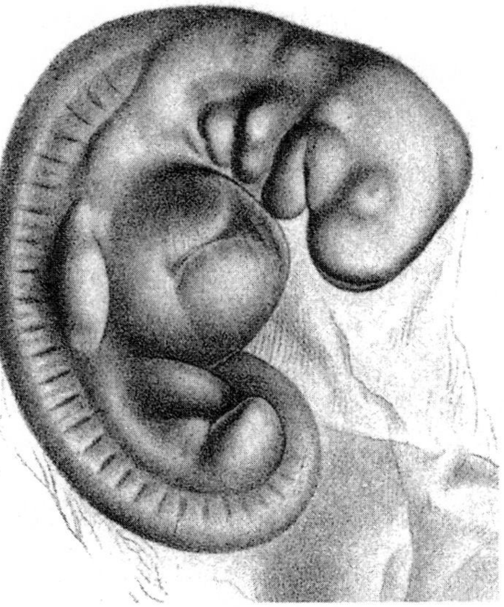

인간 배아의 원체절. 프란츠 카이벨, 『인체 발생에 대한 연구』, 1908

앞의 다섯 가지 혹스 단백질을 암호화하는 유전자에 약간이라도 돌연변이가 발생하면 제7경추는 이웃한 여덟 번째 척추인 제1흉추로 형질이 전환되어 한쌍의 갈비뼈를 형성하게 된다.

한 척추와 다른 척추를 구별하는 것은 배아가 반복적으로 해결해야 할 문제, 다시 말해 머리부터 발끝까지 모든 부분을 분화시키는 문제의 한 가지 예일 뿐이다. 처음에는 평평하지만 나중에 그 끝에 뇌를 형성하게 되는 신경관에서도 이런 문제를 풀어야 한다. 또한 두개골에서도 이런 문제를 해결해야 한다. 그런 다음 위턱과 아래턱을 만들고 두 턱에 신경과 근육을 연결시켜주어야 한다. 마찬가지로 분화의 과제를 해결해서 위와 간, 췌장, 소장, 대장으로 발전할 장관(gut tube)을 만들고, 네 개의 방을 가진 심장으로 발전할 복혈관(ventral blood vessel)을 만들기 위해 이 문제를 풀어야 한다. 이런 모든 작업에 혹스 유전자라는 계산자가 관련되어 있다.

쥐의 혹스 유전자를 한두 개 정도 제거하면 포유류의 혹스 유전자가 작동하는 방식을 알 수 있다. 이 쥐들은 거의 대부분 심각하게 기형이다. 사지가 기이할 정도로 머리에 가까이 붙어 있는가 하면, 후뇌나 뇌신경의 일부가 없는 경우도 있다. 어떤 것들은 탈장으로 인해 창자가 흉강 쪽으로 불룩하게 솟아 있기도 하고, 신경관이 열려 있는 쥐들도 있다. 가슴샘이나 갑상샘, 부갑상샘이 없는 것들도 있으며, 심장과 얼굴이 기형인 경우도 있다. 또한 발바닥으로 걷지 못하고 발끝으로 걷는가 하면 뒷다리와 엉덩이에서 끊임없이 경련을 일으키기도 한다. 혹스 유전자가 하나라도 없는 쥐들은 대다수가 새끼 때 죽는다.

인간에게서도 혹스 유전자라는 계산자는 쥐의 경우와 비슷한 역할을 한다고 여겨진다. 간접적이나마 이에 대한 증거는 1997년 런던의 연구자들이 행했던 실험에서 나왔다. 연구진은 호메오 유전자의 발현 시기와 장소를 알아내기 위해 사후피임약인 RU486을 복용한 후 유산된 태아를 분자 탐침으로 실험해보았다. 이 태아들은 4주 정도된 것으로 크기는 4밀리미터였고, 모두 원치 않는 임신으로 생긴 태아들이었다. 박편으로 만들어 염색한 태아의 방사선 촬영 결과, 발생 초기 단계인 능뇌(rhombocephalon)*와 인두궁(pharyngeal arch)의 거뭇한 윤곽선을 등지고 혹스 유전자의 활동이 하얀 점과 선으로 뚜렷이 보였다. 인간 배아에서의 혹스 유전자 활동 패턴은 쥐의 것과 똑같았다.

이런 연구 결과는 생명공학 분야에서 상당한 중요성을 가진다. 그러나 실험이 재개되지는 못했다. 인간 배아에 대한 연구는 상당히 드물다. 영국에서는 정부의 엄격한 통제와 감독하에서만 인간 배아에 대한 실험이 가능하며, 미국에서는 원천적으로 실험이 금지되었다. 최소한 연방자금을 지원받는 연구소에서는 실험을 행할 수 없다. 인간 배아 실

* 척추동물의 뇌의 발생에서 가장 처음에 나타나는 3개 팽대부 중 가장 뒤에 있는 후뇌.

험의 원천자료인 방사선 촬영은 분명 불경스러운 성격을 가지고 있다. 아마도 죽긴 했지만 이 배아들이 산 자의 고유 영역인 유전자 활동을 보여주기 때문일 것이다.

3000개의 스위치

'운명의 계산자' 라는 말을 사용하면서 39개의 혹스 유전자가 중요한 역할을 한다고 강조하였다. 그러나 인간 게놈은 3000여 개에 이르는 다른 전사인자들도 암호화한다. 여기에 응답하는 신호전달분자와 마찬가지로 전사인자 역시 여러 군으로 나뉘며, 호메오 박스 유전자도 그 중 하나에 불과하다. 전사인자들은 회로로 따지면 스위치와 같으며, 세포가 운명을 계산할 때 중요한 역할을 한다. 계산 과정은 점진적인데, 새로 생기고 여러 가지 가능성에 직면한 배아의 초기 세포들이 그 과정에서 어떤 특정한 세포로 바뀔 수도 있다.

이런 계산 중에서 척추 생성을 위한 계산식 등 일부는 파악이 되었지만, 대다수는 아직 걸음마 단계에 불과하다. 1904년 티롤의 한 여인숙 주인이 안뜰에 돌아다니던 닭을 잡았는데, 심장이 일곱 개나 있었다. 믿기지 않을 수도 있다. 그러나 2001년 한 연구진이 쥐에서 베타 카테닌(β-catenin) 유전자를 제거한 결과 여러 개의 심장이 생겼으며, 심장마다 독립적으로 박동을 하였다. 이러한 과다심장은 원래는 장관으로 발전했어야 할 조직에서 생긴 것이었다. 이로 인해 일부이긴 하지만 배아의 초기 세포가 중배엽 세포가 될지 내배엽 세포가 될지를 결정하는 계산식이 밝혀졌다. 다른 장애들도 우리가 알지 못하는 계산식이 있음을 시사한다. 예컨대, 눈꺼풀에 있는 마이봄 선*이 드물긴 하지만 모낭으로 바뀌는 경우가 있다. 마이봄 선이 없는 아기들은 그 자리에 두세 줄의 속눈썹이 자라기도 한다. 이러한 현상은 가계유전으로 보인다. 하지만 눈꺼풀 표피를 모낭이 아닌 마이봄 선으로 발달하도록 지정하는 유전자가 무엇인지는 아직 밝혀지지 않았다(연구하고 있는 사람도 없는 것 같다).

다음으로 '해체(解體, Disorganization)'라는 것이 있다. 이 돌연변이 쥐에 대해서는 알려진 것이 거의 없고, 이에 대한 논문도 세 편밖에 없다. 그러나 이것은 가장 기이한 돌연변이 중 하나이다. 해체에는 세 가지 기이한 특성이 있다. 첫째, 해체는 쥐의 온몸에 영향을 미친다. 이 돌연변이 쥐의 생김새를 자세히 언급하는 것은 상상 이상으로 끔찍한 일이다. 굳이 말하자면 이 하나의 돌연변이로 생겨난 기형들만으로도 꽤 큰 기형학 박물관의 내용에 버금간다는 것이다. 그러나 해체 돌연변이가 항상 치명적인 결과를 일으키는 것은 아니다. 해체 돌연변이의 두 번째 기이한 특징은 똑같은 결함을 가진 쥐가 하나도 없다는 것이다. 어떤 쥐는 돌연변이 증세가 거의 없이 무사히 자라나 새끼를 낳는 반면, 어떤 것들은 돌연변이를 가진 상태에서 태어나고, 어떤 것들은 자궁 안에서 사산되기도 한다. 해체의 다양성은 쥐의 내부기관에도 그대로 적용되며, 왼쪽의 신장이나 폐, 다리는 파괴되는 반면 오른쪽의 기관들은 멀쩡한 경우도 있다. 해체 쥐의 마지막 기이한 특징은 과다기관을 가지고 있다는 점이다. 몸 여기저기에 정수 이상의 사지가 있는가 하면, 간이나 비장(지라), 창자와 같은 내부기관들도 과다하게 존재하기도 한다. 또한 근육조직이나 종양처럼 생겼으며 만들어지다 만 것 같은 과다기관들이 있다.

인간에게도 해체 유전자가 존재할까? 아직까지 인간의 가계에서 해체와 유사한 특성을 가졌다고 알려진 유전자는 보고된 것이 없다. 그러

---

* Meibomian glands, 눈꺼풀의 후면에 있는 관으로부터 피지를 분비하는 피지선 중 하나. 검판선이라고도 한다.

나 일부 임상유전학자들은, 기이할 정도로 복합적인 선천성 기형을 가진 유아들은 해체와 비슷한 유전자를 가지고 있을 확률이 높다고 지적한다. 가령 1989년에 태어난 한 소년은 한쪽 발에 아홉 개의 발가락이 있었으며, 몸 전체를 종양처럼 생긴 조직 덩어리가 뒤덮고 있었다. 또한 오른쪽 흉곽 부위에는 손톱까지 갖춘 손가락이 나 있었다. 아직은 아니지만, 해체 유전자는 조만간 발견될 것으로 보인다. 이 증상을 앓는 쥐들은 우리에게 많은 것을 시사해준다. 그들은 완전히 잘못된 운명의 계산자가 어떤 중대하고 보편적이며 전혀 알려지지 않은 구성요소를 가지고 있다는 사실을 알려준다.

필요에 따라 변화를 주는 것

호메오 유전자가 신체기관의 수와 종류를 결정하는 데 영향력을 발휘한다는 사실이 밝혀지자 일부 과학자들은 이 유전자가 진화에서도 중요한 역할을 한다고 생각하게 되었다. 또한 벌레에서 고래에 이르기까지 호메오 유전자는 여러 가지 다양하고 심각한 기형의 원인임이 분명하다고 여겼다. 그들의 생각에도 일리가 있다. 과다늑골을 가진 사람들을 생각해보자. 가령 목이 있어야 할 자리에 과다늑골 한 쌍을 가진 사람들은 뱀과 비슷하다고 생각할 수 있다. 왜냐하면 뱀은 목뼈가 전혀 없고 갈비뼈가 달린 척추가 곧장 머리에 연결되어 있기 때문이다. 이것은 뱀의 배아의 원체절에서 활동하는 혹스 유전자가 다른 파충류나 조류, 포유류처럼 목이 있는 척추동물과는 다른 패턴으로 움직이기 때문이다. 이런 패턴을 이해하다 보면 뱀에게 팔이 없는 이유도 짐작할 수 있다. 목과 흉곽 사이의 척추를 배정하는 혹스 유전자의 계산식이 팔이나 앞다리의 위치도 지시하기 때문이다. 따라서 목이 없으니 팔도 없다. 이는 간단한 논리이다.

그러나 호메오 유전자의 가장 큰 매력은 이들이 여러 종(種)들 사이에서 차이점보다는 유사점을 더 많이 가진다는 데 있다. 이 유전자들은 놀라울 정도로 보편성을 가지고 있다. 초파리는 체절을 배열하기 위해서지만, 인간은 척추를 분리하기 위해 호메오 유전자를 사용한다. 그러나 두 종 모두 머리에서 꼬리에 이르는 축을 배열한다는 공통점이 있다. 척추동물과 곤충의 호메오 유전자의 유사성은 용도가 공통적이라는 사실보다 훨씬 깊은 의미가 있다. 다시 말해 그들의 유사성은 게놈으로 직결된다.

호메오 유전자는 군을 이뤄서 행동하며, 단일 염색체 위에 나란히 배열해 있다. 초파리의 호메오 유전자군들 중에서 앞부분에 있는 2,3개의 유전자들은 머리 부분의 체절이 정체성을 지니게 만드는 역할을 한다. 다음에 있는 유전자들은 흉부체절이 질서를 잡는 데 관여하며, 마지막 것들은 복부체절을 형성하는 역할을 한다. 결국 염색체 위의 호메오 유전자 배열과 초파리의 몸의 배열은 거의 일치한다. 이처럼 필요에 따라 변화를 주는 것(mutatis mutandis)은 인간에게도 해당한다. 초파리는 호메오 유전자가 1개의 염색체 위에 있지만, 인간은 4개의 호메오 유전자군이 4개의 염색체 위에 있다. 그러나 염색체 위에서의 각 유전자군의 배열은 초파리의 것과 같다. 초파리와 마찬가지로 각 군의 첫 번째 유전자군은 머리에, 마지막은 말단에 그리고 나머지 부분은 그 사이의 부분에 사용된다.

호메오 유전자가 이렇게 행동하는 이유와 이처럼 변하지 않고 존재해온 이유는 명확하지 않다. 그렇지만 호메오 유전자는 몸을 건설하는 체계가 수억 년 전 벌레와 비슷한 조상에게서 시작되어 그 후 계속 유지되어왔음을 시사해준다. 실제로 호메오 유전자는 우리의 몸을 만드는 분자 장치들이 아주 오래전부터 이어진 것임을 최초로 알려주었다.

지난 10년 동안 인간은 여러 면에서 크게 확대된 벌레에 불과하다는 사실이 입증되었다. 초파리의 조그만 뇌가 형성되려면 ems라는 유전자가 필요하다. 그러나 시간이나 복잡성 면에서 초파리의 뇌는 우리의 목 위에 달려 있는 수십억 개의 뉴런으로 이뤄진 구조물과는 거리가 멀기 때문에 두 개 모두에 같은 장치가 사용되리라고 예상하지는 못했을 것이다. 그러나 인간의 경우 ems의 상동 유전자는 뇌에 기형적인 균열을 형성하는 유전병을 일으킨다. 그리고 이런 증세를 앓는 사람은 정신지체나 운동능력 장애를 가지게 된다. 아일리스(eyeless)라고 불리는 초파리 유전자는 초파리의 복잡한 눈을 만드는 데 필요하다. 아일리스 유전자가 없는 초파리는 실제로 눈이 없다. 인간에게도 유전성이 있는 상동 유전자가 존재한다. 그들은 홍채가 없는 채로 태어난다.

이보다 훨씬 모호하긴 하지만, 이들을 탐구하기 위한 연구가 과거에도 유행처럼 행해진 적이 있었다. 그 주인공은 150년도 훨씬 전의 기재(奇才)이며, 기형학의 명명자이자 상호인력의 보편 법칙을 발견한 에티엔 조프루아 생틸레르로, 그는 광대하고 다양한 동물 세계가 결국은 하나라는 사실을 논하기 위해 해부 원리(philosophie anatomique)라는 과학 프로그램을 마련하고자 노력했다.

처음 목표는 충분히 괜찮은 것이었다. 조프루아 생틸레르는 포유류의 신체구조가 약간의 수정만 가해졌을 뿐 어류나 파충류, 양서류 등 다른 척추동물의 신체구조와 비슷하다는 사실을 입증하려고 했다. 다시 말해서 조프루아 생틸레르는 현대 과학에서 흔히 쓰이는 '상동성(相同性)' 을 증명하려 했던 것이다. 예를 들어 어류의 아가미를 덮는 뼈인 덮개뼈(opercular bones, 새개골)는 포유류의 중이(中耳)를 구성하는 망치뼈(추골)나 모루뼈(침골), 등자뼈(등골) 등의 작은 뼈들과 기본적으로 동일하다고 주장했다.

그러나 덮개뼈는 이 전천후 과학자에게는 심심풀이에 불과했다. 조프루아 생틸레르는 완전히 서로 다른 생물들의 이질적인 신체구조 사이에 존재하는 상동성을 찾고자 했다. 그는 곤충의 외골격과 어류의 척추가 기본적으로는 하나이며 동일한 것이라고 주장했다. 곤충은 딱딱한 골격 안에 내장이 들어 있는 외골격이고, 어류는 부드러운 살 안에 딱딱한 뼈를 가진 내골격인 것은 분명하지만, 다른 해부학자들은 바로 이 점이 둘을 구분지어주는 뚜렷한 이유라고 생각했다. 그럼에도 조프루아 생틸레르는 '모든 동물은 척추를 안에 가지고 있거나 외부에 가지고 있다' 는 확신을 조금도 굽히지 않았다. 그는 말로만 설명하는 데 그치지 않고 바다가재를 등 쪽에서 해부하면 척추동물의 해부 구조와 매우 유사하다는 사실을 직접 보여주었다. 바다가재는 신경삭 대부분이 배 쪽에 위치해 있고 혈관 대부분은 등 쪽에 위치해 있지만, 척추동물은 그 반대라는 주장이었다. 그런 다음 두족류*에 대한 기이한 예를 제시하였다. 오리를 잡아 등 쪽에서 반으로 접으면 꼬리가 머리에 닿기 때문에(실제로 그렇게 했을지는 의심스럽다) 해부학적으로 오징어와 유사하지 않겠냐고 말한 것이다.

그러나 그렇지 않았다. 조프루아 생틸레르의 견해는 자연사박물관의 라이벌 교수였던 퀴비에의 분노를 샀다. 그 결과 1829년 아카데미 프랑세즈 회원들 앞에서 토론이 벌어졌고, 조프루아 생틸레르가 패했다. 아무리 접어보아도 오리는 오징어와 전혀 비슷하지 않았다. 사실 어류의 덮개뼈와 포유류의 중이 사이의 상동성도 엄격한 실험을 토대로 형성된 이론은 아니었다. 그가 제기했던 상동성은 당대에도 불합리해 보였지만, 그의 일반론은 그렇게 여겨지지 않았다. 다양한 생물체들은 일부 다르긴 하지만 유사한 신체구조를 가지고 있기 때문이다. 실제로 오늘

* 앵무조개나 갑오징어, 꼴뚜기, 오징어와 같은 연체동물문의 한 강.

날의 생물학계에서는 상동성을 당연한 것으로 치부한다. 예컨대 동물의 앞다리와 날개에서도 쉽게 상동성을 발견할 수 있다. 그렇기에 조프루아 생틸레르의 주장은 그가 의도하지 못했던 진화론적 의미에서 이해할 수 있다. 그가 확신하기에 또는 짐작하기에 상동성은 조물주의 의지였다. 당시는 선험적 해부학(Transcendental Anatomy)의 시대였던 것이다.

오늘날은 특정 생물의 발생을 연구할 때 다른 생물과의 비교 분석을 거의 정석으로 여긴다. 겉모습이 달라도 동물들은 공통된 진화적 역사의 산물인 분자 장치를 공유하고 있기 때문이다. 이 장치들은 여러 번 재사용되면서 종종 다른 결과를 낳지만, 겉모습이 어떻든 간에 놀라울 정도로 동일하게 유지된다. 사실 게놈 프로젝트의 결과도 같은 내용을 시사한다. 인간은 3만 개의 유전자를 가지고 있고 초파리는 1만 3000개를 가지고 있다. 사실 초파리와 사람이 크기나 복잡성 측면에서 천지 차이임에도 불구하고 유전자 수가 그 정도밖에 차이가 나지 않는다는 것은 매우 놀라운 일이다. 발생학자들이 자주 실험대상으로 삼는 예쁜꼬마선충(*Caenorhabditis elegans*)은 성충의 길이가 1.2밀리미터에 불과하고 몸을 구성하는 세포수도 959개에 불과하지만 1만 9000개나 되는 유전자를 가지고 있다.

조프루아 생틸레르의 몇 가지 생각이 오늘날 되살아나고 있다. 그 중 하나를 꼽자면 그 당시 면전에서 무시당했던, 네 발 달린 척추동물은 '뒤집힌 바다가재'라는 것이다. 앞 장에서 신호전달분자들이 서로 대치하며 척추동물 배아의 전면과 후면을 형성한다고 설명했다. 초파리에서도 이와 동일한 상동 분자들이 180도 방향을 바꿔서 등과 배를 구분한다. 척추동물의 배아에서는 골형성 단백질 4(BMP4)가 세포에게 복부를 형성하라고 지시하지만, 초파리의 상동 분자는 등을 형성하라고 지시한다. 그리고 척추동물의 배아에서는 코르딘(chordin)이 등을 형성하라고 지시하지만, 초파리의 코르딘은 복부를 형성하라고 지시한다. 초파리와 쥐 사이에 놓인 엄청난 진화적 골짜기 어디쯤인가에서 배아의 모습을 형성하는 분자에 전도가 발생했을 것이다. 그리고 이 전도로 인해 조프루아 생틸레르가 가정한 '꼬임', 즉 완전히 다른 모습이 생겨났을 것이다. 말도 안 된다고? 그렇지 않다. 이것은 선험적 유전학(Transcendental Genetics)의 시대에 누군가가 생각하게 된 우연의 일치일지도 모른다.

4

집게손 | 팔과 다리에 대하여

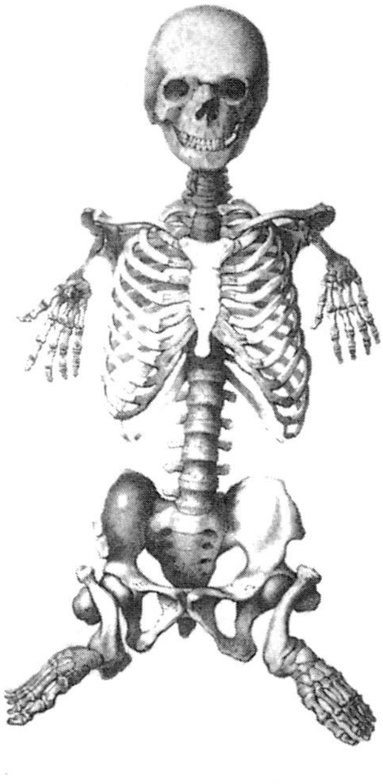

해표상지증. 페팽이라는 애칭으로 불린 마르크 카즈트(1757~1801)의 골격.
빌렘 브롤릭, 『인간과 포유류의 정상적 · 비정상적 발생에 대한 판화』, 1844~1849

기형의 원인을 논하는 학설 중에서 가장 허무맹랑한 것은 어떤 도덕적 잘못에 기인하지 않았을까 하는 생각이다. 우리는 이러한 생각을 '카인의 낙인에 대한 궤설(詭說)' 이라고 한다. 유대기독교의 전통에 따르면, 동생인 아벨을 죽인 죄로 카인 본인과 그의 후손들에게는 신의 낙인이 찍혔다고 한다. 아르메니아에 전해 내려오는 성서의 외전(外典)에서는 카인이 두 개의 뿔을 가지고 있으며, 아일랜드 중부의 역사에서는 카인이 이마와 뺨, 손, 발에 혹이 나 있다고 기술한다. 한편 『베어울프』*의 저자는 카인을 그렌델(Grendel)이라는 괴물의 조상으로 설정한다. 이런 얘기들은 창세기에 비해 흥미진진하긴 하지만, 실제로 창세기에는 전혀 나오지 않는 내용들이다. 신은 카인에게 추방형을 내렸고, 카인은 낙인에 대해 철저히 함구했으며, 낙인의 성격은 모호한 채로 남아 있다. 그러나 당시에는 도덕적 결함과 신체적 기형의 연관성을 논할 때 굳이 성서적인 신빙성을 따지지는 않았다. 부모의 잘잘못을 따지지

---

* *Beowulf*, 8세기 초 앵글로색슨 족의 고대 서사시.

도 않았다. 1999년 영국 국가대표 축구팀 코치가 인터뷰에서 이렇게 말한 적이 있다. "여러분과 저는 두 손과 두 다리, 그럭저럭 괜찮은 두뇌라는 동일한 신체 조건을 가지고 있습니다. 그러나 그런 조건을 타고나지 못한 사람들도 있습니다. 과거의 업(業)을 현세에 품고 있는 거죠. 결국 뿌린 대로 거두는 거죠." 불교신자인 치료사가 그에게 이런 생각을 불어넣었다.

굳이 이 축구 코치의 말을 빌리지 않더라도 17세기까지 영국에는 카인의 낙인에 대한 궤설이 유행되고 있었다. 1685년 위그타운의 갤로웨이라는 황량한 오지 마을에서 벌어진 사건을 예로 들 수 있다. 마거릿 매클로플린(Magaret McLaughlin)과 마거릿 윌슨(Magaret Wilson)이라는 비국교도가 국가 반역죄로 고발당해 유죄를 선고받았다. 이 사건이 악명 높은 이유는 처형 방법이 잔인무도했기 때문이다. 두 여인은 블래드노크 강어귀에서 말뚝에 묶여 밀물에 몸을 맡기는 신세가 되었다. 정확한 기록은 없지만 그들이 어떻게 죽었는지에 대해서는 여러 가지 추측이 난무한다. 나이든 과부인 매클로플린이 먼저 죽었고, 18세의 젊은 윌슨은 좀더 오래 목숨을 부지하고 있었다. 과부의 고통스러운 죽음으로 젊은 여인의 마음이 흔들렸을 것이라 생각한 사형집행관은 신앙을 바꾸라고 재촉하며 이렇게 말했다. "찰스 왕이 신의 축복을 받지 않았다고 말하거라. 그러면 목에 묶인 밧줄을 풀어주마."

소녀를 너무 얕잡아본 행동이었다. 그녀가 굳센 신앙심을 과시하며 열변을 토했다거나, 시편 25장과 로마서 8장을 읊었다는 등 여러 추측이 있지만, 그녀가 마지막에 "신께서 찰스 왕을 축복하시리라"는 저항의 단말마를 내뱉었다는 부분에 대해서는 의견이 일치한다. 관리는 분노로 길길이 날뛰며 스코틀랜드 방언을 퍼부었다. "Clep down among the partens and be drowned!" 그러고는 미늘창을 움켜쥔 뒤 그녀를 익사시켰다.

여기서 집행관의 말을 짚고 넘어가야 한다. 스코틀랜드 고어로 'clep'은 '부르다'를, 'partens'는 '게'를 의미한다. 따라서 이를 풀이하면 '게 무리에 처박아 익사시켜라'가 된다. 다른 이야기도 전해지는데, (그 구경거리를 놓친 것이 분명한) 어떤 사람이 이 집행관에게 물이 차오를 때 두 여인이 어찌했는지를 물어보았다. 집행관은 기운차게 대답했다. "음, 그들은 그냥 게처럼 말뚝에 찰싹 매달려 기도하더군(Oo, they just clepped roun' the stobs like partens, and prayed)." 어느 쪽이 진실이든 이 이야기는 순교 열전과 신화를 넘나든다. 벨(Bell)이라 불리는 이 집행관이 잔악한 처형을 집행한 직후 그의 부인이 아이를 낳았는데, 아버지의 씻지 못할 죄악이 아이의 몸에 그대로 담겨 있었다. 아이가 게의 집게 모양의 손을 가지고 태어난 것이다. 이 천형의 낙인은 후손 대대로 전해졌고 많은 후손들이 기형으로 태어났다. 그래서 이런 손을 가진 사람들은 '클레피 벨(Cleppie Bell)'이라고 불린다.

두 여인이 처형된 장소에는 말뚝 모양의 석조 기념비가 세워졌다. 현재 이 기념비가 세워져 있는 곳은 강가에서 한참 떨어진 갈대밭인데, 그 이유는 300년이 지나는 동안 블래드노크 강의 흐름이 바뀌었기 때문이다. 갈대밭에 놓인 기념비보다 훨씬 인상적인 순교자 기념비가 마을 언덕 위에 세워져 있고, 교구 묘지의 무덤과 비석은 여전히 사람들이 보살피고 있다. 스코틀랜드인들은 특유의 강인함을 보이며 흥미로운 이야기 속에서 역사의 상처를 보듬고 있는 것이다.

비교적 현대에도 이를 떠올리게 하는 기록이 있다. 1900년 무렵 벨(Bell) 혹은 애그뉴(Agnew)란 이름의, 집게 모양의 기형적인 손을 가지고 태어난 가족이 스코틀랜드 남동부에 살았다고 한다. 소문에는 그들이 클레피 벨의 후손이라는 추측도 있었다. 확인할 순 없지만, 실존 인물들이었을 가능성이 높다. 또한 1908년에 스코틀랜드계의 한 대가족이 런던에 거주했는데, 이 가족의 기형을 주제로 최초로 인간의 신체적

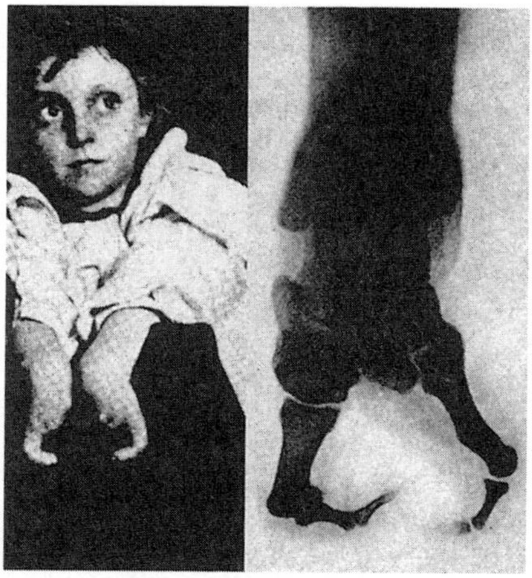

열지증(결지증 또는 이지증)의 소녀와 그 모친의 발의 방사선 사진, 영국.
칼 피어슨, 「열지증의 유전에 대하여」, 1908

질환에 대한 유전학적 연구 중 하나가 이루어졌다. 그들은 클레피 벨과 동일한 기형을 가지고 있었으며, 당시에는 이런 기형을 '이지증(二指症, lobster-claw syndrome)' 이라고 불렀다. 그러나 오늘날의 임상유전 학자들은 '이지증' 대신 '열지증(split-hand-split-foot syndrome)' 이나 '결지증(ectrodactyly)' 이라고 말한다. ectrodactyly*라는 표현은 그리스 신화적인 암울한 분위기를 풍기는데, 이를 풀이하면 '손발가락이 부족하다' 는 뜻이다. 두 번째 언급된 스코틀랜드 가족이 클레피 벨과 혈연 관계일 수도 있지만, 아무런 연관 없이 독립적으로 기형이 발생했을 가능성도 많다.

이 이야기의 한쪽에는 마거릿 윌슨과 마거릿 매클로플린의 재판과 죽음이라는 역사적 사건이, 다른 쪽에는 클레피 벨과 임상 보고서라는 과학적 연구가 놓여 있다. 물론 우연의 일치로 둘 모두 신화적인 요소

* 'ectro-' 는 '없는' 이라는 뜻의 접두어이고, 'dactyly' 는 '손발가락' 을 의미한다.

를 가지고 있다. 실제로 사형집행관 벨의 행동과 그의 후손들이 집게 모양의 손가락 두 개만 가지고 태어난 것은 아무 상관이 없을 것이다. 벨 가족이 두 개의 손가락만 가지고 태어난 이유는 배아가 자궁에 머무는 동안 지아(limb-bud)*의 발달에 영향을 미치는 우성 돌연변이를 가지고 있기 때문이다. 확실히 게와는 아무 상관이 없다.

사지의 이용

과학문명 이전부터 전해 내려오는 신화나 민담, 전설의 파편들은 파도가 물러날 때 모래에 남겨진 자국과 비슷하다. 특별한 힘도 의미도 없지만 모종의 질서가 남아 있다. 시간 속에서 퇴색하고 우연의 요소까지 뒤섞였지만, 이런 파편들 속에는 여전히 자연계의 규칙이 깊게 각인되어 있다. 또한 민간 전승의 신화나 전설들을 살펴보면 시대나 국적을 불문하고 신체기관 중에서도 사지기형의 신이나 인물들이 무수히 등장한다. 그리스 신화에 등장하는 올림포스의 신들 중 기형으로 태어난 신은 '절름발이' 헤파이스토스뿐이다. 어머니인 헤라 여신은 그를 버렸고, 아내인 아프로디테는 바람을 피웠으며, 짝사랑했던 아테네는 조롱과 멸시를 던졌다. 그러나 장인과 대장장이의 신인 헤파이스토스는 인류에게 금속을 다루는 비결을 가르쳐주었다. 검붉은 화병이나 그릇들을 살펴보면 헤파이스토스는 일반적으로 두 발이 안쪽으로 휘어져 있는 선천성 양측만곡족(兩側彎曲足, bilateral talipes equinovarus)을 가지고 있다. 가장 유명한 기형 인간인 오이디푸스(Oedipus)는, 이름을 풀이하면 '부풀어 오른 발' 이라는 뜻이다.

---

* 脂芽, 척추동물에서 발생 초기 단계의 팔과 다리. '팔다리싹' 이라고도 한다.

현대에도 새로운 신화가 만들어지고 있다. 1960년대 중반 아프리카 로디지아 주민연합회의 한 관리는 잠베지 강의 깊숙한 계곡에 발가락이 두 개인 부족이 살고 있다고 주장했다. 대(大) 플리니우스가 신화적 요소를 가미해서 에티오피아나 인도의 부족들을 칭했듯이 이 관리 역시 와도마(Wadoma), 바도마(Vadoma), 도마(Doma), 바냐이(Vanyai), 탈룬다(Talunda) 등 다양한 이름으로 이 부족을 부른다. 가장 흥미진진한 이름은 '타조 발을 가진 사람들(Ostrich-Footed People)' 이다. 그는 그들이 문명에 물들지 않은 원시 부족이며, 사냥과 수렵을 하면서 기이한 발 덕분에 가젤영양처럼 빨리 뛸 수 있다고 설명했다. 그리고 증거로 기형의 발이 뚜렷이 보이는 와도마 원주민의 사진 한 장을 제시하였다. 미국 우익당(American National States Rights Party)은 1969년 회보인 『선더볼트*Thunderbolt*』에 이 사진을 게재하고 일부 아프리카인들이 '동물의 발' 을 가지고 있으므로 그들은 인간이 아니라 별개의 종이라고 주장하는 기사를 실었다. 이 기사에서 그들은 "니그로는 백인이 아니라 유인원에 가깝다"고 주장했다. 미국 학계는 즉시 격분하며 사진이 위조라고 비난했다. 진위를 판명하기 위해 유전학자들이 조사에 나섰고, 와도마가 실제로 존재한다는 사실을 발견했다. 그러나 부족 전체가 '타조 발' 을 가진 것이 아니라 한 가계만이 '결지증' 이라는 기이한 기형을 가지고 있었다. 따라서 또 하나의 신화가 되기에는 불충분했다. 1980년대 중반 남아프리카 기자 두 명은 잠베지 강의 깊숙한 계곡에서 발가락이 두 개인 부족을 만났다고 주장했다. 현재 인터넷에서는 와도마 부족이 정글에 묻힌 커다란 금속 구(球)를 숭배하는 외계인이라는 설이 나돌고 있다.

사지는 잘못된 방향으로 발전할 가능성이 매우 높다. 선천성 질환 중에서 다른 어떤 신체기관보다 사지와 관련된 질환이 많다. 사지가 매우 민감해서 유전이나 환경의 영향을 쉽게 받기 때문일까? 아니면 사지가 너무 복잡한 기관이기 때문일까? 팔다리가 복잡하고 민감한 부분이긴 하지만 사지에 그토록 많은 선천성 기형이 생기는 가장 그럴듯한 이유는 사지가 최소한 생존 자체를 위해서는 비교적 덜 중요한 부분이기 때문일 것이다. 손가락이 더 있거나 정강이뼈가 없거나 팔다리 전체가 없더라도 다른 부분이 건강하면 배아가 자궁 안에서 자라는 데 아무런 문제가 없다.

사지의 가장 놀라운 점 중 하나는 팔다리 일부나 전체가 없는 사람들의 적응력이 아주 높다는 것이다. 결지증을 앓는 가계의 한 가장은 유전학자에게 이렇게 대답했다. "신의 뜻이겠지요. 아이들은 별로 신경 쓰지 않습니다. 손발가락이 없어도 아쉬워한 적은 한 번도 없습니다." 그의 말이 옳다. 이 아이들은 학교를 다니며, 글씨를 쓰고, 그림을 그리며 심지어 바느질도 했다. 커서는 구두 수선공이 되거나 택시 운전사가 되기도 했다. 어떤 사람은 파티의 흥을 돋워주는 일을 했는데, 그는 집게 모양의 두 발가락을 이용해서 바닥에 떨어진 핀을 줍는 묘기를 선보였다.

팔이 아예 없는 사람들은 신경학적으로나 신체적으로 놀라울 만큼 다양하게 변모한다. 세계적으로 가장 유명한 팔이 없는 예술가는 '팔 없는 바이올리니스트'라고 알려진 헤르만 운탄(Hermann Unthan)이다. 1848년 독일의 작은 마을에서 태어난 그는 산파에 의해 목 졸려 죽을 뻔했다가 간신히 살아났다. 그의 부모님은 엄격하지만 자애로웠으며 사리 분별과 이성을 가지고 있었기 때문에 동정을 받지 않고 사는 것을 미덕으로 삼았다. 출생 직후 그의 아버지는 아들이 동정이나 자비의 대상이 되어서도, 헌 양말이나 구두를 얻어 신어도 안 된다고 못 박았다. 1868년 헤르만은 요한 슈트라우스 2세가 지휘하는 가운데 열광하는 빈의 청중들 앞에서 바이올린 연주회를 열었다. 파란만장한 삶을 살면서 여러 곳을 여행하다 마침내 미국에 정착한 뒤, 그는 80세의 나이에 『팔 없는 바이올리니스트: 족기 *The armless fiddler: a pediscript*』라는 제목의 자서전을 펴냈다. 발가락으로 전동 타자기를 쳐서 쓴 원고에 딱 맞는 제목이었다. 이런 종류의 신경학적 적응력은 포유동물에서 흔하게 보인다. 1940년대에 네덜란드에서 앞다리가 없이 태어난 한 염소는 캥거루처럼 뒷다리만을 사용해서 깡충깡충 뛰어다녔다. 적응력이 놀랍지 않은가?

끝은 어디인가

사지가 없는 동물들의 생존 능력은 오랫동안 생물학자들에게 귀중한 연구 자료가 되었다. 살아 있는 생물의 팔다리를 눈으로 직접 세거나 해부해볼 수 있다. 몸통을 해부할 필요 없이 육안으로 관찰이 가능하다. 그래서 신체의 다른 기관들보다 사지에 대해 많은 연구와 이해가 이루어질 수 있었다. 사지의 두드러진 특징 중 누구나 알고 있는 사실을 들자면, 몸통 밖으로 나와 있다는 것이다.

임신 26일이 지나면 배아에서 팔이 생기려는 첫 번째 징후가 나타나는데, 목 바로 아래 양쪽으로 작은 덩어리가 하나씩 생긴다. 꽃이나 잎의 전구체*를 아(싹)라고 부르듯, 이 덩어리를 지아라고 한다. 하루 정도가 더 지나면 상체 아래에 다리로 성장할 또 다른 지아가 한쌍 생긴다. 배아의 표면에 있는 다른 덩어리들과 마찬가지로 지아 역시 처음에는 중배엽 세포를 가득 담은 외배엽 주머니에 불과하다. 뼈나 근육, 힘줄, 혈관은 아직 없다. 지아는 약 5주 동안 일정하지 않은 모양을 유지

* 前驅體, 조직이 생성되기 전의 전구물질.

하다가, 이 시기를 지나면 희미하게 뼈의 윤곽이 생긴다. 모양을 갖출 준비를 하는 것이다. 그러나 그 전에도 지아가 가만히 있는 것은 아니다. 조그만 덩어리에 불과했던 것이 2밀리미터 정도의 기관으로 자라났기 때문이다. 임신 50일쯤이 되면 배아는 몸을 웅크리면서 새로 생긴 손을 심장 위에 올려놓는다. 그리고 56일째가 되면 코를 만진다.

지아가 몸을 비집고 나와 외부로 뻗어 나가도록 유도하는 것은 무엇일까? 1948년에 존 선더스(John Saunders)가 이 질문에 대한 해답을 제시하였다. 그는 정체불명의 세포 융기가 지아 위에 얹혀 있는 것을 발견하였다. 팔다리 끝 부분의 이 세포들은 배아 전체를 감싸고 있는 조직인 외배엽이 분명하지만, 다른 팬케이크 모양의 세포들과는 달리 빼곡히 들어찬 기둥 모양이었다. 선더스는 이 조직 덩어리를 '정단외배엽융기(apical ectodermal ridge)' 라고 이름지은 뒤 그것의 역할을 좀더 분명히 파악하고자 절제해보기로 했다.

형성체의 연구를 위해서는 영원의 배아를 이용하지만, 사지 연구에는 대부분 닭을 이용한다. 선더스는 생장 기간이 조금씩 차이가 나는 닭의 배아 22개를 가지고 실험을 했다. 그는 한쪽 익아(날개싹)의 정단외배엽융기를 절제해내고 다른 쪽은 그대로 두었다. 수술 뒤 수정란을 봉한 다음 병아리가 부화하기를 기다렸다. 조작이 가해진 날개들은 모두 뚜렷한 기형을 보였지만, 배아의 시기에 따라 기형의 증상도 조금씩 달랐다. 익아 발생 초기에 조작이 가해진 병아리들이 가장 심한 기형을 보였다. 기껏해야 견갑골(어깨뼈)에서 가장 가까운 뼈인 상완골은 있었지만, 그 아래에 있는 요골이나 척골, 완골, 날개깃(digit)은 하나도 없었다. 좀더 나중 시기에 조작된 병아리들은 상완부나 요골, 척골은 있었지만 완골이나 날개깃이 없었으며, 더욱더 나중에 조작된 병아리들은 날개깃만이 없었다.

이 실험 결과를 토대로, 헤르만 운탄처럼 팔다리 없이 태어나는 이유를 추측해볼 수 있다. 인간의 지아 역시 정단외배엽융기를 가지고 있으며, 때로는 잘못될 확률이 매우 높다. 헤르만의 경우 팔의 지아에 있는 정단외배엽융기가 생기자마자 잘못되었기 때문에 팔 없이 태어난 것으로 보인다. 융기가 자라는 중에 이 융기를 제거당한 병아리들처럼 팔의 일부만 가지고 태어나는 기형아도 있다. 브라질의 미나스제라이스와 상파울루와 바이아 주에는 무수족증(無手足症; acheiropody)이라는 선천성 기형을 가지고 태어나는 가계들이 있다('acheiropody'를 풀이하면, 그리스어로 *a*는 '없음'을, *cheiros*는 '손'을, *podos*는 '발'이라는 뜻을 가지고 있다). 이 기형을 가진 사람들은 사지에 손이나 발이 달린 대신 끝이 뾰족할 뿐이다. 그들은 무릎으로 기어 다니기 때문에, 브라질에서는 그들을 '작은 절름발이'라는 의미로 '알레이하딩요(aleijadinho)'라고 부른다. 이 기형은 열성 돌연변이이며 꽤 오래전부터 나타났던 것 같다. 이 증상이 20여 가구 이상의 포르투갈계에서 나타나기 때문이다. 열성 돌연변이이기 때문에, 돌연변이 유전자 두 개를 부모 양쪽에서 물려받아야만 손과 발이 없는 상태로 태어난다. 돌연변이 유전자를 양쪽에서 물려받는다는 것은 일반적으로 근친 결혼에서 나타난다. 연구에 따르면 첫 번째 '알레이하딩요' 증상은 근친 결혼 부부의 아이들에게서 나타났으며 아마도 이 부부는 친남매거나, 이복남매 사촌지간이었을 것이다.

정단외배엽융기는 사지를 조각해준다. 지아의 발달이 막바지에 이르면, 융기가 퇴화되면서 손가락과 발가락의 윤곽이 잡히기 시작한다. 이 과정에서 어떤 식으로든 잘못되면, 손이나 발에 문제가 발생한다. 위그타운의 벨 가족이 결지증을 가지고 태어난 이유는 융기 중앙을 벌어지게 하는 돌연변이가 발생했기 때문이다. 사지가 형성되는 와중에 그런 틈이 생기게 된 것이다. 최소한 네 개의 돌연변이 유전자가 결지증을 일으킨다고 알려졌지만 앞으로도 더 많은 유전자가 발견될 것이다.

조그만 세포 덩어리에 불과한 정단외배엽융기가 사지 형성에서 막강한 영향력을 발휘하는 이유는 무엇일까? 사지의 조직인 뼈와 힘줄, 혈관 등을 구성하는 세포들이 융기에서 시작되기 때문이라는 것이 가장 그럴듯한 이유일지도 모른다. 그러나 그렇지 않다. 이런 조직들은 융기 자체가 아니라 융기 안에 들어 있는 중배엽 세포로 만들어지며, 외배엽인 부분은 피부밖에 없다. 정단외배엽융기가 중요하다고 여겨지는 또 다른 이유는 그것이 세포의 원천이어서가 아니라 중배엽 세포에게 할 일을 알려주는 정보의 원천이기 때문이다.

배아의 먼 곳까지 활동한다는 것은 신호가 작동함을 의미한다. 이는 지아에서도 마찬가지이다. 정단외배엽융기에는 신호전달분자 중에서

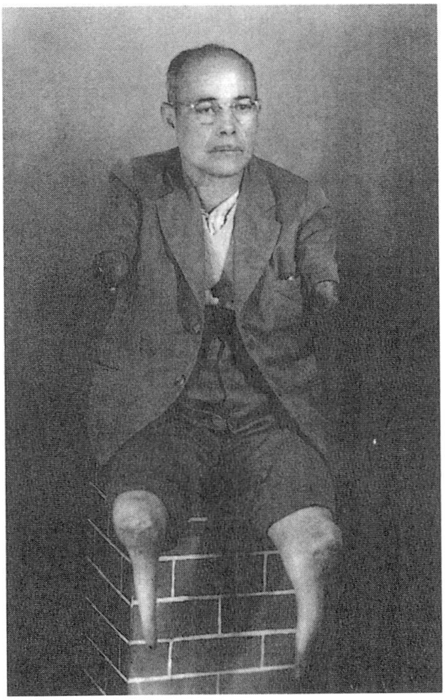

무수족증. 브라질의 알레이하딩요, 1970년대

도 FGF(섬유아세포 성장인자)가 대거 모여 있다. 유전학자들은 융기의 힘의 원천이 FGF임을 알아내기 위해 선더스가 했던 실험처럼 발생 초기의 익아(날개싹)에서 정단외배엽융기를 제거하는 수술을 해보았다. 그러나 선더스처럼 융기가 잘린 상태에서 날개가 부분적으로 발생하도록 놓아두는 대신, FGF를 묻힌 실리콘 구슬을 원래 융기가 있던 부근에 놓아두었다. 그 결과 사지가 완전히 자라났다. 한 가지 단백질만으로 융기가 없어진 타격을 회복한 것이다. 인간 게놈에서는 22개의 유전자가 FGF를 암호화하며, 이 중에서 최소한 네 개의 유전자가 융기에서 작동된다. 네 개씩이나 필요한 이유는 알 수 없지만 융기의 작동에는 이들이 모두 필요하다. 과장하자면, 팔다리가 발생하려면 약간의 FGF만 필요하지만 이 약간만으로도 충분한 것이다.

융기에 있는 FGF는 중배엽 세포가 지속적으로 증식하고 살아갈 수 있게 해준다. 극미한 자극에도 많은 세포들은 자살을 택한다. 세포들은 자살을 도와줄 총체적인 분자 기계도 가지고 있다. 세포의 자살을 현미경으로 관찰하면 입이 떡 벌어진다. 한두 시간 정도가 경과하면 죽음을 선택한 세포들은 불투명해지다가 갑자기 경련을 일으키고, 주변 세포들이 이들을 잡아먹으면서 사라지기 시작한다. 지아에 있는 FGF는 죽음의 분자 기계를 차단하며 세포들에게 생존 본능을 제시한다. 대규모의 세포 자살은 불길한 일이지만, 손가락과 발가락이 형성되려면 특정 세포의 자살은 반드시 필요하다. 왜냐하면 정단외배엽융기가 사지를 만드는 조각가라면, 세포의 자살은 정교하게 마무리를 지어주는 조각칼이기 때문이다.

임신 37일이 되면 사지의 끝에 오리발과 같은 물갈퀴가 형성된다. 그리고 오리에서는 물갈퀴 세포가 살아남지만, 인간 배아의 물갈퀴 세포들은 손발가락이 뻗어 나갈 수 있도록 며칠이 지나면 사라진다. 배아의 사지에 FGF가 너무 많이 존재하면 죽어야 할 세포가 죽지 않는다. 그러면 아이는 손가락과 발가락이 모두 붙은 채 태어나서 손과 발이 마치 피부로 만든 벙어리장갑을 끼고 있는 모양이 된다.

선더스가 발생 초기 날개싹의 정단외배엽융기를 제거하자 날개 없는 병아리가 부화했다. 그러나 발생 후기의 융기를 제거하자 좀더 아래에 있는 완골이나 날개깃만이 없는 병아리가 부화했다. 그 이유는 무엇일까? 지난 50년 동안 이 질문에 대한 여러 답변이 제기되었다. 가장 최근의 연구는(분명 가장 마지막은 아니겠지만) 두 가지 새로운 사실을 제기한다. 첫째, 융기의 FGF는 약 200마이크론(0.2밀리미터)에 불과한 거리를 뚫고 중배엽에 들어갈 뿐이다. 발생 초기의 지아에서 자살 세포가 200마이크론의 영역에 펼쳐져 있다면 이는 융기 전체와 맞먹는 규모이지만, 발생 후기로 갈수록 지아가 커지기 때문에 그 비율은 줄어든다. 이러한 비율상의 차이점이 중요한 이유는 지아가 눈에 보이지 않는 질서를 가지고 있기 때문이다. 지아는 겉보기에 불규칙한 모양의 세포주머니에 불과하다. 그러나 방금 생겨난 지아가 배아의 옆에 붙어 있는 작은 덩어리에 불과할지라도 그 안의 중배엽 세포들은 자신들의 운명을 어느 정도 예지하고 있다. 어떤 것들은 상완골로, 어떤 것들은 손가락이나 발가락으로, 어떤 것들은 둘 사이의 다른 기관으로 화할 운명을 담고 있다. 지아가 성장하면서 이런 각각의 세포들은 순서를 지키면서 증식하고 자라난다. 발생 초기의 지아에서 FGF를 제거하면 이런 다양한 운명의 세포들 모두에 변화가 일어나지만, 발생 후기의 지아에서 FGF를 제거하면 가장 마지막 순서에 가까운 세포들, 다시 말해 손발이나 손발가락으로 자라날 세포들에서만 변화가 일어난다.

사지의 형성을 설명하면서 20세기 의학계의 악몽이 되었던 사건 하나를 짚고 넘어가야겠다. 1961년 오스트레일리아의 의사 윌리엄 맥브라이드(William McBride)는 선천성 사지기형아들의 수가 갑자기 늘어났다는 보고서를 발표했다. 몇 달 뒤 독일의 의사 렌츠(Lenz)도 비슷한 연구 결과를 발표하였다. 두 의사 모두 환자들이 입덧을 막기 위해 복용한 진정제를 기형의 원인으로 꼽았다. 이 약품의 화학적인 명칭은 프탈리미도글루타리마이드(phtalimido-glutarimide)지만, 이 사건 직후 약품의 상표명인 탈리도마이드(Thalidomide)라는 이름으로 악명을 떨치게 되었다. 비슷한 보고서들이 세계 곳곳에서 쏟아져 나왔다. 그때까지의 수를 집계한 결과 46개국에서 탈리도마이드와 관련된 기형아가 1만여 명 이상 태어난 것으로 보도되었다. 미국만이 엄청난 재앙을 막을 수 있었는데, 약효에 회의적이던 연방식품의약국(FDA) 관료 몇 명이 인가를 미루었기 때문이다. 그러나 당시 유럽에서 이 약품은 판매율 3위를 자랑하고 있었다.

탈리도마이드 기형아는 매우 특이한 형태의 중증 기형을 가지고 태어난다. 이들은 무수족증과 달리 자궁 안에서부터 아예 팔다리가 없는 상태로 자라는 듯 보이는데, 이 기형아들 대부분이 손과 발이 어깨뼈와 골반에 바로 붙어 있고, 그 사이의 조직들(팔과 다리)은 전혀 없기 때문이다. 그들은 팔다리뼈가 없으며 손과 발이 곧바로 상체에 붙어 있다. 그들의 사지가 지느러미처럼 보였기 때문에 이 기형은 '물개사지(seal-limb)' 또는 해표상지증(phocomelia)이라고 불렀다.

해표상지증의 기형아는 과거에도 발생한 적이 많았다. 기형아에 대한 동정적인 감식가인 고야(1746~1828)의 스케치북에는 그림이 한 점 있는데, 세피아 톤의 그림 물감으로 그려진 초상화에 젊은 엄마가 호기심 어린 표정의 두 노파에게 자신의 기형아를 자랑스레 보여주는 장면이 담겨 있다. 또한 초기 기형학 문헌에서도 해표상지증의 기형아가 자주 등장한다. 빌렘 브롤릭의 『인간과 포유류의 정상적 · 비정상적 발생에 대한 판화』(1844~1849)에도 해표상지증 기형아의 초상화가 나온다. 본명이 마르크 카조트이며, 18세기 파리의 유명한 곡예사였던 그는

'프티 페팽'(작은 씨앗)이라는 애칭을 가지고 있었다. 이 책에는 카조트의 골격 그림도 나오는데, 실제 골격은 파리의 뒤퓌트랑 박물관에 전시되어 있다. 그러나 운명의 짓궂은 장난인 듯 그것의 다리는 사라지고 없다. 해표상지증이 화학 물질이나 기타 요인으로 생긴다고 생각할 수도 있지만, 이 기형을 일으키는 돌연변이가 여러 가지 존재하다고 생각할 수도 있다. 그러나 1960년대 전까지 해표상지증은 드물게 발생했기에, 해부학적 호기심의 대상 이상은 아니었다. 탈리도마이드로 인해 이 기형은 의학계의 오만을 나타내는 표상으로 자리 잡았다.

탈리도마이드가 이런 파괴적인 결과를 야기하는 이유는 무엇일까? 탈리도마이드에 대한 종합적인 분석 결과를 다룬 연구 논문들은 5000개에 이르지만, 이 화학 물질에 대한 이해는 여전히 빈약한 수준이다.

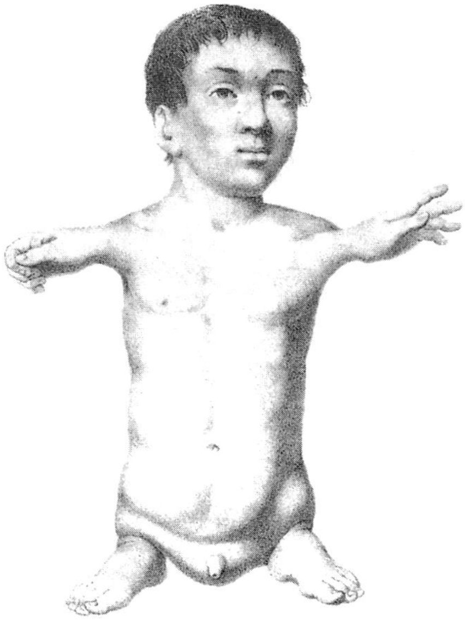

해표상지증. 페팽이라는 애칭으로 불린 마르크 카조트(1757~1801).
빌렘 브롤릭, 『인간과 포유류의 정상적 · 비정상적 발생에 대한 판화』, 1844~1849

그러나 몇 가지는 분명하다. 탈리도마이드는 기형원(teratogen)이지 돌연변이원(mutagen)은 아니다. 탈리도마이드로 인한 기형아들은 선천성 질환을 앓을 위험이 다른 아이보다 결코 크지 않다. 그 대신에 탈리도마이드는 세포 증식을 막는다. 임신부가 입덧이 심할 때(임신 39~42일 사이) 이 약을 복용하면 약효가 산모와 태아의 몸 전체로 퍼지면서 세포 분열을 막는다. 이 시기는 태아의 사지로 자라날 초기 세포들이 자리를 잡는 시점이다. 복용기간에 따라 다르지만, 하나 이상의 뼈의 전구체들이 증식을 못 하고 그 결과 팔다리의 가운데 부분이 사라진 사지가 생겨난다. 탈리도마이드가 지아 발달에 반드시 필요한 FGF를 직접 방해한다고 여겨지기도 하지만 이것은 아직 추측일 뿐이다. 탈리도마이드의 작용 방식에 대해 정확히는 알 수 없지만, 분명한 점은 이것이 매우 강력한 약품이며 영원한 관심의 대상이라는 사실이다. 오늘날 다른 질환에 효과가 있다*고 보고되면서 이 약품의 금기가 서서히 사라지고 있으며, 남아메리카에서는 이 약을 나병 치료에 사용한다. 그러나 임신한 여성이 임신한 줄 모르고 약을 복용하면 사지기형을 가진 아이가 또다시 태어나리라는 것은 불을 보듯 뻔하다.

손발가락 형성 과정

미터법의 기본단위가 10이 된 이유는 이 시스템을 고민한 아카데미 프랑세즈의 학자들이 10개의 손가락을 가지고 셈하는 법을 배웠기 때문일 것이다. 돼지가 셈을 할 수 있다면 발굽마다 4개씩의 발가락만 있

* 탈리도마이드는 해표상지증 외에도 심장기형 등을 유발하지만, 후천성면역결핍증(AIDS)과 암 치료 등에 사용되기도 한다.

으므로 8을 기본단위로 하는 '국제단위체계' 를 이용해서 사료를 셀지도 모른다. 말은 발굽이 발마다 하나씩밖에 없고, 낙타는 두 개, 코끼리는 다섯 개지만, 기니피그는 앞발에 네 개, 뒷발에 세 개의 발가락이 있다. 고양이와 개는 앞발과 뒷발 모두 다섯 개씩의 발가락을 가지고 있지만, 그 중 한 개씩이 매우 작아서 '며느리발톱(dew-claw)' 이라고 부른다. 몇 종류의 개구리와 바퀴타(vaquita)라는 돌고래를 제외하면 척추동물들은 대부분 하나의 사지에 달린 손발가락이 다섯 개를 넘지 않는다.

그 이유는 불분명하지만, 여분의 손발가락이 생기는 것은 불가능한 일이 아니다. 모든 포유류 종에서 가끔씩 여분의 손발가락이 생기기도 하지만, 결코 흔한 일은 아니다. 세인트버나드나 뉴펀들랜드 종을 비롯한 대형견들은 한 발에 여섯 개씩의 발가락을 가지고 태어나는 일이 많은데, 이 여분의 발가락은 며느리발톱이 또 하나 생긴 것이다. 어니스트 헤밍웨이의 고양이들은 다지증이었으며, 지금도 그 자손인 발가락이 보통보다 많은 고양이들이 헤밍웨이의 생가인 키웨스트 저택 마당에서 살고 있다. 보스턴 도둑고양이들은 15퍼센트가 다지증이지만(심지어 10개의 발가락이 더 있는 고양이도 있다), 뉴욕에는 다지증 도둑고양이가 한 마리도 없다. 쥐의 경우에도 여러 가지 다지증이 있으며, 어떤 변종은 설인의 이름을 본떠 새스콰치(Sasquatch)라고도 불리지만, 두 배의 발(Doublefoot)이나 여분의 발가락(Extra-Toes)처럼 무미건조한 이름들이 대부분이다. 미국의 유전학자인 시월 라이트(Sewall Wright)는 도합 44개의 발가락을 가진 기니피그를 만든 적도 있었지만, 이것은 살아남지 못했다.

다지증을 가진 사람도 많다. 유럽에서는 3000명당 1명 정도가 정수 이상의 손가락이나 발가락을 가지고 태어나며, 아프리카는 300명당 1명이다. 어떤 손가락이든 하나가 더 생길 수 있지만 대부분 아프리카인들은 새끼손가락이, 유럽인들은 엄지손가락이 하나 더 있다. 다지증은 일반적으로 우성유전이며, 여러 세대 동안 대물림된다. 멘델이 태어나기 훨씬 전 프랑스 수학자 모페르튀이는 야코프 루에(Jacob Luhe)라는 베를린 의사의 조상과 자녀들의 다지증 유전에 대해 설명하였다. 루에의 할머니는 손발에 각각 6개씩의 손발가락을 가지고 있었으며 그의 어머니도 마찬가지였다. 또한 루에 본인은 물론이고 일곱 명의 형제자매 중 셋과 다섯 자녀 중 둘이 같은 증상을 가지고 있었다. 어떤 학자들은 심지어 훨씬 인상적인 다지증 혈통을 소개하였다. 1931년 러시아의 유전학자 마노일로프(E.O. Manoiloff)는 스키피온(Scipion)이라는 그루지아인의 다지증에 대해 설명하였다. 마노일로프의 설명에 따르면, 스키피온의 다지증 유전 혈통은 거의 600년 전까지 거슬러 올라간다.

정단외배엽융기로 인해 사지가 제대로 뻗어나갈 수 있는 것이라면, 인간에게 정수와 정형의 손발가락을 제공해주는 무언가 또 다른 장치가 지아에 있는 것이 분명하다. 이 장치 역시 존 선더스가 그의 동료인 메리 개슬링(Mary Gasseling)과 함께 발견했다. 그들은 닭의 익아 후단부의 중배엽 조직을 떼어내서 다른 익아의 전단부에 이식하였다(이렇게 하자 익아의 양쪽에 각각 하나씩의 후단부가 생겨났다). 그 결과 이 닭은 일반 닭의 두 배에 해당하는 날개깃이 생겨났다. 가장 놀라운 점은 이 조작된 날개가 인간의 매우 기이한 다지증과 비슷하다는 것이었다. 손발가락이 한두 개 더 있는 것이 아니라 거의 완벽하게 두 개로 복제된 손이나 발을 가지는 기이한 다지증이 있는데, 실험 결과로 탄생한 날개들이 이런 다지증과 매우 흡사했다. 이런 다지증은 한 손에 10개의 손가락이 생기기도 한다. 다지증의 날개깃은 독특한 대칭형을 띠었으며, 이와 똑같은 현상이 사람의 손에서도 일어난다. 손가락마다 숫자를 부여해서 엄지가 1, 검지가 2, 중지가 3, 약지가 4, 새끼손가락이 5라면,

손가락이 다섯 개이므로 일반적으로 '12345' 가 된다. 그러나 대칭형 다지증의 손은 '5432112345' 라는 공식을 가지게 된다. 무엇보다도 이 손이 해부학적으로 완벽한 대칭구조라는 것이 가장 기이하다.

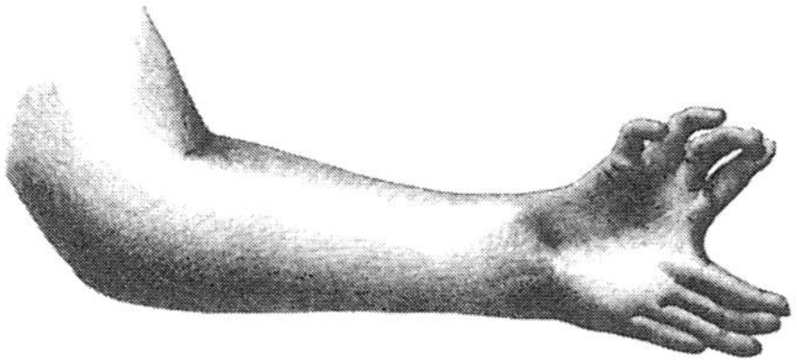

대칭복사형 다지증. 한 손에 손가락이 8개인 여인의 왼손.
윌리엄 베이트슨, 『변이에 대한 자료』, 1894

선더스와 개슬링은 막강한 힘을 가진 중배엽의 이 부분을 '극성화 활성대(zone of polarizing activity, ZPA)' 라고 이름지었다. 이 ZPA에서 모르포겐이 솟아나온다고 생각된다. 모르포겐이 솟아나오는 지점이자 농도가 가장 높은 곳에서 이 모르포겐은 순수한 중배엽에 새끼손가락(소지)이 되라고 유도하며, 농도가 약해지면서 순서대로 약지와 중지, 검지가 되라고 지시한다. 그리고 가장 반대편에는 엄지를 생기게 한다.

우리들 대부분이 다섯 개의 손가락을 가지게 되는 이유를 설명하다 보면 형성체를 떠올리게 된다. 형성체와 마찬가지로 ZPA는 주위 환경에 질서를 부여하는 신비한 능력을 가지고 있다. 따라서 형성체의 모르포겐에 대해 많은 연구가 이루어지고 있듯, ZPA의 모르포겐에 대해서도 최근 몇 년간 활발한 연구가 이루어졌다. ZPA의 모르포겐은 신호전달단백질이거나 이와 비슷한 유전자로, 배아의 다른 곳에서도 작용하는 여러 신호전달단백질군들 중 하나인 것이 확실하다. 그러나 지아에는 신호전달단백질이 무수히 많기 때문에, 그 중 모르포겐이 어느 것인지는 알기 힘들다. 과거 몇 년 동안 이러한 분자라고 여겨질 만한 단백질 분자가 여러 가지 제시되었는데, 그 중 하나가 소닉 헤지호그이다.

소닉 헤지호그는 모르포겐이 등장한다고 여겨지는 시기와 정확히 맞물려 지아에 나타난다. 이것은 후단부의 중배엽에만 존재하는데, 이는 선더스와 개슬링이 말한 ZPA 영역과 정확히 일치한다. 또한 소닉 헤지호그는 모르포겐의 임무라고 생각되는 사지 형성에도 관여한다. 닭의 날개싹(익아)에 있는 소닉을 조작하면 대칭형 다지증 날개를 포함해서 완전히 비정상적인 새로운 날개가 만들어진다. 다시 말해서 돌연변이(mutant)가 생긴다. 인간의 경우 최소한 10개의 돌연변이 유전자가 다지증을 야기하며, 이것들은 모두 소닉이 사지를 형성할 때 이런저런 방식으로 영향을 미치는 것으로 보인다.

그러나 앞 장에서도 설명했듯이 손발가락 수의 결정이 소닉의 유일한 역할은 아니다. 소닉은 뇌의 좌우를 나누고, 양쪽 눈의 간격을 결정하며, 그 외 여러 가지 좌우대칭을 조정한다. 소닉은 도무지 종잡을 수 없는 분자이다. 소닉 헤지호그 유전자의 활동 패턴을 시간대별로 촬영할 수만 있다면 태아 발생의 전 기간에 걸쳐 새로운 기관이 나타날 때마다 소닉이 불규칙하게 활약하는 것을 보게 될 것이다.

세포 운명의 향배를 결정하는 소닉의 힘을 생각할 때, 소닉의 이런 일을 책임지는 장치들은 막중한 임무를 띠고 있는 것이며, 조금의 실수도 해서는 안 된다. 이 장치들이 전사인자, 즉 '분자 스위치' 이다. 몇 개의 분자 스위치는 소닉을 지속적으로 체크한다. 돌연변이로 인해 분자 스위치가 제 역할을 못 하면 지아의 엉뚱한 장소에서 소닉이 활동하고 그 결과 정수 이상의 손발가락이 만들어진다. 또 다른 돌연변이들은 전사인자를 정지시키는 것이 아니라 거기에 붙은 조절요소를 없애버린다. 그러나 결과는 마찬가지이다. 모르포겐 농도가 뒤죽박죽되어 여분의 손발가락이 생기게 되는 것이다.

다지증 돌연변이는 소닉 헤지호그를 통제하지 못해서 힘의 균형을 엉클어뜨리는 결과를 낳는다. 그러나 정반대의 영향을 미쳐서 지아에 소닉 헤지호그가 형성되지 못하게 막는 돌연변이도 있다. 이 돌연변이는 가장 심하게는 소닉을 완전히 무력화시키기도 한다. 소닉 헤지호그가 없는 쥐들의 여러 기형 중 가장 두드러진 특징은 발이 없다는 것이다. 이 기형은 앞에서 소개했던 '알레이하딩요' 들의 기형인 '무수족증'과 정확히 일치한다. 실제로 (논란이 분분하지만) 무수족증 돌연변이가 소닉이 지아에서 활동할 때 꼭 필요로 하는 조절요소를 무력화시킨다는 증거도 존재한다.

이런 돌연변이들은 배아 내 유전자 조절의 복잡성을 암시해준다. 특정 세포에서 유전자가 활동하는지는 세포핵 안에 어떤 전사인자가 존재하는지에 따라 달라지며, 그 전사인자의 존재는 다른 전사인자의 유무에 따라 결정된다. 이런 식의 체계 때문에 질서 부여의 책임이 끝없이 순환한다고, 다시 말해 한 실체의 질서는 그 전부터 질서가 있던 다른 실체에 의해 좌우된다고 생각할 수도 있다. 그러나 실제로 그 딜레마는 생각보다 더 복잡하다. 배아의 질서는 끊임없이 재편성된다. ZPA에 있는 소닉의 존재는 사지가 생겨날 몸통 부분의 중배엽에 있는 혹스 유전자에 의해 일부가 정해진다. 그러나 혹스 유전자가 사지의 모양을 잡기 위해 부여하는 질서는 조악한 수준이기 때문에, 소닉이 이를 다듬어줘야 한다. 소닉 너머에는 훨씬 세세하고 정교한 수준의 질서들이 편성되며, 이 질서들 각각은 또다시 미묘하고 복잡한 조정 작업을 거쳐야 한다. 그러나 여기에 대해서는 이해가 거의 전무한 수준이다.

이처럼 연속적으로 얽히고설킨 조정과 통제 작업에 대한 견해는 대단히 복잡한 듯 보인다. 그러나 실제로는 그렇게 복잡한 것은 아닌데, 이 생각은 배아 프로그램의 가장 두드러진 특징 중 하나인 '비선형성(non-linearitiy)' 을 제대로 설명해주지 못하기 때문이다. 앞에서 무수족증 돌연변이로 인해 소닉 유전자가 사지에 자리 잡지 못한다고 말했다. 그럼에도 이 장의 앞부분에서 정단외배엽융기와 섬유아세포 성장인자(FGF)가 없기 때문에 아기들이 자궁에서 팔다리가 없게 된다고 말했다. 모순적으로 들릴 수도 있다. 그러나 사지의 다양한 신호들이 독립적으로 활동한다고 생각하면 혼란스러울 수밖에 없다. 소닉 헤지호그의 가장 중요한 역할 중 하나는 정단외배엽융기와 섬유아세포 성장인자를 형성하고 유지하는 것이며, 정단외배엽융기의 가장 중요한 역할 중 하나는 극성화 활성대(ZPA)에서 소닉 헤지호그를 생성하고 유지하는 것이기 때문이다. 두 곡예사가 무대 양끝에 서서 끊임없이 곤봉을 주고받듯이, 소닉 헤지호그와 정단외배엽융기 사이에도 아슬아슬한 정보의 흐름이 계속 이어진다. 배아의 이곳저곳에서 이런 상호작용이 발생하고, 이런 사실은 배아의 성장과 발생에 대한 일반적인 생각을 바꿔준다. 우리는 처음에는 배아가 직선적인 명령과 통제 체계를 지니고 있으며 그 구조도 단순하다고 생각했지만, 하나둘 사실을 알아가면서 그런 생각을 바꾼다. 사지에서와 같이, 배아 프로그램의 윤곽을 실제로 관찰하기 시작하면서, 이 프로그램이 시공을 넘나드는 복잡한 회로와 비슷하다는 것을 알게 된다. 그리고 이런 복잡한 회로를 통해 인간은 일반적으로 도합 20개의 손가락과 발가락을 가지게 된다.

손과 발 그리고 조상

임신 32일 무렵이면 인간의 지아는 꽤 자란 상태이며, 형태가 없었던 조직이 본격적인 패턴을 형성하기 시작한다. 세포 덩어리가 뭉쳐지며 희미하게 뼈의 전구체가 나타난다. 전문용어로 이런 과정을 '응축(condensation)'이라고 한다. 이 말이 암시하듯이 뼈는 이슬처럼 조용히 등장한다.

몸통에 가장 가까운 뼈부터 응축되기 시작하는데, 팔의 위팔뼈(상완골)와 다리의 넙다리뼈가 형성된다. 그런 다음 응축이 지아 전체로 서서히 확산된다. 위팔뼈가 둘로 나뉘어 가늘고 긴 모양으로 응축이 일어나고 나중에 노뼈(요골)와 자뼈(척골)가 된다. 이 두 개의 응축 덩어리는 다시 손목과 손바닥을 이루는 27개의 뼈를 형성할 세포 조직으로 세분화된다. 임신 38일쯤에는 지아가 노처럼 끝이 넓고 평평해진다. 그리고 이 노에 평행을 이루는 네 개의 골짜기가 생기면서 응축된 세포들을 다섯 무리로 가른다. 이것이 훗날 손가락뼈와 발가락뼈가 된다.

응축의 형성은 결국 사지의 신호전달체계가 얼마나 빈틈없이 짜이느냐에 따라 달라진다. 그러나 배아의 다른 부분과 마찬가지로 지아에서도 이러한 정보를 각각의 세포별 활동으로 번역해야 한다. 혹스 유전자가 머리부터 발끝까지를 형성하기 위해 정보를 번역하듯이 사지에서도 같은 역할을 한다. 지아가 자라나면서 39개의 혹스 유전자 중 몇 개는 그 역할이 복잡하게 뒤엉켜 있다. 그리고 이 유전자들은 척추 형성시 혹스 유전자가 하는 일들과 비슷한 종합적인 작업을 수행한다. 부모 한쪽에서만 기형의 Hoxa13 유전자를 물려받으면 엄지발가락이 짧거나 새끼손가락이 구부러진 아기가 태어난다. 어떤 혹스 돌연변이는 다합지증(多合指症, synpolydactyly)*을 일으키는데, 그렇게 되면 정수 이상의 손발가락이 서로 붙은 채 태어난다. 최소 9개 이상의 혹스 유전자를 한번에 삭제해서 아주 심각한 기형을 일으키는 돌연변이도 있다. 이 경우 아래팔뼈(하완골)가 없기에 당연히 손가락과 발가락도 없는 아이가 태어난다.

혹스 유전자는 사지 형성 외에 다른 곳에서도 활동한다. 혹스 돌연변

* 다합지증은 다지증(polydactyly)과 합지증(syndactyly)이 하나로 합쳐진 기형이다.

이로 인해 사지 기형을 가지고 태어난 아기들은 기형적인 성기를 동반하기도 한다. 최악의 경우 남자아이는 음낭과 음경이 거의 없는 상태로 태어난다. 사지를 만드는 분자 중 다수가 생식기도 만들기 때문에 두 가지 돌연변이가 동시에 나타나는 것은 전혀 이상한 일이 아니다. 놀랍게도 발과 성기의 크기가 비례한다는 우스갯소리 역시 아주 뜬금없는 말은 아니다. 그러나 발 치수를 가지고 성기의 크기를 짐작하는 것은 말도 안 되며, 둘 사이의 상관 관계는 통계적으로만 중요할 뿐 매우 적다. 발기된 성기의 길이가 아니라 실제 '길이'에 관한 자료들은 단순한 재밋거리에 불과할 뿐이다. 하지만 프랑스어에서는 음경에 '세 번째 다리(le troisième jambe)', '중요 다리(pied de roi)', '귀여운 발가락(petit-doigt)'이라는 애칭이 붙어 있고, 영어에서는 '가장 중요한 다리', '아랫다리', '가운뎃다리'라는 애칭이 붙어 있다. 그리고 3피트를 의미하는 야드*에도 생각보다 훨씬 많은 의미가 포함되어 있다.

이제는 혹스 유전자의 기원에 대해 살펴보자. 손가락의 기원은 어디일까? 이 질문에는 곧바로 답이 가능하다. 여러 방향으로 움직이는 인간의 사지(limb)는 물고기가 바다 속을 자유자재로 다닐 수 있게 해주는 장치인 지느러미(fin)와 상동성을 가지고 있다. 그러나 물고기는 손가락이 없다. 얼핏 생각하기에는 지느러미를 부채처럼 펴지게 하는 얇고 섬세한 뼈인 지느러미 줄기가 다른 척추동물의 손발가락(tetrapod digit)과 비슷하다고 생각할 수도 있다. 하지만 물고기 지느러미 줄기와 사지동물의 손발가락을 구성하는 뼈는 완전히 다르며, 해부학자들 역시 둘 사이에 아무런 연관성도 없다고 생각한다.

대부분의 어류와 사지동물은 거의 유사성이 없기 때문에, 어류에게

---

* 'yard'는 속어로 성기를 지칭하기도 한다.

손가락이 없는 것도 이상한 일은 아니다. 심지어 사지동물과 가장 가까운 어류인 총기류(lobe-finned fishes)에서도 공통점을 찾아보기 힘들다. 이런 어류의 예로는 오스트레일리아에 서식하며 아가미호흡과 폐호흡을 동시에 하고 개펄 속에 파묻혀 생애 대부분을 보내는 폐어와, 인도양 심해에 서식하는 실러캔스를 들 수 있다. 오늘날 총기류는 '살아 있는 화석'이라고 불리는데, 거의 4억 년 전에 출현하기 시작한 데다 오늘날은 그 수가 매우 드물기 때문이다. 몇몇 총기류의 화석은 인간의 사지와 매우 흡사한 지느러미를 가지고 있으며, 이 지느러미들이 위팔뼈와 노뼈, 자뼈의 상동 조직인 것으로 여겨진다. 게다가 이 지느러미에 달린 작은 뼈들은 사지동물의 손발가락과 생김새도 비슷하고 구성하는 뼈도 같은 종류이다. 그러나 이 작은 뼈의 모양은 사지동물들이 가지고 태어나는 정형적인 손발가락뼈와는 그 모양이 완전히 다르다. 폐어의 지느러미를 사지에 빗대어 설명하는 것은 자유지만, 인간 손발의 출현은 그렇게 간단하게 설명할 수만은 없다. 어류는 손가락이 없지만 사지동물은 가지고 있다. 그렇다면 3억 7000만 년 전 무렵 어느 시점에서 무언가 새로운 것이 나타났다고 짐작할 수 있다.

그렇다면 어떻게 생겨났을까? 어류의 지느러미싹은 사지동물의 지아와 매우 비슷하다. 지느러미싹에는 정단외배엽융기, 섬유아세포 성장인자, 극성화 활성대, 소닉 헤지호그, 여러 개의 혹스 유전자가 존재하며, 이런 것들이 복잡한 방식으로 작용해 지느러미가 생기게 한다. 이것은 (우리가 알고 있는) 사실을 말해준다. 즉 다양한 형태와 기능의 지느러미와 다리와 날개는 오래전에 멸종한 초어류(*Ür*-fish)의 측면에서 튀어나온 초기관(*Ür*-appendage)이 진화한 것임을.

그러나 각각의 차이에 관심을 기울여야 한다. 한 가지 차이점은 혹스 유전자를 자세히 살펴보면 알 수 있다. 지느러미나 사지 발생 초기에 후단부의 극성화 활성대가 위치한 부분에서 Hoxd13 유전자가 움직이기 시작한다. 하지만 지느러미와 사지가 자라나면서 차이점이 드러난다. 어류의 경우 Hoxd13의 영역은 작으며, 지느러미싹이 자랄수록 점차 사라진다. 그러나 쥐의 경우 Hoxd13 유전자는 사지의 외부영역 전체에 계속 존재한다. 어류에서는 존재하지도 행해지지도 않았던 무언가 새로운 일을 행한다. 즉 Hoxd13은 손발가락을 지정한다.

다른 부분의 혹스 유전자도 마찬가지겠지만, 이런 차이점은 혹스 유전자 돌연변이에게 좀더 깊은 의미를 부여한다. 혹스 유전자 활동의 마지막 단계에서 Hoxd13이 손발가락을 지정한다면, Hoxd13을 제거한 쥐는 발가락 없이 태어날까? 이 쥐의 탄생으로 5억 년 동안 누적된 진화의 신비 중 한 가지가 세상에 모습을 드러낼 것인가? 앞발의 돌연변이가 격세유전(atavism)이어서 사지동물이 아니라 어류에 가까운 모습을 한 쥐가 태어날 것인가? 그러나 실제 실험 결과, Hoxd13 돌연변이 쥐는 발가락이 없는 것이 아니라 오히려 정수 이상의 발가락을 가지고 태어났다. 발가락 모두가 작고 기형적인 모습을 띠었으며, 원래의 수인 다섯 개가 아니라 여섯 개였다.

상당히 당황스러운 결과였다. 이것은 진화과정 어디쯤엔가 손발가락을 가졌음은 물론이고, 그 수도 인간이나 다른 거의 모든 사지동물들보다 많았던 동물이 있었음을 암시한다. 쥐나 기니피그, 개, 고양이, 인간들의 다지증이 격세유전이라는 생각은 오래전부터 있었다. 다윈은 자연선택에 의한 진화가 꼭 필요했다는 것을 『사육 동식물의 변이*The variation of animals and plants under domestication*』(1868) 초판에서 격세유전으로 역설했다. "아이가 부모보다 조부모를 닮는 것이 매우 놀랄 일인 것은 분명하지만 우리는 그다지 많은 관심을 두지는 않는다. 그러나 아이가 아득한 조상이나 먼 방계 친척을 닮는 경우가 있는데, 후자의 원인은 그들이 공통된 선조(progenitor)에서 유래되었기 때문이라고 생각해야 한다. 조금은 놀랄 일이다."

그의 주장이 옳지만 인간의 다지증이 격세유전(실제로 다윈은 격세유전이 아닌 '복귀reversion' 라는 표현을 사용)이라는 다윈의 생각은 아무리 생각해도 이해하기 힘들다. 그는 도롱뇽의 발가락이 잘려도 다시 자라난다는 사실에 주목했는데, 인간의 경우 원래의 손발가락은 아니지만 정수 이상의 손발가락은 도롱뇽처럼 재생될 수 있다는 주장을 어디선가 접했던 것 같다. 그 과정에서 정수 이상의 손발가락은 원시적인 재생능력의 결과이므로 격세유전이라고 결론지은 듯 보인다.

이 주장은 논점이 분명하지 않으며 많은 허점을 가지고 있다. 독일의 해부학자인 카를 게겐바우어(Karl Gegenbauer)는 정수 이상의 것이든 정상적인 것이든 인간의 손가락은 한번 잘리면 재생이 불가능하다고 주장했다. 또한 다지증이 격세유전이라는 것은 다지증의 조상이 있다는 말인데, 모든 사지동물들은 과거에도 현재에도 손발가락이 다섯 개라고 말했다. 다윈 역시 좀더 합리적으로 고쳐 쓴 『사육 동식물의 변이』 제2판에서 자신의 생각이 틀렸다고 인정하며, 다지증 손가락은 격세유전이 아니라 단지 기형에 불과하다고 주장했다.

그러나 다른 이유에서 보면 다윈의 처음 주장이 옳았을지도 모른다. 지난 10여 년 동안 사지동물의 선조에 대한 학계의 생각이 완전히 뒤바뀌었다. 새로운 화석이 발견되었는데, 화석의 형태가 기존의 것들과는 전혀 달랐다. 일반적인 생각과는 달리 인간을 비롯한 모든 사지동물들에게는 다지증의 조상이 있었다. 이 화석들에 담긴 최초의 사지동물인 듯 보이는 존재들은 3억 6000만 년 전의 데본기 말기에 살았던 아칸토스테가(*Acanthostega*), 투를레프레톤(*Turlepreton*), 익티오스테가(*Ichthyostega*)라는 세 종류의 늪지 양서류들이다. 그들은 현대의 사지동물들을 잣대로 삼을 때 심각한 다지증을 가지고 있었다. 아칸토스테가는 한 발에 8개의 발가락을, 투를레프레톤과 익티오스테가는 6~7개의 발가락을 가지고 있었다. 그렇다면 Hoxd13 돌연변이 쥐를 비롯해서 모든 포유류의 다지증 돌연변이들도 실제로는 과거로 회귀한 것이라는 결론이 나온다. 다만 회귀하는 대상이 물고기가 아니라 양서류라는 것이다.

물고기의 지느러미까지 기원을 추적하려면 유전학적으로 좀더 자세한 연구가 필요함은 물론 진화의 신비에 대해서도 밝혀내야 할 부분이 많다. 쉬운 일은 아니다. Hoxd13 돌연변이 쥐들은 다지증을 가지지만, Hoxd13과 함께 다른 혹스 유전자에도 문제가 생겨서 이중 삼중의 돌연변이를 가진 쥐들은 발가락이 전혀 없다. 발생유전학자들이 돌연변이 쥐의 게놈 분석을 통해 혹스 유전자의 신비를 계속 파헤치는 과정에서 발생유전학의 역사가 새롭게 작성될 것이다. 그리고 손발가락이 없는 물고기에서 다지증의 발가락을 가진 데본기의 양서류에 이르기까지 5억 년 전의 대항해를 답사하다 보면 어느새 우리처럼 다섯 개의 손발가락을 가진 동물을 만나게 될지도 모른다.

5

내 뼈 중의 뼈요, 살 중의 살이라 | 골격에 대하여

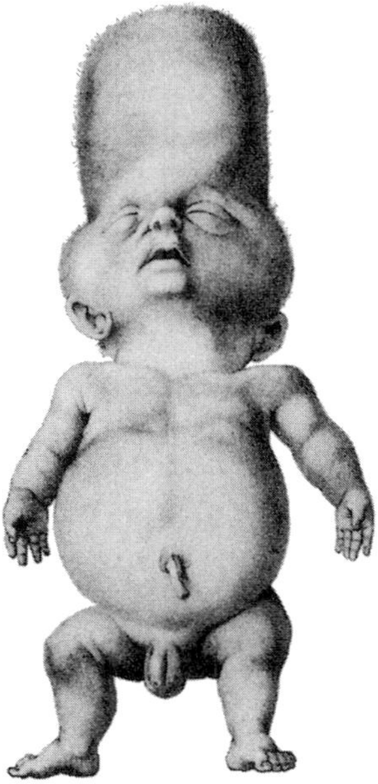

치사성 이형성증을 가지고 태어난 사산아. 1847년 암스테르담.

빌렘 브롤릭, 『인간과 포유류의 정상적 · 비정상적 발생에 대한 판화』, 1844~1849

1896년, 아널드라는 중국인 선원이 희망봉에 도착했다. 그에 대해서는 많은 사실이 알려져 있지는 않으며 전해지는 초상화도 없다. 그러나 키가 작은 편이고 툭 불거진 이마를 가지고 있었으리라 짐작된다. 또한 '물렁물렁한 머리(soft-head)'를 가지고 있었을 것이다. 지능지수가 낮다는 뜻이 아니라, 정말로 두개골 윗부분이 없었을 것이라는 의미이다. 빗장뼈(쇄골)도 없었을 것이며, 있었다 해도 어깨뼈(견갑골)와 접하지는 못했을 것이다. 뒤에서 아널드를 밀면 어깨가 접혀서 가슴과 만나는 일이 발생했을지도 모른다. 또한 치아도 정수 이상이거나 하나도 없었으리라 여겨진다.

이렇게 짐작할 수 있는 이유는 그의 많은 후손들 중 대다수가 그와 같은 증세를 가지고 있기 때문이다. 케이프타운에 도착한 뒤 이슬람교로 개종한 아널드는 7명의 아내를 두고 회교 사회인 케이프 말레이(Cape Malay) 족에 철저히 동화되었다. 케이프 말레이 족의 대다수는 자바인들의 후손이지만, 산 족*, 크호이크호이 족, 서아프리카, 마다가스카르인들의 피도 섞여 있었다. 케이프 말레이 족은 어업과 수공예를 생업으로 삼았으며, 남아프리카의 포도재배농장에 세워진 네덜란드 식 장원(莊園)들의 우아한 박공 역시 그들의 작품이다. 또한 동양의 풍미가 가미된 남아프리카의 요리법이나, 피에상**과 같은 말레이 식 단어들이 섞인 것도 그들의 영향 때문이다. 1953년 조사에 따르면 아널드의 후손 중에서 골결손 돌연변이(missing-bone mutation)를 가진 사람은 253명이었다. 1996년에는 이 돌연변이를 가진 사람은 1000명 정도로 늘어났다. 다행히도 빗장뼈가 없거나 물렁한 두개골은 심각한 기능장애를 유발하지는 않는다. 실제로 아널드의 후손들은 자신들의 조상과 이러한 돌연변이 증세를 매우 자랑스럽게 여긴다.

뼈의 생성

아마도 무덤 속에서 가장 마지막에 흙으로 돌아가는 것이 뼈이기에, 우리들은 뼈를 무생물적인 존재라고 생각한다. 그러나 그것은 잘못된 생각이다. 심장이나 간과 마찬가지로 뼈 역시 건설과 파괴의 순환을 겪으며 생성과 분해를 계속한다. 또한 다른 기관들과는 별개의 존재인 것처럼 보일 수 있지만, 뼈와 이것을 덮고 있는 살은 배아의 같은 조직에서 형성된다. 실제로 뼈는 형질전환된 살이다.

뼈와 살이 밀접한 관계를 가지고 있다는 증거는 이 둘을 만드는 세포의 기원에서 찾아볼 수 있다. 뼈 형성을 담당하는 조골세포(osteoblast)는 중배엽에서 만들어지며, 결합조직과 근육도 같은 조직에서 만들어진다. 뼈의 형성 방법에서도 뼈와 살 사이의 유사점을 찾을 수 있다. 뼈

---

* San, 아프리카 남부에 살며 수렵과 채집을 생업으로 삼는 작은 키의 민족.

** Piesang, 남아프리카에 있는 강과 계곡의 이름.

속에는 자신을 만들어준 세포의 잔해가 담겨 있다.

뼈가 만들어지는 방식은 크게 두 가지로 나눌 수 있다. 두개골과 같은 납작뼈(편평골)는 기질단백질을 분비하는 조골세포층에서 형성되기 시작한다. 인산칼슘 교미침(calcium phosphate spicules)은 이 기질단백질 상에서 형성되어 세포를 에워싼다. 뼈가 자라고 조골세포층이 하나둘씩 추가되면서 자체의 분비물이 각 세포층을 감싼다. 넙다리뼈와 같은 긴뼈(장골)는 납작뼈와는 조금 다르게 만들어진다. 배아에서 사지가 형성될 때 나타나는 세포 응축 과정에서 장골의 형성이 시작된다. 연골세포(chondrocyte)라고 하는 이 세포들은 역시 중배엽에서 만들어지며 연골(cartilage)을 만든다. 연골은 미래에 형성될 뼈의 틀이 되며, 후기에 이르러서야 조골세포의 개입을 받는다. 이들은 처음에는 모양만 뼈와 비슷할 뿐 구성물질은 다르다.

세포 응축을 통제하는 분자 중 하나가 골형성 단백질(BMP)이다. 골형성 단백질은 단일 분자가 아니라 실제로는 하나의 군(群)으로 이루어져 있다. 다른 신호전달분자들과 마찬가지로 BMP 역시 전혀 예상치 못한 장소에서 등장한다. BMP는 뼈가 생성되기 훨씬 전부터 몇몇 세포에게 등이 아닌 복부가 되라고 지시한다. 그러나 배아가 자라날수록 훗날 뼈가 될 세포 응축에서 BMP가 등장한다. 어른이든 아이든 골절을 당하면 BMP가 등장한다. BMP는 인체 내 거의 모든 곳에서 뼈 형성을 유도하는 놀라운 능력을 가지고 있다. 쥐의 피부 바로 아래에 BMP를 주입하면 전체 골격과 동떨어진 장소에서 정상적인 뼈와 모습도 흡사하고 심지어 약간의 골수까지 갖춘 작은 뼈마디가 형성되기 시작한다.

적절한 장소에서 적절한 양으로 세포 응축이 무차별적으로 발생한다고 뼈가 만들어지는 것은 아니다. 응축된 세포들이 조골세포와 연골세포로 전환되어야 한다. 앞 장에서도 언급했지만 세포가 자신의 운명을 계산해야 한다. 조골세포의 운명을 계산하는 유전자가 '아널드와 같은 물렁물렁한 머리' 를 만들 것인지 아닌지를 결정하며, CBFA1(조골유전자)이라는 전사인자를 암호화한다. CBFA1 돌연변이는 몇 개의 뼈만 없는 것이기 때문에 이 유전자를 대수롭지 않게 여길 수도 있다. 그러나 아널드의 후손들은 부모 양쪽의 CBFA1 유전자 중 하나만이 돌연변이 복사를 수반하는 이형접합* 돌연변이다. 같은 유전자에서 이형접합 돌연변이를 가지는 쥐들도 물렁한 머리에 빗장뼈가 없다. 그러나 같은 유전자에서 동형접합** 돌연변이 쥐들은 뼈가 전혀 없다. 이러한 돌연변이 쥐들은 뼈 대신 몸 전체에 연골이 존재할 뿐이며, 뇌를 보호하는 것도 피부 한꺼풀에 불과하다. 뼈 없이 태어난 쥐들은 거의 흐물흐물한 상태이며, 폐를 안전하게 지탱해줄 흉곽이 없기 때문에 태어난 직후 몇 분 만에 질식해 죽어버린다.

유전자의 역사로 살펴볼 때 남아프리카는 아널드와는 정반대의 돌연변이가 태어난 곳이기도 하다. 아널드가 뼈가 부족했다면, 이 돌연변이는 오히려 뼈가 너무 많다. 아널드처럼 두개골에 구멍이 나 있는 것과는 대조적으로 이 돌연변이를 가진 사람은 지나치게 크고 두꺼운 두개골을 가지고 있다. 이런 돌연변이들은 태어날 때에는 별다른 차이점이 드러나지 않는다. 그러나 나이가 들수록 두개골이 두꺼워지고 얼굴 모양이 흉악해진다. 뼈가 없는 돌연변이와 달리 뼈가 과다한 돌연변이는 치사율이 높다. 대부분이 중년에 사망하는데, 과다하게 생성된 뼈가 중요한 신경을 짓누르기 때문이다. 또한 뼈가 없는 돌연변이와 달리 두꺼운 두개골을 갖는 돌연변이는 열성이며, 극소수의 사람들에게서만 나타난다. 17세기에 케이프 콜로니(Cape Colony)를 세운 네덜란드인들의 후손들이 근친 결혼으로 낳은 주민들에게서만 이 증세가 나타났다.

---

* heterozygous, 특정 유전자의 질과 양, 배열순서 등이 다른 배우자와의 접합에 의해 생기는 성질.

** homozygous, 같은 염색체의 같은 부위에 2개의 똑같은 유전자가 있는 상태.

이런 기형을 일으키는 돌연변이는 CBFA1과는 전혀 다른 종류의 유전자를 무력화시킨다. 이 단백질은 스클레로스테오시스* 증상의 이름을 따서 스클레로스틴(sclerostin)이라고 부른다. 스클레로스틴 단백질은 BMP를 차단한 다음 그것에 달라붙어 기능을 무력화시킨다고 여겨진다. 여러 BMP 차단자들은 이런 방식으로 BMP를 억제한다. 배아 발생 초기에는 노긴 단백질 등의 형성체 분자가 이런 방식으로 BMP의 활동을 억제한다. 실제로 노긴 돌연변이는 뼈가 과도하게 성장하는 질환의 원인이 될 수 있는데, 이 질환은 손가락뼈에만 영향을 미치며, 나이가 들수록 손가락뼈들을 하나로 합쳐서 손을 전혀 쓸 수 없게 만든다.

과다한 뼈를 가지는 질환은 인체가 BMP를 계속 통제해야 한다는 사실을 보여준다. 그러나 융합된 손가락이나 두꺼운 두개골은 BMP가 뜻밖의 장소에서도 뼈를 생성할 수 있다는 사실을 은연중에 암시한다. 이외에도 필요 없는 곳에서 조골세포가 마구잡이로 증식해서 몸의 아무곳에나 뼈를 만들면 어떤 결과가 초래되는지를 보여주는 질환이 있다. 이 질환을 진행성 골화성 섬유이형성증(fibrodysplasia ossificans progressiva, FOP)이라고 한다. 이 희귀병을 앓는 사람은 전 세계적으로 2500명 정도로 추정되지만, 실제로 전문가에게 진단을 받는 환자들은 몇백 명에 불과하다. 이 희귀병의 환자로 가장 유명한 사람은 미국인 해리 레이먼드 이스틀랙(Harry Raymond Eastlack)이었다. 1935년 당시 다섯 살이던 해리는 누나와 놀다가 다리뼈가 부러졌다. 심한 골절로 인해 왼쪽 넙다리뼈가 굽었는데, 사고 직후 골반과 무릎이 경직되기 시작했다. 경직의 원인은 골절 사고가 아니라, 내전근(adductor)과 대퇴사두근(quadriceps muscles)에서 자라난 뼈의 침착물 때문이었다.

---

* sclerosteosis, 상염색체의 심각한 열성유전으로 인해 생기는 기형으로, 뼈의 비대한 성장과 얼굴 뒤틀림, 귀머거리 등이 나타난다.

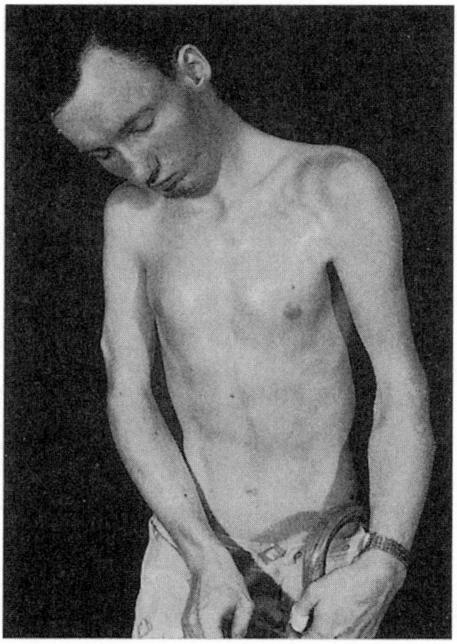

진행성 골화성 섬유이형성증. 해리 이스틀랙, 1953년 미국.

해리가 성장하면서 뼈의 침착물이 전신으로 퍼졌다. 둔부는 물론이고, 가슴과 목을 비롯해 등에도 번졌다. 1946년이 되자 왼쪽 다리와 골반 부위가 뼈의 침착물로 완전히 뒤덮였으며, 상체도 30도 정도 완전히 기울었다. 척추뼈 사이사이에 뼈로 된 이음새가 형성되었으며, 등 근육이 종잇장 같은 뼈로 변했다. 외과 수술로 이 뼈를 제거해보았지만, 뼈가 다시 자라나 수술 전보다 그 강도나 범위가 더욱 넓어졌다. 스물세 살 되던 해 그는 만성질환자들을 위한 요양소에 몸을 맡겨야 했고, 1973년 사망하던 해에는 턱에도 뼈가 뒤덮여 전혀 말을 할 수 없었다.

해리 이스틀랙은 자신의 골격을 과학 발전을 위해 이용해달라는 유언을 남겼으며, 그의 골격은 현재 필라델피아의 뮈테르 박물관에 소장되어 있다. 사지와 흉곽 전체에 엄청난 위용을 자랑하며 뼈들이 얇게 펴져 있는 이 전시물을 바라보고 있노라면, 제2의 골격에 둘러싸인 이

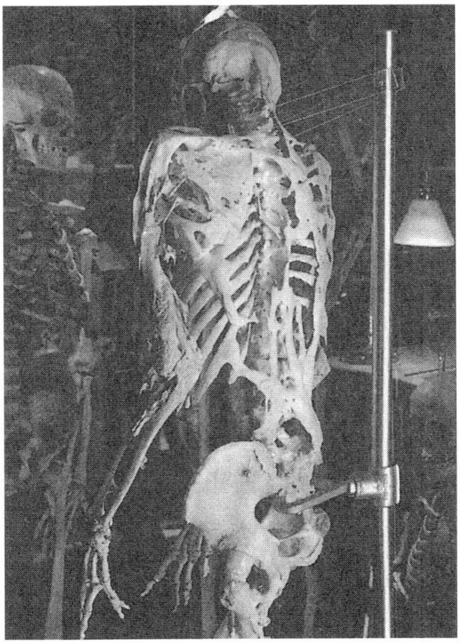

진행성 골화성 섬유이형성증. 해리 이스틀랙(1930~1973)의 골격.

40대 남성의 골격은 불안정함과 통제 불능을 그대로 보여준다. 이 질병의 원인은 현재 대략적으로만 이해될 뿐이다. FOP 환자들은 외상을 입으면 정상적인 치유 능력을 발휘하지 못한다. 타박상이나 골절상을 입으면 적절한 근육 조직이 재생되지 못하고, 조골세포가 치유 능력을 발휘해 새로운 조직들이 뼈로 변해버린다. BMP 생성이나 억제에 착오가 발생하면 이런 증상들이 생겨나지만, 돌연변이의 근본적인 정체는 아직 밝혀지지 않았다. 상당한 연구 기간이 소요될 것으로 보인다. 게다가 FOP 환자는 자녀를 가질 가능성이 거의 없기 때문에 환자 가족의 오랜 선조까지 거슬러 추적하는 방식으로는 원인 유전자를 찾을 수도 없다.

뼈의 성장

신생아들의 골격은 섬세한 뼈대가 얼기설기 얽혀 있다. 두개골은 종이 상자처럼 부드럽고 두께도 얇으며, 넙다리뼈는 연필처럼 가늘다. 아이가 성인이 되면서 뼈의 모습도 변한다. 넙다리뼈는 지름이 하키 채만큼 두꺼워져서 웬만한 충격에는 대부분 끄떡없이 버틸 수 있다. 두개골도 수프 접시만큼 두꺼워져서 럭비를 하거나 오스트레일리아 원주민들의 잘 알려진 풍습대로 굵은 나뭇가지로 머리 때리기 게임을 해도 뇌를 안전하게 보호해줄 수 있다.

이처럼 단단하고 두꺼운 뼈를 만들어주는 것은 무엇일까? 1930년대에 미국의 젊은 과학자 빅터 챈들러 트위티(Victor Chandler Twitty)가 이 문제에 대한 직접적인 해법을 제시하였다. 독일의 '발생생물학 메커니즘'의 영원 실험에서 힌트를 얻은 그는 범도롱뇽과 점박이도롱뇽 두 종을 이용해서 실험을 했다. 두 종류의 도롱뇽은 매우 유사한 종이지만, 범도롱뇽의 크기가 점박이도롱뇽의 두 배라는 뚜렷한 차이점을 가지고 있다. 매우 단순하고 대담하면서도 훌륭했던 그의 실험은 수십년이 지난 지금도 과학 교과서에 실려 있다.

트위티는 우선 도롱뇽들의 다리를 절제하였다. 이탈리아 스칸디아노 출신의 과학자 라자로 스팔란차니(Lazzaro Spallanzani)가 1768년에 도롱뇽은 꼬리나 다리가 잘려도 필요한 경우 매번 재생된다는 사실을 알아냈다. 그 후, 수천 마리의 동물들이 실험을 위해 다리를 잃어야 했다. 심지어 스무 번이나 다리 절제를 당하고 그때마다 다리가 재생된 도롱뇽도 있었다. 과학자들 사이에는 이 동물들의 올바른 실험 방법을 찾아서 몇 번이고 반복하는 것이 인생 최대의 낙이라는 우스갯소리까지 돌 정도였다. 그러나 트위티는 한층 독창적인 방법을 택했다. 그는 도롱뇽의 절제된 부위가 치유를 시작해서 지아가 재형성되기 시작할 때 다시

한 번 칼을 들이댔다. 그런 다음 잘린 지아를 다른 도롱뇽의 다리가 잘린 부위에 이식하였다.

이 이식된 지아가 어느 정도 크기로 자랄 것인가? 트위티는 두 가지 가능성을 생각해보았다. 이식된 지아가 다리로 자라나면서 숙주의 특성을 흡수하거나 아니면 공여체의 특성을 그대로 유지한다는 것이었다. 첫 번째 가정이 맞다면 범도롱뇽에게 이식된 점박이도롱뇽의 지아는 숙주인 범도롱뇽의 몸집에 맞는 커다란 다리로 자랄 것이다. 두 번째 가정이 맞는다면 점박이도롱뇽의 지아는 원래 가지고 있던 특성을 살려서 작은 다리로 자랄 것이다. 그렇게 되면 범도롱뇽은 세 개의 큰 다리와 이식받은 한 개의 작은 다리를 가지게 되고, 점박이도롱뇽은 세 개의 작은 다리와 한 개의 큰 다리를 가지게 될 것이다. 즉, 불균형적인 도롱뇽이 탄생하게 된다.

트위티는 이식된 다리가 숙주 도롱뇽의 정상적인 다리와 같은 크기로 자랄 것이라고 예상했다. 1930년대에 이르자 호르몬이 인체의 성장에 막대한 영향력을 행사한다는 사실이 밝혀졌다. 뇌하수체에서 생성되는 호르몬에 '성장호르몬'이라는 이름이 붙여졌고, 성장호르몬이 과다하게 분비되거나 결핍된 사람들을 가리키는 '뇌하수체성 거인증'과 '뇌하수체성 소인증'이라는 임상 분야의 신조어가 생겨났다. 범도롱뇽은 점박이도롱뇽보다 두 배는 크므로, 성장호르몬이나 이와 비슷한 물질을 더 많이 가지고 있을 것이 분명하다고 여겨졌다. 이식된 다리에도 숙주가 원래부터 가지고 있던 다른 다리와 똑같은 수준의 성장호르몬이 분비되므로, 이에 맞춰서 다리의 크기가 결정되는 것이 당연하지 않겠는가. 통일적인 지시사항을 담은 한 조직이 몸 전체를 돌며 지시를 내린다는 점에서 성장의 조절은 총괄적인 것이다.

도롱뇽이든 인간이든, 몸집의 크기 여하를 막론하고 호르몬은 거의 모든 동물들의 성장에 결정적인 역할을 한다. 그러나 트위티의 실험이 특별한 이유는 호르몬이 중요하긴 하지만 이종(異種) 도롱뇽들 사이의 크기 차이는 호르몬과 무관하다는 사실을 보여주었기 때문이다. 그의 예상을 뒤엎고 실험 대상이 된 도롱뇽들은 불균형적인 다리를 가지고 태어났다. 이식된 다리의 뒤에 불가사의한 힘이 버티고 서서 어디에 있든 원래의 크기를 유지하라고 조종하는 듯했다. 그리고 이 실험을 통해 중요한 것은 전체가 아니라 일부이며, 도롱뇽 다리들 각자가 자신만의 운명을 짊어지고 있음이 입증되었다.

실험이 성공하면서 트위티는 어느 정도의 명성을 쌓았다. 그리고 얼마 뒤인 1931년 베를린에 가서 카이저 빌헬름 연구소의 산하 기관이며, 형성체 연구로 유명해진 힐다 프뢰숄트의 남편인 오토 만골트의 실험실에서 연구하게 되었다. 그곳에서 그는 당대의 쟁쟁한 생물학자들이며 독일의 발생생물학을 입지전적인 위치에 올려놓은 한스 슈페만, 리카르트 골트슈미트, 빅토르 함부르거 등과 만나게 되었다. 우리가 유념해야 할 것은, 트위티가 카이저 빌헬름 연구소에서 행한 연구나 훗날 명망 있는 스탠퍼드 대학 교수로서 쌓은 업적이 아니라 당시 독일의 상황이다. 이 연구소에서 남쪽으로 400킬로미터 떨어진 뮌헨에서, 관심사는 비슷하지만 훗날 명성이 아니라 드높은 악명을 떨치게 되는 한 젊은 과학도가 의과대학에 입학했다. 그의 이름은 요제프 멩겔러였다.

1944년 아우슈비츠

유전학의 역사에 길이 남을 악명을 떨친 멩겔러는 바바리아의 유복한 산업가 집안에서 태어났다. 잘생긴 외모에 예의범절과 지성을 두루 갖추었던 그는 가업을 잇는 대신 뮌헨 대학에서 의학과 철학을 공부했다. 그는 가문 최초로 과학계에 이름을 떨친다는 커다란 포부를 품고 있었다. 그는 1930년대 중반 프랑크푸르트로 옮겨간 뒤 그곳에 있는 카이저 빌헬름 재단 산하 연구소의 소장인 오타마르 프라이헤어 폰 페어슈어의 조수가 되었다. 페어슈어의 주된 관심사는 인류학이었다. 멩겔러가 프랑크푸르트에 머물면서 1935년에 발표한 학위 논문은 당시 독일 사회에 팽배하던 인류학이 무엇인지를 그대로 보여주는데, 인종 분류와 함께 인종 간의 차이를 구분하기 위해 조사한 수백 개의 턱뼈에 대한 연구 내용이 담겨 있었다. 훗날 그가 발표한 두 편의 논문에는 구개열(cleft palate)과 같은 특정 유전병에 대한 내용도 담겨 있다. 세 편의 논문 모두 무미건조하게 사실을 나열할 뿐 별다른 특징은 없다. 이것들만 가지고는 이 젊은 과학자가 미래에 어떤 일을 할지 전혀 짐작할 수 없다.

멩겔러는 1943년 5월 30일 아우슈비츠에 왔다. 그가 아우슈비츠에 온 이유는 스승인 페어슈어가 가라고 명했기 때문이었다. 또한 페어슈어는 그곳으로 그를 보내며 '특별한 연구 기회'를 적극 활용하라고 종용하였다. 그가 이 집단 포로수용소에 도착했을 때, 이미 이곳에는 수십만 명의 포로들과 살인 도구들이 가득 차 있었다.

멩겔러는 아우슈비츠의 제2수용소인 비르케나우의 여러 의료진 중 하나에 불과했으며, 특별히 높은 지위도 아니었다. 그러나 전쟁이 끝난 뒤에도 생존자들의 뇌리에 계속 박혀 있는 사람은 다름 아닌 멩겔러였다. 살아남은 유대인들의 기억에 따르면, 그는 매우 잘생긴 외모에 한 치의 흐트러짐도 없이 군복을 갖춰 입었으며, 특유의 매력과 미소를 발하는 사람이었다. 또한 아이에게 다정하게 말을 건넨 뒤 아무 거리낌 없이 가스실로 보낼 수 있는 불가해한 양면성을 갖춘 사람이었다. 유대인들이 그를 기억하는 이유는 그가 여기저기에 자주 모습을 나타내기도 하거니와, 그들이 수용소에 도착하면 가장 먼저 모습을 보이는 장교였기 때문이다. 포로들은 가축 운반용 차에서 내려 비르케나우 승강장에 발을 디디는 순간 그가 '링크스(Links, 왼쪽)' 나 '레히츠(Rechts, 오른쪽)' 라고 외치는 소리를 듣는다. '왼쪽' 은 죽음으로의 직결을, '오른쪽' 은 잠시 동안의 유예를 의미했다.

죽음이 유예된 사람들 중에는 엘리자베스 오비츠(Elizabeth Ovitz)라는 서른 살의 유대인 여인이 있었다. 그녀와 형제자매들이 아우슈비츠-비르케나우 수용소에 온 것은 1944년 5월 18일 밤이었다. 그들을 포함한 84명의 포로들은 우차에 실려 그곳에 끌려왔다. 오랜 여정으로 쇠약해지고 방향감각도 흐트러진 오비츠 가족은 비르케나우 승강장의 밝은 가로등 불빛 아래 서 있었다. 엘리자베스는 빈에서 끌려온 유대인 엔지니어인 다른 포로에게 여기가 어디냐고 물어보았다. 그는 "이곳은 이스라엘의 무덤입니다"라고 대답하며, 수용소 위로 우뚝 솟아 있는 굴뚝을 가리켰다. 43년이 지난 뒤 엘리자베스 오비츠는 이렇게 회상한다. "그때에야 비로소 우리는 전부터 알고는 있었지만 의식적으로 외면했던 일이 현실로 벌어졌다는 사실을 깨달았다." 엘리자베스를 비롯한 12명의 가족은 한쪽에 모여 서 있으라는 명령을 받았다. 그런 뒤 멩겔러와 만나게 되었다. 그들을 훑어본 그는 환희에 차서 이렇게 선언했다. "앞으로 20년 동안 할 일이 생겼다. 이제 과학에 또 하나의 흥미진진한 주제가 추가될 것이다."

오비츠 가족은 트란실바니아계 유대인이었다. 엘리자베스의 아버지 심슨 이삭 오비츠는 학자이자 명망 높은 랍비였다. 그는 몸통 부분은 거의 이상이 없지만 사지가 짧고 굽은 가성연골무형성증(假性軟骨無形成症, pseudoachondroplasia)이라는 왜소증을 가지고 있었다. 랍비 오비츠는 지혜로움과 자비심 깊은 태도로 명망이 높았다. 루마니아계 유대인들은 신이 그에게 정상적인 키를 주지 않은 대신에 명석한 두뇌와 뛰어난 소양을 주었다고 믿었다. 또한 위대한 랍비인 라시(Rashi)의 성경 주석으로 섬세하게 꾸며진 양피지가 몇 장 들어 있는 오비츠의 호부(護符)에는 치유력이 있다는 소문이 돌았다. 랍비 오비츠는 아홉 명의 자녀를 두었으며, 엘리자베스를 포함해서 그 중 일곱이 왜소증을 가지고 있었다. 가성연골무형성증은 우성유전 돌연변이이기 때문에 아홉 명 중에서 일곱 명이 이 증상을 가지고 태어난 것은 당연한 일이었다.

엘리자베스가 아홉 살이 되던 해 랍비 오비츠가 갑자기 사망했다. 젊지만 지혜로웠던 그의 미망인은 아이들의 작은 체구를 활용할 수 있으리라 생각해서 음악 교습을 받게 했고, 그들은 훗날 순회연주단을 결성하였다. 루마니아와 헝가리조차 나치 독일에 점령당했을 때에도 오비츠 가족의 '릴리풋 재즈밴드'*는 정세가 불안정하고 분열된 중유럽 국가들의 지방 도시를 돌며 순회연주를 하였다. 엘리자베스 오비츠는 28세인 1942년 5월에 요슈코 모스코비츠(Yoshko Moskovitz)라는 젊은 극장 매니저를 만나게 되었다. 큰 키에 잘생긴 모스코비츠는 엘리자베스와 사랑에 빠졌다. 그는 누이에게 체구는 작지만 재능과 지혜와 성실함을 두루 갖춘 여인을 만나게 되었다는 편지를 보냈다. 그들은 같은 해 11월에 결혼식을 올렸지만 신혼의 단꿈은 열흘밖에 지속되지 않았다. 요슈코의 코트 소매에 노란 '다윗의 별'이 붙여졌고 강제 노역소로 끌려갔다. 두 부부는 전쟁이 끝난 뒤에야 만날 운명이었다. 오비츠 가족은 유대인 신분을 감춘 채 2년 동안 순회공연을 했지만, 1944년 3월 독일군이 헝가리를 점령한 뒤 마지막으로 대대적인 유대인 소탕 작전을 벌이는 과정에서 모두 체포되고 말았다.

아우슈비츠에서는 한 블록 안에 500명의 수용자들이 빽빽이 들어차 누울 자리도 없었던 것과 달리, 오비츠 가족은 별도의 숙소를 배정받았다. 또한 자신들의 옷을 그대로 가지고 있어도 좋다는 허락을 받았고

---

* Jazz Band of Lilliput, 릴리풋은 『걸리버 여행기』에 나오는 소인국의 이름이다.

음식도 넉넉한 편이었다. 한동안은 가족들이 함께 지낼 수 있었으며, 멩겔러에게 부탁해서 같은 고장 출신의 일가와도 연락을 주고받을 수 있었다. 그들은 멩겔러의 기괴하고 광적인 실험에서 빠져서는 안 될 연구 대상이었기에 안전하게 목숨을 부지할 수 있었다.

엘리자베스 오비츠는 이렇게 회고한다.

"가장 고통스럽고 견디기 힘들었던 실험은 산부인과 실험이었다. 결혼한 여자들만이 그런 실험을 참을 수 있었다. 그들은 우리를 실험대 위에 묶은 뒤 체계적인 고문을 시작하였다. 자궁 내부에 이물질을 삽입하고 혈액을 채취하고, 꾹꾹 찔러보는가 하면, 구멍을 뚫거나 샘플 조직을 떼어갔다. 참기 힘든 고통이었다. 실험의는 우리를 동정하면서 상관들에게 실험을 중단하지 않으면 우리의 목숨이 위태로울 것이라고 말했다. 우리가 받은 고통은 필설로는 형용할 수 없는 것들이었으며, 실험이 끝난 뒤에도 통증이 여러 날 동안 지속되었다.

멩겔러가 우리의 몸 상태를 염려한 때문인지 아니면 산부인과 실험이 완료되었기 때문인지는 알 수 없지만, 어쨌든 이 가학적인 실험이 끝나고 다른 실험이 시작되었다. 그들은 우리의 척수에서 체액을 추출하고 귀를 매우 뜨거운 물이나 차가운 물로 씻겨냈는데, 이런 과정에서 구토가 났다. 그런 다음 모발을 뽑아냈다. 우리가 거의 쓰러질 지경인데도 그들은 뇌와 코, 입, 손 부위에 고통스러운 검사를 시작하였다. 모든 검사 과정이 문서와 그림으로 자세하게 작성되었다. 역설적으로 말하자면 우리는 미래 세대를 위해 고문이 체계적으로 준비되고 '과학적으로' 기록된 극소수의 사람들 중 하나였다."

그러나 엘리자베스의 이런 생각과는 달리 멩겔러는 다른 수많은 사람들에게도 고문을 가했다. 여기에는 쌍둥이들이 포함되어 있었는데, 그는 내장기관의 유사성을 문서로 작성한다는 명목하에 쌍둥이들을 죽인 뒤 시체를 해부하였다. 멩겔러가 오비츠 가족의 실험에 집착한 기간

가성연골무형성증. 엘리자베스 오비츠(1914~1992, 왼쪽 끝)와 가족들.
이스라엘의 바트 가림, 1949

은 7개월 정도였다. 한번은 멩겔러가 갑자기 숙소에 찾아온 일이 있었는데, 가족 중에서 가장 나이 어린 18개월밖에 안 된 심슨이 그를 향해 아장아장 걸어갔다. 멩겔러는 아이를 안아 올리며 아이가 왜 자신에게 다가왔는지를 상냥하게 물어보았다. "장교님이 아빠인 줄 아나봐요." "난 이 아이의 아빠가 아니야. 아저씨일 뿐이지." 그러나 아이는 영양부족과 끊임없는 채혈로 비쩍 말라 있었다.

멩겔러는 오비츠 가족을 나치군 상관들에게 보여주었다. 그는 왜소증에 대해 강연을 한 뒤, 벌거벗은 채 강단 위에서 바들바들 떨며 서 있는 오비츠 일가를 보여주었다. 실험은 1944년 10월까지 계속되었다. 제3제국(나치 독일)의 운명이 경각에 달린 상황에서도, 의안수집품들 중에서 엘리자베스의 갈색 눈에 어울릴 만한 것을 골라내기도 하는 등 멩겔러의 광적인 행동은 도를 더해갔다. 그가 왜 이런 괴상한 행동들을 했는지는 알 길이 없다.

아우슈비츠의 수용자들은 1945년 1월 27일 자유의 몸이 되었다. 소련군의 도착으로 엘리자베스를 비롯한 오비츠 일가는 죽음의 문턱에서 벗어났다. 멩겔러의 실험 대상이 된 사람들은 대부분 볼일이 끝나면 사형에 처해졌던 것이다. 그 후 4년 동안 오비츠 일가는 전쟁으로 폐허가 된 동유럽과 중부 유럽을 돌며 순회공연을 하였다. 악단을 다시 결성하고 '토텐탄츠(Totentantz)' 라고 이름 붙인 난이도 높은 탱고의 안무를 짰다. 엘리자베스는 밤마다 오빠들 중 한 명과 짝을 이뤄서 반주에 맞춰 춤을 췄다.

1949년 오비츠 일가는 이스라엘로 이주하였다. 엘리자베스 오비츠는 1992년 하이파*에서 사망했다. 요제프 멩겔러는 전범재판을 받지 않았으며, 1979년 브라질의 해변에서 죽었다.

제동장치

오비츠 가족의 수난사 중에서도 가장 큰 아이러니는 그들의 왜소증을 놀라운 것이라고 여긴 요제프 멩겔러의 생각이 옳았다는 점이다. 가성연골무형성증과 같은 왜소증을 가지고 태어난 사람들은 뼈가 정상적인 길이로 자라나는 방식과, 인간의 키가 얼마나 커지는지에 대한 중요한 무언가를 알려준다. 멩겔러는 이 중요한 것이 무엇인지 발견하지 못했을 뿐만 아니라 그의 무분별한 실험 역시 아무것도 밝혀내지 못했다. 그러나 반세기가 흐른 지금, 여러 가지 골격 기형의 결과로 발생하는 짧고 굽었으며 뒤틀린 모양의 사지들은 빅터 트위티가 말한 대로 '전체가 아니라 부분적인' 통제로 결정된다는 사실이 드러났다.

---

* 이스라엘 북서부의 항구 도시.

뼈의 역동성이 가장 분명하게 나타나는 곳은 아기의 긴뼈의 끝부분이다. 긴뼈의 끝마다 성장판(뼈끝연골)이 달려 있고, 여기에서 뼈가 성장한다. 뼈의 다른 부분들은 인산칼슘에 감싸여 있지만, 성장판은 부드러우며 석회화되어 있지 않다. X선으로 촬영하면, 긴뼈의 하얀 끝부분을 가로로 이등분하는 그림자가 보이는데, 이것이 성장판이다. 성장판은 아동기부터 청소년기까지 관찰되며, 크기가 조금씩 줄어들다가 18세 무렵이면 완전히 봉해져서 인체의 직선적인 성장이 멈추게 된다.

성장판마다 각 단계별로 나뉘어 증식과 분열을 담당하는 수백 개의 연골세포들이 들어 있다. 골간(bone-shaft)*과 가장 멀리 떨어진 성장판 끝에서 생기는 연골세포들은 증식과 분열을 거듭하며 단백질과 함께 연골기질을 만들어낸 뒤 죽게 된다. 연골세포가 죽은 자리 위에, 칼슘인산 침착물이지만 아직은 연골기질의 성격도 많이 가지고 있는 조골세포가 등장한다. 뼈가 본격적으로 길게 자라날 채비를 갖춘 것이다.

오비츠 가족의 경우처럼 가성연골무형성증은 위와 같은 일련의 과정들에 혼란을 일으킨다. 다시 말해 연골세포에서 만들어지는 연골기질로 전환되기 위한 단백질 중 하나를 암호화하는 유전자에 돌연변이가 발생한다. 그러나 이 돌연변이 단백질은 분비되는 대신 연골세포에 그대로 축적되어, 연골기질이 형성되기도 전에 세포들을 괴사시켜버린다. 연골세포가 전부 죽는 것은 아니지만, 뼈의 성장 속도를 극도로 둔화시키기에는 충분하다. 그렇게 해서 얼굴과 몸통은 거의 정상이지만, 팔다리는 짧고 굵어진다.

가성연골무형성증은 사지가 짧은 여러 기형 중 하나에 불과하다. 오랫동안 혼란을 불러일으켰던 기형으로 연골무형성증(achondroplasia)

* 긴뼈는 양쪽 끝이 뭉툭하고 가운데 부분은 가늘고 긴 원기둥 모양인데, 이 가운데 부분을 골간이라 한다. 참고로 양 끝부분은 골단이라 한다.

을 들 수 있다. 이집트 신왕조(기원전 1539~기원전 750)에서 젊음과 창조와 재생을 담당하는 난쟁이 신인 프타 파타이코이(Ptah-Pataikoi)로부터 TV의 탄산음료 광고에 등장하는 난쟁이에 이르기까지, 왜소증을 나타내는 그림에는 뚜렷한 공통점이 존재하지 않는다. 연골무형성증이라는 이름에서도 알 수 있듯이, 이 기형은 성장판에 있는 연골세포가 부족하기 때문이지만, 연골세포의 부족은 다른 곳에서 비롯된다.

연골무형성증의 원인은 섬유아세포 성장인자 수용체(FGFR) 돌연변이이다. 섬유아세포 성장인자(FGF)는 신호전달분자로, 태아의 사지 끝부분의 성장을 촉진하지만, 출생 후에는 사지의 성장을 억제한다.

연골무형성증의 99퍼센트가 FGFR3 단백질 배열의 특정 위치(380번 위치)에 있는 아미노산(글리신)이 다른 아미노산(아르기닌)으로 바뀌는 돌연변이가 원인이라는 것은 잘 알려져 있다. 이 돌연변이는 FGFR3의 과활성화를 일으키는 특징을 가지고 있다. 이 책에서 다루는 돌연변이들은 대부분 특정 단백질을 부족하게 하거나 무력화시키며, 때로는 완전히 없애버리기도 한다. FGF와 같은 신호전달분자가 없으면, 세포에게 필요한 중요한 정보를 전달받지 못하기 때문에 기형이 발생한다. 그러나 연골무형성증의 경우는 다르다. 이 돌연변이는 세포 주변에 FGF가 없을 때에도 수용체가 세포 내부로 신호를 전달하도록 유도한다. 그 결과 스위치를 내렸는데도 전등이 켜지듯 사지 성장을 담당하는 세포 안으로 원치 않는 정보가 한 무더기 들어가는 사태가 빚어진다.

과다한 FGF 신호전달분자로 인해 비정상적으로 짧은 사지가 생긴 것이라면, FGF의 원래 역할이 사지의 성장에 제동을 거는 것이라고 짐작할 수 있다. FGF는 성장판의 세포 분열 속도를 제한해서 이런 일을 행한다. 연골무형성증 기형아들의 성장판은 정상인에 비해 매우 작다. 또한 연골세포의 세포 분열도 훨씬 적게 발생하며, 연골의 증식이나 형성도 극히 미약한 수준이다.

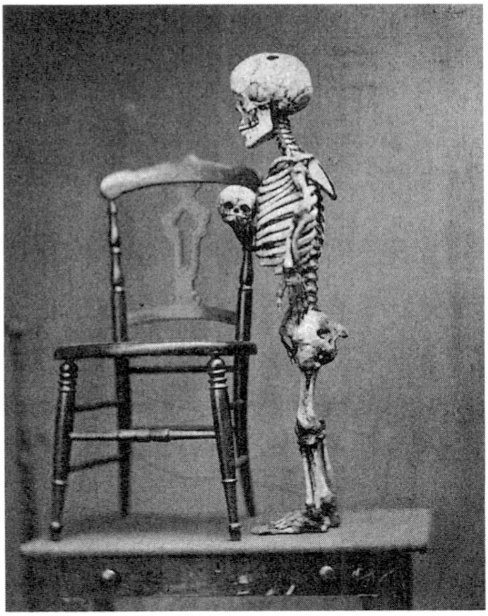

연골무형성증. 메리 애시베리와 그녀가 낳은 사산아의 두개골. 1856년 미국.

연골무형성증은 생명에는 크게 지장이 없는 기형이다. 그러나 FGF가 지나치게 과다한 신호를 보내면 심각한 결과를 낳을 수 있다. 암스테르담의 브롤릭 박물관에 전시된 무수한 골격들 중에는 1800년대 초 사산아로 태어난 남자아기의 것이 있다. M715라는 라벨이 붙은 이 골격을 보면 기형의 심각성을 금방 알 수 있다. 척추와 늑골과 골반들은 모두 잘록하거나 심하게 휘었거나 아주 납작하고, 두개골은 엄청나게 크다. 1849년에 펴낸 위대한 기형학 논문인 『인간과 포유류의 정상적 · 비정상적 발생에 대한 판화』에서 브롤릭은 이 아이의 이마는 '거대한 결절체(結節體)' 라고 말한다. 발육이 안 된 사지와 거대한 머리는 치사율이 매우 높은 '치사성 이형성증(thanatophoric dysplasia)' 의 전형적인 특징이다. 짐작하겠지만 이 기형은 사산을 유발한다.

치사성 이형성증의 원인 역시 FGFR3 유전자에서 생긴 돌연변이 때문이지만, 연골무형성증보다 훨씬 파괴적인 돌연변이를 일으킨다. 모든 것을 뒤틀어버리는 가공할 만한 파괴는 FGF가 사지뿐 아니라 두개골처럼 다른 골격도 통제한다는 사실을 보여준다. 연골무형성증적 왜소증을 가진 사람들 대부분은 약간 툭 튀어나온 이마를 지니고 있는 반면, 이 기형이 극도로 심각해질 경우 이마의 돌출도 한층 심해진다. 태아의 부모가 모두 연골무형성증이어서 양쪽으로부터 한 개씩의 돌연변이 유전자를 물려받으면, 이 아이는 치사성 이형성증의 증상을 모두 가지게 되어 출생과 동시에 사망하게 된다.

FGF는 인체 곳곳에서 성장을 제한하는 여러 분자들 중 하나에 불과하다. 각 신체기관은 성장 억제를 담당하는 장치를 가지고 있으며, 어떤 기관에 붙어 있는지에 따라 분자의 기능도 달라진다. 유전적 기형을 가진 사람들 대부분은 특정 기관의 발육 저해나 발육 과다를 보여준다. 입에 비해 너무 큰 혀를 가지고 태어나는 기형아도 있고, 복강(腹腔)에 비해 불균형적인 내장을 가지고 있는 경우도 있다. 심지어 근육도 성장을 조절해주는 자신만의 장치를 가지고 있다. '벨지언 블루스' 라는 육우종(肉牛種)은 다른 소들보다 3분의 1 정도 더 많은 근육을 가지고 있는데, 옆구리살이 올림픽 역도선수의 허벅지처럼 많은 근육으로 뭉쳐 있다. 이 소들은 성장을 멈추라고 근육에 지시를 내리는 미오스타틴(myostatin)이라는 단백질이 부족하다. 이 단백질은 골형성 단백질(BMP)과 관련이 있다. 미오스타틴 단백질이 결핍된 쥐는 정상 쥐보다 근육이 두세 배 정도 더 많지만, 이는 다른 기관들의 자리를 빼앗았기 때문인 것으로 보인다. 다른 내장들이 정상 쥐보다 작기 때문이다. 미오스타틴 결핍증을 가진 사람들도 있는 것으로 보이지만 아직 임상적으로 보고된 바는 없다. 아마도 근육 과다를 눈치채지 못했거나, 그랬다 해도 걱정할 정도는 아니라고 생각하기 때문일 것이다.

재생

가성연골무형성증 유전자는 연골세포가 만들어내는 연골기질의 일부를 암호화한다. 그러나 이것은 아주 사소한 것에 불과하다. 실제로 연골기질 단백질에 인위적인 조작을 가한 쥐들은 전혀 문제가 없는 것으로 보인다. 문제는 유전자가 이 기질에서만 하는 역할이 무엇인가이다. 연골은 대부분 콜라겐으로 이루어져 있다. 인체는 15종의 콜라겐을 가지고 있으며, 이것들이 전체 단백질의 4분의 1을 차지한다. 콜라겐은 연결조직과 피부에 존재하며 세포를 결집시켜준다. 또한 뼈의 강도와 탄력을 좌우한다.

뼈 콜라겐의 기능을 못 하게 하는 돌연변이는 불완전골형성증(osteogenesis imperfecta)이라는 기형을 일으킨다. 불완전골형성증의 종류는 최소한 네 가지이며, 두세 가지는 유아 사망을 유발한다. 이 기형의 가장 큰 특징은 뼈가 극도로 약하다는 것이고, 이런 점 때문에 '유리뼈 질환(glass bone disease)' 이라고 불리기도 한다. 불완전골형성증 돌연변이가 파괴적인 결과를 초래하는 이유는 콜라겐 형성 체계에 문제가 발생하기 때문이다. 콜라겐 단백질은 세 가지 펩티드로 이루어져 있으며, 이 아미노산 배열들은 삼중나선으로 꼬여 있다. 이런 삼중나선 가닥들이 모여서 거대한 섬유성 결합조직과 연골을 형성한다. 펩티드마다 암호화를 담당하는 유전자가 다르지만, 단 한 개의 돌연변이 유전자만으로도 다수의 삼중나선에 파괴적인 결과를 불러오고, 더 나아가 섬유성 조직이나 피부를 비롯해서 수많은 뼈에도 치명적인 결함을 일으킬 수 있다.

불완전골형성증을 앓던 사람들로는 세잔이 초상화를 그려준 프랑스의 화가 아실 앙페레르(1829~1898)와 프랑스의 재즈 피아니스트였던 미셸 페트루치아니(1962~1999)를 들 수 있다. 예술가들이 이 병을 앓아서인지, 프랑스에서는 이 기형에 대해 일종의 낭만적인 착각이 존재한다(가령 장피에르 주네 감독의 〈아멜리에Le fabuleux destin d'Amélie Poulain〉에 등장하는 '유리뼈 인간'을 생각해보자). 그러나 실상은 낭만과는 거리가 멀다. 불완전골형성증의 아이들은 사소한 골절상을 많이 입지만 부모들은 이를 전혀 눈치채지 못한다. 그러다가 심각한 골절을 당해 병원에 입원해서 X선 촬영을 하면 뼈가 부러지거나 금이 간 적이 여러 번 있었다는 사실이 드러난다. 곧 이어 부모는 아동학대를 의심받는다. 미국에서는 불완전골형성증을 앓는 아이가 열성적인 사회복지사의 보호에 맡겨지고, 부모는 구치소에 수감되기까지 한다.

성장판이 닫히고 성장이 멈춘 뒤에도 골격은 휴식을 취하지 않는다. 성인의 뼈 내부는 대부분 3, 4년마다 한 번씩 완전히 교체되며, 외부는 10년마다 더욱 단단하게 뒤덮인다. 이러한 파괴와 재생의 사이클은 조골세포와 뼈를 계속 마모시키는 다른 세포 간의 상호작용의 결과이다. 이런 작용으로 인해 뼈의 섬유상 조직이 조금씩 없어지면서 마치 조각품을 끌로 마무리짓듯이 뼈의 모습을 완성해나간다. 이처럼 뼈의 파편에 달라붙어 단백질 소화효소와 염산으로 이것들을 녹이는 거대세포들을 용골세포(osteoclast, 파골세포)라고 한다. 뼈의 형성을 담당하는 것이 조골세포라면, 갈무리를 담당하는 것이 용골세포이다. 신경과 혈관, 골수가 스며들어 있는 여러 통로나 구멍을 없애버리는 것도 용골세포이다.

뼈의 성장과 파괴의 균형 감각이 무너지는 이유로는 여러 가지가 있다. 과다골은 조골세포가 지나치게 많기 때문일 수도 있지만 용골세포 부족도 원인이 될 수 있다. 폐경기 여성에게서 자주 나타나는 골다공증(osteoporosis)의 정반대 증상인 골화석증(osteopetrosis)은 이름에서도 알 수 있듯이 뼈가 바위처럼 딱딱해지는 질환으로 용골세포의 결핍 때문에 발생한다. 골화석증은 치사율이 높은 질환이다. 특히 이 질환을

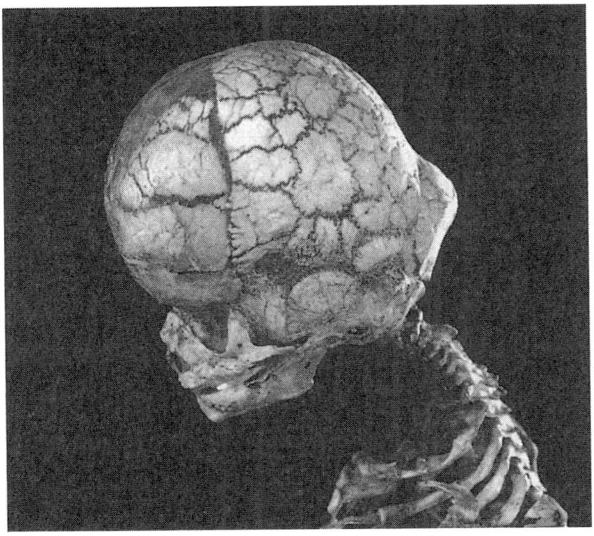

제2종 불완전골형성증의 사산아. 암스테르담.

심하게 앓는 아이들은 여러 가지 합병증으로 인해 대부분 20세 이전에 사망한다. 면역세포가 생성되려면 골수가 반드시 필요하지만, 골화석증의 경우 골수강에 골수(marrow) 대신에 골편(spicule)이 쌓여 면역력 약화로 죽는 경우도 심심찮게 발생한다. 일반적인 생각과 달리 골화석증을 앓는 사람들은 골절상을 자주 입는 편인데, 뼈 내부의 구조 자체가 잘못되어 있기 때문일 것이다. 그리고 골절상을 입었을 때에도 쉽게 낫지 않는다. 뼈가 부러졌을 때 비죽비죽 갈라져 있는 끝부분을 부드럽게 다듬는 것도 용골세포의 역할이기 때문이다.

어떤 학자들은 앙리 드 툴루즈 로트레크의 왜소증도 경미한 수준의 골화석증이 원인이라고 본다. 사후약방문에 불과하겠지만, 그의 기형증을 두고 불완전골형성증이나 연골무형성증이라고 진단하는 사람들도 많다. 확실한 것은 아무것도 없지만 실제로 뼈질환은 종류도 다양하고 증세도 제각각이기 때문에 병명을 혼동하기 일쑤다. 더군다나 환자에 대한 자료가 자서전과 사진, 풍자화 풍으로 그린 자화상 몇 점이 전부인 경우에는 혼란이 가중될 수밖에 없다. 그러나 '로트레크의 기형'에 대한 탐구는 지금도 계속되고 있다. 프랑스 의사들이 로트레크의 기형에 그토록 매료된 이유는 부분적으로는 그가 프랑스의 가장 명망 있는 귀족 가문인 툴루즈 로트레크 백작가의 직계 후손이기 때문이다. 말도 많고 탈도 많았던 이 남부의 귀족 가문은 한때는 루에르그, 프로방스, 랑그도크의 대부분을 통치하였고, 예루살렘을 노략질했는가 하면, 이교도들과 어울리다 교황으로부터 10여 차례나 파문을 당하기도 했다. 또한 13세기 무렵에는 프랑스 왕에 대한 모반을 도모한 적도 있었다. 그러나 프랑스 의사들이 앙리 드 툴루즈 로트레크에게 관심을 보이는 주된 이유는 그의 출신 신분이 아니라, 이 천부적인 화가의 기형이 예술로 승화되어 그의 작품에 녹아 있다고 믿기 때문이다.

뭔가 특별한 것이 있을지도 모른다. 파리의 오르세 미술관이나 툴루즈 본가에서 멀지 않은 곳에 있으며 로트레크의 작품을 주로 전시하는 알비 미술관을 둘러보면, 그림에서 가장 눈에 띄는 것은 콧구멍이다. 댄서인 라 굴뤼나 여배우인 이베트 길베르, 사교계 명사인 메이 밀통을 비롯해 로트레크의 그림에 등장하는 수많은 익명의 파리 드미 몽덴느(demi-mondaines, 화류계의 여성들)는 모두 음울함과 갈망과 공허함을 풍기는 콧구멍들이 확연히 보인다. 예술적인 찬사는 차치하더라도, 키가 작았던 이 예술가에게는 콧구멍이 가장 잘 보였던 것이 당연한 일이었으리라. 어른이 되어서도 로트레크의 키는 150센티미터에 불과했다. 비평가들은 로트레크의 기형이 작품 세계에 미묘한 영향을 미쳤다고 말한다. 1893년 이후 그는 모델들의 사지를 제외한 채 머리와 상체만 화폭에 담는 경향이 있었는데, 이는 그가 자신의 신체 일부분을 잊어버리기 위한 수단이라는 것이었다. 그것은 그의 다리였다.

로트레크에게 자신의 다리는 큰 슬픔의 원천이었다. 어린 시절에는 상당히 건강했던 것 같지만, 일곱 살 되던 해 그의 어머니는 그를 루르드로 데려가야 했다. 다리에서 나타나는 원인을 알 수 없는 문제를 치료하기 위해서였다. 그는 다리가 뻣뻣해져서 어기적거리며 걷는 데다 자주 넘어졌고, 거친 학교 생활을 견디기에는 몸이 너무 약했기 때문에 학교도 1년밖에 다니지 못했다. 열 살 되던 해에는 다리와 허벅지의 통증을 끊임없이 호소했으며, 열세 살에는 사소한 낙상으로 넙다리뼈 두 개가 모두 골절을 입었다. 지팡이를 짚고 다닌 기간으로 짐작할 때 골절상 치료만도 6개월 정도 걸린 것으로 보인다. 어른이 되어서는 거의 항상 지팡이를 짚고 다녀야 했으며, 그의 교우들은 실제로 그가 먼 거리를 걷는 것을 극도로 싫어하고 힘들어한다고 생각했다.

성장기를 겪으면서 얼굴 모습도 비정상적으로 변하기 시작했다. 어린 시절에는 상당히 귀엽고 잘생긴 소년이었지만 커가면서 아랫입술이 밑으로 축 처지고 자주 침을 흘렸으며, 언어장애로 인해 발음도 어눌했고 치아도 십대 시절에 모두 썩어버렸다. 귀족적인 풍모를 자랑하던 부모에게서는 찾아볼 수 없는 특징이었다. 로트레크는 외모에 열등감을 가지고 있었기에 어른이 되어서는 항상 수염을 길렀고 카메라 앞에서는 결코 웃지 않았다. 많은 비평가들은 로트레크가 신체에 대한 짙은 자기혐오로 인해 귀족사회의 모습을 그토록 냉소적이고 차가운 시선으로 묘사한 것이라고 해석한다. 그러나 실제로 19세기 말의 파리가 냉소적이고 가혹한 곳이었을 수도 있다. 어느 날 밤 파리의 유명한 레스토랑 막생에 앉아 있던 로트레크는 옆 테이블 사람들에 대한 풍자화를 스케치하고 있었다. 그림을 다 그린 뒤 절뚝거리며 나가는데, 그들 중 한 명이 로트레크를 부르더니 테이블 위에 놓여 있는 몽당 연필을 가리키며 이렇게 말했다. "무슈, 지팡이 두고 가셨구려." 또 한 번은 이베트 길베르가 로트레크가 그려준 수많은 초상화 중에서 하나를 바라보면서 "로트레크, 당신은 이상한 것을 그리는 데는 정말 천재군요"라고 말했다. 그러자 그는 이렇게 대답했다. "왜 아니겠어. 난 기형이잖아."

로트레크의 병명은 골화석증의 변종인 농축이골증(濃縮異骨症, pycnodysostosis)인 것으로 여겨진다. 이 기형은 용골세포가 기질단백질을 분해할 때 사용하는 효소가 부족해서 발병한다. 성인기일 때에는 호르몬이 이 분해효소의 활동을 부분적으로 억제해주지만, 폐경기 여성의 에스트로겐 수치가 감소되면 분해효소의 활동량이 비정상적으로 증가하고 그 때문에 골다공증이 유발된다. 1962년 프랑스의 의사인 피에르 마로토(Pierre Maroteaux)와 모리스 라미(Maurice Lamy)가 로트레크의 기형을 농축이골증이라고 진단했지만, 완벽한 진단이라고 볼 수는 없다. 최근에 로트레크의 전기를 펴낸 쥘리아 프레(Julia Frey)는 그의 증상 중 몇 가지는 이 질환과 일치하지만, 일치하지 않는 증상도 있다고 지적한다. 농축이골증 환자들은 일반적으로 케이프 말레이의 아널드처럼 물렁물렁한 머리를 가지고 있지만, 로트레크의 머리가 단단하지 않았다는 증거는 어디에도 없다.

정확한 병명이 무엇이든 분명한 점은, 로트레크의 가족 중 같은 질환을 앓고 있는 사람이 많았다는 사실이다. 1864년에 툴루즈 로트레크 몽파 백작 가문에서 앙리 마리 레이몽이 태어났을 때, 이 부유한 집안에서는 근친 결혼의 풍습이 꽤 성행하고 있었다. 나폴레옹이 장자상속권을 폐지하자 혁명 이후 얼마 남지 않은 프랑스 귀족들은 재산을 가문 내에 보전하기 위해 친인척끼리의 결혼을 택했다. 앙리의 부모는 사촌지간이었으며, 숙부와 숙모도 마찬가지였다. 두 쌍의 부부는 열여섯 명의 자녀를 두었으며 앙리를 포함해서 네 명이 왜소증을 가지고 태어났다. 그리고 세 명은 앙리보다 훨씬 심각한 기형이었다. 이 가문의 일부 후손들이 돌연변이 유전자를 아직도 보유하고 있을 가능성이 높지만, 근친혼 풍습을 중단했다면 왜소증이 겉으로 발현될 가능성은 매우 낮다.

로트레크는 자신의 병의 궁극적인 원인에 대해 확신을 가지고 있었

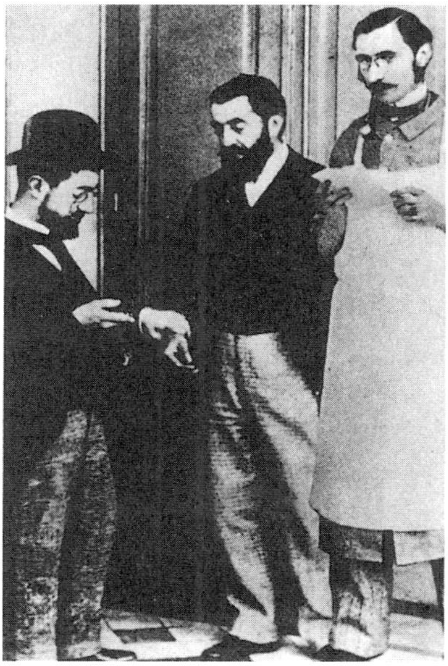

농축이골증으로 추정되는 앙리 툴루즈 로트레크(1864~1901).

다. 어느 날 밤 그가 몽마르트르에서 단골 술집인 아이리시 앤드 아메리칸 바에 앉아 있는데, 두 명의 여인이 다리가 기형인 꾀죄죄한 개 한 마리를 두고 옥신각신하고 있었다. 개의 주인은 개가 비루먹게 생겨서 기를 수 없다고 말하면서도 순종이라고 주장했다. "농담 마. 이 개가 순종이라고? 저 볼품없는 털하고 뒤틀린 발이 안 보여?" 그녀의 친구가 비웃었다. "저 개는 동정심을 유발할 뿐이야." "넌 뭘 모르는구나." 개 주인은 이렇게 말하며 옆에 앉아 있는 로트레크 쪽으로 몸을 돌리며 물어보았다. "무슈, 내 개가 정말 못생기긴 했지만 순종일 가능성도 있다는 사실을 이 친구에게 말해주실래요?" 로트레크는 다리가 높은 의자에서 몸을 일으키며 150센티미터의 키를 꼿꼿이 세웠다. 그러고는 목탄이 묻은 손으로 그녀에게 경의를 표하며 말했다. "제 얘기를 하고 계시는군요."

6

두루미와의 전쟁 | 성장에 대하여

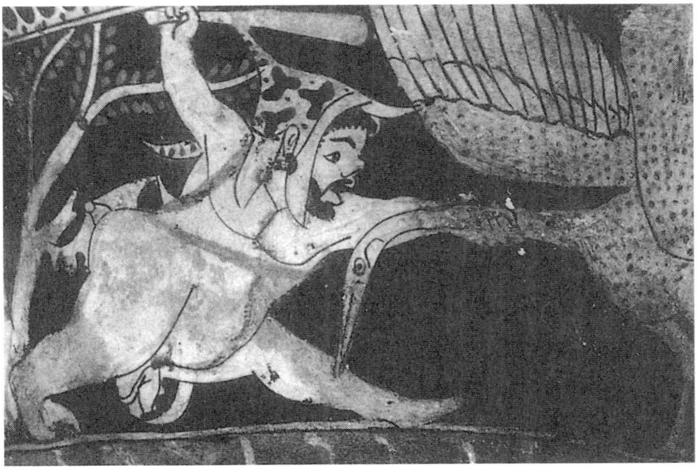

연골무형성증의 난쟁이. 아테네에서 사용된 붉은 각배, 기원전 480년경

그들은 에스파냐의 프라도 미술관, 파리의 루브르 미술관, 런던의 국립박물관의 벽에 붙어서 서글픈 표정으로 우리를 응시한다. 벨라스케스, 브론치노, 카라치, 반 다이크와 같은 불후의 화가들과 이름이 잊힌 무수한 화가들의 그림 속에는, 화려한 의복을 갖춰 입고 옆구리에는 작은 단검을 찬 궁정 난쟁이들이 부귀와 권세를 누리는 사람들에 둘러싸여 있는 모습이 담겨 있다. 어떤 난쟁이는 왕자의 옆에 서 있다. 또 어떤 난쟁이는 윤기가 자르르 흐르는 순종 사냥개 옆에 서 있다. 어린 왕자의 우아하고 잘생긴 모습을 돋보이게 하기 위함인지, 이 난쟁이의 어깨높이는 사냥개의 어깨와 엇비슷하다.

이지도르 조프루아 생틸레르는 이런 기록을 남겼다. "17세기 말을 향해 가면서, 제후들을 위한 특별한 종류의 여흥거리를 마련해줘야 했고 귀족들의 장난감으로 책무를 다하는 것은 난쟁이들의 서글픈 특권이었다." 그러나 궁정 난쟁이들의 역사는 그보다 더 오래전에 시작되었다. 궁정 난쟁이들을 화폭에 담은 그림들은 대부분 한 세기 전으로 거슬러 올라간다. 카트린 드 메디시스가 이런 붐을 불러일으켰다. 그녀는 소인종의 씨를 번식시키려는 욕심에 난쟁이 한쌍의 결혼을 주선하였다. 몇 년 뒤 브란덴부르크 선제후의 부인도 같은 행사를 추진했지만 두 쌍의 난쟁이 부부 모두 아이가 없었다. 표트르 대제는 극단적인 재미를 추구하였다. 1701년에 난쟁이 한쌍의 결혼을 추진하면서 그는 궁정의 신하들뿐 아니라 수도에 거주하는 각국의 대사들에게도 초청장을 보냈다. 또한 200마일 근방에 거주하는 모든 난쟁이들에게도 참석을 명했다. 군중들의 조롱을 받으며 십여 명의 난쟁이가 말 한 마리에 올라탄 채 수도에 도착했다. 궁정 난쟁이 몇 명이 조롱과 멸시의 대상이 되기 싫어 행사 참석을 거부하자 표트르 대제는 그들에게 다른 난쟁이들을 시중들라고 명했다.

궁정 난쟁이들이 모두 인간적인 존엄성마저 훼손당한 채 불행하고 열등한 피조물로 취급받았을까? 이지도르는 1832년에 발표한 논문에서 그렇게 적었고, 50년 전 뷔퐁의 생각도 같았다. 그러나 요제프 보루블라스키(Joseph Boruwlaski)의 생각은 달랐을 것이다. 그에게는 작게 태어난 것은 신의 선물이요 축복이었다. 작은 체구 덕분에 그는 비천하고 가난한 삶에서 벗어날 수 있었기 때문이다. 그가 남긴 『회고록 *Memoirs*』은 이렇게 시작된다.

> 나는 폴란드와 러시아에 의해 분할 통치되던 포쿠치아(우크라이나)의 수도인 칼리에츠의 근교에서 1739년 11월에 태어났다. 부모님은 중간 정도의 체구였으며, 5남 1녀를 두었다. 운명의 장난이런가. 이유도 알 수 없고 인간사에서 다른 예도 찾아볼 수 없겠지만, 어쨌든 5남 1녀 중 세 명은 평균적인 신장과 체구를 지녔으나, 나와 다른 두 명은 성인이 되어서도 네댓 살 아이 정도의 크기에 불과했다.

보루블라스키 집안은 가난했다. 요제프가 아홉 살 되던 해 부친이 죽

뇌하수체성 왜소증, 요제프 보루블라스키(1739~1837).

자 생계마저 궁핍해졌다. 그러나 18세기 폴란드의 시골은 마을마다 귀족 후원자가 생계를 보살펴주는 철저한 봉건사회였다. 요제프 모친의 후원자는 카올리츠라는 젊은 귀부인이었다. 어린 요제프에게 매료된 카올리츠는 아이의 교육을 책임져줄 테니 자신에게 맡겨달라고 그의 모친을 설득하였다. 요제프 보루블라스키는 새로운 집에 잘 적응했다. 10대 초반에도 키가 61센티미터에 불과했지만 폴란드의 다른 젊은 귀족들이 부럽지 않을 만큼 우아한 삶을 누리고 있었다. 후원자인 카올리츠가 결혼해서 아이를 낳자 잠시 어려움을 겪긴 했지만 이것이 오히려 전화위복이 되었다. 카올리츠보다 더 부유하고 지체도 높은 후미에카 백작부인이 새로운 후원자로 나섰던 것이다. 이때부터 그의 삶에 날개가 돋기 시작했다. 백작부인은 칙칙한 폴란드 정세 속에서 답답하게 지낼 생각이 전혀 없었으며 여행과 사교계 생활을 꿈꾸었다. 그리고 그녀는 유럽의 궁전을 사로잡는다는 야심하에 보루블라스키를 마차에 태우고 여행길에 올랐다.

1754년 빈. 마리아 테레지아 황후가 물었다. "이 방에서 가장 놀라운 것은 무엇이냐?" 보루블라스키는 로코코 양식의 화려한 쇤브룬 궁의 내부를 응시했지만, 어떻게 대답해야 할지 알고 있었다. "이 방에서 가장 놀라운 것은 위대한 여인의 무릎에 앉아 있는 조그만 남자입니다." 오스트리아와 헝가리의 여왕인 황후는 이 대답에 기뻐하였다. 뮌헨에서는 카우니츠 왕자가 보루블라스키에게 종신 연금을 마련해주었다. 뤼네빌에서는 망명 중이던 스타니슬라우스 폴란드 왕이 그와의 대화를 매우 즐거워했으며 자신의 궁에 있는 베베(Bébé)라는 불쌍한 난쟁이보다 훨씬 흥미로운 사람이라고 선언했다. 이 자리에는 트레팡(Treffan) 백작도 있었는데, 그는 『앙시클로페디(백과전서)』의 '난쟁이' 라는 항목에서 보루블라스키에 대해 언급하였다. 파리에서는 오를레앙 공과 같이 체류했으며, 헤이그에서는 스타드하우더르 왕자가 알현을 받을 때 같이 있었다. 베르사유에서는 어린 마리 앙투아네트가 손가락에 끼고 있던 다이아몬드 반지를 직접 하사하였다.

이런 식으로 화려한 10년이 지나갔고, 보루블라스키에게 사랑이 찾아왔다. 여배우에게 구애를 했지만 돌아온 것은 비웃음뿐이었다. 몇 년이 흐른 뒤 그는 이렇게 회상한다. "내게 다른 남자들처럼 정상적인 신체를 내려주지 않은 자연을 탓하는 마음이 들었다면, 내게 이성을 되찾도록 해준 것은 바로 그녀였다." 그 후 다소 늦은 감은 있지만, 평화롭고 행복했으며 호의와 진심을 느끼는 생활 속에서 그는 침착한 마음으로 젊은 날의 열정을 회상하게 된다. 이잘리나 보르부탱이라는 검은 눈을 가진 젊은 귀부인의 사랑을 차지했기 때문이다. 그녀 역시 종종 그를 비웃으며 장난감이나 어린아이 다루듯이 그를 대했었다. 그러나 그는 아랑곳하지 않으며 열정적인 편지를 자주 보냈다. 그는 폴란드 왕에게 그녀를 부양할 수 있도록 종신 연금을 달라고 부탁하였다. 그가 연금에 더해 작위까지 받자 그녀의 태도가 달라졌다.

보루블라스키는 프랑스 계몽주의의 영향을 받았다. 그의 『회고록』은 '백과전서파' 의 영향을 받아 합리적이고 인본적이며 탐구적이다.

내가 태어났을 때부터 정말로 작았다는 사실은 누구나 짐작할 수 있을 것이며, 실제로도 내 출생 시 신장은 8인치*에 불과했다. 그러나 몸집은 작았지만 약하지도 발육이 느리지도 않았다. 오히려 내게 젖을 주신 어머니는 우리 형제들 중에서 나만큼 별탈없이 자라는 아이는 없었다고 입버릇처럼 말씀하셨다. 나는 다른 아이들과 비슷한 시기에 걷고 말하기 시작했으며, 느리긴 하지만 꾸준히 성장을 지속하였다.

한 살 때 내 키는 11인치(27센티미터)였다.

그리고 세 살 때는 1피트 2인치(35센티미터),

여섯 살 때는 1피트 5인치(42센티미터),

열 살 때는 1피트 9인치(53센티미터),

열다섯 살 때는 2피트 1인치(63센티미터),

스무 살 때는 2피트 4인치(70센티미터),

스물두 살 때는 2피트 11인치(77센티미터),

서른 살 때는 3피트 3인치(약 98센티미터)였다.

이 시기가 되자 내 키가 거의 굳어졌으며 그 후로는 4분의 1인치도 자라지 않았다. 내 형도 서른 살까지 계속 자라다가 비슷한 시기에 성장이 멈췄다. 우리 둘의 사례는 난쟁이들이 죽을 때까지 계속 성장한다는 박물학자들의 의견이

* 1인치를 미터법으로 환산하면 약 2.54센티미터이다. 따라서 보루블라스키의 출생 시 신장은 20센티미터에 불과했으며, 이는 신생아들의 평균키(약 51센티미터)에 비해 현저히 작다는 것을 의미한다. 참고로 1피트는 12인치이다.

틀렸음을 입증한다.

이 기록은 매혹적이면서도 기이한 것이었다. 사람은 일반적으로 17세에서 20세 무렵이면 성장을 멈춘다. 그러나 보루블라스키는, 몸집은 작았지만 20대 동안 성장이 지속되었다. 또한 여성의 매력을 알게 된 시기도 다른 사람들보다 늦은 편이었다. "나는 스물다섯 무렵에야 열다섯 소년과 같은 감정을 가지게 되었다"고 말했듯이 그의 사춘기는 늦게 왔던 것이다.

요제프 보루블라스키는 더럼이라는 영국의 조용한 교구마을에서 1837년 12월 5일 잠자다 평화롭게 죽음을 맞이하였다. 그는 행복하고 부유한 삶을 살다 갔다. 비천한 신분으로 태어났지만 수직적인 신분상승을 이루었다. 훌륭한 대화 상대로 정평이 높았으며 바이올린을 매우 잘 켰고 유럽의 왕이나 제후들 대부분과 친분 관계를 가지고 있었다. 폴란드 왕으로부터는 작위를 받았으며 웨일스 대공(영국의 황태자)의 후원을 등에 업었고, 데번셔 공작부처와는 절친한 친구 사이였다. 그는 더럼 시의 자랑거리였으며, 시의회는 그가 교구에 거주하는 것만으로도 생활비를 지불해주었다. 아름다운 귀족 여인과 결혼해서 가정을 일구었고 당시 사람들보다 훨씬 오랫동안 무병 장수하며 98세까지 살았다. 행복한 삶에 걸맞은 우아한 죽음이었다. 요제프 보루블라스키 백작은 단순히 타향살이하는 귀족이라는 의미 이상을 지니고 있었다. 그는 최후의 궁정 난쟁이였다.

완벽한 비율

보루블라스키가 작게 태어난 이유는 무엇일까? 때늦은 사춘기에서 한 가지 힌트를 얻을 수 있다. 또한 유화로 그려진 여러 점의 초상화나 여섯 점의 판화, 현재 더럼 시청의 로비에 있는 전신 청동상에서도 몇 가지 추측을 해볼 수 있다. 이런 작품들은 모두 보루블라스키 백작이 작은 체구에 걸맞은 완벽한 신체 비율을 가지고 있었음을 보여준다. 사실 그의 신체 비율은 성인보다는 비슷한 체구의 어린아이들의 그것과 비슷하다. 그러나 연골무형성증이나 농축이골증과 같은 뼈질환의 특징인 짧고 뭉툭한 사지는 전혀 보이지 않는다. 그의 왜소증은 인체의 크기를 조절하는 가장 강력하고 영향력 있는 분자 장치 중 하나가 실패한 결과이다.

두개골 안쪽의 뇌의 기부(基部)에는 뇌하수체라는 분비샘이 존재한다. 이것은 완두콩 크기 정도에 불과하지만 막강한 기능을 자랑한다. 뇌하수체는 사춘기 소녀의 가슴 발육과 모유 분비, 정액 생산, 난자 성숙 유도, 알레르기 반응과 스트레스 대처 방법 등을 총괄적으로 조절하는 여섯 가지 호르몬을 분비한다.

그러나 뇌하수체의 주요 역할은 성장호르몬의 생성이며, 다른 다섯 가지 호르몬에 비해 1000여 배나 많은 성장호르몬을 만들어낸다. 뇌하수체에서 만들어진 성장호르몬은 혈액으로 분비되어 전신을 순환한다. 이것이 신체의 세포에게 전달하는 단 한 가지 메시지는 '증식과 분열'이다. 물론 성장호르몬이 성장을 담당하는 유일한 분자는 아니다. 각 기관마다 크기와 형태를 관장하는 독립적인 분자 장치가 존재한다. 그러나 성장호르몬이 뇌하수체에서 만들어져 전신을 순환한다는 사실은 이 호르몬이 모든 조직의 성장에 동시다발적으로 영향력을 행사한다는 것을 의미한다. 다시 말해 성장호르몬은 살과 뼈의 증식자(增殖者)이다.

5세 아동의 신체 크기와 비율, 늦게 찾아온 사춘기, 오랫동안 활력을 유지한 지성 등, 요제프 보루블라스키는 성장호르몬 조절 실패의 모든 징후를 보여준다. 정확히 어떤 분자 장치에 결함이 있었는지는 알 수 없다. 성장호르몬을 조절하는 여섯 개 유전자 중 하나에서 돌연변이가 생겼기 때문에 보루블라스키의 왜소증이 생겨난 것일 수도 있다. 또는 성장호르몬 자체는 많이 분비되었지만 이를 받아들일 수용체가 전혀 없었기 때문일지도 모른다. 에콰도르 안데스 산맥의 산자락에는 50여 명 남짓한 주민 모두가 수용체 돌연변이를 가진 부락이 있다. 그들은 어른이 되어서도 키가 124센티미터밖에 되지 않는다. 그들은 두 개의 마을로 나뉘어 살며 근친 결혼을 하는 편이다. 가톨릭이지만, 주민 대다수가 유대식 이름을 가지고 있다. 실제로 이들은 종교 재판을 피해 신세계로 도망쳐온 '콘베르소스(conversos, 새로운 기독교인)'의 후손들이라고 생각된다. 그들은 도망오기 전부터 왜소증 돌연변이를 가지고 있었을 가능성이 높은데, 모로코 유대인들에게서도 똑같은 돌연변이가 발견되었기 때문이다. 에콰도르의 난쟁이들은 영리하며 아이들은 성적이 좋아서 상을 거의 독차지한다. 그러나 나이를 먹을수록 친구들의 놀림에 성격이 우울해지고 중퇴하는 경우가 많다. 그리고 최근 성인이 된 세대들 중 결혼한 사람은 아무도 없다.

1782년에 요제프 보루블라스키는 신체적으로 정반대인 사람을 만나게 되었다.

내가 런던에 도착한 직후 굉장한 거인이 도시에 나타났다. 그의 키는 8피트 4인치였으며, 신체 균형도 잘 잡혀 있는 데다 호감 가는 용모였다. 또한 일반적인 거인들과 달리 체구에 걸맞은 힘을 가지고 있었다. 당시 그는 스물두 살이었으며, 그와 내가 같이 있는 모습을 보기를 원하는 사람들이 많았다. 내 훌륭한 후원자인 데번셔 공작부처와 스펜서 부인은 거인을 보러 가자고 내게 제안하였다.

얼굴을 마주한 순간 누가 더 놀랐는지 모르겠다. 거인은 잠시 할말을 잃었다. 그러더니 몸을 아주 낮게 숙이고 내게 손을 내밀었다. 내 손 12개를 족히 감쌀 수 있을 만큼 커다란 손이었다. 그는 점잖은 찬사의 말을 건넨 뒤 나를 자기 쪽으로 가까이 끌어당겼다. 완전히 대조적인 우리의 모습에 구경꾼들은 더더욱 놀랐다. 그도 그럴 것이 내 정수리가 그의 무릎에 겨우 닿을까 말까 했기 때문이었다.

보루블라스키는 거인의 이름을 밝히지 않았지만, 당시의 신문들은 잘 차려입은 난쟁이와 오브라이언(O'Brien)이라는 별칭을 가진 '아일랜드의 거인'이 만났다는 기록을 남기고 있다. 그러나 그가 누군지는 분명치 않다. 조지 왕조 시대(1714~1830)의 런던에는 '아일랜드의 거인'이라는 별명을 가진 사람이 적어도 네 명이나 있었고, 그 중에서 오브라이언이라고 자칭하는 이도 두 명이나 되었기 때문이다. 두 오브라이언 모두 1760년경 아일랜드에서 태어났으며, 자신들이 이 나라의 신화에서 거대한 체구로 등장하는 브라이언 보루(Brian Boru) 왕의 직계 후손이라고 주장했다. 둘 다 1780년대 초에 런던에 왔으며 한 사람은 피카딜리 광장에서, 다른 한 사람은 세인트 제임스 공원에서 대중들에게 몸을 내보였다. 키가 8피트가 넘는다고 우긴 것도 똑같지만 실제로는 7피트 8인치(약 235센티미터)를 넘지 못했다.

정확한 키를 알 수 있는 이유는 골격을 측정한 기록이 있기 때문이다. 두 거인의 이름은 패트릭 코터(Patrick Cotter)와 찰스 번(Charles Byrne)이었다. 패트릭 코터의 묘지는 브리스톨에 있으며 1906년에 관이 발견되자 재조사가 이뤄진 뒤 다시 매장되었다. 찰스 번의 골격은 링컨스 인 필즈에 위치한 왕립의과대학의 헌터 박물관에 전시되어 있다. 그곳에서 찰리라고 불리는 이 골격은 마치 거대한 참나무 같은 압도적인 위용을 내뿜는다. 준비 과정에서 지나치게 서두르며 은밀히 처리하다가 뼈가 갈색으로 물들어버린 것도 이런 위압감에 한몫을 한다. 지나치게 강한 인상을 풍기는 턱뼈와 눈 뒤의 융기를 보면 생전에 그가 무시무시한 얼굴을 가지고 있었으리라 짐작할 수 있다. 알코올 중독자였던 그는 죽음이 다가올수록 해부학자들이 자신의 뼈를 빼앗아갈 것이라는 병적인 두려움에 사로잡혔다. 괜한 기우가 아니었다. 당시의 신문은 이렇게 적고 있다. "작살잡이가 거대한 고래를 호시탐탐 노리듯 의사들이 이 불쌍한 아일랜드인의 시신을 얻기 위해 집 주변에 장사진

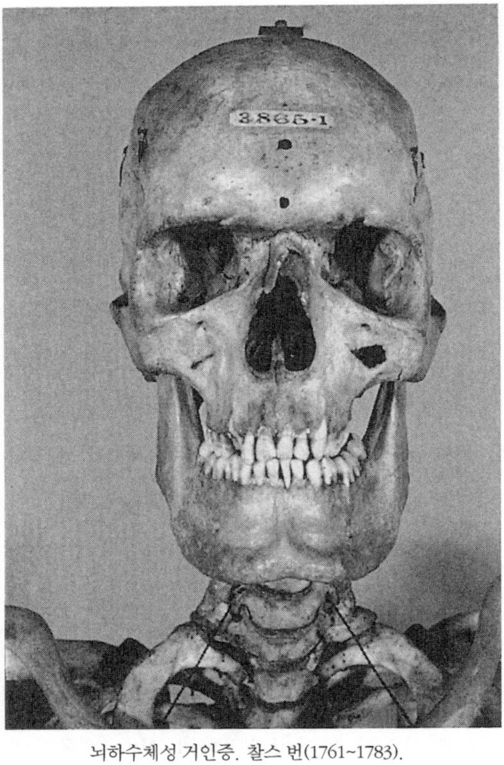

뇌하수체성 거인증. 찰스 번(1761~1783).

을 치고 있다." 최후의 승리자는 해부학자이자 외과의인 존 헌터(John Hunter) 박사로, 그는 시신을 수습하고 방부 처리를 한 뒤 현재의 헌터 박물관에 전시하였다.

찰스 번의 병명은 뇌하수체 종양이다. 1911년 헌터 박물관장인 아서 키스(Arthur Keith) 경은 찰리의 두개골을 절개했다. 뇌하수체가 위치했던 부분이 움푹 패어 있는 것으로 볼 때, 그의 뇌하수체는 완두콩 크기가 아니라 작은 토마토 크기였던 것으로 짐작된다. 뇌하수체 종양은 성장호르몬을 과다하게 분비한다. 그렇기 때문에 아이의 사지의 성장판에 있는 세포들이 비정상적으로 빠르게 증식하고 분열해서 거대한 몸과 사지가 발생한다. 이 거인이 런던의 웨스트엔드를 활보하던 시절이나 지금이나 뇌하수체 종양의 발병률은 같지만 오늘날은 조기에 발견하면 외과 수술로 절제가 가능하다.

1941년 5월 제2차 세계대전 당시 독일의 런던 대공습에 헌터 박물관이 직격탄을 맞았고, 존 헌터 박사의 거대한 아르마딜로 화석과 악어 박제를 비롯해 평생을 바쳐서 모은 귀중한 해부학 전시물들이 산산조각났다. 그러나 찰리는 살아남았다.

피그미

한 장의 낡은 사진은 런던 자연사박물관의 전시실에 서 있었던 세 구의 골격을 보여준다. 중앙의 골격은 평범한 유럽인의 것이며, 좌측은 등이 굽은 저지대 고릴라, 우측은 우아한 자태로 서 있는 피그미 여성의 것이다. 확실하지 않지만 이 피그미 여인의 골격에 라벨을 붙인 사람은 아프리카 탐험가이며 오스만 제국의 행정관이던 에민 파샤(Emin Pasha)이다. 그의 1883년 탐험 일지는 몽부투* 지역에서 인간 유골의 값을 부풀려왔던 식인종들이 폭동을 일으켜 골격의 값이 천정부지로 치솟았다고 적고 있다. 그러나 그는 그들이 요구하는 가격을 군말 없이 지불하였다. 피그미의 골격은 유럽의 박물관들이 너 나 할 것 없이 탐내는 품목이었기 때문이다. 아프리카의 피그미 족이 신화 속에서 현실로 뛰쳐나온 지 불과 13년 후의 일이었다.

> 며칠이 지난 뒤 캠프에서 들리는 비명소리에 무슨 일인지 궁금해서 나가보니, 모하메드가 왕을 모시는 피그미 족 한 명을 놀라게 했으며 격렬한 저항에도 불구하고 내 텐트로 데려오고 있다는 사실을 알았다. 고개를 들자 오른쪽 어깨에 조그맣고 낯선 피조물이 꽉 매달린 채 올라타 있는 것이 확연히 눈에 들어왔다. 그것은 불안한 듯이 모하메드의 머리를 꽉 부여잡고 있었으며, 놀란 눈으로 사방을 두리번거렸다. 곧 이어 모하메드가 그 피조물을 상석에 앉혔고, 왕실의 통역관이 그 옆에 자리를 잡았다. 나는 내 눈을 의심하지 않을 수 없었다. 마침내 수천 년 동안 신화 속에나 등장하던 생물체가 드디어 현실로 나타난 것이다!

위 글을 쓴 사람은 라트비아의 리가 만에서 태어난 독일계 식물학자이자 여행가인 게오르게 아우구스트 슈바인푸르트(George August Schweinfurth)였으며, 피그미 족 여인의 이름은 아카디무(Akadimoo)였다. 그들은 1870년 현재의 콩고 민주공화국 북단에 위치한 우엘레 강에서 처음 만났다.

이 여인의 등장은 피그미 족에게는 비극이었다. 슈바인푸르트는 그녀를 보자 검은 대륙 중심부 어딘가에 오래전 그리스 신화에서나 등장했던 소인종들의 유해가 잔뜩 묻혀 있을 것이라고 생각했다. 호메로스

---

* 콩고 민주공화국 북동부 아잔데 강 남쪽에 살고 있는 중부 아프리카의 종족들.

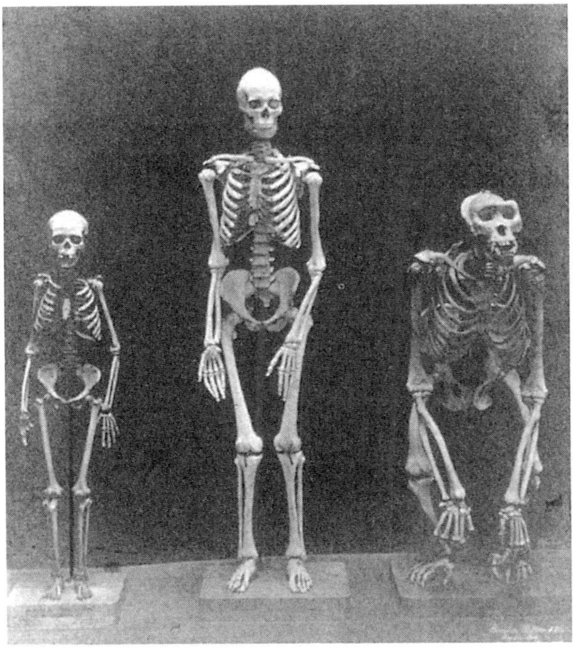

왼쪽부터 피그미 족인 아카 족 여인, 백인 남성, 고릴라.
에민 파샤가 수집한 피그미 족의 골격. 1883년 콩고.

의 시를 잠깐 살펴보자. "겨울이 시작되는 방향에서 갑작스러운 비바람을 몰고 날아온 뒤에 시끄럽게 울어대며 해류를 뒤바꿔놓아 피그미 족들에게 죽음을 가져오는 두루미 떼처럼, 트로이인들은 엄청난 함성으로 대기를 가득 채웠다." 훗날 여러 작가들은 피그미 족에게 게나라(Genara)라는 아름답고 허영심 강한 여왕이 있었는데, 여신의 질투를 사서 두루미로 변한 뒤 자신의 백성들과 대적하게 되었다고 적었다.

그리스인들이 '게라노마키아(Geranomachia)' 라고 칭한 피그미 족과 두루미의 흥미진진한 전쟁은 수천 년 동안 여러 문학의 단골 소재가 되었다. 플리니우스 역시 이 전쟁사에 살과 뼈를 더한다. 그는 피그미 족이 트라키아, 소아시아, 인도, 에티오피아, 나일 강 상류에 거주하고,

염소를 타고 전쟁을 치르며 키가 75센티미터밖에 되지 않는다고 적었다. 그의 설명에 당황한 중세의 학자들은 과연 인간이 그렇게 작을 수 있는지 고심하다가 불가능하다고 결론지었다. 1716년 무렵 조지프 애디슨*은 『피그미 족과 두루미의 전쟁 *The Battle of the Pygmies and the Cranes*』이라는 제목으로 스물세 편의 라틴어 운문시를 지었다. 또한 기압계와 볼링공을 예찬하는 라틴어 시 두 편을 더 지었다. 애디슨의 수필에 대해 존슨 박사는 이 시들이 영어로 쓰이지 않은 문학 중 최고라고 평한다.

애디슨의 시를 끝으로 호메로스 풍의 전통은 스러지기 시작했다. 1600년대 후반이 되자 냉철한 사고를 최고로 여기는 왕립학회의 학자들은 신화에 대한 경험적 증거를 검토하면서 사실성이 떨어진다는 것을 알아냈다. 1699년 에드워드 타이슨(Edward Tyson)은 자신이 해부한 피그미 족의 시신은 인간이 아니었음이 입증되었다는 논문을 펴냈다. 당연한 일이었다. 그가 해부한 존재는 피그미가 아니라 침팬지였기 때문이다. 이어서 단언하기를, 피그미 족의 거주지라고 알려진 곳에서도 소인족은 한 사람도 발견되지 않았다고 주장했다. 그리스 신화에 등장하는 키노세팔리(개의 머리를 한 인간)나 사티로스처럼 피그미 족 역시 아프리카 유인원들이 잘못 알려진 것에 불과하다는 것이었다.

타이슨의 추론이나 논점은 나무랄 데 없지만, 당시 유럽에 알려진 세계의 범위를 그가 과대평가했다는 데 근본적인 오점이 있다. 또한 그는 호메로스의 아름다운 시가 약간 변형되었을 뿐 구체적인 지식을 바탕으로 하고 있을지도 모른다는 생각은 하지 못했다. 호메로스는 황새들이 늦여름까지 그리스의 촌락들에서 둥지를 튼 뒤 매년 겨울 아프리카로 날아간다는 것을 분명하게 알고 있었다. 따라서 피그미 족이 아프리

---

* Joseph Addison, 영국의 극작가이자 시인, 수필가.

카에 살고 있으리라는 그의 생각은 당연한 귀결이었다. 또한 이집트인들에게서 얻은 고대사 지식도 한몫했을 것이다. 호메로스보다 1000년 전에 살았던 이집트 제6왕조(기원전 2345~2181)의 페피 2세는 휘하의 장수에게 남부 삼림 원정 중에 발견한 피그미 족 인간을 잘 보살펴주라는 전갈을 보냈다.

현대에 등장한 최초의 피그미 족인 아카디무는 '아카(Aka) 족' 출신이었으며, 현재에도 이 부족명이 그대로 쓰이고 있다. 남위 4도와 북위 4도 사이에 걸쳐 있는 아프리카 밀림에는 여러 피그미 족이 살고 있으며 아카 족은 이들 중 하나에 불과하다. 성인 남성의 평균키가 150센티미터 이하인 부족을 피그미 족이라고 정의한다면, 아프리카에는 대략 10만 명의 피그미 족이 살고 있다. 가장 작은 부족은 이투리 삼림지에 살고 있는 에페(Efe) 족으로, 성인 남성의 평균 신장은 142센티미터이고 성인 여성은 135센티미터이다. 그들은 2000년 전쯤 북서쪽에서 그들보다 키가 큰 부족인 반투 족의 침략을 받기 훨씬 전부터 이 밀림에 살았던 것으로 짐작된다.

프랑스의 인류학자인 아르망 드 콰트르파주(Armand de Quatrefages)는 아프리카 피그미 족의 선조는 작은 체구와 검은 피부, 곱슬머리, 둔부비만의 체형에, 한때 세계 여러 곳에 퍼져 있던 사람들이라고 생각했다. 전혀 뜬금없는 생각은 아니었다. 인도양이나 남중국해의 제도에는 아프리카 피그미 족과 신체적으로 흡사한 부족들이 많이 살고 있다. 이 지역에 사는 왜소한 체구의 준흑인종을 '니그리토(negrito)' 라고 하며, 에스파냐 정복자들이 필리핀 제도의 주도인 루손 섬에 정착해서 그들을 처음 만난 이후 니그리토들은 인류학에 끊임없는 화두를 던졌다. 최근의 유전학 연구 결과에 따르면 니그리토는 상당히 오래된 부족이며, 아시아 최초의 구석기인이라는 사실이 밝혀졌다. 다른 인류와 마찬가지로 그들의 뿌리도 아프리카지만, 아프리카 피그미 족은 물론이고 대

안다만 제도의 포트 블레어에 살고 있는 니그리토, 1869~80년경

다수의 아프리카인들과도 뚜렷한 연계점이 없다. 그들의 작은 체구는 아프리카의 피그미 족들과는 상관없이 진화된 것이라 여겨진다.

피그미 족의 존재를 확인하기 훨씬 전부터 그들의 왜소증의 원인에 대한 여러 이론이 있었다. '게라노마키아'는 아테네의 예술가들이 즐겨 찾는 소재였지만, 그들이 피그미에 대해 아는 것이라고는 작은 체구를 가졌으며 두루미를 좋아하지 않는다는 사실밖에 없었다. 그렇기 때문에 고대에 만들어진 붉은색 각배(角盃, 제사용 술잔)에는 방망이로 두루미를 때려잡는 연골무형성증의 난쟁이들이 등장한다.

그러나 정말로 연골무형성증인지 아닌지는 분명치 않은데, 새를 공격하는 사지는 짧고 굽었지만 상체와 머리, 성기는 정상적인 크기이기 때문이다. 현재 나폴리 박물관에 전시되어 있는 폼페이 시대의 프레스코화에는 악어를 사냥하거나, 하마에게 먹히거나, 나일 강의 제방에서 격렬하게 성교행위를 벌이는 피그미 족의 모습이 그려져 있다. 로마 시대에 그려진 피그미 족은 기형은 아니지만 머리가 다소 크고 사지는 서너 살짜리 아이의 것처럼 가늘고 길며 깡마른 모습으로 묘사되어 있다. 피그미 족의 모습이 이렇게 제각각인 이유는 이 예술가들이 피그미 족을 한 번도 보지 못한 채 자신들이 알고 있었던 신화적인 모습을 담았기 때문이다. 1960년쯤 유명한 인류학자이자 피그미 족 전문가였던 한 학자는 그들이 연골무형성증 돌연변이 때문에 작은 체구를 가지게 되었다고 주장했다. 피그미 족이 왜 작은지에 대해서는 밝혀진 사실이 거의 없지만 그의 주장은 절대 옳지 않다.

에민 파샤가 수집한 피그미 족 골격 컬렉션을 보면, 피그미 족의 작은 체구는 병리학적 이유 때문이 아님을 알 수 있다. 피그미 족은 아름다운 비율의 사지를 가지고 있지만, 더 키가 큰 사람들의 신체 비율과 비교할 때 미묘한 차이점을 보인다. 유전학자들이 잘 알고 있는 치명적인 돌연변이가 아니라 수천 년 동안 자연선택을 겪으면서 매끄럽게 다듬어진 신체 비율이 생겨난 것이다. 피그미 족 여인을 엄마로 두고 장신의 아프리카 농부를 아버지로 둔 아이들에 대한 연구 결과는 피그미 족의 왜소증을 단순한 돌연변이로 치부하기에는 무리가 있음을 암시한다. 아이들의 키가 부모의 중간 정도에 해당하기 때문이다. 따라서 여러 유전자들이 작용해서 피그미 족의 작은 체구를 만든 것으로 보인다. 이 유전자들이 무엇인지는 알 수 없지만 그것들의 역할을 짐작할 수 있다. 피그미 족 수천 명의 신장을 주의 깊게 측정한 결과를 보면, 그들은 키가 더 큰 사람들에 비해 다리가 약간 짧고 팔은 약간 긴 편이다. 또한 머리와 치아가 상체에 비해 조금 큰 편이다. 신장을 포함해서 모든 신체 비율이 11세 영국 아동의 선형 비율(linear proportion)과 상당히 비슷하다.

'선형 비율'은 상체와 팔, 다리 사이의 상대적인 길이 비율을 의미한다. 피그미 족은 부족에 상관없이 성인 남성은 가슴과 어깨가 넓고, 성인 여성은 가슴과 엉덩이가 풍만하다. 그러나 피그미 족 아이들의 선형 비율은 두 가지 장치가 그들을 작은 체구로 만든다는 것을 말해준다. 그들은 11세 정도에 성장이 아주 멈추거나, 다른 키 큰 부족들처럼 18세까지 성장한다 해도 그 속도가 아주 느리다.

원론상으로는 작은 체구로 자라나는 이 두 가지 단계를 쉽게 식별할 수 있다. 피그미 족 아이들의 성장이 멈추는 나이를 평균적으로 측정하기만 하면 되기 때문이다. 그러나 피그미 족에게는 나이 개념이 없다. 그들은 달력도 없고 생일도 중시하지 않는다. 그러나 드물긴 하지만 피그미 족 아이들의 신장을 측정한 사례가 있기는 하다. 슈바인푸르트는 개 한 마리를 주고 응세보우에(Nsévoué)라는 아카 족 아이를 수중에 넣은 뒤 유럽행 여행에 올랐다. 그러나 얼마 못 가 아이가 이질에 걸려 죽고 말았다. 1873년에도 같은 시도가 있었지만 이번에는 탐험가가 도중에 죽고 말았다. 슈바인푸르트의 궤적을 좇던 이탈리아의 탐험가 조반니 마니(Giovanni Mani)는 개 한 마리와 송아지 한 마리를 주고 티바우트(Thibaut)와 차이르 알라(Chair-Allah)라는 아카 족 아이 두 명을 손에 넣은 뒤 북쪽으로 향했다. 하지만 험난한 여정을 못 이겨 마니가 죽고 말았다. 그러나 두 아이는 여행을 계속해서 1874년 6월 로마에 도착한 뒤 빅토르 에마누엘 2세에게 바쳐졌다. 왕은 두 아이를 마니가 유품으로 남긴 일지와 함께 이탈리아 지리학회에 맡겼다.

지리학자들은 기뻐하면서도 아이들을 어떻게 다룰지 몰라 당황하다가 베로나의 귀족인 미니스칼키 에리초(Miniscalchi Errizo) 백작에게 아이들을 넘겼다. 두 아이는 프란체스코(Francesco)와 루이기(Luigi)라는 이름으로 개명한 뒤 백작의 따뜻한 보살핌 속에서 금세 이탈리아어

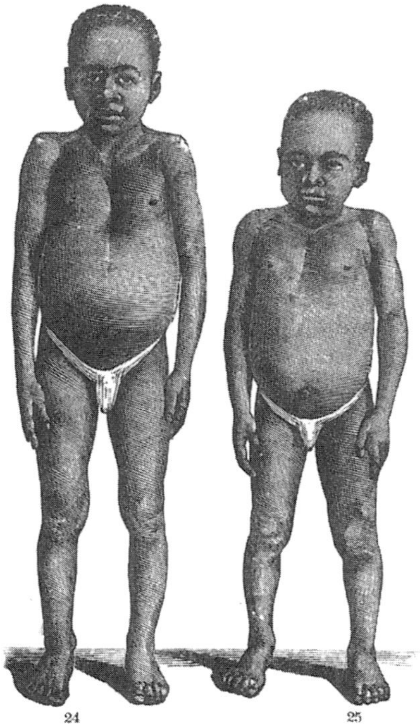

티바우트 프란체스코와 차이르 알라 루이기, 1874년 베로나.
아르망 드 콰트르파주, 『피그미』, 1895

를 조금이나마 쓰고 말할 수 있게 되었다. 티바우트 프란체스코는 독학으로 피아노를 배웠으며, 한 옥타브도 안 닿는 짧은 손가락으로 섬세한 선율을 뽑아내곤 했다. 1876년 두 아이를 방문한 슈바인푸르트는 그들이 동네 아이들과 어울려 베로나의 고색창연한 거리를 돌아다니는 광경을 기쁜 마음으로 적고 있다.

당시의 학술지는 두 아이의 지적인 발달을 상당히 자세하게 적고 있지만 아이들이 별로 영리하지 못하다는 믿음을 반박할 생각은 전혀 없었다. 이런 생각이 자리 잡는 데에는 슈바인푸르트의 잘못도 한몫했다. 슈바인푸르트가 응세보우에를 귀여워한 것은 분명했지만 『아프리카의 심장 *The heart of Africa*』이라는 제목으로 발간한 기행문에서 아이가 무능하고 둔하다는 평가를 내렸기 때문이다. 아이들을 보기 위해 미니스칼키 궁을 찾은 학자들 역시 두 아이와 대화를 나누기보다는 벽에 세워놓고 신장을 재는 데에만 여념이 없었다. 차이르 알라 루이기와 티바우트 프란체스코가 아프리카를 떠나기 직전에도 최소한 일곱 명의 과학자들이 몰려와서 신장을 재보았으며, 로마에서도 같은 일이 비일비재했다. 확실하지는 않지만 이탈리아에 도착했을 때 아이들의 나이는 대략 8세와 12세 정도인 것으로 보이며 그곳에서 거의 6년을 살았다. 그런데 아이들이 자라면서 이상한 점이 발견되었다. 사춘기의 급성장이 보이지 않았던 것이다.

신생아는 첫해에 18센티미터 정도 성장한다. 다음해에는 이런 급성장이 나타나지 않으며 성장 속도는 나이를 먹을수록 조금씩 줄어 연평균 5센티미터 정도씩 성장하게 된다. 남자 아이는 12세, 여자 아이는 10세 정도가 되면 이런 감소 추세가 역전되어 잠시 동안 급속한 성장률을 보인다. 청소년기에 누구나 겪는 일이지만 사춘기의 급성장은 정확히 측정하기 어렵다. 1759년 프랑스 귀족이며 뷔퐁의 친구였던 필리베르 귀에노 드 몽베이야르 백작은 자신의 갓난 아들의 키를 재본 뒤 18세가 될 때까지 6개월에 한 번씩 아이의 신장을 계속 측정하였다. 이 소년은 로베스피에르에 의해 단두대의 이슬로 사라졌지만 성장 기록은 그대로 남아 사춘기 성장에 대한 가장 완벽한 자료가 되었다. 몽베이야르(자세한 기록은 뷔퐁이 했던 것으로 보임)도 이 자료가 사춘기의 눈부신 급성장에 대한 귀중한 자료가 되리라고는 생각지 못했을 것이다. 몽베이야르의 아들은 13세 한 해 동안 12센티미터나 급성장하였다. 인간의 청소년기에는 자연스러운 현상이다. 수컷 침팬지나 고릴라는 사춘기에 근육이 두툼해지고 비비는 주둥이가 길쭉해지지만, 그 외의 다른 영장류는 이런 비약적인 성장을 보이지 않는다.

사춘기의 급성장은 성장호르몬 증폭 때문이다. 따라서 피그미 족의 성장호르몬은 일반적인 키를 지닌 사람들보다 훨씬 적게 분비될 것이라고 생각하기 쉽지만 실제로는 그렇지 않다. 유사인슐린 성장인자-1(insulin-like growth factor-1, IGF-1)이라는 또 다른 성장 촉진 분자의 상대적인 부족이 그들의 왜소증의 원인으로 보인다. IGF-1은 이름에서 알 수 있듯이 당대사 호르몬인 인슐린과 구조가 비슷하다. 성장호르몬은 혈류에 존재하는 두 호르몬의 수치가 균형 있게 증가하거나 감소할 수 있도록 IGF 유전자를 조절한다. 그러나 두 호르몬은 성장에 서로 다른 영향을 미친다.

초소형 생쥐에서 이런 사실을 확인할 수 있다. 정상적인 크기의 실험용 생쥐는 다 자랐을 때 몸무게가 30그램 정도이다. 이들은 지하실이나 다락방, 헛간 등 자연 서식지에 분포하는 생쥐(*Mus musculus*)들보다는 큰 편에 속하는데, 실험실에서 '장밋빛 인생'을 보내면서 온순하고 느리며 다소 비만인 몸집을 가지게 된 것이 원인이다. 그러나 실험실 쥐에게 결함이 있는 성장호르몬 수용체 유전자를 주입하면(에콰도르 난쟁이들의 경우 이런 결함 유전자가 자연적으로 발생한다) 쥐는 정상 크기의 반 정도밖에 자라지 못한다. 결함이 있는 IGF 유전자를 다른 쥐에 주입하면 이 쥐는 정상 크기의 3분의 1 정도로만 자라난다. 각각의 실험 결과로 생긴 두 마리 쥐를 교접시키면 성장호르몬 수용체 유전자와 IGF 유전자 모두에 결함이 있으며, 다 자라서도 무게가 5그램밖에 되지 않는 초소형 생쥐가 탄생한다.

포유류로서는 상당히 작은 크기다. 이것은 세상에서 가장 작은 포유류이며 무게가 2그램에 불과한 호박벌 박쥐와 엇비슷하게 작은 크기다. 참고로 영국 5펜스 동전이 3.2그램, 1유로센트가 2.4그램, 10유로센트가 2그램이다. 초소형 생쥐처럼 평균 체중의 6분의 1밖에 되지 않는 초소형 인간이 존재한다면 그의 몸무게는 14개월짜리 아이의 무게와 같은 셈이다. 콩고의 피그미 족이나 에콰도르의 난쟁이들, 심지어 요제프 보루블라스키는 비교도 되지 않는다. 그야말로 인간 왜소증의 한계에 도전하는 초소형 인간이 탄생하는 것이다.

크레틴병

슈바인푸르트의 발견을 시작으로 피그미 족을 찾기 위한 세계적인 사냥이 시작되었다. 그 전까지는 탐험가들의 기록이나 세계 곳곳의 신화를 전적으로 확신하는 사람은 거의 없었다. 그런데 1890년대에 이런 기록들에 대한 주도면밀한 수집과 분석이 행해지기 시작했다. 과테말라나 유카탄, 브리티시 컬럼비아 주의 캐스케이드 산맥, 모로코의 아틀라스 산맥, 시칠리아, 에스파냐의 발 데 리바스에 피그미 족이 거주한다는 주장이 있었다. 한 고고학자는 스위스에도 신석기부터 내려온 피그미 족이 존재한다고 주장하였다. 이들 사이의 유사성은 거의 없는 듯 보이며 좀더 작은 키를 가졌던 초기 인류의 후손이었을 것이다.

화석인류는 다른 사실을 보여준다. 인간의 직계 선조인 호모 에렉투스는 160센티미터 정도의 키였으며, 호모 네안데르탈렌시스는 대략 170센티미터, 해부학적으로 현대 인간에 가장 가까운 최초의 인간인 '크로마뇽인' 은 이보다 약간 작았다. 지금도 세계 여러 곳에는 키가 작은 부족이 많이 살고 있다. 오리노코 강의 상류와 아마존 강의 지류에 살고 있는 야노마모(Yanomamo) 족은 평균 신장이 153센티미터에 불과하다. 파푸아뉴기니의 마운트 골리앗의 고지대에 사는 사람들 역시 키가 작다. 지구촌 각지의 사람들의 키가 저마다 다른 것은 인간의 키가 변화무쌍하다는 사실을 알려준다. 아프리카 피그미 족과 아시아 니그리토들의 왜소증이 서로 동떨어져 진화된 것인지는 알 수 없지만 세계 여러 곳에서 왜소증은 진화에 진화를 거듭하였다.

여기서 진화라는 개념을 잠깐 짚고 넘어가야 한다. 작은 키의 민족들이 사는 지역은 대부분 오지나 빈곤국이다. 만약 단백질과 칼로리가 풍부한 선진국의 식단을 제공받는다면 그들이 어느 정도까지 자랄지 아무도 단정할 수 없다. 아프리카의 피그미 족을 캘리포니아로 '대거' 이주시키면 훨씬 키가 커질 것이라고 생각하는 사람은 없다. 그러나 1970년대에 로스앤젤레스로 이주한 마야 난민의 아이들이 과테말라에 사는 마야 후손에 비해 평균 5.5센티미터가 더 크다는 사실을 결코 잊지 말아야 한다.

심지어 가장 최근에 발견된 피그미 족은 실제로는 피그미 족이 아니라 특정 영양분이 심각하게 결핍된 사람들이라고 생각해볼 수 있다. 1954년 버마(1988년에 미얀마로 개명)와 인도, 티베트, 중국의 접경지에 있는 저산대 밀림을 행군하던 버마 병사는 키 작은 사람들이 사는 부락을 발견하였다. 이 병사가 부락을 최초로 발견한 사람은 아닐 것이다. 버마 독립 이전에도 영국 탐험가들(아마도 외롭고 깡마른 인도군 장교들일 것임)이 티베트 고원에서 시작되는 아시아의 4대 강인 이라와디 강, 살윈 강, 메콩 강, 양쯔 강 유역을 무수히 지나다녔다. 이 탐험가들이 쓴 보고서는 정확성은 떨어지지만 한 가지는 일치한다. 그들 모두 '소인족' 임이 분명해 보이는 사람들이 이라와디 강의 지류인 타론 강 계곡의 북부 유역에 거주하고 있다고 보고하였다. 이 소인족은 다루스(Darus), 눙스(Nungs), 나잉보스(Naingvaws), 흐쿠눙스(Hkunungs), 키우추(Kiutzu) 등 여러 가지 명칭을 가지고 있었다. 이 부족은 폐쇄적이었기 때문에 자세히 연구한 탐험가는 아무도 없었지만 활기차고 담대한 사람들이라는 데는 대부분 의견을 같이한다. 또한 그들은 위생 관념이 없으며, 얼굴에 문신을 하고, 나무 집에 거주하며, 리수 족처럼 자

다루 또는 타론 족. 1937년 버마 북부.

기들보다 키가 큰 고산족에게 노예로 잡혀가는 경우도 자주 발생한다고 적고 있다. 눙스 족 몇 명의 키를 재본 프리처드 대위는 이 부족의 평균 신장이 158센티미터라는 사실을 알아냈다. 그는 훗날 눙스 족이 타론 계곡 위에 놓인 다리를 끊어버리자 여울목을 걸어서 건너다가 익사하고 말았다.

1962년 버마 정부는 이 부족을 자세히 연구하기로 결정하였다. 군인들과 의사들로 이루어진 연구단은 2주 동안 험준한 산등성이를 도보로 행군하고 흔들다리가 놓인 협곡을 건너 타론 계곡에 도착했다. 그들의 연구 결과는 전 세계에서 인지도가 가장 떨어지는 의학지의 하나인 『버마 의학연구학회 회보*Proceedings of the Burma Medical Research Society*』에 게재되었지만 내용만큼은 정확하고 포괄적이었다. 이곳의 주민들은 두 부락에 나뉘어 96명이 거주하고 있었다. 예상과 달리 나무집도 문신도 없었지만, 남자들의 평균 신장은 144센티미터에 불과했다. 아프리카 피그미 족 중에서도 가장 작은 부족과 같은 크기다. 그러나 부족 사람들은 타론 강의 이름을 따서 스스로를 타론 족이라고 불렀으며, 뚜렷한 티베트-버마 혈통에 언어도 티베트-버마어군을 쓰고 있었다. 소규모의 농사를 지어 연명하고 있었으며 생활 환경도 매우 빈곤하고 비참했다. 타론 족은 자신들의 조상이 100여 년 전에 중국 윈난에서 이곳으로 건너왔으며, 산사태로 길이 막힌 이후 계속 버마에 살게 되었다고 말했다.

그들은 누구일까? 버마 정부는 여러 자료를 확인한 뒤 타론 족이 수십 년 전 언급된 눙스 족이며, 유전적으로 키가 작은 민족이라고 결론지었다. 이 부락 외에도 같은 혈통을 가진 사람들이 얼마나 있는지, 그리고 정확한 뿌리가 무엇인지는 아직 오리무중이다. 영양 상태가 서로 같은데도 키가 큰 사람들로 이뤄진 부락이 인접해 있다는 사실로 볼 때, 이 사람들이 피그미 족이라는 가설은 어느 정도 맞는 것 같다. 그러나 타론 족에게는 몇 가지 좋지 않은 특징이 있었다. 두 마을에 사는 96명의 주민들 중에서 19명이 정신장애를 앓고 있었다. 근친 결혼이 성행한다는 사실을 감안하더라도(대다수의 부부들이 사촌지간이었다) 지나치게 높은 비율이었다. 그 중 여럿은 심각한 운동신경세포 장애를 가지고 있어서 걷지도 못했다. 타론 족의 주장에 따르면, 그들의 조상들이 중국에서 건너왔을 당시에는 정상적인 체구였지만 버마에서 살면서 체구가 작아졌다는 것이었다. 타론 족에 대해 알려진 사실은 위의 내용이 전부이며 당분간 더 알게 될 가능성도 거의 없다. 버마 북부는 수십 년째 외국인의 출입이 금지되어 있기 때문이다. 그러나 타론 족을 피그미

20대로 추정되는 점액수종성 크레틴병 환자들(뒤는 정상인). 1970년 콩고.

족이나 난쟁이라기보다는 단순히 크레틴병 환자로 판단하는 것이 옳지 않을까?

전혀 뜬금없는 소리는 아니다. 크레틴병 환자는 출생 때부터 신경장애와 성장장애를 겪는다. 지금까지의 크레틴병 환자는 크게 두 부류로 나눌 수 있다. 첫째는 '신경학적 크레틴병 환자(neurological cretin)' 로 정신장애와 함께 심각한 운동신경세포 장애를 겪고 있으며, 귀머거리에 벙어리인 경우가 많다. 둘째는 '점액수종성(粘液水腫性) 크레틴병 환자(myxedematous cretin)' 로 심각한 성장부진에 피부가 건조하고 속눈썹과 눈썹이 없으며, 성적 발달이 매우 더디다. 점액수종성 크레틴병의 가장 심각한 증상은 성장과 성적 발달이 9세 수준에서 멈추는 경우로, 북부 콩고에서 이런 사람들이 발견되었다. 이 크레틴병 환자들의 나이는 20대 정도인 듯하지만, 유방이나 음모, 월경이나 사정과 같은 성적 발달의 징후가 전혀 보이지 않으며, 키도 100센티미터 정도에 불과하다. 이것은 극단적인 경우이다. 이에 비하면 타론 족의 크레틴병은 정도가 훨씬 약하다고 볼 수 있다.

크레틴병(cretinism)은 세계적으로 발병률이 높다. 1810년 나폴레옹 보나파르트의 명에 따라 프랑스 과학자들이 스위스 남부 발레 주의 주민 7만 명을 조사한 결과 크레틴병 환자가 4000명이나 되었다. 장소적인 배경에 유념할 필요가 있다. 타론 계곡은 히말라야 산맥의 산자락에 있으며, 발레 주 역시 알프스를 등지고 있다. 스위스에서는 1940년대 이후 크레틴병 환자가 한 명도 발생하지 않았지만, 안데스 산맥, 아틀라스 산맥, 뉴기니의 고산지역, 히말라야 산맥 등 세계의 거대 산맥들 주변은 여전히 크레틴병의 발병률이 높다. 이런 지역들은 토양 속에 요오드 함량이 부족하다는 공통점을 가지고 있다. 사람이든 동물이든 음식 섭취를 통해서만 요오드를 얻을 수 있다. 그러나 빗물이나 빙하작용 때문에 토양 속의 요오드가 용해되어버려 식물이 이를 전혀 흡수하지 못하는 지역이 많고 고산지역일수록 이런 현상이 심하다. 크레틴병은 식단 속의 요오드 함량이 극도로 적을 때 발생한다. 세계적으로 요오드 결핍증의 위험을 가진 인구는 거의 10억 명에 이르며, 크레틴병 환자도 600만 명이나 된다.

몽블랑에서 남동쪽으로 10킬로미터 떨어진 아오스타의 고딕식 성당의 성가대석에는 크레틴병 환자들의 모습이 새겨져 있다. 다른 지역의 성당들이 신화적 요소나 기형적인 피조물을 이용했듯이 이 조각들 역시 15세기의 신도들에게 영원한 지옥의 고통을 상기시키려는 의도를 가지고 있었다. 이 크레틴병 환자들은 이상한 모습을 하고 있다. 목은 기형적으로 불룩하게 부풀어 있고 어떤 사람은 두 손으로 감싸 쥐어야 할 정도로 커다란 두 개의 혹덩어리가 매달려 있다. 아오스타 성당이 지어지고 100년 정도가 지난 뒤 셰익스피어는 『템페스트』 3막 3장에서 이렇게 적는다. "우리가 어렸을 때, 들소처럼 턱에 가죽이 늘어져 고기

주머니 같은 산사람이 있으리라고 아무도 믿지 않았다."

아오스타 성당의 크레틴병 환자들이나 셰익스피어 희곡의 산사람들의 병명은 갑상선종(goiter)이었다. 갑상선종은 빗장뼈 바로 위에 있는 갑상선이 비대해져서 목 부분에 종창이 돌출되는 형상을 보이는 질환이다. 크레틴병과 마찬가지로 갑상선종도 요오드 결핍이 원인이다. 갑상선은 1611년에 처음 발견되었는데, 당시에는 목을 받쳐주는 기관의 일종이며 목선을 아름답게 해주는 미적인 기능만을 한다고 여겨졌다. 그러나 실제로 갑상선은 티록신이라는 호르몬을 생성하고 분비한다. 갑상선이 티록신을 생성하려면 요오드가 필요하고, 요오드를 섭취하지 못하면 갑상선은 질서를 유지하기 위해 비대해지는 극단적인 방법을 택한다. 그 결과 처음에는 목이 부풀어 오르다 비대해지고, 결국 평생동안 요오드를 제대로 섭취하지 못한 노인들의 경우 턱 바로 밑에서 가슴에 이르는 거대한 조직 덩어리가 생겨나게 된다. 이 조직 덩어리 안에는 무수한 갑상선 결절이 들어 있는데, 어떤 결절은 증식 중이고 어떤 결절은 죽는 중이지만 전체적으로는 갑상선호르몬 생성과 분비에 사용된다. 영국에서는 이 조직 덩어리를 가리켜 '더비셔 목(Derbyshire neck)' 이라고 한다.

갑상선종은 보통 임신부에게는 매우 중요한 역할을 한다. 비단백질 호르몬인 티록신은 태아와 성장기 아동들의 뼈세포 분열을 촉진해주기 때문이다. 또한 성장판으로 이동해서 부풀어 오르다가 뼈 형성 전에 죽어버리는 세포들의 수를 조절해주는 역할도 갑상선종이 맡는다. 태아는 모체로부터 필요한 티록신을 공급받지만, 충분치 못할 경우 선천성 크레틴병을 가지고 태어난다. 아동기의 요오드 섭취 부족도 크레틴병을 유발할 수 있다. 또한 크레틴병은 드물긴 하지만 유전자 질환이 될 수도 있다. 티록신의 생성과 저장, 체내 수송, 수용체의 정착 능력을 방해하는 돌연변이가 여러 가지 있는 것으로 밝혀졌다.

단순한 갑상선 기능부전보다 훨씬 심각한 기형을 야기하는 돌연변이도 있다. 이 돌연변이는 뇌하수체에 영향을 미친다. 뇌하수체에서 만들어지는 여섯 가지 호르몬 중 하나는 갑상선을 통제한다. 이것을 갑상선자극호르몬(thyrotropin)이라고 하며, 갑상선이 요오드를 흡수하는 방식과 갑상선호르몬의 생성 속도, 필요에 따른 갑상선의 수축과 이완 방식을 조절한다. 뇌하수체는 갑상선을 체크하고 균형을 유지해주며, 갑상선종은 이런 작용에 대한 증거이다. 뇌하수체는 체내를 순환하는 갑상선호르몬(티록신)의 수치를 살펴보다가 부족하다고 판단되면 갑상선자극호르몬을 생성하여 갑상선의 기능을 촉진한다. 이것이 극단적인 수준에 이르면 갑상선종이 발생하게 된다. 결국 뇌하수체에 문제가 있는 아이들은 성장호르몬 부족으로 체구가 작아지고, 티록신 부족으로 크레틴병에 걸리게 된다.

그러나 세계적으로 크레틴병 발병 이유는 대부분 요오드 섭취가 부족하기 때문이다. 크레틴병 환자가 600만 명이라는 것은 슬픈 일이지만, 이 질환의 치유나 예방은 매우 간단하며 비용도 거의 들지 않는다. 요오드가 첨가된 소금을 섭취하기만 하면 되는 것이다. 20세기 초에 요오드 첨가 소금의 유통이 법제화된 이후 유럽에서는 30년 만에 크레틴병과 갑상선종이 자취를 감추었으며, 현재는 역사책에서나 이 질병을 찾아볼 수 있다. 실제로 오늘날의 선진국에서 요오드 결핍증은 잊힌 지 오래이며, 의학계나 과학계를 제외하면 '크레틴'이라는 용어는 대부분 상대방을 '백치'*라고 모욕할 때에만 사용된다. 또한 점잖은 대화를 나눌 때에도 다른 모욕적인 표현들 대신에 '크레틴'이라는 단어가 자주 사용된다. 크레틴이라는 단어의 원래 뜻을 밝혀주는 사람은 아무도 없다. 버마 북부의 타론 족은 크레틴병 환자들일까? 그들의 왜소증은 인

* cretin은 영어로 백치라는 뜻도 가지고 있다.

간 유전자의 다양성이라는 거대하고 훌륭한 태피스트리의 한 부분일까? 아니면 고산지대의 빈곤함이 낳은 피해자에 불과할까? 이라와디 강 북부의 험준한 계곡에 키 작은 부족이 더 이상 존재하지 않는다는 소식을 듣게 된다면, 우리는 기뻐해야 할까 아니면 아쉬워해야 할까?

칼이여 만세

거의 1500여 년 전 아리스토텔레스는 에게 해의 외딴섬에서 학문을 연구하는 동안 평범하지만 훌륭하면서도 냉정한 관찰을 했다. 그는 이렇게 적었다. "모든 동물들은 어렸을 때 절단 수술을 받으면 수술받지 않은 동물보다 체격도 크고 외모도 훌륭해진다. 그러나 성인이 되어 절단 수술을 받으면 몸집은 커지지 않는다…… 일반적으로 절단 수술을 받은 동물들이 그렇지 않은 경우보다 더 많이 자란다."

아리스토텔레스가 말한 '절단 수술'은 거세(castration)를 의미한다. 그의 생각 자체는 그다지 놀라울 것이 없는데, 오늘날과 마찬가지로 4세기 그리스에 살았던 농부들도 거세를 받은 동물들이 더 크다는 사실을 잘 알고 있었다. 그러나 아리스토텔레스가 훌륭한 이유는 이 생각을 글로 옮겨 적었기 때문이다. 그는 여러 농가의 헛간을 둘러본 다음 거세한 숫양이나 수말, 수탉들이 그렇지 않은 놈들보다 몸집이 크다는 사실을 알아냈고, 이를 토대로 오늘날까지도 이어지는 과학적인 일반론을 도출했다. 아리스토텔레스의 이론이 냉정하다고 말한 이유는 이때의 거세 대상이 바로 인간을 의미하기 때문이다.

사춘기 전에 거세를 당한 소년들은 비정상적일 정도로 크게 자란다. 이해가 안 될 수도 있지만, 지중해 전역에서 뽑혀온 노예가 도시 전역에 널려 있고 이 중 다수가 거세를 당했던 4세기 아테네에서는 이런 사

카스트라토. 헨델의 오페라 〈로델린다〉 중에서 플라비오의 아리아를 부르는 세네시노, 1723년경 런던. 윌리엄 호가스의 작품.

실은 상식이었을지도 모른다. 또한 화려함의 극치를 이루었던 18세기 이탈리아에서도 널리 알려진 사실이었을 것이다. 당시 라 스칼라와 같은 유럽 굴지의 오페라 극장의 제왕들은 지금과 달리 테너 가수가 아니라 카스트라토(castrato)였다. 넓은 음역과 가창력, 음색을 갖춘 몇몇 카스트라토들은 부와 명예와 권세를 동시에 움켜쥐었다. 파리넬리는 에스파냐의 필리페 5세를 위해 공연을 하고 카바예로*라는 작위를 받았다. 카파렐리는 공작이 되어 나폴리에 자신의 궁전을 세웠다. 도메니코 무스타파는 교황이 주는 기사 작위를 받고 로마 교황청 성가대의 상임이사가 되었다. 로시니나 몬테베르디, 헨델, 글루크, 모차르트, 마이어베어가 그들을 위해 곡을 지었다. 카스트라토들이 아리아를 부르면 관

* Caballero, 영국의 '젠틀맨'에 해당.

중은 '에비바 일 콜텔로'*를 외쳐대며 졸도해서 의자에 털썩 주저앉기까지 했다.

이탈리아 카스트라토들의 신장 측정 기록이 전혀 없기 때문에 그들이 정확히 얼마나 컸는지는 알 도리가 없다. 그러나 수많은 그림이나 일화를 보면 일반인들보다 훨씬 컸으며, 외모도 다소 이상한 편이었음을 알 수 있다. 윌리엄 호가스**의 동판화에는 헨델의 아리아를 부르는 카스트라토가 등장한다. 벨칸토 창법을 구사하며 입을 조금 벌리고 팔을 허리에 대고 있는 이 성악가는 관중들보다 키가 훨씬 크다. 이 그림의 카스트라토는 아름다움과는 거리가 멀지만 카스트라토들은 실제로 흉측한 모습보다 더한 대가를 치러야 했다. 잔인하고 야만적인 수술은 물론이고 결혼을 할 수도, 아이를 낳을 수도 없었다. 나이가 들면 골다공증으로 등이 굽으며, 대개 나이든 여성들한테서 나타나는 척추후만증(脊椎後彎症, kyphosis)을 심하게 앓는 경우도 빈번했다. 또한 많은 카스트라토들이 여성들처럼 불룩하고 밑으로 처진 앞가슴을 가지고 있었다. 대머리나 전립선암 환자는 한 명도 없었지만, 그들의 희생에 비하면 보잘것없는 보상이었다. 18세기 이탈리아에서는 천상의 목소리를 얻기 위해 매해 4000여 명의 아이들이 고환을 잘라냈다. 그러나 이런 가혹한 희생에 합당한 부귀영화를 얻는 이는 극소수에 불과했다.

카스트라토들은 왜 그렇게 키가 컸을까? 1920년 교황 피우스 10세에 의해 이탈리아에서는 카스트라토를 만들기 위한 거세가 전면 금지되었고, 바티칸 최후의 카스트라토였던 알레산드로 모레스키는 1922년 사망했다. 그러나 오페라 가수가 아니더라도 소년 시절에 거세를 당한 남자들 수백 명이 20세기 말까지 생존했는데, 바로 궁정 환관들이다. 중

---

* Eviva il coltello, '칼이여 만세' 라는 뜻을 가지고 있으며, 관중들은 카스트라토들이 받은 거세 수술을 찬미하기 위해 이런 환호성을 올렸다.

** 1697~1764, 18세기 영국의 풍속화가.

국의 마지막 황실인 청조 말에 북경의 자금성에는 거의 2000명의 환관이 일하고 있었다. 중국 황실 최후의 환관인 순야오팅은 1996년에 세상을 떠났으며, 오랫동안 항아리에 소중하게 보관되어 있었던 그의 고환도 같이 묻혔다. 이스탄불의 토카피 궁에서는 1924년 술탄이 폐위됐을 때 남아 있던 환관의 수가 200명에 불과했지만, 오스만 제국이 광대한 영토를 다스렸을 때에는 제국 곳곳에 더 많은 환관들이 있었을 것이다. 1920년대에 이스탄불의 환관 몇 명을 조사한 독일의 의사들은 매우 기이한 사실을 발견했다. 로마에서 비잔틴, 오스만 제국으로 이어지면서 많은 주민들을 섬겨온 환관의 최후 세대인 이 노인들은 청소년기의 뼈를 가지고 있었던 것이다.

아동기에서 청소년 말기로 접어들면 뼈 성장을 촉진하는 세포를 만드는 성장판이 조금씩 닫히고, 이런 과정에서 성장도 완전히 멈춘다. X선 촬영을 하면 이 과정이 얼마나 진행됐는지를 알 수 있으며, 이를 이용해 아이의 '뼈 나이(bone age)'도 판정할 수 있다. 8세 아동의 경우 긴뼈 끝에 있는 성장판이 넓게 벌어져 있지만 14세 아이의 성장판은 이보다는 좁으며, 18세가 되면 완전히는 아니어도 거의 대부분 닫혀 있다. X선 촬영 결과 이스탄불 환관들의 성장판이 닫혀 있지 않다는 것이 드러났다. 그렇다면 고환을 제거했기에 성장이 멈추지 않았다는 다소 놀라운 결론이 도출된다.

고환은 성을 조절하는 호르몬 분비의 원천일 뿐 아니라, 청소년 후기에 뼈에게 성장판을 닫아 성장을 멈추라고 지시하는 호르몬의 원천이기도 하다. 1994년 신시내티의 한 의사가 전형적인 유환관증상(類宦官症狀)을 보이는 성인 남성을 진단하면서 이 호르몬의 성격이 확실하게 밝혀졌다. 유환관증상이란 고환 두 개가 완벽하게 정상이고 건강한데도 불구하고, 사지가 기형적으로 길게 자라는 것을 의미한다. 28세의 이 남성은 204센티미터로 키가 상당히 컸지만 그것만으로는 별로 놀라울 것이 없었다. 문제는 16세에 운전면허증을 발급받았을 때 키가 178센티미터에 불과했다는 사실이다. 그 후 12년 동안 26센티미터나 자랐다는 의미가 된다. 그의 성장 단계를 추적한 결과 놀랄 만한 분자적 결함이 발견되었다. 바로 에스트로겐 수용체의 돌연변이였다.

일반적으로 에스트로겐은 에스트라디올이나 에스트론 등 중요한 여성 호르몬을 총칭하는 의미로 사용된다. 에스트로겐은 유방이나 월경주기, 임신, 폐경기와 관련된 호르몬이다. 그러나 남성 역시 에스트로겐을 대량으로 생성하고 분비하며, 남성 호르몬인 테스토스테론도 에스트로겐에서 만들어진다. 남성의 에스트로겐이 모두 테스토스테론으로 전환되는 것은 아니며, 일부는 그대로 남아 뼈 성장을 중단시킬 때 중요한 역할을 담당한다. 몇 년 전 일본과 뉴욕에서 한 명씩 효소 부족으로 에스트로겐을 생성하지 못하는 두 남자가 발견되었다. 두 사람 모두 20대인데도 불구하고 빠른 성장을 보였다. 이와 달리 에스트로겐 과다인 아이들의 경우 사춘기가 매우 빨리 찾아온다. 그들은 사춘기의 급성장이 빨리 찾아오지만 금방 멈추며 평생 동안 작은 키를 유지한다.

그러나 에스트로겐 외에도 성장에 제동을 거는 물질이 있는 것으로 여겨진다. 고환에서 나오는 에스트로겐은 청소년의 뼈에게 성장판을 봉인해서 성장을 멈추라고 지시하지만, 에스트로겐이나 에스트로겐 수용체가 없다고 일생 동안 해마다 2.5센티미터씩 키가 자라지는 않는다. 이스탄불의 하렘이나 청나라 황실의 업무를 관장했던 환관들이나, 라스칼라 극장의 무대에 군림했던 카스트라토들은 키가 매우 컸을지도 모르지만 9피트의 거인은 아니었다. 아마도 사춘기 이후 혈액 속의 IGF-1(유사인슐린 성장인자-1)이 감소하면서 몸 전체의 세포 분열 속도가 총체적으로 둔화되었던 것 같다.

정상적인 신체 크기에 대하여

성장호르몬과 IGF-1은 매우 강력한 성장촉진 호르몬이다. 아이가 정상적인 크기로 자라려면 두 호르몬이 지속적으로 계속 억제되어야 한다. 그렇지 않으면 성장에 브레이크가 걸리지 않고 조화와 균형이 깨져 걷잡을 수 없이 성장하거나 암이 생긴다.

신체에서 계속해서 세포를 증식시키려는 성격을 가진 IGF-1에 제동을 거는 단백질을 PTEN(종양억제 유전자)이라고 한다. 한쪽 부모로부터 결함이 있는 PTEN 유전자를 물려받은 아기들은 처음에는 잘못된 것이 있다는 표시가 거의 없으며, 기껏해야 두개골이 정상아보다 약간 클 뿐이다. 그러나 성장 단계에서 결함이 있는 PTEN 유전자가 제2의 복사 과정을 겪으면서 몇 개의 세포에서 돌연변이가 발생할 때 문제가 생긴다. 이 세포들과 여기에서 분열된 세포들은 PTEN 단백질 부족 때문에 세포 분열에 제동이 걸리지 않게 되고, 그 결과 구강의 점막벽과 결장 하부, 가슴, 난소, 갑상선을 비롯해 심지어 모낭(毛囊)에 이르기까지 몸 전체에 종양이 우후죽순으로 발생한다.

이런 종양은 사망률이 매우 높다. 배아일 때 결함이 있는 PTEN 유전자를 복사하는 것이 훨씬 위험하고 끔찍한 결과를 불러올 수 있다. 제2의 PTEN 돌연변이가 아동기가 아닌 배아 형성기의 초기 세포에서 발현될 경우 이 아기는 심하면 몸의 거의 절반이 PTEN이 완전히 없는 상태로 태어난다. 그 결과 PTEN이 결핍된 부분들은 난공불락과도 같은 하나의 거대한 종양체로 발전한다. 아이는 자라면서 거대한 하나의 종양체가 되어버린다.

이런 증상을 그리스 신화에 나오는 변신의 신 프로테우스의 이름을 따서 프로테우스 증후군(Proteus syndrome)이라고 한다. 잠깐 오비디우스의 시를 살펴보자. “어떤 이들은 무한한 변신의 재주를 가지고 있

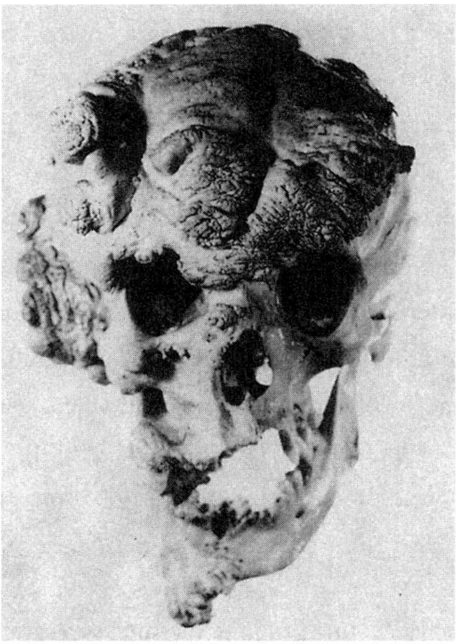

프로테우스 증후군. 제임스 메릭(1862~1890).

다/바다의 신 프로테우스처럼/그들은 때로는 젊은이로, 때로는 사자로/때로는 접근하기도 두려운 뱀 인간으로 변신한다/때로는 흥분한 멧돼지로 변신하는가 하면, 날카로운 뿔을 가진 황소로 돌변하기도 한다." 그는 다른 글에서 이 바다의 신을 '불가해한' 신이라고 말하기도 한다. 프로테우스 증후군은 매우 드물며 전 세계적으로 60명 정도의 환자가 있다고 알려져 있다. 프로테우스 증후군에 걸린 아이는 출생 시에는 거의 정상처럼 보이지만, 나이가 들면서 뼈와 결합조직이 우후죽순으로 성장하면서 이것들이 신체 한쪽으로 불거져 나와 얼굴과 사지가 계속 기형적으로 일그러진다. 심하게 주름지고 오그라져 있기 때문에 피부 면적이 상당히 넓은데 발바닥에서 가장 심각하게 나타나며, 대부분은 5세 이전에 사망한다. 프로테우스 증후군 환자들은 좌우 대뇌반구의 불균형에서 비롯한 신경세포 발작 때문에 사망하기도 하고, 너무 크게 자란 갈비뼈 때문에 호흡 곤란으로 사망하기도 한다. 또는 신체의 상당 부분을 덮고 있는 종양 중 하나가 악성으로 발전하면서 사망하기도 한다. 1890년 28세의 나이로 사망했으며 '코끼리 인간'이라는 별명을 가지고 있던 제임스 메릭(James Merrick)도 프로테우스 증후군이었던 것으로 보인다. 이 진단이 맞다면 그가 28세까지 산 것 자체가 기적에 가까운 일이다.

개들에게서도 성장과 암의 유착관계가 뚜렷하게 나타난다. 그레이트데인 종(種)의 강아지들은 치와와 강아지들에 비해 혈류 속의 IGF 농도가 훨씬 높으며, 성장 속도도 8~10배 정도 빠르다. 그러나 이런 빠른 성장 속도에는 대가가 따른다. 그레이트데인, 뉴펀들랜드, 세인트버나드를 비롯한 여러 대형견은 소형견에 비해 뼈에 생기는 악성종양인 골육종(骨肉腫, osteosarcoma) 위험인자를 80배 더 많이 가지고 있다. 골육종은 대개 한쪽 다리에서 시작되며, 암에 걸린 다리를 절제해야 종양이 번지는 것을 막을 수 있다.

골육종은 아이들에게서도 발병률이 가장 높은 암에 속한다. 개와 마찬가지로 아이들의 골육종 역시 다리뼈에서 시작되며 사춘기의 급성장 때 성장판의 세포 분열이 왕성하게 벌어지는 시기에 온몸으로 번지게 된다. 헌터 박물관에는 찰스 번의 골격과 그리 멀지 않은 위치에 진행성 골육종(advanced osteosarcoma)으로 사망한 아이의 흉곽과 후두(larynx)가 전시되어 있다. 이 섬뜩한 표본을 더욱 섬뜩하게 하는 것은 이것들을 덮고 있는 석탄 덩어리처럼 딱딱한 회색의 결절들이다. 이 결절들은 2차적인 종양(secondary tumor)으로, 원래는 뼈를 생성하는 세포 덩어리였지만 다리에서 생긴 원발성 종양(primary tumor)에서 전이된 것들이다. 헌터 박사는 이 원발성 종양을 제거해서 치료를 시도해봤지만 실패였다. 개와 마찬가지로 아이들 역시 나이에 비해 키가 크면 골육종에 걸릴 위험이 높다. 골육종에 걸린 아이들을 조사한 결과 50퍼센트 이상이 같은 연령대의 신장에서 상위 25퍼센트에 속하는 것으로 나타났다.

대형견이나 키가 큰 아이들은 소형견이나 키가 작은 아이들보다 세포수가 많기 때문에 암에 걸릴 확률이 높다고 생각할 수도 있다. 그러나 대형견이나 장신의 아이들은 단순히 몸집이 커서가 아니라 성장호르몬이나 IGF 수치가 상대적으로 높기 때문에 더 위험하다고 보는 것이 옳다. 찰스 번은 어린 시절부터 뇌하수체 종양을 앓아왔지만 이 종양이 성인기에 나타나기도 한다. 찰스 번의 경우와 마찬가지로 성인기에 걸리는 뇌하수체 종양도 성장호르몬을 과도하게 생성하지만, 긴뼈의 성장판이 이미 닫힌 상태이기 때문에 비정상적으로 키가 자라지는 않는다. 그 대신에 턱뼈와 손과 발의 뼈만 계속 자라는 '말단비대증(acromegaly)' 이 나타난다. 성인이 뇌하수체 종양에 걸렸을 때 나타나는 첫 번째 징후는 신발 사이즈가 계속 커지는 것이다. 뇌하수체 종양은 그 자체로도 위험한 편이고 흉측한 모습을 야기하기도 하지만, 결장암과 유방암, 혈액암(백혈병)의 발병률을 높이는 간접적인 원인이 되기도 한다. 이런 암들은 양성 종양인 뇌하수체 종양에서 전이되어서가 아니라, 그것이 하는 일 때문에 발생한다. 다시 말해 뇌하수체 종양이 성장호르몬과 IGF 계통을 자극하기 때문이다.

성장호르몬과 IGF 수치가 높아지면 암 발생률이 높아지는 이유를 정확히 알 수는 없지만, IGF가 병든 세포의 죽음을 막는다고 가정해볼 수 있다. 발암성 돌연변이(carcinogenic mutation)에 걸릴 확률이 높은 세포들은 대부분 자살을 택한다. 그러나 IGF는 세포들의 이런 이타적인 행동을 막기 때문에 말단비대증 환자나 대형견, 키가 큰 아이들이 상대적으로 암에 걸리기 쉽다. 그러나 실제로 골육종의 발병 확률은 그다지 높지 않은 편이다. 부모들을 슬픔으로 몰아넣는 아이들의 여러 질병 중에서 소아암은 가장 낮은 비중을 차지한다. 골육종은 치명적이고 사망률이 높지만 세계적으로 희귀병이며, 발병률은 아동 30만 명당 1명에 불과하다. 따라서 자녀의 키가 비정상적으로 크다고 걱정할 필요는 없다. 그러나 대형견은 다르다.

대형견에게 닥친 비극은 여기서 그치지 않는다. 애완동물의 주인들은 애완동물 건강보험에 드는데, 이 듬직한 친구들이 나이 들어 심장우회수술을 해줄 때 파산하지 않기 위해서다. 보상금 지불의 위험을 최소화하기 위해 보험사들은 고객(물론 보험료를 납입하는 주인이 아니라 개들을 말함)의 건강과 사망률에 대한 방대한 데이터베이스를 구축했고, 그 결과 골육종과는 상관없이 대형견이 소형견보다 노화가 훨씬 빨리 온다는 사실이 밝혀졌다. 그레이트데인, 세인트버나드, 뉴펀들랜드 종들의 평균 수명은 4~5년에 불과하지만, 치와와나 토이푸들은 14~15년 이상이다. 지구상에는 약 400종의 개가 있으며, 개의 체중이 1킬로그램 증가할 때마다 수명이 18일씩 단축되는 셈이다.

이것만으로는 크기가 클수록 건강하지 못하다고 생각할 수 있지만 이는 단순한 상관 관계에 불과하다. 개의 종을 구분짓는 방법은 여러 가지이기 때문에 체구의 차이를 가지고 수명을 단정할 수는 없다. 1만여 년 동안 개들의 교배는 인공 수정이 아니라 자연적인 교미를 통한 실험이었다. 그러나 이것은 전혀 실험이라고 볼 수 없는데, 인위적인 유전자 조작이 없기 때문이다. 다행히도 오늘날에는 진정한 실험이 가능하며, 이로 인해 태어난 산물이 난쟁이 쥐와 거인 쥐다. 성장호르몬 부족으로 작게 태어난 돌연변이 쥐들은 정상 크기의 쥐들보다 수명이 40퍼센트 정도 길다. 반대로 유전자 조작으로 몸집이 큰 쥐들은 노화도 빠르며 일찍 죽는다. 어째서 신체 크기와 노화 사이에 반비례 관계가 성립하는지는 알 수 없지만, 대다수의 포유류에서 이런 반비례 관계가 존재하는 것 같다.

나는 이러한 발견에 매혹되었다. 쥐와 개들에 이런 반비례 관계가 존재한다면 인간도 마찬가지가 아닐까? 작은 사람들이 키가 큰 사람들보다 장수할 수 있는 유전적인 여건을 가지고 있지 않을까? 몇몇 과학자들은 이런 생각에 동의한다. 그들은 아드리아 해의 크루크 섬에 사는 한 일가가 뇌하수체에 결함이 있지만(왜소증과 크레틴병을 동시에 가지고 있음에도) 크로아티아인들의 평균 수명보다 오래 사는 것 같다고 지적한다. 또한 미국 최단신 야구선수들은 키가 큰 선수들보다 8년 정도 장수한다는 연구 자료도 있다. 위의 연구들은 샘플 범위가 매우 협소하다. 그런데 노르웨이와 핀란드, 영국에서 전국적으로 수행한 통계조사는 위와는 정반대의 결과를 일관적으로 보여준다. 놀랄 만한 결과는 아니다. 사회경제학적 요인들이 한 나라 국민들의 신장과 건강에 지대한 영향을 미치기 때문이다.

빈곤은 작은 키는 물론이고 이 세상에 알려진 거의 모든 질병의 발병 위험을 높인다. 키가 큰 유전자를 가지고 있어도 빈곤한 국가의 국민들은 전반적으로 키가 작은 편이다. 그렇다면 가난한 사람들은 항상 키가 작을까? 그렇지는 않다. 네덜란드 청년들의 평균키는 184센티미터다. 그들은 세계에서 가장 키가 큰 국민들로, 딩카 족의 염소지기들이나 마사이 족의 모라니들보다 훨씬 크다. 현재도 그들의 평균키는 점점 커지고 있으며, 2012년에는 성인 남성의 평균 신장은 186센티미터, 성인 여성의 평균 신장은 172센티미터가 될 것으로 보인다. 최근에는 여러 단체의 행동가들이 네덜란드 정부에게 건축법에 명기된 건물 천장의 높이를 2센티미터 높여야 한다고 설득한 일도 있었다.

네덜란드 국민들의 신장이 이렇게 큰 이유는 북부 유럽에 위치해 있으며 낙농업이 발달해 있다는 사실도 한몫한다. 북쪽 사람들이 남쪽 사람들보다 유전적으로 키가 큰 편이다. 네덜란드는 남쪽에 인접한 벨기에 사람들보다 평균 신장이 크고, 벨기에 국민들은 남쪽의 프랑스 사람들보다 큰 편이다. 또한 네덜란드의 아이들은 어렸을 때부터 동물성 단백질을 다량 섭취한다. 이 단백질은 네덜란드 특유의 목가적 분위기나 아름다운 전원 풍경을 더해주는 젖소에서 나오는 것이다. 그러나 네덜란드의 지리학적인 특수성만 가지고 이 나라의 대학 캠퍼스에 금발의 거인들이 그토록 많은 이유를 설명할 수는 없다. 네덜란드에서는 납세자들의 지갑을 헐겁게 할 정도로 우수하고 효율적이며 평등한 의료 시스템이 완전히 자리를 잡았고, 이것이 젊은 세대들의 전반적인 신장 증가에 기여했다. 가장 놀라운 점은 네덜란드에서는 아이들의 사회경제적인 배경을 판단할 때 신장은 더 이상 아무런 근거가 되지 못한다는 사실이다. 수십 년 동안 일궈온 사회 보장 덕분에 수천 년 동안 존재했던 빈부격차로 인한 신장의 차이가 완전히 사라졌다. 평등의 정신이 신체에까지 이른 결과였다.

그러나 대다수의 국가에서는 그렇지 않다. 전 세계적으로 선진국 사람들은 키가 크고 빈곤국 사람들은 키가 작은 편이지만, 영국 젊은이들의 평균 신장은 176센티미터로 네덜란드보다 8센티미터나 작다. 또한 영국은 북부 사람들이 남부 사람들보다 크다는 법칙에서도 벗어난다. 네덜란드 사람들은 프랑스 사람들보다 키가 크고, 쓰촨성의 농부들은 광둥성 사람들보다 키가 크다. 그러나 요크셔 남성의 평균키는 남부에 위치한 에식스 사람들보다 작은 편이며, 스코틀랜드 남성들은 이보다 훨씬 작다. 켈트 족과 색슨 족의 유전자 차이로 인해 신장이 다르다고 생각할 수도 있다. 하지만 공중보건 전문가들은 영국 북부의 상대적인 빈곤이 원인이라고 지적한다. 특히 황폐한 상태로 남아 있는 글래스고에서는 심할 경우 5킬로미터를 돌아다녀도 양배추 하나 사지 못하는 경우도 있다.

영국 북부의 빈곤과 작은 신장은 하루이틀의 문제가 아니다. 150여 년 전에 사회개혁가인 에드윈 채드윅 경이 면직공장에서 일하는 아이들의 근무 여건을 조사하면서, 영국에서는 리즈와 맨체스터를 시작으로 북부 도시 아동들의 발육 상태에 대한 심도 있는 조사가 이루어졌다. 당시 공장에서 일하던 아이들의 평균 신장은 오늘날보다 많이 작았다. 같은 나이인 경우에 오늘날의 최하위 3퍼센트보다도 더 작았다. 공장 노동자의 이런 차이는 계속 이어져서, 당시 18세 공장 노동자의 평균 신장은 160센티미터에 불과했다. 1833년 채드윅이 조사 보고서를 발행하자 영국 의회는 9세 이하 아동의 고용을 금지하는 법안을 통과시켰다.

건강과 신장 사이에는 오래전부터 긍정적인 상호관계가 존재했기 때문에 키가 크면 남들보다 매력적으로 보이는 편이었다. 조지 워싱턴에서 조지 부시에 이르기까지 미국이 배출한 43명의 대통령 중에서 40명이 미국 남성의 평균 신장을 웃돈다. 제임스 매디슨은 164센티미터의 단신으로 유명했지만 그는 헌법제정회의 일원이었다. 대통령 후보들이 유권자들보다 키가 큰 이유는 부유하기 때문만은 아니다. 유권자들 역시 키가 큰 후보를 선호하며, 43명의 대통령 당선자 중에서 40명이 상대편 후보보다 키가 컸다. 나라나 문화를 불문하고 여성들 역시 평균적으로 자신들보다 5센티미터 이상 큰 남성을 선호한다. 지성을 가장 중요시할 것 같은 교수들 역시 예외가 아니다. 미국 대학 정교수들의 평균 신장은 조교수보다 약 1.8센티미터 정도 크며, 정교수들보다는 학장이 평균적으로 키가 크다. 키가 얼마나 됐으면 좋겠느냐는 질문을 받으면 미국 남성들은 (평균 신장을 가진 사람들조차) 너 나 할 것 없이 현재보다 키가 조금만 더 컸으면 좋겠다고 대답한다. 누가 그들을 탓할 수 있을까?

큰 키에 대한 선호는 한 가지 딜레마를 안겨주었다. 신장을 좌우하는 분자 구조에 대해 더 많이 알게 될수록 우리는 자기 자신과 자녀들의 키를 더 높일 수 있는 방법을 알게 될 것이다. 그러나 적당한 키란 어느 정도인가? 정상적으로 키가 큰 것과 병리학적으로 키가 큰 것을 흑백 논리로 구분할 수는 없다. 이것은 임상적인 확률이나 편리성에 따라 좌우되는 회색지대에 불과하다. 물론 작은 키가 여러 유전병이나 질환의 징후라는 사실을 부인할 수 없다. 그러나 유전적인 원인에서 비롯되었다 해도 작은 키가 항상 질병으로 이어지는 것은 아니다. 미국에서는 현재 키가 작은 아이들 3만 명이 성장을 촉진하기 위해 유전자 재조합형 성장호르몬 보조제를 투여받고 있다. 그들 대부분은 성장호르몬이 결핍되어 있기 때문에 상당히 적절한 치료법이라고 볼 수 있다. 그러나 이 아이들 중 1만 명은 '특발성 저신장증(idiopathic short stature)'을 가지고 있다. 다시 말해서 이런 아이들이 키가 작은 이유는 영양 부족이나 아동학대 때문이 아니며, 신체적으로 뚜렷한 결함이 있기 때문도 아니다. 한마디로 원인 불명이다. 그들이 성장호르몬을 투여받는 이유는 부모들이 아이가 더 자라기를 원하기 때문이다.

이 방법이 과연 옳은 것일까? 대형견이나 난쟁이 쥐에서도 나타나듯이 성장호르몬은 전혀 예측하지 못한 곳에서 인체에 부작용을 야기한다. 이런 점에서 볼 때, 의학적으로 합당한 이유가 없는 한, 아이들의 키를 인위적으로 조작하지 말아야 한다는 것은 지나친 급진론도 러다이트 운동* 같은 것도 아니다. 또한 성장호르몬만의 문제도 아니다. 키를 크게 하는 분자 장치에 대해 더 많은 것을 알게 될수록 이 지식을 직접 적용하고 싶은 욕심도 함께 자라날 것이다. 그러나 정상적인 키와 병리학적인 키의 경계선은 구분이 불분명한 데다가 유동적이고, 과학기술에 따라 변덕이 심하다. 그렇기 때문에 자연적인 흐름에 모든 것을 맡겨야 한다. 의학의 역사는 생물학적인 우연한 발견을 질병 치료로 연결한 것이라고 해도 과언이 아니다. 그렇다면 신장에도 이런 자연스러

* 1811~1817년 산업혁명으로 일자리를 잃은 영국 노동자들이 벌인 운동. 그들은 자신들의 실업 원인을 기계에 돌리고 기계를 파괴하는 운동을 전개했다.

운 연결이 발생하지 않을까? 큰 키가 인간이 바라는 모든 것과 밀접한 상호관계를 가지고 있고 미국 대통령 중에서 단신은 거의 없었을지라도, 이런 내용들이 특별히 흥미진진한 사실을 밝혀준 것은 아니다. 키가 작은 아이들에 대한 연구결과는 당연한 사실을 드러내주었다. 다시 말해, 아이가 행복하고 성공적인 삶을 살게 될 가능성에 영향을 미치는 요소는 여러 가지이며 키는 가장 사소한 역할만을 한다. 그보다는 아이의 지성과 건강, 부모로부터 받는 관심 어린 애정이 훨씬 중요하다. 아이를 벽에 세워놓고 얼마나 자랐는지를 눈금으로 표시할 때마다 부모들은 희비가 엇갈린다. 그러나 키보다 훨씬 중요한 요소가 많다는 사실을 유념해야 한다.

7

완전함에 대한 욕망과 열망 | 성에 대하여

잠에 빠진 헤르마프로디토스. 니콜라 푸생 사후 1693년에 발견.

1868년 2월 파리, 건물관리인은 자신이 관리하고 있는 방 중에서 한 곳에 들어갔다. 의과대학에서 마련해준 다락방에 불과한 어둡고 지저분한 이 방의 내부에는 침대 하나와 작은 테이블, 석탄 가스 난로와 함께 시신 한 구가 놓여 있었다. 청록색으로 변한 피부와 입가에 말라붙은 핏자국으로 미루어 볼 때 난로에서 새어나온 가스가 사망 원인인 듯 보였다. 시신의 신원은 아벨 바르뱅(Abel Barbin)이라는 29세의 청년이었다.

검시관도 사인을 자살로 판명할 것이 분명했고, 여기에는 의심의 여지가 전혀 없었다. 시체 공시소의 검시 보고서에는 단조롭게 사건이 나열되어 있지만, 아벨 바르뱅의 죽음은 그가 가난과 고독에 찌든 삶을 살기도 했거니와 30년 전 발생한 유전자 실수의 희생양이라는 점에서도 비극적인 사건이었다. 아벨 바르뱅이 태어나기 7개월 전인 1848년 4월 무렵 배아 내 어딘가에서 한 효소에 치명적인 실수를 야기한 돌연변이가 대단원의 막을 내린 것이었다. 치명적인 실수라고 말하는 이유는, 아벨 바르뱅이라고 불리게 되는 아기가 갓 태어나 엄마 품에 안겼을 때 모든 이들은 아들이 아니라 딸을 낳았다고 생각했기 때문이었다.

이 장에서는 성(sex)을 가르는 인체의 장치와, 이런 장치가 실패했을 때 어떤 일이 발생하는지를 살펴보기로 한다. 다시 말해 태아에서 남자가 될지 여자가 될지를 결정짓는 과정에 분자간의 결합이 약해진 순간에 생기는 실수에 대해 살펴본다. 이 실수는 해부학적 질환에서 시작해 욕망에 대한 질병으로 끝맺음하는 유전적 실수에 대한 것이다. "남자가 그 부모를 떠나서 아내와 합하여 그들이 한몸이 될지니라"(창세기 2장 24절). 이 말은 맞다. 그러나 이를 지킬 수 없는 사람도 있다. 성서의 계율은 개개인의 특징은 무시한 채 전체적인 관점만을 아우른다. 우리들 대부분은 자신이 남성인지 여성인지를 분명히 알고 있기에 이성과 몸을 합하는 것도 가능하다. 그러나 어떤 이들은 자신이 남성인지 여성인지를 모르기에 이성과 몸을 합할 수 없다. 인간은 성 구분의 실수를 용납하지 않는다.

훗날 아벨 바르뱅이 되는 여자 아이는 파리에서 남서쪽으로 400킬로미터 떨어진 샤랑트 해변에 위치한 생 장 당겔리라는 조용하고 한적한 마을에서 태어났다. 세례명은 에르퀼린 아델라이드 바르뱅(Herculine Adélaïde Barbin)이었지만, 그녀는 스스로를 알렉시나(Alexina)라고 불렀다. 일기에 따르면 그녀의 어린 시절은 행복했다. 최소한 어른이 되어 어린 시절을 회고하며 쓴 글에는 그렇게 쓰여 있다. 그리고 열두 살 때 사랑에 빠졌다.

> 나는 그녀에게 아낌없는 열정과 사랑과 헌신을 바쳤다.
>
> 나는 그녀의 노예였으며 은총과 신뢰를 갈구하는 강아지였다.
>
> 그녀가 나에게 몸을 숙여 애무하듯 부드러운 표정으로 길고 완벽한 모양의 속눈썹을 깜빡여주었을 때 나는 기쁨에 숨이 넘어가는 듯했다.

그녀가 열정을 바치는 대상은 귀족 가문의 여식으로 알렉시나보다 나이가 많았으며, 금발에 폐병 환자처럼 섬세한 아름다움과 파리한 안색을 가지고 있었다. 반대로 알렉시나는 검은 머리에 거무스름한 피부였으며 우아함과는 거리가 멀었다. 더욱이 그녀의 집안은 매우 가난했고 '오트 부르주아지(최상류층)' 나 귀족의 자녀들이 다니는 수녀원 부속학교가 베푸는 자선의 대상이었다. 그녀가 쓴 사랑의 언어들이 지나치게 감상적인 분위기를 풍기기는 하지만 당시가 낭만주의 시대였음을 감안해야 한다. 따라서 1850년대에 학생이던 프랑스 소녀가 달콤한 언어로 일기를 쓰면서 사랑하는 대상에게 한없는 찬미를 바치고 자신을 낮추며 기약 없는 사랑에 전율하거나(스탕달의 『연애론』을 생각해보라) 열정적인 우정에 빠지는 것은 전혀 이상한 일이 아니었다.

알렉시나는 우르술라회 수녀원의 촉망받는 모범생이었다. 한번은 밤중에 몰래 빠져나와 사랑하는 금발머리 친구의 방에 숨어들었다가 들키는 통에 그녀를 많이 아꼈던 수녀원장이 첫 영성체를 주지 않으려 한 적도 있었다. 그러나 이런 사사로운 잘못을 제외하면 그녀는 훌륭한 학생이었고, 17세가 되자 교사 훈련을 받기 위해 왕궁 근처의 마을에 가게 되었다. 그곳에서 또다시 열정적인 우정을 쌓게 되었고, 이번에는 성적인 분위기가 완연했다. 이 일 때문에 수녀들은 상당히 곤혹스러워했다.

> 가끔씩 내가 고개를 숙이고 테클라의 이마나 (심지어) 입에 키스하려 할 때 선생님이 나를 뚫어져라 쳐다보곤 했다. 한 시간짜리 수업 동안 그녀에게 스무 번이나 키스를 하였다. 그런 다음 정원 구석에서 앉아 있어야 하는 벌을 받았지만 언제나 반성의 기미를 내보이는 것은 아니었다.

또 한 가지 문제는 알렉시나가 생리를 시작하지 않은 것이다. 그녀는 부끄러웠기에 이런 사실을 살짝 내비쳤지만, 그것만으로도 의미를 잘 알 수 있다. 치료나 식이요법도 소용이 없었다. 외모 역시 여성다운 모습으로 발전하지 않았다. 급우들이 여성적인 몸매로 활짝 피어나는 동안 그녀는 여전히 밋밋하고 각진 몸매였다. 거기다 입술 위와 턱과 팔에 거뭇한 수염이 자라서 놀림을 피하려면 면도를 해야 했다. 학교생활도 힘들었다. 한번은 해변에 소풍을 간 적이 있었는데, 소녀들이 페티코트를 벗어던지고 물장구를 칠 때에도 알렉시나만은 옷을 벗지 못하고 '가슴이 미어지는 고통'에 몸부림치며 그들을 지켜봐야 했다. 소녀다운 환상이 깨지고 있었다.

다음해 1857년 알렉시나 바르뱅은 여학교에서 보조교사 자리를 얻었고, 자신을 파멸로 이끌게 될 사랑에 빠졌다. 그녀가 사랑한 사람은 알렉시나의 동료교사이며 학교 근처의 기숙사에서 머무는 사라라는 여성이었다. 순식간에 가까워진 두 사람의 우정은 어느덧 집착적인 애정으로 변했다. 사라는 혼자서 옷 입는 것도 금지되었다. 알렉시나만이 그녀의 끈을 동여줄 수 있었고, 그럴 때마다 벌거벗은 가슴에 키스 마크를 찍었다. 참나무 숲에서 한층 진한 키스가 이뤄졌고, 사라는 당황하면서도 이를 거부하지 않았다. 키스가 끝나면 알렉시나는 격정에 휩싸여 "당신의 남편 될 사람이 너무나도 부러워요"라고 외쳤다. 그러던 어느 날 밤, 알렉시나는 마침내 사라의 연인이 되었다. "이 글을 읽는 사람들이 적절한 판단을 내려주길 바란다. 아담의 모든 아들들이 가슴속에 가지고 있는 감정에 호소한다. 총체적인 실수로 인해 내가 태어나지 말았어야 할 세상에 태어났는데도 죄를 저지른다고 나를 탓할 수 있을까?"

그러나 알렉시나가 보복적인 사랑에 탐닉하는 동안, 여교사들이 동성애에 빠졌다는 소문이 학교 전체에 퍼졌다. 그녀의 건강 역시 악화되고 있었다. '이름을 알 수 없는 불가해한' 통증이 있었다. 정확히 적혀 있지 않지만 통증 부위는 아마도 샅(groin)이었을 것이다. 그녀를 진찰하러 온 의사는 자신이 발견한 사실에 충격을 금할 수 없었다('세상에! 이런 일이 가능한가?'). 의사는 교장에게 알렉시나를 멀리 보내라고 제안했지만 원인을 분명히 밝히지는 않았기에 아무 일도 일어나지 않았다. 그래서 사랑에 빠진 행복한 알렉시나는 학교에 계속 남았다. 그러나 죄의식에 시달린 그녀는 라로셸의 주교인 J.-F. 랑드리오에게 고해성사를 하였다. 사리에 밝은 노신부는 알렉시나의 이야기를 열심히 들은 뒤 '진정한 과학자'인 자신의 주치의와 상의하기 위해 고해성사의 비밀을 누설해도 되느냐고 물어보았다. 그리고 이때부터 알렉시나의 은밀하고 암시적인 일기장뿐 아니라 다른 곳에서도 그녀에 관한 글을 찾아볼 수 있게 되었다. 세스네(Chesnet) 박사는 이렇게 적었다.

> 알렉시나는 여성인가? 그녀는 음문과 대음순, 여성형 요도를 가지고 있지만, 이와는 별도로 구멍이 없는 음경으로 보이는 것도 가지고 있다. 이것은 기형적으로 발달한 음핵인 듯싶다. 또한 매우 짧고 좁긴 하지만 질도 가지고 있다. 어쨌든 간에 이것이 질이 아니라면 무엇이겠는가? 이런 것들은 여성만의 전유물이다. 그러나 알렉시나는 월경을 하지 않으며, 겉모습은 남자처럼 생겼고, 아무리 조사해도 자궁을 찾아낼 수 없었다. 또한 그녀는 여성에게 성적으로 이끌렸다. 밤에는 관능적인 흥분에 취하면 정액을 분출한다…… 결론적으로 말해서 갈라진 음낭에서 난형체(卵形體)와 정색(精索, spermatic cord)이 동시에 발견되었다.

세스네는 자신이 무엇을 발견했는지 잘 알고 있었다. 알렉시나는 자웅동체였던 것이다. 의학적으로는 자웅동체를 인정하는 편이지만 법률적·사회적으로는 그렇지 않았다. 남성인지 여성인지를 택해야 했으며 결정적 변수는 난형체였다. 17세기 이후, 성 정체성에 혼란이 있을 경우 생식샘성*을 중요한 변수로 여기는 것이 의학적 관행이었으며, 알렉시나는 고환을 가지고 있었다. 이런 관행은 지금까지도 이어진다. 현대 의학에서는 알렉시나와 같은 경우를 '남성형 가성반음양(male pseudohermaphrodite)'이라고 하는데, 그녀가 고환만을 가지고 있었기 때문이다('여성형 가성반음양female pseudohermaphrodite'은 난소만 가지고 있으며, '진성반음양true hermaphrodite'은 고환과 난소를 둘 다 가지고 있다'). 에르퀼린 아델라이드 바르뱅은 직장과 연인을 떠난 뒤 곧바로 법적으로 남성이 되어 아벨 바르뱅으로 이름을 고쳤다. 그의 등장은 사회 전반에 커다란 스캔들이 되었고, 언론의 집중공격을 견디지 못한 그는 파리로 도망쳐 익명으로 새로운 삶을 살고자 했다. 그리고 파리에서 보낸 몇 년의 세월을 끝으로 그의 일기는 끝난다. 그것은 그가 죽었을 때 침대 옆에서 발견되었다.

성기

아벨 바르뱅을 비롯해서 성 정체성에 혼란을 가진 많은 사람들을 이해하려면 남자와 여자를 가르는 것이 무엇인지부터 알아야 한다. 그럼에도 아벨 바르뱅의 경우는 가장 중요한 점만 간추려 생각해볼 수 있다. 이성이 아니라 동성과 사랑에 빠졌다는 사실, 몸에 깃든 성이 그의 욕망과는 전혀 맞지 않음을 깨달았다는 사실, 또는 그가 살았던 시대가 전혀 관용적이지 못했다는 사실 등 우리가 익히 알고 있는 내용들은 중요치 않다. 그에 관한 이야기에는 이런 사실보다 더욱 놀라운 면이 숨

* gonadal sex, 난소나 고환 같은 생식세포를 생산하는 선을 생식샘(gonad, 생식선)이라 하는데, 난소나 고환의 존재 여부에 따라 결정되는 성별을 생식샘성이라고 한다.

겨져 있다. 그것은 사회가 납득할 만한 방법으로 성에 이르는 길을 걷지 못한 신체에 대한 이야기이다. 그것은 근본적으로 성기에 대한 이야기이다.

남성과 여성의 신체를 논할 때면 우리는 어김없이 이성과의 일치점 다시 말해 상동성을 생각한다. 남성이건 여성이건 심장을 가지고 있기는 매한가지다. 그러나 이성간의 성기는 서로 다르다. 살이 복잡하게 뒤얽힌 남녀의 성기는 같은 기원에서 두 갈래로 발달된 것이 아니라 처음부터 완전히 따로따로 발전된 듯 보인다. 그럼에도 두 기관은 놀랄 정도로 완벽하게 합쳐질 수 있다. 배꼽 아래의 기관에 대한 우리의 일반적인 관심사는 일치가 아니라 차이이다.

그러나 해부학자들의 관심사는 다른 데 있다. 다양성을 연구할 때 그들은 전혀 어울릴 법하지 않은 구조를 하나의 범주로 묶기 위해 본능적으로 단순화시키고 단일화시킬 방법을 연구한다. 사실 이 책 여기저기에서 상동성에 관한 주제가 등장한다. 그러나 성에 대해서는 다른 관점에서 상동성을 찾아야 한다. 다시 말해 오랫동안 독립적으로 진화한 종들간이 아니라 이성간의 상동성에 관심을 가져야 한다. 파도바 대학 르네상스 해부학파의 창시자인 안드레아스 베살리우스(Andreas Vesalius)는 1543년 남녀 성기의 상동성에 대해 최초로 합리적인 설명을 제시하였다. 그는 난소는 남자의 고환에 해당한다고 주장했다. 또한 여성의 나팔관은 남성의 정관에, 자궁은 음낭에, 음문은 포피에, 질은 음경에 해당한다고 말했다. 베살리우스는 여성의 성기가 인체 내부에 있다는 것이 다를 뿐, 남성의 것과 똑같다고 생각했다. 이 이론은 상당히 그럴듯하게 여겨졌다. 이론의 논리성을 최대한 살리기 위해 그는 질과 자궁경부와 자궁을 반영구적으로 준(準)발기 상태에 있는 남성의 성기로 묘사했다.

성교육 책들은 남성과 여성의 생식계를 항상 자세히 묘사하며 기관

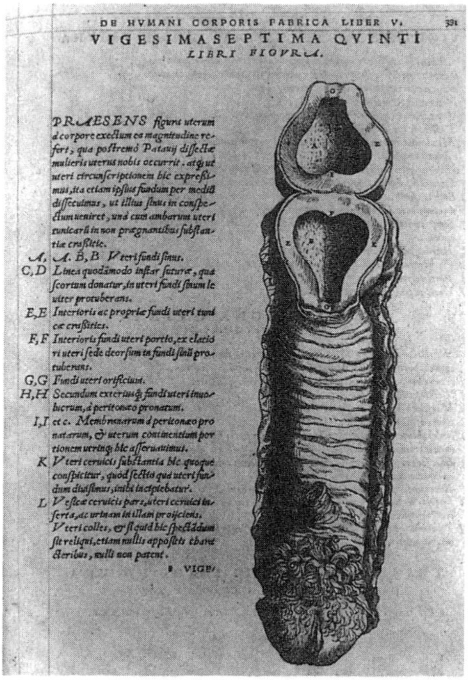

안드레아스 베살리우스가 제시한 여성의 내부 생식기. 『인체 해부서』, 1543

의 명칭을 세세히 실은 투 톤 컬러의 그림을 제시한다. 무미건조한 그림이지만 상당히 정확하게 그려져 있다. 따라서 여성 생식계의 그림을 떠올리면, 베살리우스의 그림과는 거의 닮은 점이 없음을 알 수 있다. 『인체 해부서』 제5권의 27번째 그림을 자세히 보면 세부 사항이 매우 틀렸음을 알 수 있다. 베살리우스는 질을 길고 뻣뻣하며 막대기처럼 생긴 구조로 그렸지만 실제로는 그렇지 않다. 또한 끝부분의 음핵귀두(glans clitoris)도 부풀어 있지 않다. 또한 음낭은 봉선(생식기를 좌우로 나누는 결합선)에 의해 두 부분으로 갈라져 있지만 자궁은 그렇지 않다. 베살리우스가 이런 실수를 한 이유는 너무 서둘렀기 때문이다. 그가 해부한 시체는 파도바의 한 사제의 정부였던 여자의 시체를 학생들이 몰래 훔쳐온 것이었다. 따라서 서둘러 아무렇게나 시신해부를 했던 것이 분명하다. 그렇다고 해도 완벽주의자였던 그의 성격상 이런 실수들은 너무 어처구니없는 것이었다. 그가 그린 질은 해부를 통한 관찰의 결과가 아니라 그가 생각해낸 남녀의 일치성에 대한 이론을 토대로 한 것이라고 생각할 수밖에 없다.

베살리우스의 생각과는 완전히 다른 관점이긴 하지만, 남녀의 생식기 사이에는 이러한 일치성, 다시 말해 상동성이 분명히 존재한다. 그러나 베살리우스의 실수는 어디는 추가하고 어디는 생략해버린 것만이 아니었다. 16세기 해부학자들의 세상을 이해하기 힘들고, 베살리우스가 무엇을 알고 무엇을 몰랐는지도 알 수 없지만, 그의 그림을 보면 한 가지 커다란 잘못이 있다는 것이 금방 드러난다. 무언가 중요한 것이 빠져 있다. 베살리우스가 여성의 생식계에 정통했을지는 모르지만 그는 가장 중요한 부분에 대해서는 언급조차 하지 못했다.

파도바의 또 다른 해부학자이며 과다늑골에 대한 언급으로 곤란에 처했던 마테오 레날도 콜롬보는 1559년 베살리우스의 그림에서 빠진 것이 무엇인지를 알아냈다. 그것은 바로 음핵이었다. 콜롬보는 이것을 '비너스의 달콤함(the Sweetness of Venus)' 이라고 불렀다. 이것에 대한 그의 설명은 자극적이고 도락적이지만 부정확하기도 하다. "새끼손가락으로 그것을 만지면 공기보다 더 빨리 정액이 이곳으로 분출되고 의지와는 상관없이 쾌락을 추구하게 된다…… 여성이 남성을 갈구할 때면 음핵은 약간 딱딱해지면서 타원형이 되어 남자의 성기처럼 보인다." 그러나 콜롬보는 이 도락적인 기관이 자궁 내부에 있다고 생각했다. 또한 그가 처음으로 음핵을 발견한 것인지도 분명치 않다. 그와 경쟁하는 해부학자들은 그가 고대 그리스부터 잘 알려져 있었던 기관에 명칭을 붙였을 뿐이라고 비난했다.

콜롬보도 음핵에 대한 모든 것을 밝히지는 못했다. 1998년 이 조그만 살덩어리가 성적인 쾌락 이상의 역할을 한다고 여기던 사람들에게 반가운 소식이 들렸다. 우리가 알고 있는 것보다 음핵이 두 배 이상 크다는 사실이었다. 오스트레일리아의 해부학자들로 이루어진 연구팀은(연구진 팀장은 당연히 여성이었다) 의대생들의 실습을 위해 냉동 보관된 나이든 여성의 시신이 아닌 죽은 지 얼마 안 된 젊은 여성의 시신을 해부했다. 그 결과 음핵은 해부학 교과서나 성전(性典)에 나오는 것처럼 작은 줄기 모양이 아니라, 요도를 감싸고 질 벽을 관통하는 뾰족하고 커다란 모양이라는 사실이 밝혀졌다.

이런 결과가 발표되자마자 엄청난 공격을 받았다. 지크문트 프로이트가 주장했던 질의 오르가슴이 받았던 비난에 필적하는 수준이었다. 영국의 신문들은 그렇게 놀라운 조직이 어떻게 그토록 오랫동안 발견되지 못했겠느냐며 비난을 퍼부었다. 물론 그렇지 않았다. 이 새롭게 확대된 음핵은 단지 옛날부터 잘 알려져 있던 조직에 새 이름을 붙이고 재평가한 것에 불과하였다. 이 조직은 오랫동안 질전정구(vestibular bulb)라고 알려져 있던 기관으로, 혈관이 치밀하게 짜여 구분이 힘든 두 개의 해면체 조직 덩어리다. 17세기 네덜란드의 해부학자 얀 스바메르담(Jan Swammerdam)은 질전정구를 음핵의 일부라고 생각했지만, 생식기에 관한 한 최고의 권위자이며 1844년 『인간과 유인원 암수의 쾌락 기관에 대하여*Die Männlichen und Weiblichen Wollusts-Organe des Menschen und Einiger Saugetiere*』를 펴낸 게오르크 루트비히 코벨트(Georg Ludwig Kobelt)는 이 기관을 주의 깊게 관찰한 뒤 스바메르담의 주장에 이의를 제기했다. 이제 문제는 음핵귀두와 음경귀두에 있는 다량의 신경세포가 질전정구에도 존재하는가로 넘어간다. 그렇다면 질전정구를 음핵의 일부라고 보는 편이 합리적일지도 모른다. 실제로 질전정구에 있는 신경세포가 정확히 어떤 종류의 감각을 전달하는지는 아직 밝혀지지 않았다. 이것은 상당히 중요한 문제인데, 감정이 결여된 상태에서 새롭게 확대된 음핵에 '음핵'이라는 이름을 붙이는 것은 무의미하기 때문이다.

어쨌든 음핵을 '남성의 성기에 해당하는 것'이라고 인식한 콜롬보의 생각은 다소 남근중심적이긴 하지만 정확한 것이었다. 이 생각은 '음핵=음경'이라는 상동성의 문제를 일부 해결해주었지만 나머지는 여전히 불명확했다. 그렇다면 음낭에 해당하는 여성의 기관은 무엇인가? 질에 해당하는 남성의 기관은 무엇인가? 19세기에 들어서야 발생학자들은 배아의 기관 발달을 연구하면서 남녀 생식기의 상동 기관이 무엇인지, 그리고 각 성만의 고유 기관이 무엇인지를 분명하게 구분할 수 있었다.

임신 28일이 되면 배아는 0.5센티미터 정도의 크기로 자라나며, 네 개의 지아와 꼬리를 가진다. 이때 처음으로 배아의 성을 나타내는 외적인 표시가 나타난다. 그것은 아직 다리 부분의 지아와 꼬리 사이에 있는 특색 없는 작은 덩어리에 불과하다. 이 덩어리가 생식결절(生殖結

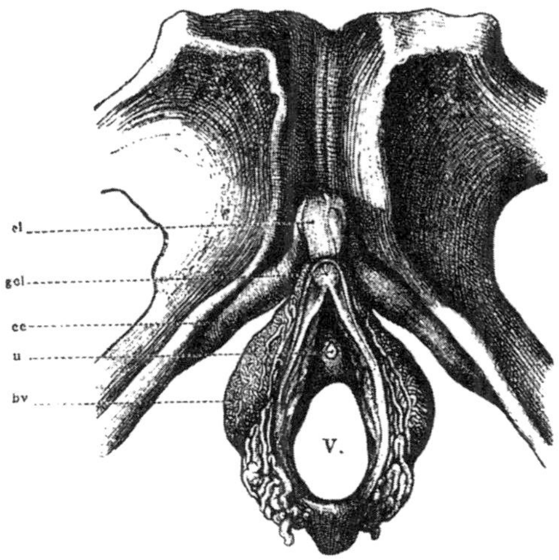

음핵과 질전정구. 코벨트, 『인간과 유인원 암수의 쾌락 기관에 대하여』, 1844

節, genital tubercle)이며 얼마 후에 두 줄의 작은 주름에 둘러싸인다.

생식결절과 그것을 둘러싼 두 줄의 주름이 합쳐져서 외부 생식기 전체를 구성하게 된다(내부 생식기와 그 안의 관들은 다른 곳에서 만들어진다). 생식결절은 밝은 색의 작은 아스파라거스처럼 생겼으며, 살색의 자국이 길게 파여 있다. 어느 쪽이 될지는 아직 모르는데, 음경이 될지 음핵이 될지가 서로 팽팽하게 줄다리기를 하고 있기 때문이다. 안쪽의 주름은 생식결절을 따라 모양을 잡은 뒤 결절 바로 밑에 고랑을 형성하고, 바깥쪽 주름이 생식결절과 이 고랑을 감싸고 있다. 그리고 바깥쪽 주름은 영역을 넓히면서 얇은 보호막을 형성해준다.

이 과정은 성 분화의 기초 단계이며, 남성과 여성의 생식기에서 공통으로 발생한다. 63일째가 되어야 비로소 차이가 나타나는데, 이 무렵 배아의 길이는 1센티미터 정도이며 꼬리를 잘라낸 테리어 종처럼 뭉툭한 모양의 꼬리를 가지고 있다. 배아가 남성이 될 운명이면, 생식결절이 계속 자라고 그 밑의 고랑이 융합되어 소변과 정액이 나오는 '비뇨생식도(genitourinary meatus)'를 형성한다. 두 가지를 감싸고 있던 외부 주름도 융합되어 음낭을 형성하지만, 그 속에는 아직 아무것도 담겨 있지 않다. 고환은 복부의 벽 속에 깊숙이 파묻혀 있다가 임신 160일째가 되면 음낭으로 내려간다. 배아의 운명이 여성이라면, 생식결절은 더 이상 자라지 않지만 아래에 있는 고랑의 벽이 더 넓어지고 굵어지면서 소음순이 된다. 외부의 주름은 부풀어 오르지만 남자 아이처럼 융합되지 않으며 나중에 대음순이 된다. 대음순은 오늘날 음핵이라고 불리는 여성의 작은 생식결절을 거의 뒤덮을 때까지 계속 자란다.

그렇다면 질은 어떠한가? 남성은 질에 해당하는 기관이 없다. 소음순을 만드는 주름이 질의 일부를 만들지만, 질의 가장 안쪽 부분은 여성의 다른 생식기도 만드는 일종의 관에서 생겨난다. 그러나 남성의 경우는 그렇지 않다. 이제 상동성이 명확해졌다. 음경과 음핵, 음낭과 대음순, 요도와 소음순은 서로 상동성을 갖지만, 질은 여성에게만 있다. 이런 상동성을 생각해보면 1838년 봄에 생 장 당겔리에서 알렉시나에게 벌어진 일이 무엇인지를 짐작할 수 있다. 어릴 적에는 알렉시나 바르뱅이었고 커서는 아벨 바르뱅이 된 사람이 어떻게 해서 작은 음경과 얕은 질을 동시에 가지고 있었는지를 이해할 수 있다. 그는 태아 시절에 남자가 되기 위한 여행을 하다가 미처 못 끝낸 채 중도하차한 것이다. 또는 정확한 분자적 이정표를 놓친 뒤 길을 헤매었다고 생각해도 좋을 것이다.

50 대 50의 확률

여성이 되기 위한 여행은 시원하게 뻗은 고속도로를 달리는 것과 같다. 출구가 필요한 것은 남자가 되기 위한 여행으로, 길을 잃으면 여자가 되는 여행으로 되돌아오게 된다. 가장 잘 알려진 첫 번째 이정표는 Y염색체다. 1956년에 처음으로 Y염색체가 발견되고 3년 뒤에 이것이 인간의 성에 가장 큰 지배력을 발휘한다는 사실이 밝혀졌다. 인체의 모든 염색체는 유전자의 크기와 종류, 수에 맞춰서 쌍으로 형성된다. 성염색체도 마찬가지지만, 쌍을 이루는 과정은 한층 복잡하다. 여성의 경우 X염색체끼리 한 쌍을 형성하지만, 남성의 경우는 X와 Y가 쌍을 이룬다(따라서 정상적인 여성은 XX, 남성은 XY의 성염색체를 가진다). X와 Y는 물리적으로 맞는 짝이 아니다. X는 크고 Y는 작기 때문이다. 아르헨티나의 전문 탱고 댄서들이 가끔 크고 뚱뚱한 남자와 작고 가냘픈 여자가 짝을 이루는 것처럼, X와 Y는 어울리지 않는 한 쌍의 관계를 유지한다. 이렇게 비유하는 이유는 XY쌍이 어색해 보일지라도 둘은 파트너로서 완벽한 호흡을 맞추기 때문이다.

탱고와 마찬가지로 성을 결정할 때에도 Y가 명령을 내리고 X는 여기에 순응한다. Y염색체가 성을 결정한다는 증거는 이것이 X염색체의 행동을 지배한다는 사실에서 나온 것이다. Y염색체는 하나이지만 X염색체를 여러 개 가진 남성(XXY, XXXY, 심지어 XXXXY)을 예로 들 수 있다. 이런 사람들은 의심의 여지 없이 남성이며 완벽하게 정상적인 생식기를 가지고 있기 때문에, X염색체가 아무리 많아도 남성을 만드는 Y염색체의 명령에 복종한다는 증거라고 볼 수 있다. Y의 힘은 사춘기에 다소 약해지는데, X염색체가 두 개 이상인 남성들은 가슴이 발달하거나 모호한 성적 취향을 가지게 되는 경우가 많다. 그러나 자궁 안에서는 그렇지 않다. Y염색체가 있으면 태아는 남자가 되는 길을 분명하게 밟을 수 있기 때문이다.

Y가 지배적인 행동을 한다고는 하지만 남성우월주의자들에게 우월감을 안겨주거나 열렬한 여권운동가에게 분노를 안겨주는 명분이 되지는 못한다. '지배(dominance)'는 성 결정 시의 분자적 지배를 의미할 뿐, 남자나 여자의 우월성을 의미하지는 않는다. Y염색체의 지배력은 진화적인 우연에 불과할 것이다. 새들도 성염색체를 가지고 있지만 이것들은 포유류와는 완전히 다른 방향으로 진화해왔다. 조류의 성염색체는 XY가 아니라 ZW라고 한다. 조류의 ZW 성염색체는 포유류의 것과 비슷하게 작용하지만, 암컷은 ZW, 수컷은 ZZ라는 점이 다르다. 따라서 조류의 경우는 암컷들만이 가진 W염색체가 수컷들에게도 있는 Z염색체를 지배한다. 진화적인 우연이 아니었다면 포유류의 경우도 새들처럼 X염색체가 지배적인 역할을 했을지도 모른다.

성을 관장하는 Y염색체의 힘의 원천을 찾는 데 34년이 걸렸다. Y염색체는 다른 염색체보다 작은 편이지만, 그 안에는 4000만 개나 되는 염기쌍이 들어 있다. 이런 방대한 DNA들의 범위를 조금씩 좁히면서 연구를 진행할수록 성염색체의 지시를 거부하는 듯 보이는 소수의 사람들에 대한 이해를 높일 수 있었다. 이런 사람들은 이상할 정도로 Y염색체가 결여된 것 같았다. 또한 정액의 운동성 불능으로 불임이 된 무정자증(azoospermia) 환자들에 대한 치료법을 찾는 과정에서 그들이 자웅동체가 아니라는 사실이 밝혀졌다. 그들은 고환을 비롯해서 완벽하게 정상적인 남성형 생식기만을 가지고 있었기 때문이다.

유전학자들은 이런 남성들을 가리켜 '성전도형 여성(sex-reversed female)' 이라고 부른다. 모순적인 칭호지만, 염색체상으로 여성인데도 신체적으로 남성인 사람을 가리키는 데는 알맞은 말이다. 그러나 성전도형 여성의 성염색체를 자세히 조사한 결과 겉보기보다 훨씬 심각한 모순점이 드러났다. 이런 남성들은 Y염색체의 한 부분이 X염색체의 영역으로 바뀌어 있었다. 그들은 Y염색체의 이 잘못된 부분 때문에 문제가 생긴 것이었다. 1990년, 이 부분에 전사인자를 암호화하는 유전자가 들어 있음이 밝혀졌다. 이 유전자는 남녀의 차이를 총체적으로 구분하는 여러 유전자 중 최소한 몇 가지를 직접 통제하는 것으로 여겨지는 것이었다. 이 영역에 SRY(sex-determining region on Y, Y염색체의 성 결정 영역)라는 이름이 붙여졌다.

SRY의 명칭부터 이상하다. 성 결정 유전자가 아니라 영역이라고 칭했기 때문이다. 여기에서는 신중하고 조심스러운 어조가 풍긴다. 신중할 수밖에 없다. 유전학에서 Y염색체의 힘의 근원에 대한 연구는 대부분 시간 낭비였기 때문이다. SRY 전에는 ZFY(zinc finger Y)라는 유전자에 대한 연구가, ZFY 이전에는 H-Y 항원(H-Y antigen)이라는 분자에 대한 연구가 이뤄졌지만, 둘 다 잘못된 연구였다. 그러나 성을 결정하는 분자들의 범위를 계속 좁혀나가는 과정은 과학사를 보여주는 한 예가 된다고 말할 수 있다. 이런 분자들에 대해(특히 H-Y 항원에 대해) 무수한 연구 논문들이 발표되었으며, 이런 연구 논문을 토대로 여러 업적이 이뤄졌다. 그러나 이런 분자들에 대한 증거를 믿을 수 없게 되자 모든 작업을 중단하고 처음부터 다시 시작해야 했다.

SRY는 상당히 그럴듯한 후보지만, 바로 옆에 실질적인 힘을 가진 다른 유전자가 있을지도 모른다. 다행히도 아직까지는 그런 유전자는 나타나지 않았다. 지금까지 SRY가 성의 가장 주된 결정자라는 여러 증거가 나왔다. 가령 성전도형 여성(XX형 남성)이 존재하듯이, 성전도형 남성(XY형 여성)도 존재하는 것을 들 수 있다. 또한 XX형 남성들에게서 불필요한 SRY 복사가 발생하듯, XY형 여성들 중 상당수에게서도 필요한 SRY 복사가 발생하지 않는다는 사실이 최근 밝혀졌다. 하나의 유전자, SRY, 두 가지 정상적인 상태(Y가 있고, X가 없음), 두 가지 비정상적인 상태(Y가 없고, X가 있음), 성과 관련된 모든 것이 완전히 뒤바뀐 상황. 이런 것들은 가장 바람직한 유전자 작용이 무엇인지를 보여주는 훌륭한 일례가 될 수 있을 것이다.

만약

SRY는 남성성에 필요한 몇 가지 유전자를 활성화시키거나 여성성에 필요한 다른 유전자를 비활성화시키는 것 같다. 둘 다일지도 모른다. 어쨌든 SRY를 발견한 지 10년이 넘었지만 우리는 아직 그것의 작용 방식을 잘 모른다. 그러나 그것이 어디에서 활동하는지는 알고 있다. 남성의 성기나 가슴의 체모, 성적 상상으로 가득 찬 성인의 머릿속 등은 모두 SRY의 존재를 반증하는 것일 수도 있지만, 이런 특징들은 너무 동떨어져 있다. SRY의 역할은 태아 때 두 개의 작은 기관의 운명을 통솔하는 것이 전부다. 프랑스의 비시에서 어떤 과학자가 행한 실험을 통해 이런 사실이 밝혀졌다.

토끼의 태아는 매우 연약하기 때문에 이것에 외과수술을 행한 뒤에도 목숨을 유지하게 하려면 매우 능숙한 솜씨가 필요하다. 이것을 성공시킨 사람이 프랑스의 생물학자인 알렉상드르 조스트(Alexandre Jost)였다. 그는 1940년대 중반에 임신 중인 토끼의 자궁을 절개해서 태아의 생식샘을 절제한 다음 태아와 모체의 몸을 다시 봉합하였다. 모체와 태아가 외과수술에서 살아남으면(대부분의 토끼들이 죽었다) 10일 뒤에 둘을 죽인 다음 태아의 생식기를 해부하였다. 조스트는 생식샘을 제거한 토끼의 태아에서는 수컷의 성기가 생기지 않는다는 사실을 알아냈다. 그들은 정관이나 전립선, 음낭, 음경이 없고 대신 난관과 자궁, 질을 가지고 있었다. 애완동물에게 행하는 거세수술과 거의 다를 바 없긴 하지만 이것은 잔인한 실험이었다. 그러나 그의 실험은 수컷 태아에게는 생식샘이 필요하다는 사실을 단적으로 보여주었다.

생식샘까지는 아니더라도 최소한 라이디히 세포(Leydig cell)가 있어야 한다. 이 세포는 생식샘 안에서 포유류를 수컷이 되게 하는 호르몬을 만드는 세포이다. SRY가 없으면 수컷 생식샘의 라이디히 세포와 다른 세포들이 만들어지지 않는다. 남성 호르몬의 예로는 테스토스테론을 들 수 있는데, 라이디히 세포는 매우 유해한 지방 분자인 콜레스테롤을 가지고 이 스테로이드 계열의 호르몬을 생성한다. 태아가 남자 아이이면 50일쯤 테스토스테론의 대량 생산에 들어가며 150일쯤에는 그 양이 최고조에 이른다. 이 작업을 위해 네 개의 효소가 필요하며, 각각의 효소가 이정표를 제공해준다. 이정표가 잘못되면 XY의 태아는 여성으로 향하는 고속도로로 되돌아올 수 있다. 지금까지는 세 가지 효소에서 유전자 돌연변이가 있는 것으로 밝혀졌다. 이런 돌연변이는 완벽한 성전도를 일으키는 대신에 중간 지대인 자웅동체를 만들어낸다. 좀더 정확히 말해서 기능 장애의 고환을 가진 남성형 가성반음양을 만들어낸다.

남성성의 생화학적 조성은 위압적일 정도이다. 키플링의 시를 인용해보자. "만약 모두가 이성을 잃고 그대를 탓할지라도 그대가 이성을 잃지 않는다면……." 그런데 '만약' 그렇지 못하면, 남자가 되는 여행이 중단되고 테스토스테론 합성 돌연변이가 생겨난다. 라이디히 세포의 성 분화와 성장을 방해하는 돌연변이도 발생한다. 또한 테스토스테론 수용체 돌연변이도 생기게 된다.

테스토스테론은 성장 중인 남자 태아의 세포로 들어가서 단백질 수용체와 결합한다. 그런 다음 이 호르몬과 수용체가 세포핵으로 들어가서 DNA와 결합한 뒤 남자를 남자로 만드는 데 필요한 유전자를 작동시킨다. 여러 가계에서 나타나는 수십 종류의 성 돌연변이는 모두 이 수용체가 잘못되었기 때문인데, 태아가 출생했을 때 외형적인 성별을 감쪽같이 여성으로 둔갑시킨다. 산부인과 의사가 아기의 자궁경부나 자궁을 찾으려 한다면 아무리 애써도 찾을 수 없다. 그러나 이런 질환이 외적으로 나타나는 시기는 사춘기로, 이들은 겉보기에 소녀인데도 생리를 하지 않는다.

이런 소녀들은 최소한 겉보기에는 완벽한 여성이다. 테스토스테론 수용체가 없기 때문에, 그들은 진짜 여자보다 남성 호르몬이 훨씬 적게 분비된다(여성들도 남성 호르몬이 일정량 분비된다). 남성적인 특징이 나타나는 곳은 그들의 키로, 성인이 되면 키가 다른 여자들에 비해 큰 편이다. 이런 사실을 볼 때 테스토스테론이 아닌 다른 물질이 남성과 여성을 구분함을 알 수 있다(그러나 이 물질이 무엇인지는 아직 논란이 분분하다). 테스토스테론 수용체가 없는 여자들은 여성적인 외모에 남자처럼 키가 크기 때문에 아찔할 정도로 중성적인 매력을 발산하기도 한다. 1950년대 테스토스테론 수용체가 없는 프랑스 여인은 패션쇼 모델로 활발한 활동을 펼쳤으며, 캘리포니아 출신의 일란성 쌍둥이는 스튜어디스로 활약했다.

그러나 남성형 가성반음양을 가진 아기들 중 상당수는 출생 시부터 여자 아이라고 보기에는 무리가 있다. 의사들은 이런 아이들이 가진 생식기를 '모호한 생식기(ambiguous genitalia)' 라고 말하는데, 그들은 너무 커서 음핵이라고 보기는 힘들고 너무 작아서 음경이라고도 볼 수 없는 음경을 가지고 있기 때문이다. 또한 음경의 끝이 아닌 기부에 요도 구멍이 위치해 있지만, 질은 분명히 아니다. 외과적인 절제 수술을 행하지 않으면 이런 아기들 대부분이 날 때부터 갖고 있던 생식기를 평생 지니고 살게 된다. 그러나 아주 드물게 사춘기에 진짜 유전학적인 성으로 형질이 전환되기도 한다.

알렉시나 또는 아벨 바르뱅의 예를 다시 살펴보자. 그녀는 음경과 얼굴의 털 때문에 많이 고통스러워하고 혼란스러워했다. 그녀와 같은 증상을 보이는 사람은 언제 어디서나 존재한다. 앙브루아즈 파레와 몽테뉴는 비트리 르 프랑수아라는 마을 출신의 농사꾼 마리 제라르(Marie Gerard)를 만나게 되었는데, 열심히 돼지를 몰고 있던 그녀에게서 음경을 발견하였다. 그녀는 단지 돌기가 너무 커져서 겉으로 튀어나온 것일 뿐이라고 주장했다. 그녀가(또는 그가) 최대한 정직하게 설명한 것이라고 생각한다면, 이것은 처음에는 작았다가 점점 더 음경의 모습으로 변화했을 가능성이 크다. 어쨌든 마리는 제르맹(Germain)이라는 새 이름을 얻고 남자가 되었다.

알렉시나/아벨과 마리/제르맹 모두 유전에 의하지 않고 반음양이 발현되었다고 볼 수 있는데, 두 사람의 친척이나 후손들 중에서 똑같은 증세를 가진 사람이 있는지는 알 수 없다. 그러나 어떤 오지에서는 소녀였다가 남자가 되는 것이 전혀 낯선 일이 아니다. 최근 도미니카 공화국의 오지에 위치한 살리나스(인구 4300명) 마을에서는 정확한 집계는 아니지만 90명 중 1명이 처음에는 여자 아이로 태어났다가 사춘기에 소년으로 성이 바뀐다. 이런 일이 흔하기 때문에 마을 사람들은 그들을 '12세의 음경' 이라는 뜻으로 '구에베도체(guevedoche)' 라고 부

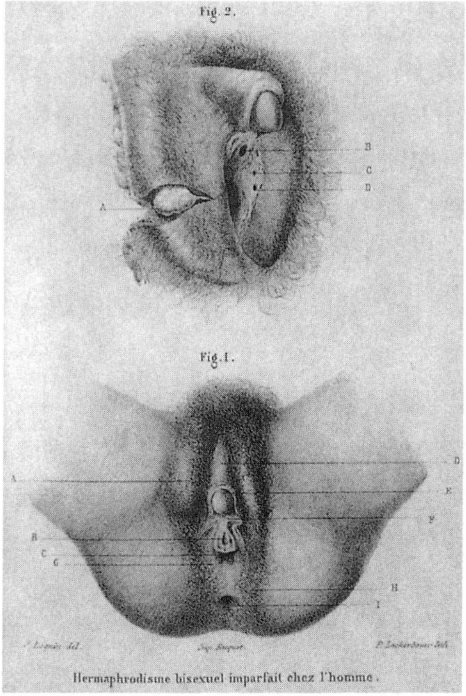

에르퀼린 바르뱅(1838~1868)의 남성형 가성반음양.
E. 구종, 『인간 자웅동체가 가지는 양성의 불완전성에 대한 연구』, 1869

른다. 지구 반대편인 파푸아뉴기니의 이스턴하일랜드에서도 비슷한 일이 발생한다. 이곳에서 사냥과 원예를 생업으로 삼는 삼비아(Sambia)족은 이런 사춘기의 성전환을 '퀄루-아트물(kwolu-aatmwol, 남성으로의 전환)' 이라고 부르거나 본토말과 영어를 뒤섞어서 '뒤바뀌는 사람(turnim-men)' 이라고 부른다.

문제점을 살펴봐야 하는 사람들은 '구에베도체' 로, 이들은 5-α 환원효소(5-α-reductase)라는 효소가 결여되어 있다. 인체 대부분의 영역에서는 테스토스테론이 남성적인 특징을 나타내는 유전자를 작동시키는 세포로 직접 전달된다. 그러나 태아의 남성형 생식기에 있는 테스토스테론 중 상당 부분은 처음에는 좀더 강력한 물질인 디하이드록시테스토스테론(dihydroxytestosterone, DHT)으로 바뀐다. 이때 촉매 작용을 하는 것이 5-α 환원효소이며, 이 효소에 돌연변이가 생기면 DHT 결여로 외부 생식기가 자라지 못한다. 태아일 때에는 DHT가 필요하지만 사춘기에는 테스토스테론이 생식기에 직접 작용한다. '구에베도체' 는 이 남성 호르몬을 많이 가지고 있기 때문에 남성으로 전환될 수 있다. 그들의 조상은 알타그라치아 카라스코(Altagracia Carrasco)라는 여자로, 효소 돌연변이도 그녀에게서 비롯된 것으로 보인다. 또한 삼비아의 '퀼루-아트물' 도 5-α 환원효소가 상당히 결여되어 있다. 확신할 수는 없지만, 알렉시나/아벨이나 앞에서 나온 남성형 가성반음양의 사람들도 같은 효소가 결여되어 있었으리라 짐작된다.

하이에나

앞에서 여성이 되기 위한 여행은 시원하게 뻗어 있는 고속도로를 달리는 것과 같다고 말했다. 이는 난소를 가진 여자 아이에게 남성화된 생식기를 가지게 하는 돌연변이, 즉 여성형 가성반음양이 되게 하는 돌연변이는 매우 드물다는 뜻이다. 하지만 이런 돌연변이가 있는 것도 사실이다. 몇 년 전 일본의 한 젊은 여성이 첫아이를 임신했을 때 일어났던 돌연변이만큼 자궁에서 벌어지는 미묘한 성의 균형을 극명하게 설명할 수 있는 경우는 없을 것이다.

이 임신부는 처음에는 아무 문제도 없었다. 그러나 임신 7개월에 접어들 무렵 이상이 발생하고 있다는 첫 번째 징후가 나타났다. 이 젊은 여성에게서 턱수염이 자라기 시작한 것이다. 내분비과 상담 결과 원인이 쉽게 밝혀졌다. 임신 중에는 에스트로겐이 왕성하게 분비되지만, 이 임신부는 혈액 속의 테스토스테론 수치가 터무니없을 정도로 높았다. 당연히 뱃속의 아이도 영향을 받았다. 아기는 태어났을 때 겉보기는 물론이고 (유전학적으로도) 여자 아이가 분명했지만, 2센티미터나 되는 기형적으로 커다란 음핵에 부분적으로 융합된 음순을 가지고 있었다. 이것들은 남성화의 성징이 분명했다.

이런 결과가 나온 것은 태반 결함이 원인이었다. 임신 기간에 태반은 테스토스테론을 다량으로 생성한다. 정상적인 상태에서 이 호르몬은 태아에게 영향을 미치지 않는데, 태반 내에 다량으로 존재하는 방향화효소(aromatase)가 남성 호르몬인 테스토스테론을 여성 호르몬인 에스트라디올과 에스트론으로 즉시 전환시키기 때문이다. 그런데 이 효소에서 문제가 발생했다. 이 돌연변이는 열성이므로 태아의 부모 둘 다 결함이 있는 유전자를 보유하고 있다가 아이에게 물려준 것이 확실했다. 그리고 이 돌연변이 유전자가 태반은 물론이고 태아와 태아의 유전자에도 영향을 미쳤다. 그 결과 아이는 호르몬계의 트로이 목마가 되어 태어나기 전부터 임신부의 몸에 비정상적인 파괴를 불러일으켰다.

SRY 옆에 붙어 있는 방향화효소는 의심의 여지 없이 가장 중요한 성 조절인자이다. 이 효소는 테스토스테론과 에스트로겐이 생성되는 교차로에 머물면서 교통 정리를 해준다. 방향화효소가 결여된 여아들은 남성화된 성기를 가지고 태어날 뿐 아니라 자랄수록 체모가 많아지며(심한 경우 턱수염이 자라기도 한다) 커다란 난소를 가지고 있다. 반대로 남자 아이들은 방향화효소가 부족해도 별다른 영향을 받지 않는다. 그러나 앞 장에서 설명한 바와 같이, 에스트로겐이 부족하기 때문에 성장이 멈춰야 할 시기가 한창 지난 후에도 계속 자란다.

소년들 역시 이 돌연변이를 쉽게 피할 수는 없다. 모든 방향화효소 돌연변이가 유전자를 왜곡시키는 것은 아니다. 방향화효소의 과활성화와 에스트로겐 과다 분비, 테스토스테론 부족을 야기하는 기능 획득 돌연변이도 있다. 이런 돌연변이를 가진 소녀들은 조숙하며 작은 키와 큰 가슴을 가진다. 소년들도 키가 작으며, 불행히도 가슴이 생긴다. 방향화효소 돌연변이가 여성형 남성 유방을 유발하는 유일한 원인은 아니다. 청소년기 남자 아이의 60퍼센트는 여성형 남성 유방을 갖지만 시간이 지나면서 대부분 사라진다. 그런 다음 노년이 되어 지방조직에 의해 만들어지는 에스트로겐이 여성형 남성 유방을 다시 생기게 한다.

성 정체성 돌연변이를 겪고 있는 사람들은 불임이 많다. 겉으로 나타나는 기형인 '모호한 생식기'는 간혹 외과수술로 치료할 수 있지만, 누가 이런 수술을 받아야 하는지 그리고 몇 살 때 수술을 해야 하는지에 대해서는 논란이 뜨겁다. 그러나 이 책에서 계속 등장하는 모든 성 정체성 돌연변이들을 다른 포유류에서도 찾아볼 수 있다. 두 성 사이에서 방황하는 동물들은 분명 번식 능력이 거의 없을 것이다. 성 정체성 돌연변이를 가진 동물들은 항상 진화적인 종국을 향해 치닫는 셈이라고 생각하기 쉽다.

언제나 그럴까? 일반화시키기에는 무리가 있다. 자연선택은 매우 변덕스러운 데다 어떤 유전적 변이도 기꺼이 수용할 자세가 되어 있기 때문에, 진화 과정에서는 가장 불가능한 일이 발생할 수도 있다. 점박이하이에나만큼 인간의 사랑을 받지 못하는 동물도 없다. 볼품없는 몸, 거슬리는 울음소리, 혐오스러운 습관을 가지고 있기 때문이다. 썩은 고기를 맛있게 먹고, 마시는 물에 오줌을 누고, 자신들이 토해낸 토사물 위에서 뒹굴고 노는 행동은 상관하지 말자. 그보다는 하이에나가 강력한 암컷들과 유순한 수컷으로 집단을 이룬다는 점에 관심을 가져야 한다. 암수 모두 엄격한 위계 질서를 가지고 있지만, 서열이 가장 낮은 암컷도 가장 강력한 수컷보다 지위가 높다. 하이에나 무리가 누의 시체를 가지고 요란법석을 떨 때에도 수컷들은 재빨리 먹어야 한다. 덩치 큰 암놈들에게 쫓겨날 것이 분명하기 때문이다. 암컷들은 덩치도 크고 까

닭 없이 공격적이기 때문에 마치 수컷처럼 보인다. 게다가 암놈들의 생식기도 생각해볼 거리가 많다.

점박이 하이에나 암컷은 일반적인 포유류와는 생식기가 다르다. 가장 두드러진 특징은, 음핵이 수컷의 음경만큼 크며 비뇨생식관이 달린 데다 끝에는 구멍이 있고 지배 서열을 과시하는 동안 발기할 수 있다. 음핵 아래에는 질 대신에 음낭과 흡사하게 생긴 기관이 있지만, 그 안에는 고환이 아니라 일종의 지방 덩어리가 담겨 있다. 질이 없기 때문에 점박이 하이에나 암놈들은 음핵으로 교미하고 출산한다.

이것은 상당히 고통스러운 일이다. 점박이 하이에나가 초산인 경우 음핵이 너무 좁아 출산에 여러 시간이 걸릴 뿐 아니라, 그 과정에서 새끼들의 60퍼센트 이상이 질식사하고 어미들도 9퍼센트 정도가 사망한다. 아리스토텔레스는 부인했지만, 점박이 하이에나가 진성반음양이라는 생각은 19세기까지 꾸준히 이어졌다. 그러나 그렇지 않다. 하이에나는 내부 생식기의 암수 구분이 뚜렷하기 때문이다. 다시 말해 암놈은 난소를 가지고 있으며 수놈은 고환을 가지고 있다. 점박이 하이에나의 사촌 격인 줄무늬 하이에나나 갈색 하이에나 암놈들은 일반적인 포유류의 생식기를 가지고 있기 때문에, 점박이 하이에나가 병리학적으로는 정상이더라도 실제로는 여성형 가성반음양이라고 생각할 수 있다.

조사 결과에 따르면, 점박이 하이에나의 태반은 테스토스테론을 대량으로 생성하는 반면 방향화효소는 매우 적게 분비한다. 점박이 하이에나의 방향화효소 유전자는 아직 클로닝을 하지 못했기 때문에 그것이 갈색 하이에나나 줄무늬 하이에나의 유전자와 어떻게 다른지 명확히 알 수 없다. 그러나 점박이 하이에나는 진화 과정 어디에선가 앞에서 말한 일본인 여성과 비슷한 방향화효소 유전자 돌연변이를 얻게 되었을 가능성이 높다. 그렇지 않으면 방향화효소를 조절하는 또 다른 유전자에 돌연변이가 발생했을 가능성도 있다. 진실이 무엇이든 방향화효소 수치가 점박이 하이에나 암컷들이 남성화된 성기를 가지고 태어나는 이유를 일부나마 분명하게 설명해준다는 점은 부인할 수 없다. 테스토스테론 수치가 임신 중인 암놈에게 어떤 영향을 미치는지는 알아보기 힘들다. 그들은 평생 동안 털에 뒤덮여 살기 때문이다.

욕망의 대상

『향연』에서 플라톤은 아리스토파네스에게 성적 욕망의 기원에 대해 열변을 토한다. 그러자 아리스토파네스는 과거의 신화 시대에 인간의 성은 웅(雄, male), 자(雌, female), 자웅동체(hermaphrodite) 세 가지가 있었다고 말한다. 이 세 종류의 인간은 현재의 인간과 달리 짝을 이뤄 존재했는데 자자(雌雌), 웅웅(雄雄) 그리고 대다수의 자웅동체 쌍이었다. 아리스토파네스가 설명하는 초인류(*Ür*-humans)는 앞에서 나온 두 상흉복부장골결합형 결합쌍생아와 비슷하다. 그들은 여덟 개의 사지를 가지고 많은 능력을 과시하며 오만에 젖어 문제를 일으키고 다녔기에 제우스의 분노를 샀다. 그래서 제우스는 그들을 반으로 가르기로 결정했다. 그 후 모든 인간들은 서로의 반쪽을 찾아서 결합하게 되었다. 이런 이유로 일부 인간은 동성에, 대다수는 이성에 끌리는 것이다.

성적 취향이 다양한 이유는 매우 모호하기 때문에 아리스토파네스의 설명은 오늘날의 여러 이론과 견주어도 손색이 없다. 이런 이유로 많은 사람들이 성적 취향을 생물학적인 차원에서 설명하기를 거부하는 것일지도 모른다. 그러나 우리가 데카르트의 이원론을 추종하지 않는 이상(그런 생물학자도 없지만) 정신과 신체의 구분, 즉 신체는 이해할 수 있는 것으로 정신은 그럴 수 없는 것으로 양분하는 것은 우리가 얼마나 무지한지를 드러낼 뿐이다. 또한 성적 욕망의 장치인 성기를 조종하는 분자적 사건의 복잡한 사슬이 마음을 줄 대상을 선택할 때에도 영향을 미친다는 사실은 확실하다.

알렉시나 또는 아벨 바르뱅의 사건이 그토록 놀라운 이유는 소녀로 자랐음에도 불구하고 외적인 성이 아닌 속에 숨겨진 진정한 성에 따라서 자신과 유사한 외모를 지닌 다른 소녀들과 사랑에 빠졌다는 사실이다. 이렇게 생각하면 수긍이 갈 수도 있지만 전문의나 인류학자의 생각은 다르다. 그들은 사회적 환경, 무엇보다 아동기의 성장 배경이 성적 취향에 가장 많은 영향을 미친다고 말한다. 그들의 생각대로라면 알렉시나/아벨 바르뱅은 소녀들 틈에서 소녀로서 성장했으므로 남자와 사랑에 빠졌어야 했다. 하지만 그렇지 않았다. 의사들은 1950년대에 일신된 성과학을 시작으로,* 인류학자들은 미국의 저명한 인류학자였던 프란츠 보애스와 마거릿 미드의 저서를 시작으로 이런 개념을 수용하기 시작한다. 그러나 어디에서 출발했든, 성에 대한 이런 사회구성주의적 관점은 성적 행동에 대한 분자유전학적 연구 앞에서 순식간에 설자리를 잃고 만다.

1979년에 이루어진 도미니카 공화국 '구에베도체'의 성별에 대한 연구는 호르몬이 중요한 역할을 한다는 사실을 더욱 확신시켜주었다. 알렉시나/아벨처럼 구에베도체들은 전통적으로 소녀로서 자라나지만, 성인이 되어서는 대부분 남자로서의 성을 취한다. DHT(디하이드록시테스토스테론)가 충분하지 않기 때문에 남성적인 외부 생식기가 잘 자라나지 않을 수도 있지만, 뱃속에 있을 때나 사춘기가 되었을 때 테스토스테론이 충분히 분비되기 때문에 남성적인 감정을 느끼고 여성에게 욕망을 느끼며 결혼도 가능한 것처럼 보인다. 그러나 남성으로의 전환

* 성과학을 새롭게 바꾼 것은 킨제이 보고서로, 이것은 1만 2000건에 이르는 남녀의 성행위를 철저하게 조사한 최초의 성 보고서였으며, 당시 학계에 상당한 충격을 몰고 왔다.

은 쉬운 일이 아니다. 이들은 젊은 시절에는 여자들이 자신들의 성기를 보고 비웃을까 두려워 성적으로 소심해지는 경우가 많다. 살리나스 마을 주민들에게 '구에베도체'는 다른 어떤 말보다 모욕적인 의미를 포함한다.

파푸아뉴기니의 '퀠루-아트물'도 남성이 되기 쉽지 않다. 남성형 가성반음양들의 극히 일부만이 소녀로 오인받으며, 대부분은 그럭저럭 소년처럼 보인다. 남성이 되려면 삼비아의 소년들은 총 여섯 차례에 이르는 비밀 성년식을 통과해야 한다. 파푸아뉴기니의 문화에서 많이 나타나듯이 이 성년식도 동성애적인 분위기가 매우 강하다. 성인에 입문하는 소년들은 나이든 남성들에게 구강성교를 해주어야 하는데, 삼비아 사람들은 이를 통해 미래의 정액의 근원을 얻게 된다고 믿는다. 서구인들은 삼비아 족이 생물학적인 성적 혼란에 문화적 혼란까지 추가한다고 생각하지만, 동성애적인 성년식을 끝내고 성인이 된 소년들은 대부분 이성과 결혼한다. 그러나 퀠루-아트물은 그렇지 않다. 그들은 성인식의 최하 단계는 통과할 수 있지만 최상 단계는 밟지 못한다. 다시 말해 구강성교를 할 수는 있지만 받을 수는 없으며 실제로도 그들의 외부 생식기 때문에 거의 불가능하다. 따라서 퀠루-아트물은 몸과 마음이 자랐음에도 불구하고 청소년기 후반이 되면 사회적으로 오도 가도 못 하는 처지에 놓인 채, 소년도 어른 남자도 아닌 상태에서 인생의 황금기를 맞아야 한다.

8

연약한 거품 | 피부에 대하여

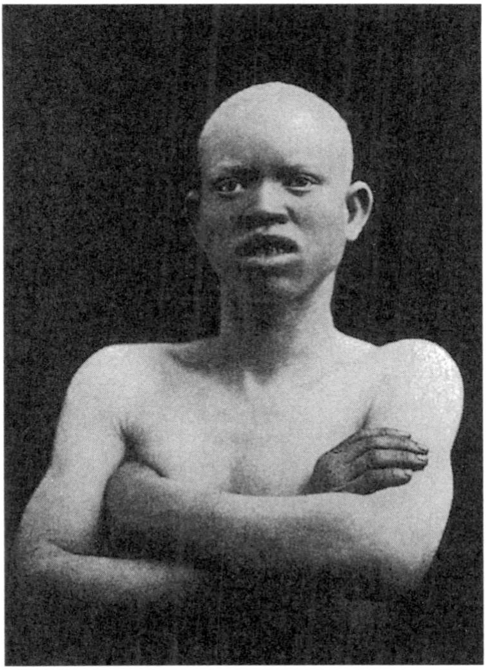

눈피부 백색증 타입 II. 남아프리카공화국 나탈 주의 줄루 족.

칼 피어슨 외, 『백색증 인간에 대한 연구』, 1913

1758년 이후 우리 인간은 완벽히 들어맞지는 않지만 자화자찬적인 의미로 '호모 사피엔스(*Homo sapiens*, 생각하는 사람)'라는 명칭을 스스로 부여해왔다. 분류학의 대가이며 스웨덴의 자연과학자인 칼 폰 린네(Carl von Linné)가 『자연의 체계*Systema naturae*』 제10판에서 인간에게 호모 사피엔스라는 속명(屬名)과 종명(種名)을 붙인 이후 오늘날에 이르기까지 분류학자들은 그의 방식을 최초의 권위 있는 분류 방법으로 인정하고 있다. 그러나 다른 명칭이 생길 수도 있었다. 『자연의 체계』에서 '사피엔스' 옆에는 '호모 디우르누스(*H. diurnus*, 낮의 인간)'라는 말이 적혀 있는데, '사피엔스'처럼 인간을 가리키는 명명이지만 이에 대한 설명은 전혀 없다. 린네는 '디우르누스'라는 종명에 각별한 애정을 가지고 있었던 것으로 보인다. 그의 수첩을 보면 그가 상당히 오랫동안 '사피엔스'와 '디우르누스' 사이에서 우열을 가리지 못했음을 알 수 있다. 그리고 『자연의 체계』 제10판을 낼 때에야 비로소 '디우르누스'가 두 번째 순위로 밀려났다. 이 점만 살핀다면 주행성이 인간 고유의 특징이라는 린네의 생각은 이해가 되지 않는다. 인간은 의심의 여지 없이 주행성의 동물이지만, 낮에 활동하는 다른 동물들도 많다. 흐릿한 인쇄본이나 린네가 라틴어로 적어놓은 짤막한 해석을 살펴보면 그가 주행성에 집착한 이유를 알 수 있다. 인종의 대부였던 린네는 우리가 유일한 인류는 아니라고 믿고 있었던 것이다.

고생물학자들이 세렝게티의 오두막에서 인간의 먼 친척뻘인 원시 인류*의 뼈를 발굴하기 훨씬 전이었지만, 린네는 세계의 오지에 다른 종의 인간이 존재한다고 생각했다. 이는 아시아나 아프리카, 신세계의 사람들을 의미하는 것이 아니었다. 그들은 분명히 린네 자신과 같은 종이기 때문이었다. 그가 생각하는 다른 인류는 우리와 완전히 다른 이상한 생김새를 가지고 있었다. 그들은 등이 굽고 휘어 있으며, 머리는 아프리카인들처럼 짧고 곱슬거리는 금발이며, 백랍처럼 하얀 피부에 사시(斜視)인 금빛 눈동자를 가진 인종이었다. 야행성인 그들은 밤눈이 매우 밝지만 낮에는 시력이 약하기에 낮에는 동굴에서 거주하다가 어둑해지면 밖으로 기어 나와 좀더 지적인 친척의 농장에서 먹을 것을 훔쳐간다. 그들은 아마도 우리 인간이 나타나기 훨씬 전부터 지구 상에 존재해온 고대 인류지만, 이제는 퇴화기에 접어들고 있었다. 린네는 그들에 대해 이렇게 말했다. "그들은 낮을 밤으로 밤을 낮으로 바꾸는 어둠의 후예이며, 우리 인간과 가장 가까운 친척인 것으로 보인다." 그는 실제로 그들을 만난 적은 없었지만, 플리니우스나 프톨레마이오스도 레우코에티오프스(*Leucoethiops*, 백색증 사람)에 대해 쓰지 않았던가? 그리고 이 종족이 최근에는 그다지 모습을 보이지 않았지만, 에티오피아, 자바, 테르나테 제도, 말라카의 오피르 산에 다녀온 제자들이 그들을 보지 않았는가? 그들의 보고는 생생하면서도 정확했다. 이 종족은 실론에서는 '차크렐라츠(Chacrelats)'로, 암보이나에서는 네덜란드어로

---

* Hominid, 현생 인류와 모든 원시 인류를 포함하는 사람과(科)의 동물.

'바퀴벌레' 라는 뜻인 '카쿠를라코스(Kakurlakos)' 로 불렸으며, 어디서든 경멸의 대상이었다. 린네에게는 그것만으로도 충분했으며, 분류학자의 본능을 충실히 따라서 그는 이 종족에게 '호모 트로글로디테스(*Homo troglodytes*, 혈거인)' 라는 학명을 부여했다. 또한 옆에 '호모 녹투르누스(*H. nocturnus*, 밤의 인간)' 라고 적었다.

린네의 생각은 무엇이었을까? 현대 생물분류학의 창시자답게 그의 명성은 자연과학자들의 전당에서 다윈에 이어 두 번째 위치를 차지한다. 그러나 오늘날 그의 다른 많은 저서들은 물론이고 『자연의 체계』를 읽는 사람도 더 이상 없기에, 그의 머릿속이 계몽주의 학자들과 마찬가지로 무수한 중세적 신비주의로 가득 차 있다는 사실을 알지 못한다. 사실 린네는 귀가 얇은 편이었다. 그는 제비가 호수 끝에서 동면하며, 강아지의 등을 아쿠아비트*로 문지르면 난쟁이 강아지로 자라며, 날개 없이 공중을 가로질러 인간과 소떼를 급습해서 치명상을 입히는 '푸리아 인페르날리스(*Furia infernalis*, 지옥의 분노)' 라는 생물체의 고향이 라플란드**라고 믿었다.

마지막의 생각은 린네와 동시대의 사람들이 보기에도 너무 공상적이었다. 그러나 '호모 트로글로디테스' 는 달랐다. 1750년대가 되자 적어도 아프리카에는 인간과 비슷한 생물이 있다는 사실이 알려졌다. 가령 에드워드 타이슨은 50여 년 전에 '피그미 족' 으로 착각한 침팬지를 해부해보지 않았던가. 또한 반은 인간이고 반은 유인원인(어느 쪽을 더 닮았는지는 구분이 매우 모호했다) 피조물이 말레이 제도에 산다고 여겨졌다. 네덜란드의 박물학자 야코프 본티우스(Jacob Bontius)는 1658년에 펴낸 『동양의 자연사*Historia naturalis indiae orientalis*』에서 '우랑우

---

* 스칸디나비아 산(産) 투명한 브랜디.

** 유럽 최북단 지역.

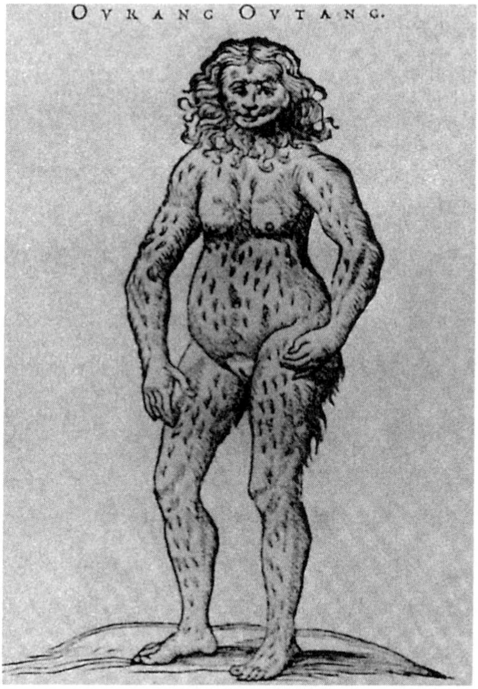

린네의 '호모 트로글로디테스' 또는 본티우스의 '우랑'.
칼 피어슨 외, 『백색증 인간에 대한 연구』, 1913

탕(ourang-outang)'이라는 생물을 그려놓았다. 본티우스의 우랑은 많은 털을 제외하면 인간과 매우 흡사하며, 우랑 여자들은 매혹적인 표정만을 몸에 걸치고 있다. 한 세기가 지난 뒤 린네는 이 목판화를 차용해서 '호모 트로글로디테스'라는 이름을 붙였다. 본티우스는 우랑에 대해 거의 설명하지 않는다(그러나 그는 우랑이 자바 여인과 현지 원숭이 사이에서 태어난 혈통이라는 말레이 사람들의 생각에는 의문을 표했다). 그래서 린네는 본티우스가 만든 이미지에 오지에 살며 부자연스러울 정도로 하얀 피부와 금빛 눈동자, 심각한 광선공포증을 가진 비밀스러운 종족이라는 고대의 전승 설화를 덧붙였다. 이런 특징들을 토대로

'호모 트로글로디테스' 후손들의 정체를 짐작할 수 있다. 몸을 뒤덮은 털이나 동굴 거주를 제외하면 린네의 '밤의 인간'은 백색증 인간을 가리키는 것에 불과했다.

주느비에브

린네 외에도 백색증에 흥미를 보인 18세기의 박물학자가 몇 명 더 있었다. 여기에는 그의 라이벌인 프랑스의 뷔퐁도 속했지만 린네와 달리 그는 실제로 백색증 인간을 만난 적이 있었다. 『박물지』에는 뷔퐁이 주느비에브라는 소녀와 만났던 일화가 적혀 있다. 도미니카 출신의 열여덟 살 소녀는 황금해안*에서 온 노예의 딸로, 만날 당시에는 부유한 파리지엔의 하녀였다. 뷔퐁은 그녀를 꼼꼼히 조사하였다. 키는 151센티미터였으며, 사시인 회색 눈에는 약간의 오렌지 빛이 감돌았고, 피부는 백랍처럼 희었다. 그러나 그녀의 얼굴은 전형적인 '네그레스 누아르(négresse noire, 검은 피부의 흑인 여성)'의 모습이었다. 실제로 그녀의 귀는 부자연스러울 정도로 얼굴 높이 자리 잡고 있었으며, 작고 투명한 귀를 가졌다고 알려진 다리엔 반도**의 백색증 사람들과도 전혀 달랐다. 뷔퐁은 그녀의 사지와 머리, 발의 크기를 재보고 한 문단에 걸쳐 가슴을 자세히 설명한다. 또한 매우 흥미진진한 어조로 그녀가 처녀이며 얼굴을 붉힐 수 있다고 적어놓았다.

주느비에브가 새하얀 이유는 무엇이었을까? 뷔퐁은 린네의 '호모 트로글로디테스'는 유인원(ape)에 불과하다고 확신하였다. 블라파르

* Gold Coast, 아프리카 북서부, 기니 만에 접한 해안.

** 파나마 해협에 위치한 반도.

눈피부 백색증 타입 II. 주느비에브.
조르주 르클레르 뷔퐁, 『박물지』, 1777

(Blafards), 카쿠를라코스, 차크렐라츠는 검은 피부의 사람들 속에 섞여 사는 색소가 기형적으로 결핍된 사람들을 묘사한 것에 불과하다는 것이었다. 그는 카리브 해의 섬에서는 10명당 1명이 백색증을 가지고 태어난다고 들었다. 주느비에브의 부모나 형제자매는 검은 피부이므로, 백색증의 원인은 전염이나 인종 때문은 아니었다. 백색증을 완전히 밝혀내지는 못했지만 린네의 공상적인 생각에 비해 뷔퐁은 한층 분명한 관점을 제시한다. 또한 그는 주느비에브의 석판화도 남겨놓았는데, 열대 과일을 배경으로 눈부시게 하얀 나신을 드러내며 사진처럼 정교하게 그려진 그녀의 얼굴에는 과학자들의 어리석음을 비웃는 듯한 부드러운 미소가 어려 있다.

팔레트

우리 인간은 다색소 종(polychrome species)이다. 그러나 인간의 색을 담은 팔레트에는 두 가지 색소만이 존재한다. 하나는 피부나 모발, 눈의 거무스름한 색조를 담당하는 흑갈색의 유멜라닌(eumelanin, 진한 멜라닌)이며, 다른 하나는 좀더 엷은 색조를 담당하는 금홍색의 페오멜라닌(phaeomelanin, 연한 멜라닌)이다. 화가가 삼원색을 혼합해서 여러 색을 창조하듯, 우리 피부도 이 두 가지 색소를 혼합하여 다양한 색조를 만들어낸다.

검은 머리 사람들은 유멜라닌을, 붉은 머리 사람들은 페오멜라닌을 많이 가지고 있으며, 금발의 경우 어느 쪽도 거의 없다. 백색증 사람들은 피부 색소가 전혀 없다. 유멜라닌과 페오멜라닌 모두 피부의 최상층인 표피에 존재하는 멜라닌 세포(melanocytes)에서 생성된다. 멜라닌 세포는 두 색소를 묶어서 멜라닌 소체(melanosomes)라는 세포 내 구조물을 만든 다음 이것을 위에 있는 피부 세포에 즉시 전달해서 색을 띠게 해준다. 여러 유전자에 존재하는 돌연변이들이 백색증을 일으킨다. 그 중에서 가장 흔한 것은 멜라닌 세포가 색소 생성에 사용하는 효소 중 하나를 무력화시키는 돌연변이다. 이 돌연변이는 눈에도 색소가 없기 때문에 망막의 혈관이 그대로 투영되어 눈이 붉게 보인다. 색소가 없기 때문에 백색증 환자들은 빛에 민감하며 사시(squint)가 많다. '카쿠를라코스' 나 '블라파르' 의 광선공포증과 사시도 이런 이유 때문이다. 그러나 일부 백색증 사람들은 최소한 눈에는 약간의 색소를 가지고 있다. 이 경우 멜라닌 소체를 묶어서 전달할 때 사용되는 'P' 라는 다소 불가사의한 단백질에서 결함이 발생하기 때문이다. 주느비에브의 눈동자는 적색이 아니라 회색이었으므로, P유전자에서 두 번의 복사 결함이 발생했음이 거의 확실했다. 이 돌연변이가 무엇인지는 짐작할 수 있다. 아프리카에서 발생하는 백색증의 가장 일반적인 원인은 동형접합성으로 P유전자에서 2700개의 염기쌍이 결실되어 있다. 카리브 해 사람들이나 미국의 흑인들에게서도 똑같은 돌연변이가 나타나는데, 양쪽 모두 노예선에 실려 그곳에 오게 된 사람들의 후손이다.

백색증은 부족이나 인종, 국가를 불문하고 세계 어디에나 있다. 그러나 플리니우스의 레우코에티오프스가 전혀 근거 없는 것은 아니다. 유럽에서는 3만 6000명당 1명이, 아프리카에서는 1만 명당 1명이 백색증을 가지고 태어난다. 그러나 줄루 족은 4500명당 1명, 나이지리아의 이보(Ibo) 족은 1100명당 1명으로 수치가 껑충 뛰며, 특정 지역은 이보다 훨씬 높은 백색증 발생률을 보인다. 1871년 피그미 족인 아카 족을 만나러 가는 여정에서 게오르게 슈바인푸르트는 백색증 사람을 몇 명 만나게 되었다.

몽부투 족은 매우 기이하고 이상한 점을 가지고 있다. 호기심에 내 텐트를 방문한 수백 명의 부족 사람들이나, 문차와 함께 3주 동안 머무르면서 만나본 수천 명의 사람들 중에서 적어도 5퍼센트 정도가 머리색이 밝았다. 그들은 전형적인 흑인의 머리인 빽빽한 고수머리를 가지고 있었다. 이집트 남부를 떠난 이후 그렇게 밝은 피부를 가진 사람을 만난 것은 그들이 처음이었다. 창백한 머리색과 피부색을 가진 그들은 모두 눈 주위에 병색이 완연했으며, 누가 봐도 여러 가지 뚜렷한 백색증 증상을 보여주었다.

백색증이 그렇게 흔하다는 것은 약간 놀라운 사실이다. 아프리카의 백색증 사람들은 상당히 힘든 삶을 산다. 사회적인 천대는 물론이고 배우자를 찾기도 힘들 뿐 아니라 색소 부족 때문에 장시간 야외 활동이 힘들며, 피부암 중에서도 가장 악성인 흑색종(melanoma)에 걸리기 쉽다. 이런 여러 가지 단점을 생각하면 백색증 유전자의 발현, 다시 말해 백색증 사람들이 드물게 발생해야 마땅하다. 일부 유전학자들은 애리조나의 호피(Hopi) 인디언에서 백색증의 발병률이 그토록 높은(200명당 1명) 이유는 백색증 남자들이 들판에서 일할 수 없기 때문에 집에 머물면서 여자들과 농탕질을 즐기기 때문이라고 말한다. 그러나 학자들의 이런 주장은 열두 명이 넘는 사생아를 두었던 매력적인 호피 족 노인에 기인한 것으로 보인다.

얼룩백색증

뷔퐁은 얼룩백색증(piebald)에 매료되었던 것 같다. 그는 백색증의 원인을 연구하고 아직 정립되지 않은 유전 이론을 파악하려고 노력하면서, 백색증과 정상적인 색소를 가진 부부 사이에서 어떤 아이가 태어날지 매우 궁금해했다. 그는 이런 아이들은 얼룩백색증을 가질 수도 있다고 생각했다. 『박물지』에는 주느비에브 외에 다른 석판화도 등장한다. 이 그림에는 양산과 도끼, 담요, 깃털 달린 머리 장식 등 이국적인 장식물 가운데 서 있는 네 살 정도의 소녀가 등장한다. 높이 치켜든 손가락 위에 조그만 애완용 앵무새가 사뿐히 앉아 있다. 두 가지 색으로 이뤄진 소녀의 몸은 흑백의 모자이크를 연상시킨다.

뷔퐁은 소녀를 만난 적이 없으며 출생에 대해서도 잘 알지 못했고 그림을 통해서만 보았을 뿐이다. 콜롬비아의 무명화가가 1740년경에 그린 이 초상화는 유럽행 에스파냐 화물선에 실렸지만, 이 배는 출발 즉시 서인도 제도를 담당하는 영국 해군의 소함대에 나포되었다. 전리품이 되어 캐롤라이나로 옮겨진 이 초상화는 그곳에서 최소한 두 차례 정도 복제화가 그려졌다. 원본이든 복제화든 그림 한 점이 런던을 향해 출발했지만 이번에는 프랑스 해군이 배를 공격했다. 그런 뒤 됭케르크의 시장인 M. 타베른의 수중에 들어간 이 그림은 뷔퐁에게 건네졌다. 이렇게 해서 에스파냐 왕위계승전쟁의 여파로 인해 얼룩백색증의 마리에 사비나(Marie Sabina)가 유럽에서 가장 위대한 박물학자에게 알려지게 되었다.

뷔퐁은 그림에 매혹되었다. 그가 본 복제화는 현재 유실되었지만, 그는 초상화에 다음과 같은 헌사를 바쳤다.

1736년 10월 12일
아메리카 카르타헤나 시에 있는
예수회 소유의 농장인 마투나(Matuna)에서
마르티아니아노와 파트로나라는
흑인 노예 부부 사이에서 태어난
마리에 사비나의
진정한 모습

얼룩백색증, 콜롬비아의 마리에 사비나, 1749년. 조르주 르클레르 뷔퐁, 『박물지』, 1777

타베른은 초상화와 함께 이런 편지를 적어 보냈다. "전설과 달리 나는 이 아이가 백인과 흑인의 결합으로 태어났다고 생각합니다. 부모가 둘 다 흑인이라고 하지만, 실제로는 아이의 엄마와 그녀의 주인인 예수회 사제의 명예를 지키기 위한 의도일 것입니다." 뷔퐁은 처음에는 타베른의 설명이 맞을지도 모른다고 생각했지만, 곰곰이 생각한 뒤 의문을 품게 되었다. 세상에는 백인과 흑인의 혼혈이 수천 수백만에 이르지만, 그들은 모두 갈색 피부를 가지고 태어났다. 따라서 아이가 흑인과 '블라파르'의 변종 중 하나인 백색증 인간의 사이에서 태어났으리라 생각했다. 예수회 소속의 지리학자이며 민족학자인 호세 구밀라(José Gumilla)가 1745년 마드리드에서 출간한 『위대한 오리노코 강에 대한 자연적, 사회적, 지리적 역사서 *El Orinoco ilustrado, historia natural, civil, y geografica, de este gran rio*』에서 잠깐 언급한 경우를 제외하면 그녀에 대한 얘기는 이것이 전부이다. 구밀라는 마리에가 갓난아기일 적에 농장에 있는 병원에서 두 모녀를 만나게 되었는데, 그는 산후조리 중인 아기 엄마에게 다른 사람들이 딸에게 증오의 눈길을 던지지 않나 경계하라고 충고하였다. 또한 마리에의 특이한 외모는 십중팔구 이 아기처럼 불행하게 점박이로 태어난 집에서 기르는 개가 원인임이 분명하다고 결론지었다.

얼룩백색증의 아이가 백색증 인간과 흑인의 혼혈이라는 뷔퐁의 가설은 거의 200년 동안 이어졌다. 점박이 개를 원인으로 여긴 구밀라의 생각보다는 뷔퐁의 가설이 합리적이긴 해도 그토록 오랫동안 이 가설이 유지되었다는 사실이 놀랍다. 왜냐하면 그 후의 학술지에 카리브 해에 있는 최소한 네 명의 다른 얼룩백색증 아이들이 등장했지만, 백색증 부모를 둔 아이는 아무도 없었다. 이 네 아이의 이름은 존 리처드슨 프림로즈(1774년생, 자메이카), 맥덜레인(1783년생, 세인트루시아), 조지 알렉산더 그래턴(1808년생, 세인트빈센트), 리스비(1905년생, 온두라스)였다. 마리에 사비나를 비롯해 다른 네 명의 아이는 모두 유명 인사가 되었다.

마리에 사비나의 초상화는 버지니아 주의 윌리엄스버그와 런던의 헌터 박물관에 걸려 있으며, 하버드 대학에는 맥덜레인의 동상이 있고, 잉글랜드의 서리에는 조지 그래턴의 무덤이 있다. 무덤의 비문에는 이렇게 적혀 있다. "이 초라한 돌 아래에는/아마도 그대와는 피부색이 달랐던 아이가 잠들어 있도다."

가장 최근의 카리브 해의 얼룩백색증 아이인 리스비는 1913년 영국의 유전학자 칼 피어슨의 기고문에 등장했다. 뷔퐁과 마찬가지로 피어슨 역시 얼룩백색증이 백색증과 관련이 있다고 여겼다. 그러나 아이의 엄마가 백색증 남성과 정을 통했다는 의미는 아니었다. 가족 사진에서 레이스로 된 두건을 두르고 있는 아이의 엄마에게서 굳건한 도덕성이 풍겨나오기 때문이다. 그 대신 칼 피어슨은 리스비의 조상 중에 백색증이 있었을 것이라는 의문을 품었다. 피어슨의 가설은 실제로는 더 복잡하다. 백색증의 조상이 있다 해도 부모 중 한쪽이 유난히 피부가 검은 경우에만 얼룩백색증이 나온다고 말하기 때문이다. 그리고 리스비의 아버지는 피어슨의 말을 빌리면 '석탄처럼 검은 흑인'이었다. 그의 이론은 너무 복잡해서 현대적인 관점에서는 이해하기 힘들다.

현재는 얼룩백색증이 백색증과 아무 관련이 없으며, 전혀 다른 유전자에서 생기는 우성 돌연변이라는 사실이 잘 알려져 있다. 또한 이런 돌연변이는 피부색에 상관없이 발생할 수 있으며, 말이나 개, 고양이, 생쥐 등도 '얼룩이(splotch)'로 만들 수 있다. 뷔퐁이 마리에 사비나에게 매혹되었듯이, 현재도 얼룩백색증은 무수한 흥미를 자아낸다. 무엇보다 그들은 피부색을 결정하는 세포의 이상한 출발에 대해 말해주기 때문이다.

멜라닌 세포는 평생 피부 속에 있으며 그 안에서 옮겨 다닌다. 피부

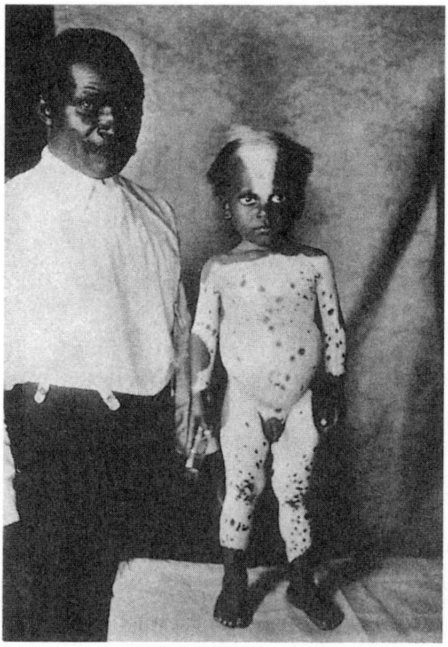

얼룩백색증. 리스비, 1912년 온두라스.
칼 피어슨 외, 『백색증 인간에 대한 연구』, 1913

는 대부분 외배엽에서 만들어지지만, 멜라닌 세포는 신경능선(neural crest)이라는 조직에서 만들어진다. 임신 28일이 지나면 신경능선세포가 새로 만들어진 등의 신경삭에서 흘러나와 태아의 머리에 몰려들어 얼굴을 형성한다. 그러나 몇몇 신경능선세포는 훨씬 먼 거리를 여행한다. 강물이 삼각주를 만나 넓게 퍼져나가듯, 신경능선세포도 등의 신경삭의 경사면에서 흘러나와 배아의 가장 먼 지역까지 여행한다. 이 세포는 어떤 곳에서는 신경을, 어떤 곳에서는 근육을 만들어주지만, 또 다른 곳에서는 발생 중인 샘(gland)에 들어가기도 한다. 그리고 일부는 멜라닌 세포가 되어 태아 초기에 진피층으로 들어가 자리를 잡은 뒤 색소를 생성한다. 결국 신경능선세포는 얼굴뿐 아니라 우리 몸의 색깔도 결정한다.

신경능선세포가 멜라닌 세포로 바뀌고, 바뀐 세포를 최종 도착지에 인도하려면 분자 장치가 필요하다. 얼룩백색증을 야기하는 유전자 돌연변이는 최소한 다섯 가지이며, 각각의 돌연변이는 한두 가지 이상의 분자 장치를 무력화시킨다. 그리고 부분부분 멜라닌 세포가 결여된 피부는 그 부분만 하얗게 된다. 앞머리만 완전히 하얀 얼룩백색증이 있는가 하면, 몸이 얼룩덜룩하거나 눈동자 색이 다른 경우도 있다. 그러나 심각한 질환을 야기하는 얼룩백색증도 있다. 몇몇 얼룩백색증의 아기들은 '거대결장증(megacolon)' 이라는 병을 가지고 있다. 이 질환은 배변을 유도하는 장 신경이 없기 때문에 심각한 변비로 장 하부가 부풀어 올라 장이 매우 쇠약해지는 질환이다. 장 신경도 신경능선에서 만들어진다. 얼룩백색증 아이들에게는 청각장애도 많이 나타나며, 이로 미루어 보아 멜라닌 세포가 내이에서 중요한 역할을 담당하는 것으로 여겨진다.

딩카 족 대 네덜란드인

기니피그와 개, 고양이, 소 등은 교배를 통해 다양한 털색을 만들기도 하지만, 인간만은 선천적으로 다양한 피부색을 가지고 있다. 우리의 피부색을 결정하는 것은 무엇인가? 유전학자들은 비정상적인 색소침착의 원인을 여러 가지 밝혀냈지만, 다양한 피부색을 관장하는 유전자, 다시 말해 딩카 족과 네덜란드인의 피부색이 다른 원인을 아직 알지 못한다.

이유가 무엇인가? 연구가 상당히 어렵다는 점이 한몫한다. 유전학자들은 검은 피부와 하얀 피부를 구분하는 유전자가 한 개 이상이라는 점을 수긍한다(만약 하나뿐이라면 벌써 알아냈을 것이다). 그러나 유전자가 2~6개 정도일 것이라는 추측은 차치하더라도 이들이 서로 복잡한 상호작용을 통하여 핑크색이나 황갈색, 갈색, 검은색 등의 피부를 만든다는 점을 고려해야 한다. 이 때문에 문제가 어려워진다. 다양한 변이를 가진 여러 유전자들이 조합해서 인체에 특정한 영향을 미친다면, 이런 유전자를 분자적으로 식별하는 작업은 응용통계학적으로 상당히 어려운 일이다. 이것이 심장병이나 인슐린 비의존형 당뇨병(non-insulin-dependent diabetes, 제2형 당뇨병) 등의 질병에 관한 문제라면 과학자들은 어려움을 기꺼이 수용해왔다. 그러나 피부색에서는 상당히 조심스러운 연구 태도를 취하는 편이다.

그럴 만도 하다. 린네가 세계의 인종을 '아시아티쿠스(*Asiaticus*, 아시아인), 아메리카누스(*Americanus*, 아메리카인), 에우로파이우스(*Europaeus*, 유럽인), 아페르(*Afer*, 아프리카인)로 분류한 이후, 피부색은 다른 인종의 특성을 구분하는 편리한 잣대로 악용되었기 때문이다. 린네는 피부색 외에 이 네 인종의 기질도 구분하였다. 아시아티쿠스는 완고하고 오만하며 탐욕스럽고 여론에 지배되는 인종이며, 아메리카누스는 고집이 세고 느긋하며 성마르고 습관에 지배된다. 누가 보기에도 좋은 점이 전혀 없는 아페르는 교활하고 게으르며 무기력하고 변덕에 지배된다. 그렇다면 그가 속한 인종은? 에우로파이우스는 활기차고 밝으며 창의적이고, 풍습의 지배를 받는 인종이라는 것이었다. 그의 인종 구분은 인종주의 사상의 기원이 되었다. 이 사상을 이어받은 19세기의 고비노(Joseph-Arthur de Gobineau) 백작은 아리아 인종의 우수성을 주장했으며, 인종주의는 역사상 가장 악랄하고 체계적인 색깔 분석을 빌미로 최정점에 올랐다. 그것은 바로 남아프리카공화국의 아파르트헤이트(apartheid)다.

거의 반세기 동안 남아프리카공화국이라는 체제를 건설해온 사람들은 국가를 세상과 단절시킨 채 자국의 풍부한 천연자원 대부분을 무의미한 인종분류 작업에 쏟아부었다. '넷 블랑크스(*net blankes*, 백인 전용)' 라고 적힌 의자에 누가 앉을 수 있는가를 두고 끝없는 토론을 벌이는 과정에서 경찰과 공무원, 직장인, 그리고 실제로 모든 시민들이 인종 구분의 전문가가 되었다. 남아공의 법률은 항상 고의적인 모호성을 가지고 국민들을 블랑크(blank, 백인), 스와르트(swart, 흑인), 클레우를링(kleurling, 영어로는 '유색인coloured' 으로, 아파르트헤이트의 인종 구분법에 따르면 아프리카 흑인과 유럽 백인의 혼혈)으로 구분했다. 부분적으로 이것은 누구를 아는지, 어디 출신인지, 그리고 다른 사람들이 자신을 어떻게 생각하는지를 말한다. 그러나 이런 사회적 기준 외에도 비과학적인 인종 검사 방법이 줄을 이었는데, 이런 방법을 창안한 사람들은 '백인으로의 탑승권' 을 얻기 위해 아프리카계 혈통을 부인하려 했던 것임이 분명하다. 어떤 사람들은 '연필 검사법' 이 신빙성이 있다고 믿었다. 그들은 머리에 연필을 꽂으면 흑인 피가 조금이라도 섞인 사람은 연필이 흘러내리지 않는다고 주장했다. 또는 손톱 밑의 피부색이 중요하다는 사람들이 있는가 하면, 눈꺼풀과 몽고반점이 중요하다는 사람들도 있었다. 또한 성기의 색깔을 중시하기도 했다(음낭 검사법). 남아프리카는 1948~1990년까지 학교와 직장, 병원 등 사회의 모든 측면에서 인종 차별이 횡행했으며, 아이들의 운명은 몸의 일부나 전체에 나타난 피부색으로 결정되었다.

1973년 케이프타운에서 백인으로서의 특권과 안전한 생활을 향유하던 리타 회플링(Rita Hoefling)이라는 43세의 가정주부가 피부색이 검게 변하기 시작했다. 그녀는 부신의 호르몬 과다분비로 발생하는 내분비계 질환인 쿠싱 병(Cushing's disease)을 앓은 적이 있었다. 부신을 제거하고 한동안 괜찮은 듯 보였지만, 어느 날부터 피부색이 검어지기 시작했다. 황갈색 피부라면 문제가 없지만, 청동색에 가깝게 변했기에 외모 전체가 달라 보였다. 실제로 그녀는 '블랑크' 가 아니라 '클레우를

링' 처럼 보였다.

처음 당한 굴욕은 아주 '하찮은' 아파르트헤이트였다. 아파르트헤이트에 충실한 차장으로부터 '백인 전용' 버스의 승차 거부를 당한 것이다. 그 뒤로는 피부색이 검은 이유를 설명하는 팻말을 들고 다녀야 했다. 그러나 아파르트헤이트의 남아프리카에 사는 모든 시민들이 자칭 '인종 전문가' 였다. 그녀는 얼마 뒤 다른 지역으로 이사했으나 그곳 주민들이 그녀를 받지 않겠다는 탄원서를 냈다. 케이프타운은 물론이고 남아프리카의 대도시나 인종 차별이 비교적 적다는 도시도 예외가 아니었다. 결국 그녀의 가족에게도 이런 압박감이 이어졌다. 부친이 죽었을 때에도 리타는 장례식에 참석하지 못했다. 그녀의 모친이 "아빠의 무덤 앞에서 너의 검은 피부 때문에 창피당하고 싶진 않다"고 말했기 때문이다.

백인 사회에서 쫓겨난 리타 회플링은 흑인들과 이웃사촌이 되었다. 그녀는 인종 차별 지역 내에 마련된 흑인 거주지역에 들어갔고, 그곳에서는 정상 취급을 받았다. 그녀는 코사어(Xhosa)를 능숙하게 구사하게 되었다. 그런데 1978년 어느 날 갑자기 피부가 다시 하얘졌다. 옛 생활로 돌아가고 싶었지만 전직 해군장교이던 남편이나 아이들은 연락이 끊긴 지 오래였다. 그녀는 그 후 10년 동안 자선기관과 쥐꼬리만 한 연금에 의존해 근근이 살아가며 케이프타운 슬럼가의 초라한 숙소들을 전전해야 했다. 그리고 이런 초라한 숙소를 벗어나지 못한 채 그녀는 1988년 55세에 기관지성 폐렴에 걸려 죽고 말았다.

리타 회플링의 질환은 부신절제술(adrenodectomy)을 받은 사람의 3분의 1이 겪는 부작용인 '넬슨 증후군(Nelson's syndrome)' 이었다. 부신의 가장 중요한 역할은 갑상선과 마찬가지로 뇌하수체를 제어하는 것이다. 부신이 없기 때문에 뇌하수체가 자라나서 종양이 생기고, 뇌하수체 호르몬의 과다분비로 피부색이 검어졌다.

아일랜드의 거인인 찰스 번도 뇌하수체 종양을 앓았다. 단일 기관에서 발생한 종양이 그토록 광범위한 영향을 미친다는 사실에 놀랄 수도 있지만, 뇌하수체는 상당히 다재다능한 기관이다. 뇌하수체는 호르몬 생산의 집합체일 뿐 아니라, 여기에서 분비되는 여섯 가지 호르몬은 각각의 전문적인 세포에서 만들어진다. 따라서 뇌하수체 종양은 어떤 세포에서 시작되느냐에 따라 그 결과도 달라질 수 있다. 뇌하수체 종양의 대부분은 성장호르몬 분비를 전담하는 세포에서 시작되어 거인증이나 말단비대증을 야기한다. 아주 드물긴 하지만 멜라닌세포자극호르몬(melanotropin)을 생산하고 분비하는 세포에서 뇌하수체 종양이 생기기도 한다.

성장호르몬과 마찬가지로 멜라닌세포자극호르몬도 인체를 순환하지만, 성장호르몬이 인체의 거의 모든 세포에 영향을 미치는 반면 멜라닌세포자극호르몬은 좀더 국지적으로 영향을 미친다. 멜라닌세포자극호르몬의 영향을 가장 뚜렷하게 받는 세포는 멜라닌 세포이다. 멜라닌세포자극호르몬이 멜라닌 세포 수용체와 결합하면, 멜라닌세포는 피부나 머리카락, 눈을 검게 하는 색소인 유멜라닌을 만든다. 뇌하수체 성장호르몬의 과다분비로 살과 뼈가 과도하게 성장하는 것과 마찬가지로, 멜라닌세포자극호르몬은 피부를 갈색으로 바꾼다. 피부가 하얀 사람일수록 그 효과가 더욱 두드러진다. 그러나 멜라닌세포자극호르몬의 역할은 유멜라닌을 생성하는 것만이 아니다. 멜라닌세포자극호르몬이 없는 아이들은 금발이 아니라 붉은 머리이며, 비만이다.

이 아이들이 비만인 이유는 멜라닌세포자극호르몬 중에서 알파 멜라닌세포자극호르몬(*α*-melanocyte-stimulating hormone, *α*-MSH)이 없기 때문이다. *α*-MSH는 멜라닌 세포와 결합해서 멜라닌세포자극호르몬수용체-1(melanocyte-stimulating hormone receptor-1, MC1R)이라는 분자를 활성화시킨다. 그러나 뇌에서 *α*-MSH는 다른 유전자에 의해 암호화되는 MC4R라는 수용체와 결합한다. 이 수용체는 식욕을 조절한다. α-MSH가 MC4R를 활성화시키면 신경세포가 인체에 먹는 것을 중단하라고 지시한다. 따라서 α-MSH가 없는 아이들은 '언제' 먹는 것을 중단해야 할지 모르기 때문에 비만이 된다.

그러나 붉은 머리가 모두 비만은 아니다. 실제로 일반적으로는 뚱뚱한 붉은 머리는 거의 없다. 그 이유는? 그들이 불타는 듯한 머리색과 투명한 피부를 가진 이유는 특정 호르몬이 없어서가 아니라 별난 수용체 때문이다. MC1R가 활성화되면 멜라닌 세포가 갈색과 검은색의 색소인 유멜라닌을 생성하고, 비활성화되면 붉은 색소인 페오멜라닌을 생성한다. 붉은 머리의 켈트 족은 MC1R가 영구적으로 비활성화된 상태라고 볼 수 있으며, 붉은색의 세터 종*, 붉은 여우, 붉은색의 하이랜드 소도 마찬가지다.

'별난' 이라는 모호한 단어에 주목해야 한다. 이 책에서는 대부분 임상유전학의 용어들을 사용하고 있다. 또한 '돌연변이(mutation)' 에 대해서는 단백질의 '기능을 없애거나' 그것에 '결함' 을 일으킨다고 말했다. 그러나 붉은 머리가 이토록 많은데 그들의 유전자에 대해 부당한 방식으로 얘기하는 것은 좀 가혹하다. 그럼에도 같은 질문을 다시 던져야 한다. '붉은 머리는 돌연변이인가?'

특정 유전자 배열이 다형성인지, 돌연변이인지는 세계적인 발현빈도(global frequency)와 유용성이라는 두 가지 결과를 가지고 판단해야 한다. 돌연변이는 드물게 발생하고 해롭지만, 다형성은 일반적으로 그렇지 않기 때문이다. 발생률로 보면 북유럽에서는 붉은 머리가 흔하고, 스코틀랜드의 애버딘에서는 6퍼센트나 된다. 세계적으로는 드물다. 그러나 인구 집계는 '붉은 머리 유전자' 의 빈도를 과다하게 잡는다. 이는

* 사냥개의 일종.

붉은 머리가 저마다 다른 색깔로 나타나기 때문이다. MC1R 유전자는 최소한 30여 가지 버전을 가지고 있으며, 이 중 대다수를 아일랜드에서 찾아볼 수 있다. 여섯 가지에서 많게는 열 가지에 이르는 MC1R 버전들이 서로 복잡하게 조합해서 붉은 머리를 만든다. 따라서 적갈색, 암적색, 오렌지색, 붉은 빛 도는 금발 등 여러 가지 붉은 머리가 나타난다. 이와는 달리 아프리카인들의 MC1R는 한 가지뿐이다.

세계적으로 단일 색조의 붉은 머리를 만드는 MC1R 유전자는 매우 희박하기 때문에 이것을 다형성이 아니라 돌연변이라고 불러야 할 것이다. 그러나 실용성 측면의 주장도 있지 않을까? 일부에서는 구루병을 예방해줄 비타민 D를 생성해주는 햇빛을 받기 위해 북쪽 사람들의 피부색이 더 밝은 것이라고 생각했다.

다윈은 세대가 흐를수록 이성에게 완벽하고 매력적으로 보일 수 있는 방향으로 진화하고, 이러한 성적인 선택 때문에 인간이 다양한 색깔을 가지게 되었다고 생각했다. 붉은 머리가 유난히 관능미를 발산한다는 앙리 툴루즈 로트레크의 생각이 맞다고 여긴다면 다윈의 가설도 재미있긴 하지만 검증은 힘들다.

다른 한편 붉은 머리의 유용성에 반대되는 사례는 쉽게 찾을 수 있다. 아프리카인들의 획일적인 MC1R 유전자는 열대 지방에서는 검은 피부를 가져야 하며 그래야 피부암도 예방할 수 있다는 것을 알려준다. 북구의 부드러운 빛에서 벗어나면 붉은 머리 사람은 햇볕에 쉽게 손상을 입는다. MC1R 유전자로 인해 하얀 피부를 가졌지만, 그 덕분에 보기 좋게 그을리는 대신 화상을 입는다. 오스트레일리아에는 스코틀랜드계나 아일랜드계 아이들이 많기 때문에 그들이 운동장에 나갈 때는 반드시 모자를 쓰고 긴소매 옷을 입어야 한다는 법이 있다. 위의 사실들로는 어떤 결론도 내릴 수 없다. 그러나 붉은 머리가 미관상으로는 좋을지라도 건강에 이롭지 않다는 점은 분명하다. 블라인드 케이브 피시*의 눈이 퇴화된 것처럼 북구인들의 MC1R 유전자도 더 이상 필요 없기 때문에 퇴화 중인지도 모른다.

페트루스 곤살부스와 슈웨마웅

하얀 피부에 자부심을 가졌던 19세기의 문화인류학자들은 인류를 피부색으로 구분하였다. 당연한 일이지만 지구 반대편 학자들의 관점은 당연히 달랐다. 유럽 여행을 마치고 돌아온 중국 학자 장더이(章德益, 1847~1919)는 고국 사람들에게 프랑스 여성들이 긴 수염과 구레나룻을 가지고 있다고 말했다. 유럽의 학자들이 피부색에 따라 지리를 나눈 반면, 중국의 문화인류학자들은 털이 많고 적음에 따라 지도를 그렸다. 그들은 일본 북부의 털북숭이 부족인 아이누 족에 깊은 관심을 가지면서 이들을 왜소한 원인(猿人)으로 묘사하였다. 물론 아이누 족은 원인이 아니다. 아이누 남자들은 전통적으로 긴 머리와 수염에 자부심을 가지며 한 번도 자르지 않지만, 유럽인들에 비해서는 체모(體毛)가 많지 않은 편이다. 또한 19세기 말 청나라 학자들은 유럽인 방문객들을 짧은꼬리원숭이(macaque)에 비유하였다. 이 재미있는 비유는 싱가포르에 남아 있는데, 이 나라 사람들은 오늘날도 외국인들을 '앙모(angmo)' 나 '앙모가오(angmogao)' 라고 부른다. 이는 호키엔** 말로 '붉은털원숭이' 라는 뜻이다.

중국인들만 모발이나 수염에 관심을 가진다고 말하는 것은 부당하다(실제로 '연필 검사법' 을 만든 사람들도 남아프리카의 백인임이 거의 분명하기 때문이다). 또한 유럽인들이 털이 많긴 하지만 자신들과 털북숭이

---

* 멕시코가 원산지인 유백색의 물고기.

** 중국의 푸젠성 부근에서 이주해 온 싱가포르 사람들.

사람들을 동류로 간주한 적은 한 번도 없었다. 일반적인 아기들은 약간의 솜털을 가지고 있지만, 털과다증(hypertrichosis)이라는 유전질환을 가진 아이들은 코와 이마, 뺨, 귀, 사지와 상체 등 여러 부위에서 털이 무성하게 자란다. 이런 아기들은 어른이 되어서는 야생인 취급을 받았는데, 옛날 여행가들은 그들을 '산사람(Waldmenschen)' 이나 '원시 여인(femmes sauvages)' 이라고 불렀고, 분류학자들은 '미개인(hommes primitifs)' 이나 '호모 히르수투스(*Homo hirsutus*, 다모증 인간)' 라고 불렀고, 서커스 단원은 '개 · 곰 · 사자 · 원숭이 인간' 이라고 불렀다.

나폴리의 카포디몬테 미술관에는 볼로냐 출신의 형제화가 중 형인 아고스티노 카라치(1557~1602)의 그림이 전시되어 있다. 화폭에는 익살맞은 난쟁이와 턱수염을 기르고 치아가 거의 없으며 인상을 찌푸린 중년 남성이 그려져 있다. 두 사람은 자신들 사이에 앉아서 훌륭한 체격에 잔잔한 미소를 짓고 있는 잘생긴 젊은이를 주시하고 있다. 그는 야생인이나 산사람인 듯 보인다. 이 젊은이는 벌거벗은 몸에 조잡한 망토만 걸치고 있으며 얼굴에는 털이 무성하다. 턱수염 외에 뺨 위와 아래 이마에도 털이 수북하다. 무성한 나뭇잎이 배경으로 그려져 있고, 앵무새 한 마리와 원숭이 두 마리, 개 두 마리가 목가적인 분위기를 더해준다. 자연에 대한 우화를 담은 그림이라고 생각할 수도 있지만, 〈털북숭이 아리고와 미치광이 피에트로, 작은 아몬〉이라는 제목에서 이들이 실제로는 동물원에 속한 사람들임을 알 수 있다.

오도아르도 파르네세 추기경의 부탁으로 그려진 이 그림은 1599년에 완성되었다. 카라치 형제가 로마의 파르네세 궁전의 내부에 그려준 웅장한 벽화에 비하면 이 그림은 아주 사소한 것에 불과했다. 현재 프랑스 대사관이 자리 잡고 있는 이 궁전에는 식물원과 작은 동물원이 부속 건물로 딸려 있었다. 아고스티노의 그림에 등장하는 동물들은 십중팔구 동물원 소유였음이 분명하다. 오도아르도 추기경의 친척인 라누치

배내털과다증. 아리고 곤살부스, 1599년 로마.
아고스티노 카라치, 〈털북숭이 아리고와 미치광이 피에트로, 작은 아몬〉(부분)

파르네세가 선물로 준 이 야생인 역시 동물원에서 거주하였다. 그가 두른 망토는 그의 신분과 출신을 암시한다. 그것은 카나리아 제도의 테네리페 섬에 거주하다가 그림이 그려지기 100년 전 에스파냐군에게 땅을 빼앗기고 대부분이 몰살당한 구안체 족(Guanche)이 두르는 '타마르코(tamarco)' 이다.

야생인의 이름은 아리고 곤살부스(Arigo Gonsalvus)로 구안체 족은 아니었다. 그러나 그의 아버지인 페트루스 곤살부스(Petrus Gonsalvus)는 구안체 족이었으며 상당히 이상한 외모를 하고 있었다. 페트루스 곤살부스는 1556년 노예의 신분으로 테네리페에서 앙리 2세의 궁으로 끌려왔다. 당시 그는 12세 정도에 불과했지만 수북이 난 털 때문에 얼굴 윤곽을 구분하기 힘들 정도였다. 궁에서의 대우는 좋았던 것으로 보이며 약간의 교육도 받았다. 1559년 앙리 2세가 죽은 후 곤살부스는 에스파냐령 네덜란드의 군주이며 파르마 여공(女公)인 마르가레트의 궁전에 오게 된다. 그리고 그곳에서 젊고 예쁘장한 네덜란드 여인과 결혼한 뒤 네 명의 자식을 두었다. 털북숭이로 태어난 아이들은 아리고를 포함해 세 명이었다.

파르마 여공은 1582년 이탈리아로 돌아왔고, 털북숭이 가족도 그녀를 따라왔다. 그들은 자연의 경이를 보여주는 놀라운 존재였지만, 합스부르크 왕가나 파르네세 가문은 보는 것만으로는 만족할 수 없었다. 티롤의 대공인 프리드리히 2세는 인스부르크 근처 암브라스 성에 마련된 '경이의 방(Wunderkammer)'에 전시하기 위해 이 가족 개개인의 초상화를 그리게 했다. 이 초상화들은 자연의 신비에 대한 그의 수집품의 일부로서 이 방에 전시되어 있다. 게오르크 회프나겔이 그린 가족 초상화는 오스트리아의 황제이며 프리드리히의 조카인 루돌프 2세의 『우화집*Bestiary*』에 등장한다. 이 책에서 인간은 그들밖에 없다. 이 놀라운 일가를 그린 여러 점의 초상화 중에서 볼로냐의 화가인 라비니아 폰타나의 그림이 가장 아름답다. 이 그림은 아리고의 누이동생인 토그니나(Tognina)의 모습을 담고 있는데, 작은 털북숭이 소녀는 은빛 수단 옷을 걸치고 집안의 내력을 설명하는 문서를 가슴께에 든 채 사랑스러운 미소를 짓고 있다. 그녀의 모습은 초자연적 능력을 가진 사랑스럽고 영리한 고양이를 보는 것 같은 착각마저 든다.

이런 초상화들이 곤살부스 가족의 털과다증을 강조한다고 생각할 수 있지만 절대 그렇지 않다. 볼로냐 파팔 대학의 자연사 교수이며 주도면밀하기로 유명했던 율리세 알드로반디는 곤살부스 가족의 이탈리아 북부 여행에 대한 기록을 남겨놓았다. 『역사 속의 괴물들』에서 알드로반디는 곤살부스 일가를 만났던 일과 그들의 모습을 자세히 설명하면서

배내털과다증. 페트루스 곤살부스, 1582년경.
무명화가의 그림, 오스트리아의 독일인 학교.

네 점의 목판 초상화도 실어놓았다. 어떤 학자들은 아고스티노 카라치의 그림에서 털북숭이 젊은이를 주시하던 미치광이 피에트로가 알드로반디라고 주장하기도 했다. 이런 흥미진진한 생각을 뒷받침하듯 수염을 기른 중년 남자는 알드로반디를 닮았으며, 그와 카라치는 학창시절부터 안면이 있는 사이였다. 그러나 1599년 알드로반디는 70대의 노인이었지만, 피에트로는 너무 원기 왕성해 보인다.

알드로반디는 페트루스 곤살부스를 카나리아 출신의 '산사람'이라고 말하며, 그곳에는 곤살부스 가족처럼 다른 털북숭이 사람들도 살고 있다고 확신했다. 물론 그렇지 않았다. 페트루스 곤살부스는 대다수 사람들의 경우에는 털이 나지 않는 얼굴이나 신체 부위에 털이 수북이 자라게 하는 돌연변이 유전자를 가지고 태어난 사람에 불과했다. 페트루스나 그의 처자식이 훗날 어떻게 되었는지는 전혀 모른다. 다만 딸인 토그니나가 결혼했으며, 그녀의 여러 아이들도 마찬가지로 털북숭이였다는 사실만이 알려져 있다.

왕실의 호기심의 대상이 된 다모증(hirsutism) 사람들은 페트루스 곤살부스와 그의 자식 외에도 더 있다. 1826년 영국의 외교관이며 박물학자인 존 크로퍼드(John Crawfurd)는 만달레이 북부에 있는 버마 아바 왕조의 수도를 방문했다. 왕좌에는 왕권 쟁탈을 위해서라면 피도 눈물도 없기로 유명한 콩바웅 가문의 후예인 바지도(Bagydaw)가 앉아 있었다(콩바웅 가문의 한 원로는 바지도가 아바 왕조의 왕좌를 차지하기 위해 1782년 동생들과 그 가족을 비롯해서 수백 명의 식솔을 집단화형에 처한 것을 치하했다). 콩바웅 왕가는 팽창주의 정책을 썼기에 인도를 식민지배하던 영국 정부의 분노를 샀다. 제1차 영국-버마 전쟁이 끝난 뒤 버마 정부는 굴욕적인 평화조약을 맺어야 했다. 이때 아바 왕조로 조약 문서를 전달한 사람이 크로퍼드로, 그의 눈에 비친 바지도의 궁전은 중세적 위용을 자랑하며 흰 코끼리와 백색증 인간이 아름다움을 더하는 곳이었다. 또한 그곳에는 슈웨마옹(Shwe-Maong)도 있었다. 크로퍼드의 기록은 다음과 같다.

> 온몸이 털로 뒤덮여 있으며 인간이라기보다는 원숭이의 생김새에 가깝다는 사람에 대해 많은 얘기를 들었다. 그러나 단언컨대, 어떤 묘사도 그의 외모를 제대로 설명해주지 못했다. 이마 전체와 뺨, 눈꺼풀, 코, 코의 내부, 턱까지 얼굴 전체가 입술의 붉은 부분만 제외하고 가는 털에 뒤덮여 있었다. 이마와 뺨의 털은 8인치(약 20센티미터) 정도였으며, 코와 턱의 것은 4인치(약 10센티미터) 정도였다. 털은 은회색이었으며, 실크처럼 부드럽고 가늘며 곧았다. 귀의 앞면과 뒤, 외이의 안에도 얼굴에 난 것과 똑같은 털이 있었으며 길이는 8인치였다. 이런 특징 때문에 그를 처음 봤을 때 전체적으로 매우 부자연스러워 보였으며, 인간이 아닌 것처럼 보였다.

슈웨마옹은 고지대 국가인 라오스 출신으로, 그곳 마을의 족장에 의해 다섯 살 때 바지도의 궁에 조공으로 바쳐졌다. 약간 마른 체격에 부드러운 갈색 눈을 가진 슈웨마옹은 궁에서 바구니를 짜고 어릿광대 노릇을 하면서 불안정하게 살았다. 소년이 되자 버마 후배지(後背地)의 티크 밀림에 거주하는 원숭이를 흉내내는 법을 배워야 했다. 슈웨마옹이 20대 초반이 되자 바지도는 그와 궁전 미녀를 짝지어주었으며 둘 사이에서 네 아이가 태어났다. 그 중 마풍(Maphoon)이라는 딸이 '매우 건강하고 튼튼하게' 태어났는데 아버지처럼 털북숭이였다. 태어났을 때는 귀만 털북숭이였지만 6개월이 되자 다른 신체 부위도 가는 회색 털로 뒤덮였다. 크로퍼드가 아이를 봤을 때는 두세 살쯤이었는데, 얼굴에서 맨살이라곤 더 이상 찾아볼 수 없었다. 크로퍼드와 만나고 30년이 흐른 뒤, 여전히 난폭한 기질을 드러내는 콩바웅 왕가와 협상하기 위해

배내털과다증. 마풍, 1856년경 버마.

아바로 파견된 다른 외교관도 마풍에 대한 기록을 남겼다. 성인이 된 그녀는 오래전에 죽은 아버지와 똑같은 모습을 하고 있었다. 얼굴은 눈과 입만 제외하고 비단 같은 털에 감싸여 있었고, 목과 가슴, 팔에도 가늘고 긴 털이 빼곡했다. 또한 아버지처럼 온화한 성격이었다. 그녀는 결혼한 상태였고(바지도의 후계자는 지적 호기심을 풀기 위해 그녀와 결혼한다는 남성에게 포상금을 주었을 것이다), 털북숭이인 아들 두 명을 두고 있었다. 아들 한 명은 훗날 결혼했고 1875년경 찍은 사진에는 가족 3대의 모습이 담겨 있다. 또 마풍과 그녀의 아들, 손녀딸은 똑같이 털북숭이였다.

1885년 영국이 제3차 영국-버마 전쟁에서 승리해 버마 북부를 정복했고, 아바 왕궁은 파괴되었다. 마풍과 일가족은 숲으로 도망쳤지만, 그들을 발견한 이탈리아 육군 장교의 설득으로 유럽행 배에 올랐다. 그리고 1886년 유럽의 여름, 슈웨마옹 일가가 피카딜리 광장의 이집트 홀과 파리의 폴리 베르제르 극장에서 서커스를 했다는 소식을 끝으로 그들의 행방은 더 이상 알려지지 않았다.

털에 대한 해부학

인간은 500만 개 정도의 모낭을 가지고 태어나며 평생 동안 유지된다. 모낭은 줄지어 배열되어 있으며 모낭과 모낭 사이의 간격은 엄격한 질서가 잡혀 있다. 이런 규칙성은 어떻게 생길까? 두피의 모낭이 무질서하게 배열되면 모발도 저마다 다른 간격으로 놓이게 된다. 모낭이 어떻게 정확한 질서를 가지는지는 매우 어렵고 복잡한 문제이다. 이 문제는 결국 무(無)에서 규칙적인 패턴이 형성되는 원리에 대한 것이다.

이해하기 힘든 부분은 바로 '규칙성'이다. 유기체가 다섯 손가락과 같은 독립적인 신체기관을 발달시키는 과정은 쉽게 상상할 수 있다. 프로그램을 입력받은 세포들이 특정 분자의 농도 차이에만 반응하면 되기 때문이다. 실제로 손가락의 운명은 이런 식으로 정해진다. 그러나 서로 다른 다섯 개의 손가락 대신에 두 종류의 손가락, 가령 약지와 검지가 번갈아 생성되기를 원한다고 가정해보자. 이 이상한 손은 약지-검지-약지-검지-약지의 기형적인 모습을 지니게 되지 않을까? 지금까지 이런 손을 가진 사람은 없었다. 그러나 이것은 본질적으로 피부가 제시하는 문제이다. 피부는 배아로부터 무미건조한 통일성에서 벗어나 특별한 질서를 마련해 모낭이 피부와는 별도로 규칙적인 격자모양으로 배열될 수 있게 해줘야 한다. 이렇게 되려면 상당히 미묘한 장치가 필요하다.

이 장치의 구체적인 형태는 아직 알 수 없지만, 그것의 작동 원리는 짐작할 수 있다. 우선 모낭이 형성되는 방법이 아닌 주변에 모낭이 형성되지 않는 원리가 무엇인지를 알아야 한다. 임신 3개월이 지나면 태아는 모낭을 만들기 시작한다. 500만 개의 모낭이 한꺼번에 등장하지는 않는다. 이마를 시작으로 발진이 번지듯 머리와 얼굴의 다른 부분으로 퍼져나가고, 윗목으로 내려간 다음 아랫목과 상체로 확산된다. 그리고 둔부와 어깨를 거친 다음 최종적으로 팔다리까지 내려간다.

발진에 비유한 이유는 피부의 감염이 국소적인 부분에서 시작해 전체로 확산되듯, 모낭도 같은 경로로 변화하며 형성되기 때문이다. 이런 변화를 통해 피부 세포는 정지상태에서 모낭을 만들 수 있는 상태로 형질이 변한다. 이런 과정이 세포에서 세포로 전해진다. 처음에는 앞머리에 있는 세포 하나에서 시작되지만, 이 세포가 주변 세포에 똑같은 변화를 유도하고, 이 주변 세포들이 또 다른 주변 세포의 변화를 야기한다. 이런 과정이 계속 거듭된다. 이런 변화의 성격이 무엇인지는 모르지만 몇 가지를 추측해볼 수 있다.

모낭은 두 개의 다른 조직에서 만들어지는 키메라(chimera)*이다. 피부도 마찬가지다. 우리 눈에 보이며 느낄 수 있고 비바람을 맞는 피부는 표피이며, 표피는 배아의 처음에 형성되는 세 개의 층 중에서 가장 바깥쪽에 있는 외배엽에서 만들어진다. 표피 아래에는 좀더 두꺼우며 중배엽에서 만들어지는 진피층이 있다. 진피와 표피는 모낭을 형성하기 위해 밀접한 공조 관계를 유지한다. 그들의 관계는 계속 대화하는 두 명의 만담꾼과 비슷한데, 한쪽이 분자 신호를 보내면 상대편은 이에 대응하는 역신호를 보낸다.

둘의 관계를 보여주는 간단하면서도 다소 기이한 실험이 있다. 1999년 서로를 사랑하는 것만큼이나 과학에도 헌신적이던 한 과학자 부부는 직접 실험용 모르모트가 되었다. 그들은 남편의 두피에 있는 진피조직을 떼어 아내의 겨드랑이 아래 털이 나지 않는 팔 부분에 이식하였다. 아내가 남편의 조직을 거부하지 않았다는 것이 면역학적 측면에서 놀랍지만, 모낭은 어느 정도 면역계통의 감시에서 벗어나는 지역이라고 생각된다. 시술을 끝내고 부위가 아문 직후 이식받은 자리에서 긴 머리카락이 자라나기 시작했다. 이 실험은 진피가 표피에게 '이곳에 모낭을 만들라' 고 명령한다는 사실을 보여주었다. 실제로 모낭이 발달하기 시작하면서 발진이 번지듯 태아의 피부 전체에 변화가 발생하고, 이런 변화를 통해 진피세포는 연속적으로 명령권을 얻게 된다. 그리고 모든 진피세포가 이런 명령권을 가지지만 손가락 끝과 손바닥, 발바닥, 입술, 성기에서는 그렇지 않았다. 그 이유는 아직 모른다.

진피와 표피의 대화에서, 진피의 명령을 시작으로 대화가 전개되면 표피는 즉시 응답할 권리가 있다. 진피세포가 대화를 시작해 표피에게 모낭을 만들라고 지시하면, 표피는 규칙적으로 단호하게 '노' 라고 대

* 둘 이상의 동종이나 이종의 접합체에서 유래되는 세포집단을 갖는 개체.

답해야 한다. 그러지 않으면 태아의 피부는 하나의 거대한 모낭 덩어리가 되거나 기형적인 모낭과 털을 가진 종양 덩어리가 될 수도 있기 때문이다. 표피가 진피의 요구에 적절히 대응하기 때문에 모낭도 정확한 공간을 확보할 수 있다. 새로 형성된 모낭은 주변의 표피세포에게 다른 모낭을 만들지 말라고 지시한다. 새로 형성된 모낭은 주변 세포들이 진피의 지속적인 요구를 받아들이지 못하게 막을 뿐 아니라 이런 명령을 근본적으로 차단하는 것으로 보인다.

진피와 표피의 대화에서 오가는 말은 앞에서 언급한 신호와 같은 종류인 것으로 보인다. 표피에서 진피의 명령을 차단한다고 여길 만한 가장 그럴듯한 후보는 골형성 단백질(BMP)이다. 새의 깃털은 포유류의 털과 먼 상동성을 가지는데, BMP에 적신 실리콘 구슬을 닭 배아의 피부에 이식하면 그 부위에서는 깃털이 생기지 않는다. 섬유아세포 성장인자(FGF)로 같은 실험을 행할 경우 매우 기묘하게 뒤틀린 과다한 깃털이 생긴다. 따라서 FGF가 최초의 모낭 유도 신호라고 짐작된다. 인간의 모낭에서 BMP와 FGF는 같은 방식으로 작용하는 것 같다. 그러나 생성 중인 모낭 주변에서는 다양하고 역동적인 신호들이 무수히 존재하기 때문에 그들의 역할을 전부 파악할 수는 없다. 단지 모낭 신호에 결함이 생기도록 조작된 쥐는 털 없이 태어나는 경우가 많다는 사실만 알 뿐이다.

불모지대

많은 사람들이 가장 궁금해하는 것은 머리가 빠지는 원인이다. '안드로겐 유전성 탈모증(androgenetic alopecia, 남성 호르몬성 탈모증)' 이나 '남성형 대머리(male pattern baldness)' 를 가진 사람이 정확히 몇 명인지는 정의하는 개념에 따라 달라지지만, 미국 남성들의 20대는 20퍼센트, 30~50대는 50퍼센트, 70~80대는 80퍼센트가 대머리라는 주장이 대략 맞는다. 사실 대머리 증상은 주로 백인 남성들의 고민이다. 아프리카인이나 동아시아인, 미국 인디언이 대머리가 될 확률은 평생 동안 25퍼센트 이하이다. 대머리는 의학적으로는 무해하지만 맥 빠지게 하는 질환이다. 오비디우스는 『사랑의 기술*Ars amatoria*』에서 이렇게 적고 있다. "불모지대(不毛地帶)가 눈에 거슬리듯/ 나뭇잎이 없는 나무도 / 머리카락이 없는 머리도 마찬가지다." 최소한 지난 1세기 동안 미국인들은 대머리 남성을 대통령으로 선출하기를 매우 꺼렸다. 제럴드 포드(재임 1974~1977)와 드와이트 아이젠하워(재임 1953~1961)를 제외하면 최근 100년 동안 대머리였던 대통령은 아무도 없었다. 유럽인들은 대머리 대통령에 한층 호의적이다. 처칠, 파판드레우, 시미티스, 지스카르 데스탱, 미테랑, 시라크, 크락시, 무솔리니는 머리카락이 거의 없는 정치가였다. 구 소련의 경우는 이런 현상이 훨씬 일찍 나타났다. 선거로 뽑혔다고 말할 수는 없지만 소련에서는 레닌(대머리), 스탈린(숱 많음), 흐루시초프(대머리), 브레즈네프(숱 많음), 안드로포프(대머리), 체르넨코(숱 많음), 고르바초프(대머리)의 순으로 대머리와 숱 많은 사람들이 번갈아 당서기장이 되었다. 러시아로 바뀐 오늘날에도 이 전통이 그대로 유지되어 옐친은 숱이 많은 반면, 푸틴은 반쯤 벗어진 대머리다.

대머리는 왜 생길까? "인간이 대머리가 되는 이유는 뇌의 건조함과 두개골 안에서의 수축 때문이다"고 피력한 새뮤얼 존슨의 견해는 무시해도 좋다. 또한 대머리가 모자 때문이라는 1900년경의 지배적인 생각도 타당성이 없다. 그러나 피부과 전문의들은 좀더 확실한 설명을 내리고 싶어한다. 대머리는 가계유전이 분명하지만 단일 열성 돌연변이나 '모계 쪽에서의 유전(X염색체 연관 열성유전)' 때문이라는 주장은 틀린다. 남성형 대머리증은 여러 유전자가 원인이며 정확히 밝혀진 것은 하나도 없다. 단 이런 유전자들이 모낭의 생활사에 영향을 미치는 것은 분명하다.

모낭은 자신을 정기적으로 파괴하고 재건하는 독특한 습성을 가지고 있다. 거의 평생 동안 모낭은 털 생성에만 주력한다. 두피에 존재하는 모낭 하나하나는 2~8년 동안 계속 각자의 머리카락을 기르는 데 주력하며, 오래 노력할수록 머리카락도 길어진다. 쥐의 모낭이 털을 기르는 데 주력하는 시간은 2주에 불과하며, 그렇기 때문에 털이 짧다. 모낭은 다 성장하고 나면 피부 속에서 틀어박혀 지내다가 죽는데, 이로 인해 모발이 빠진다. 그러나 모낭의 가운데에는 표피세포의 돌출부인 '줄기세포'*가 있다. 이 줄기세포의 두 가지 뚜렷한 특징은 죽지 않는다는 것과 모낭을 만드는 다른 종류의 표피세포가 될 수 있다는 것이다. 그들은 모낭이 자력으로 재건될 수 있는 원천이다.

그러나 대머리는 그렇지 못하다. 완전히 생산적인 모낭으로 돌아가는 대신, 진짜 모낭을 모방한 나약하고 힘없는 대체물이 만들어진다. 이런 아류적인 모낭이 만드는 모발은 가늘고 힘이 없다. 왜 이런 일이 발생하는지는 알 수 없다. 그러나 잘 알려져 있듯이, 대머리가 되려면 테스토스테론을 다량으로 가지고 있어야 한다. 아리스토텔레스는 『동물지 *Historia animalium*』에서 거세된 사람은 키가 크며 대머리도 되지 않는다고 말했다. 이는 1913년에 행해진 오스만투르크 최후의 환관들에 대한 조사에서도 확인된 바이다. 에스트로겐과 같은 다른 고환 호르몬이 아닌 테스토스테론이 대머리의 주범이라는 최초의 결정적 증거는 1942년 미국의 의사인 제임스 해밀턴(James Hamilton)에 의해 밝혀졌다. 그의 연구 대상이 된 55명의 남성들은 선천적으로 고환 없이 태

---

* stem cell, 여러 세포로 분화할 수 있는 세포를 생성하는 근원세포.

어났거나, 서혜부탈장* 등의 의학적 이유로 어린 시절에 거세한 사람들이었다. 해밀턴은 나머지 실험 대상자들을 어디에서 찾아냈는지 밝히지 않았지만, 나중에 낸 논문에서 그들이 정신지체자이며 캔자스의 정신병원에서 어린 시절 거세당했던 사람들임을 암시했다. 이 병원은 1960년대까지 행해진 미국의 우생학 프로그램으로 유명한 곳이다(훨씬 훗날까지 실험을 행한 시설도 있었다). 아리스토텔레스의 주장대로 십대 후반이 되기 전에 거세당한 남성들은 절대 대머리가 되지 않았으며, 중년 남성에게서 흔히 나타나는 약간 벗어진 머리도 전혀 생기지 않았다. 이것은 그들의 가계가 우연히 머리숱이 많은 혈통이기 때문이 아니었으며, 실제로 대머리인 친척을 가진 사람도 여럿이었다. 해밀턴이 그들에게 남성 호르몬 보조제를 투여하자 몇 명이 모발이 빠지기 시작했는데, 이것은 테스토스테론이 없기 때문에 거세된 남자들의 머리숱이 많다는 것을 증명해주는 증거가 되었다. 그가 치료를 중단하자 그들은 즉시 원상태로 돌아왔다.

대머리가 되려면 고환이 있어야 한다는 사실 때문에 젊은 시절에 대머리가 된 남성들의 정력이 왕성하다는 오해가 생긴 것 같다. 이런 생각은 정력에 대한 남성들의 은근한 선망에서 비롯된 자화자찬인 듯 보인다(심지어 율리우스 카이사르도 '대머리 간부姦夫'라는 별칭에 기뻐했다고 한다). 사춘기의 남자에게 수염을 선사해주는 호르몬이 몇 년 뒤 두피에서 모발을 빼앗아간다는 것은 분명 서글픈 아이러니지만, 일찍 대머리가 되는 남자가 숱 많은 남자보다 테스토스테론 분비가 왕성하거나 생식 능력이 뛰어나다는 증거는 없다. 다른 한편, 여자가 대머리가 되지 않는 이유는 테스토스테론 부족 때문인 것으로 보인다. 그러나

---

* inguinal hernia, 고환이 막히지 않은 채 태어나 서혜부의 구멍을 통해서 탈장이 발생하는 질환.

여성일지라도 원인 불명으로 인해 테스토스테론 수치가 비정상적으로 높아지면 수염이 자랄 뿐 아니라, 지금까지 침묵하던 대머리 유전자가 존재감을 과시하기라도 하듯 대머리가 되기도 한다.

대머리를 치유할 희망이 있을까? 탈모에 대한 일반적인 생각과 달리 머리를 밀어도 모발이 더 빨리 자라거나 두꺼워지거나 색이 짙어지지는 않는다. 따라서 흉하지 않을 정도만 남겨놓고 머리를 전부 밀어봤자 소용이 없다. 좀더 유용한 예를 들어보자. 현재 시판 중이며 효과가 꽤 좋다고 알려진 대머리 치료제 중 적어도 한두 가지는 좀더 강력한 테스토스테론인 디하이드록시테스토스테론(DHT)의 억제제다. 이 치료제가 효과가 없으면(발기불능의 부작용이 발생한 사람은 소수에 불과하다) 다른 효과적인 치료제가 곧 나타날 것으로 보인다.

높은 수치의 소닉 헤지호그를 가지고 있는 바이러스를 섞은 약물을 어린 쥐의 발현되지 않은 모낭에 주입하면 털이 자라난다. 높은 수치의 소닉 유전자는 모낭 돌출부에 있는 줄기세포의 증식을 유도하는 것으로 보인다. 이 약물이 대머리 두피의 죽어가는 모낭에도 똑같은 효과를 발휘할 수 있다면 대머리 치료제의 개발도 초읽기에 들어갈 것이다. 그러나 대머리 두피의 모낭은 재생이 불가능할 수도 있으며 그럴 경우 새로운 치료제를 개발해야 한다. 이것도 물론 가능하다. 베타 카테닌(β-catenin)이라는 특정 단백질을 다량 생산하도록 조작된 쥐들은 정상 쥐와는 달리 늙었을 때에도 완전히 새로운 모낭을 만든다. 그러나 소닉 헤지호그와 베타 카테닌 모두 매우 강력한 분자라는 사실을 유념해야 한다. 과도하게 주입될 경우 줄기세포가 너무 많이 만들어져 모낭종양이 생길 수도 있다.* 피부를 자극해서 새로운 모발을 만들기는 쉬운 편

* 실제로 β-카테닌은 결장암의 원인이 되는 등 종양 생성에 관여한다는 사실이 실험 결과 밝혀졌다.

이지만, 이 모낭을 길들이는 것은 결코 쉬운 일이 아니다.

털 없는 원숭이의 속털

4세기나 떨어져 있고 서로 다른 대륙에 산다는 것에도 불구하고 페트루스 곤살부스와 슈웨마옹은 놀랄 정도로 흡사하다. 페트루스가 걸치고 있는 짙은 주홍색 가운을 벗기고 허리에 전통의상인 룽기를 두르면 두 사람이 형제라 해도 믿을 정도이다. 그러나 카를 폰 지볼트(Karl von Siebold)와 알렉산더 브란트(Alexander Brandt) 같은 19세기의 과학자들은 이 털북숭이 사람들이 오랑우탄과 비슷하다는 사실에 많은 관심을 가졌다. 신다윈주의에 영향을 받은 두 과학자는 다모증이 격세유전이라고 주장했다. 그들의 주장은 다모증과 수성(獸性)을 동격으로 치부한 고대의 생각을 과학적인 용어로 재포장한 것에 불과했다. 그러나 두 과학자는 연구 대상이 유인원과 흡사할지라도 실제로는 인간이라는 사실을 조심스럽게 언급하였다.

때로는 다모증 돌연변이가 '털 없는 원숭이'*의 속털을 드러낸 것이라고 주장할 수 있다. 그러나 다모증 사람의 전체는 아닐지라도 곤살부스 가계와 슈웨마옹 가계에 격세유전 가설을 적용하는 것은 틀리다는 증거가 있다. 기록을 보면 곤살부스 가족과 슈웨마옹 가족 모두 매우 가늘고 비단처럼 부드러운 털을 가지고 있었다. 이것은 다 자란 유인원들의 억센 털과는 전혀 다르며 두피의 모발이나 음모와도 전혀 다르다. 대형 유인원들은 털이 많지만 털이 가장 많은 인간보다는 그 수가 적

---

* 이 말은 영국의 세계적인 동물학자 데스먼드 모리스의 저서 『털 없는 원숭이 *The Naked Apes*』(1967)에서 따온 것으로, 인간을 지칭한다.

다. 페트루스와 슈웨마옹 모두 코와 뺨, 귀가 털로 뒤덮여 있었지만 대형 유인원들은 같은 부위에는 털이 거의 나지 않는다.

그렇다면 과다한 털은 어디에서 시작되었을까? 우선 태아를 원인으로 생각해볼 수 있다. 임신 5개월이 지나면 태아에서 털이 빽빽하게 자란다. 태아기에 처음 나타나는 털인 '솜털(lanugo)'은 가늘고 부드러운 감촉에 길이는 1센티미터 미만이며, 종잡을 수 없이 움직인다. 솜털은 다 자라고 몇 주가 지나면 빠진다. 솜털의 잔재를 가지고 태어나는 아기들이 없었다면(대부분 귀에 남아 있다) 이것의 존재에 대해 우리는 거의 몰랐을 것이다. 위의 두 가계에 다모증을 일으킨 돌연변이 때문에 솜털이 그대로 남아 있었던 것 같다. 성장기와 성인기의 정상적인 모발 성장의 패턴을 밟는 대신 모낭이 태아기에 머물렀던 것이다.

모낭뿐만이 아니었다. 슈웨마옹에 대한 제임스 크로퍼드의 기록에는, 이 털북숭이 버마인은 치아가 아홉 개뿐이었으며, 위턱에 앞니 4개와 송곳니 1개, 아래턱에 앞니가 4개 있을 뿐 위아래 모두 어금니가 없다고 적혀 있다. 슈웨마옹의 딸인 마풍은 치아 수가 더 적었다. 주의 깊은 조사 결과 그들은 치아가 빠진 적도 없었고 더 이상의 치아가 자란 적도 없었다. 신체의 다른 부분이 성장하는 동안에도 모발과 치아는 6개월 된 태아 수준에 머물러 있었던 것 같다.

다윈도 버마의 털북숭이 가족에 대해 알고 있었다. 1871년에 출간한 『인간의 유래와 성 선택*The descent of man and selection in relation to sex*』에서 다윈은 마풍의 남편감에게 돈을 줘야 했다는 사실은 털북숭이 여성이 보편적으로 매력이 떨어진다는 증거가 된다고 말한다. 그러나 이 책 어디에서도 털북숭이가 격세유전이라는 말은 없다. 그 대신에 그는 모발과 치아의 연관성에 흥미를 가졌다. 웨더번(Wedderburn)이라는 사람은 다윈에게 파키스탄 신드 주에 사는 '힌두(Hindoo)' 가족에 대해 말해주었다. 4세대 동안 10명의 남성들이 치아가 거의 없었으며 털북숭이는커녕 태어났을 때부터 대머리였다는 것이었다. 대머리에 치아가 없는 힌두 가문 남자들은 땀샘이 없어서 땀을 흘리지 못하기 때문에 신드 주 하이데라바드의 불볕더위에 맥없이 지내야 했다.

털과 치아, 땀샘, 가슴(다윈은 가슴에 대해서는 언급하지 않았다)은 겉보기에는 목적과 용도가 다르지만 깊이 연관되어 있다. 그들 모두는 새로운 것을 만들기 위해 피부가 부풀어 오르거나 움푹 들어간 곳에 자리잡고 있다. 모낭이 될 단순한 관, 치아가 될 상아질과 사기질이 자리 잡을 단단한 모루, 가슴이 될 관의 융기 등은 모두 무언가를 건설할 목적으로 생긴 것들이다. 이런 기관들이 겪는 유전질환은 기관마다 100종류가 넘으며 다른 기관에도 영향을 미친다.

이 기관들은 피부에서 생길 뿐 아니라 생성 방법도 매우 흡사하다는 공통점을 가지고 있다. 모낭은 태아의 표피 전역에서 만들어지지만, 그 외의 표피세포들은 불룩 튀어나오거나 움푹 파여 치아나 젖샘을 형성한다. 모낭과 마찬가지로 치아와 가슴 역시 일부는 외배엽, 일부는 중배엽에서 만들어진 키메라이다.

그들을 만들어내는 분자 신호에서도 그들 사이의 관계를 찾을 수 있다. '힌두' 가족은 아직도 하이데라바드에 살고 있으며, 실제로는 이슬람교도이면서 '부처' 라는 혼란스러운 별명을 가지고 있다. 1934년까지 '부처' 가족은 여섯 세대를 거치면서 여덟 가구로 늘어나 있었고 현재는 더 많다. 독특한 외모 때문에 첫눈에 친척임을 쉽게 알아볼 수 있지만, 돌연변이 선조가 누군지는 모르는 것 같다. 웨더번이 알려주었듯이 그들은 땀샘과 치아가 없지만(가끔 어금니가 생기는 경우는 있다) 두피에는 약간의 모발이 있다. 그들은 엑토디스플라신(ectodysplasin)이라는 단백질을 암호화하는 유전자에 돌연변이를 가지고 있다. 그리고 이 단백질이 없어서 나타나는 질환을 '외배엽형성이상(ectodermal dysplasia)' 이라고 한다. 멕시칸 헤어리스 견종이 털이 없는 이유도 이와 같은 유전자 돌연변이 때문이다. 멕시코에서는 엘 페로 펠론 또는 쇼로이츠퀸틀이라고 불리는 이 개는 아스텍인들이 14세기에 식용이나 잠자리를 데우는 일종의 탕파(湯婆)로 사용하기 위해 사육했다고 알려져 있다. 이 개는 털과 이빨이 없으며, 피지샘이 없어서 피부가 건조하고 주름져 있다.

피부기관들의 연관성은 관상어의 기이한 변종에서 더욱 뚜렷이 나타난다. 17세기 초에 쇼군 도쿠가와 이에야스를 시작으로 일본의 동물애호가들은 논에서 서식하는 송사리와 비슷한 작은 물고기인 메다카(*Oryzias latipes*)를 관상용으로 길렀다. 가난한 사람들은 잉어 대신 도시의 야시장에서 이 물고기를 사곤 했는데, 그곳에서는 백색증이나 점박이, 긴 지느러미 등 다양한 변종들을 판매했으며 개중에는 비늘이 없는 놈도 있었다. '부처' 가족과 마찬가지로 비늘 없는 메다카도 엑토디스플라신의 신호 전달을 방해하는 돌연변이가 원인이다.

인간의 치아와 모낭, 땀샘이 하나의 분자를 이용해서 만들어진다는 것은 이 기관들이 진화적인 역사를 공유한다는 사실을 반증한다. 또한 이러한 기관들의 진화적 역사는 조류의 깃털이나 물고기나 양서류, 파충류의 비늘과도 일맥상통한다. 이런 기관은 모두 오래전 멸종된 척추동물의 조상이 가지고 있었던 단순한 피부기관에서 진화했다. 이 기관이 정확히 무엇인지는 아무도 모른다. 다만 상어 피부에 돋아나 흉포한 모습을 더해주는 이빨 모양의 비늘과 비슷했으리라고 짐작할 뿐이다.

신호가 제대로 전해져도 오래전에 진화 과정에서 사라졌던 기관이 예기치 않게 부활하기도 한다. 조류는 이빨이 없지만, 그들의 조상인 공룡은 이빨이 있었다. 닭 배아의 부리에서 떼어낸 외배엽 조각을 쥐 태아의 아래턱에서 떼어낸 중배엽 조각에 붙인 다음 이것을 병아리의 안와(eye-orbit)에 이식하면, 이식된 닭의 조직에서 6000만 년 전에 사라졌던 이빨이 생기기 시작한다. 닭의 이빨은 작은 어금니처럼 생겼으며, 상아질과 사기질을 완벽하게 갖추고 있었다. 이 연구는 티라노사우루스 렉스(*Tyrannosaurus rex*)가 강력한 엄니를 만들기 위해 사용하는 분자 신호와, 쥐가 작은 엄니를 만들 때 사용하는 신호가 같은 것임을 의미한다. 닭에서는 오래전에 사라졌다고 생각되는 신호이다.

다발성 유두나 유방을 가지는 사람이 생기는 원인도 진화 과정에서 사라졌던 고대의 신호 체계가 되살아나기 때문이라고 생각된다. 인간과 큰 원숭이는 유두가 두 개지만 대부분의 포유류는 훨씬 많다. 다발성 유두는 복부에서 작고 검붉은 덩어리로 존재하기도 하고, 완전한 유방으로 발달하기도 한다. 다발성 유두는 흔하며, 인구의 2~10퍼센트 정도의 사람들이 최소한 한 개의 다발성 유두를 가지고 있다. 유럽인들의 다발성 유두나 유방은 일반적으로 정상 유방 아래 위치하며 복부까지 일직선으로 놓여 있는 경우도 있다. 일본 여성들의 경우는 대부분 정상적인 가슴 위에 위치하며, 겨드랑이에 존재하기도 한다.

다발성 유두의 위치 패턴을 보면 고대 동물들의 '유선(milk line)'이 떠오른다. 몇몇 고대의 포유동물은 열 쌍의 유두가 겨드랑이에서 허벅지까지 나 있었다. 겨드랑이 유방을 가진 동물은 여우원숭이(lemur, *Gaelopithecus volans*)에게서 찾을 수 있으며, 사람에게서는 최대 아홉 개(왼쪽에 네 개, 오른쪽에 다섯 개)나 되는 다발성 유두가 발견되었다. 다발성 유방은 위치와 상관없이 대부분 정상 유방과 똑같은 역할을 한다. 부풀어 오르기도 하고 임신 기간에 젖을 분비하기도 한다. 심지어 허벅지에 있는 다발성 유방으로 아이에게 젖을 물린 여인에 대한 기록도 있다. 다발성 유두나 유방은 가계유전이지만 돌연변이(또는 돌연변이들)의 원인은 밝혀지지 않았다. 그러나 런던의 과학자들이 조만간 여섯 개의 정상적인 유두 대신 여덟 개를 가진 변종 쥐의 돌연변이를 정의할 것으로 보인다. 그들은 이미 '007 시리즈'인 〈황금총을 가진 사나

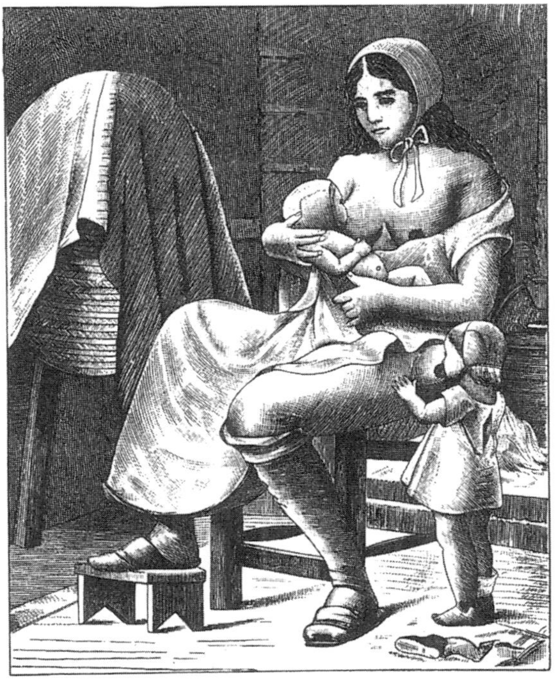

허벅지에 있는 다발성 유방.

이〉에 나오는 악당의 이름을 따서 유전자에 '스카라망가(Scaramanga)'라는 별명을 붙여주었다. 비열한 악당임을 강조하듯, 영화 속의 스카라망가는 왼쪽 가슴에 있는 여분의 유두 한 개를 포함해 젖꼭지가 세 개였다.

에페소스의 아르테미스

유방을 논하려면 린네를 다시 언급해야 한다. 『자연의 체계』로 유명해진 린네는 1761년 이 책보다는 덜 유명하지만 스웨덴의 동물들에 대한 종합적인 일람표라 할 수 있는 『스웨덴의 동물*Fauna svecica*』을 발행했다. 혁신적인 제목이었는데, 동물을 분류하기 위해 파우나(fauna)라는 명칭을 처음 사용했기 때문이다. 이것은 그리스의 판(Pan) 신에 상응하는 로마의 파우나(Fauna) 신에서 따온 것이며, 당시 널리 사용되던 '플로라(flora, 식물)' 와 대립되는 의미를 가지고 있었다. 린네는 책의 권두화로 에페소스의 아르테미스 여신상을 그린 이상한 그림을 선택했다. 그가 이 그림을 채택한 이유는 알 수 없지만 몇 가지 가능성을 점쳐볼 수 있다.

첫째, 에페소스의 아르테미스는 설명하기 어렵고 양면성을 가진 그리스 여신으로, 도시와 자연의 여신이었다. 소아시아에서는 기원전 6세기경 아르테미스 여신에 대한 숭배가 만연하였다. 에페소스 시의 성벽에는 악령의 접근을 막으려고 여신상이 새겨져 있었다. 여신상 주위에는 덩굴 화환을 비롯해서 사자, 뱀, 새, 하피 등 높은 곳에 오를 수 있는 동물이 새겨져 있었는데, 소아시아에서 성스럽게 떠받드는 것들이었다. 폐허가 된 에페소스의 아르테미스 신전에서 착안하여 18세기의 학자들은 이 여신을 야성과 이성의 상징으로 삼았다. 지금은 사라지고 없지만, 자코뱅 당원들은 스트라스부르에 '이성의 사원(Temple of Reason)' 을 세워 여신에게 바친 적도 있었다. 이런 이유 때문에 린네는 스웨덴의 자연이 여신의 고향인 지중해와는 멀리 떨어져 있음에도 불구하고 '이성' 이 '자연' 을 지배함을 나타내기 위해 『스웨덴의 동물』의 권두화로 새싹을 뜯고 있는 순록 사이에 서 있는 아르테미스 여신의 모습을 담은 것 같았다.

그러나 린네의 아르테미스에는 좀더 직접적인 의미도 포함되어 있었다. 『스웨덴의 동물』의 아르테미스가 가진 가장 놀라운 특징은 주변의 동물들이 아닌 그녀가 네 개의 유방을 지니고 있다는 것이다. 이런 특징은 고대의 아르테미스 여신상들이 모두 여러 개의 유방과 유두를 가지고 있었다는 사실을 직접적으로 반추한다. 르네상스 시대의 학자들은 이런 여러 개의 유방을 극단적인 유방과다증(polymastia)이라고 해석했지만, 한층 회의적인 현대의 학자들은 단지 야자열매나 황소의 고환을 연결한 것이거나 여신이 두르고 있는 흉갑의 일부일 가능성이 높다고 말한다. 어느 쪽의 의견이 맞든 린네의 아르테미스는 분명 네 개의 훌륭한 유방을 가지고 있으며, 이 가슴들은 그가 만든 가장 위대한

에페소스의 아르테미스, 스웨덴. 린네, 『스웨덴의 동물』 권두화, 1761

용어 중 하나인 포유류*를 직접적으로 암시하고 있음이 분명하다. 린네는 젖샘을 우리 포유류의 가장 뚜렷한 특징 중 하나로 분류했으며, 여기에는 작은 피그미 족 여인에서 거대한 흰수염고래에 이르기까지 방대한 포유동물 집단이 모두 포함된다.

린네가 아르테미스를 권두화로 삼은 세 번째 이유는 우리 인간의 시발점을 되새기기 위해서였을 것이다. 다시 말해 인간과 금수를 구분하기 위해서였을 것이다. 린네는 한 종을 분류할 때 당시 분류학자들의 용어를 사용하면서도 다른 종들과 구분이 가도록 이름을 지었다. 우리 자신과 다른 모든 종들을 구분한 것이다. 린네는 '호모 사피엔스'를 설명하면서 치아의 개수나 종류, 털의 밀집도, 유두의 분포를 언급하는 대신 '너 자신을 알라(*Nosce te ipsum*)'고만 적어놓았다. 그는 주석에서 이 말이 솔론이 아르테미스 여신의 사원에 바친 금문(金文)에 적힌 말이라고 설명한다. 에페소스 신전의 아르테미스를 도상적인 상징으로 삼으면서 린네는 '너 자신을 알라'는 간결한 표현이 우리 인간에 대한 설명을 암시한다고 생각했다.

이로써 린네의 '호모 사피엔스'에 대한 설명은 모두 마쳤다. 다만 린네가 우리 인류에게 새로운 정체성의 의미를 가르치기 위해 몇 자 적어놓은 말도 살펴봐야 한다. 그는 이렇게 말한다. "너 자신을 알라. 신이 가장 완벽하고 경이로운 몸으로, 동물의 지배자로, 만물의 영장으로 창조해주었음을. 신을 숭배할 수 있는 정신의 축복을 받았음을." 오늘날 이 말은 오래전에 사라진 명쾌한 확실성을 떠올리게 하는 특별한 분위기를 풍긴다. 그러나 가장 인상 깊은 말은 '너 자신을 알라'이며, 이 문장을 이용해서 나도 경구 하나를 적어보고자 한다.

---

* Mammalia, 여기에는 '유방'이라는 단어 'mammae'가 포함되어 있으며, 린네는 포유류가 '젖먹이동물'임을 나타내기 위해 이 단어를 만들었다.

너 자신을 알라. 병리학적으로 네가 얼마나 연약한 거품인지를, 천 가지 재난에 드러나 있음을.
이 모든 것을 이해하면 너는 인간이자, 다른 모든 존재와 뚜렷이 구분되는 부류(genus)가 되리라.

9

소박한 삶 | 노화에 대하여

루이기 코르나로(1464~1566), 틴토레토 작.

헌팅턴병(Huntington disease)은 신경 퇴행성 질환 중에서도 가장 고약한 부류에 속한다. 처음에는 경미한 정신이상으로 나타나며 특별히 심각해 보이지 않는다. 그러나 병세가 악화될수록 정신병의 빈도와 강도가 모두 심해진다. 운동협응 능력이 퇴화되며, 걸음걸이나 몸동작이 특이해지는 것을 시작으로 결국에는 몸이 마비된다. 이 질환은 진행에 10~20년이 걸리는데 말기가 되면 환자들은 치매나 신경 발작을 일으켜 결국에는 사망한다. 헌팅턴병이 생기는 원인은 뇌의 뉴런의 시냅스 연결에 사용되는 단백질에서 생기는 우성 돌연변이 때문이다. 이런 단백질 돌연변이가 뉴런을 점진적으로 죽이는 분자 프로그램을 시작해서 헌팅턴병을 발병시키며, 그 원인은 아직 완전히 밝혀지지 않았다.

헌팅턴병은 몇 가지 이상한 특징을 가지고 있다. 첫째는 한 세대에서 다음 세대로 넘어갈수록 증상이 좀더 심각해진다는 점이다. '표현 촉진(anticipation)'이라고 불리는 이 현상은 헌팅턴 유전자와 이 병을 야기하는 돌연변이의 기이한 성격에서 비롯된다. 헌팅턴 유전자에는 CAG로 구성된 세 개의 뉴클레오티드가 끊임없이 반복된다. 대부분의 사람들은 CAG의 반복이 8~36번 정도이다. 헌팅턴병 돌연변이는 이 반복을 늘려서 단백질의 구조를 와해시킨다. 이런 종류의 돌연변이는 후대로 갈수록 단백질의 의미를 더욱 심하게 왜곡시켜 심각한 증세를 초래한다.

헌팅턴병의 또 다른 이상한 점은 발병 빈도이다. 유럽인들이 이 질병을 앓는 비율은 1만분의 1이다. 이는 상당히 높은 수치인데, 대부분의 치명적인 우성 돌연변이의 발현 빈도는 100만분의 1 정도에 불과하기 때문이다. 그러나 헌팅턴병은 여러 세대 동안 이어질 수 있다. 1872년 뉴욕의 의사인 조지 헌팅턴(George Huntington)은 뉴욕 롱아일랜드에 거주하는 가계에서 이 질병을 찾아내 정의하였다. 그들의 조상 중에는 1634년 영국의 레스터에서 이주해 온 제프리 페리스(Jeffrey Ferris)라는 사람이 있었다. 그가 헌팅턴병을 앓았음이 거의 분명한데, 그 이유는 오늘날 그의 후손 중 상당수가 이 병을 앓고 있기 때문이다. 남아프리카의 약 200명에 이르는 헌팅턴병 환자들은 1652년 케이프 콜로니를 세우기 위해 얀 반 리벡(Jan van Riebeeck)과 함께 이곳에 온 네덜란드인의 딸인 엘셔 클루텐스(Elsje Cloetens)를 조상으로 두고 있다. 베네수엘라의 마라카이보 호수 근처에는 헌팅턴병 환자들이 집단으로 존재하는데, 그들은 1860년 그곳에 정착한 독일인 항해사의 후손이다.

어째서 이토록 치명적인 질병이 여러 세대 동안 전해질 수 있었을까? 1941년 홀데인(J.B.S. Haldane)이라는 현명하지만 괴짜였던 영국의 유전학자가 그 답을 제시하였다. 그는 대부분의 유전질환과 달리 헌팅턴병의 증상은 일반적으로 중년에 나타난다고 지적했다. 이때가 되면 이 유전자 돌연변이를 가진 사람들 대부분에게 자녀가 있으며, 이 자녀들이 결함 있는 유전자를 물려받았을 확률은 50퍼센트이다. 대부분의 치명적인 우성 돌연변이는 아동기에 사망을 유발하거나 다음 세대로 전해지지 않지만, 헌팅턴 돌연변이는 결함 유전자를 보유한 사람의 생식 능력에는 거의 해를 끼치지 않는다. 중년기는 자연선택과는 거의 상관이 없다.

단일 돌연변이로 인한 질병이 말년에 그토록 파괴적인 결과를 불러오는 경우는 헌팅턴병 외에는 거의 없다. 그러나 헌팅턴병의 이런 이상한 특징은 기만적이기도 한데, 이 병이 그토록 널리 퍼진 이유에 대한 홀데인의 설명은 우리 인간과 다른 모든 동물들이 늙는 이유를 약간은 일반화해서 설명하고 있기 때문이다. 이제부터는 노화가 유전질환이라는 주장을 펼칠 것이다. 또한 우리 모두에게 영향을 미치기도 하고 일부에게만 영향을 미치기도 하는 여러 가지 유전질환이라는 주장도 펼칠 것이다. 이런 관점은 질병에 대한 대부분의 정의와는 대치된다. 의학은 손쓸 방도가 거의 없는 '정상적'인 노화와, 동맥경화증 · 암 · 골다공증처럼 막대한 국가 보건 예산을 소진시키는 '노화와 관련된 질병'을 구분짓는다. 그러나 이런 구분은 의사들이 대다수의 사람에게 영향을 미치지만 치유는커녕 완화조차 시킬 수 없는 질병을 무시하기 위해 의학적인 필요상 만들어낸 허상에 불과하다. 우리는 노화가 무자비하고 보편적인 질병이라는 사실을 인정하고 이를 적절히 이해하기 위해 노력해야 한다.

무기력한 선택

노화는 신체의 본질적인 쇠락이다. 이를 나타내는 가장 뚜렷한 징후는 나이가 들수록 사망률이 증가한다는 점이다. 선진국에서 8세 아동이 다음 생일을 보지 못할 확률은 5000분의 1인 반면, 80세 노인이 그럴 확률은 20분의 1이다. 물론 폭력이나 전염병, 사고 등 노화와 무관한 요인 때문에 사망할 수도 있지만 이런 사망률이 전체에서 차지하는 비율은 매우 적다. 노화가 그토록 큰 영향을 미치지 않는다면 우리 중의 95퍼센트가 100세 생일을 축하하게 될 것이고, 절반은 성경에 나오는 족장들처럼 수백 년 또는 천 년 이상을 살 수도 있다. 심지어 네 번째 밀레니엄을 맞이할 수도 있을 것이다.

인간과 대다수 생물들이 왜 늙는지에 대한 진화론적인 설명은 두 가지 개념을 토대로 하는데, 모두 헌팅턴병의 발병 빈도에 대한 홀데인의 설명 속에 포함되어 있다. 첫 번째 개념은, 몇 가지 돌연변이의 부작용은 말년에야 겉으로 드러난다는 것이다. 좀더 분명히 말하자면 돌연변이가 진행이 매우 느린 질병을 야기할 수도 있다. 헌팅턴 돌연변이는 이러한 시한폭탄 중 하나에 불과하다. 아프리카너*들에게 경화협착증(sclerosteosis)을 야기하는 SOST 돌연변이도 같은 시한폭탄에 속한다. 아동기에는 이 돌연변이의 영향을 받지 않지만 중년이 되면 과도한 뼈 성장으로 인해 사망한다. 가계유전되는 유방암 유전자의 일종이며 일반적으로 30~40대의 여성들에게만 발현되는 BRCA1 유전자에서 생긴 돌연변이도 같은 부류에 속한다. 또한 ε-4라고 불리는 APOE(아포지방단백질 E) 유전자 변이도 마찬가지인데, 이 돌연변이는 노년에 심장마비와 알츠하이머의 발병 위험을 높인다.

이런 예들은 무수히 존재하겠지만, 도화선이 길어 중년이 지나서야 폭발을 야기하고 노쇠를 불러오는 시한폭탄에 대해서는 밝혀진 사실이 많지 않다는 점을 인정해야 한다. 우선은 이런 시한폭탄이 존재한다고 가정해보자. 그러나 가정만으로는 노화를 충분히 설명할 수 없다. 이런 시한폭탄 같은 돌연변이가 어떻게 해서 인간 삶의 불가피한 일부가 되었는지도 이해해야 한다. 헌팅턴 돌연변이가 자연선택에서는 드러나지 않는다고 주장한 홀데인의 설명에서 이에 대한 이유를 찾을 수 있다.

---

* 남아프리카의 네덜란드계 백인.

같은 논리를 좀더 일반화시켜 적용할 수 있다. 20세의 남성에게 남은 일생 동안 발기불능을 야기하는 우성 돌연변이가 있다고 가정해보자. 최소한 21세기의 영국에서는 20세의 나이에 아버지가 되는 남성은 거의 없기 때문에, 이 돌연변이를 가진 사람은 20세가 넘으면 아이를 갖지 못하게 된다. 일생 동안 아무리 위대한 업적을 이룰지라도 유전적 측면에서 후대를 위한다면 이 남성은 태어나지 않는 것이 좋았을지도 모른다. 동일한 돌연변이가 여러 시대 여러 남자에게서 나타날 수도 있지만, 청소년기에 아버지가 되는 경우를 제외하면 이 돌연변이는 다음 세대로 전해지지 못한다. 그렇기에 발현 빈도도 계속 낮은 상태를 유지한다. 이제 마찬가지로 발기불능을 일으키지만, 유전자 보유자가 90세가 되어서야 나타나는 다른 우성 돌연변이가 있다고 가정해보자. 이런 유전자를 가진 남성은 자신이 불능이라는 사실을 잊어버릴 수도 있다. 그가 90세가 되기도 전에 암이나 심근경색, 독감 또는 일상적인 재앙이 다가오는 것을 알아차리지 못해 죽을 수도 있기 때문이다. 죽고 나면 비아그라의 가격을 논해봤자 소용이 없다. 그러나 그가 계속 살아서 왕성한 정력을 발휘해 몇 명의 아이들을 낳는다면, 자녀 중 몇은 같은 돌연변이를 가지게 되고 그 아이들의 아이들도 마찬가지일 것이다. 실제로 이 돌연변이가 아주 우연히 인구 전체에 퍼진다면 여러 세대가 흐른 뒤에는 모든 남성들이 90세에 발기불능이 될 것이라고 짐작할 수 있다. 바로 오늘날처럼.

이런 주장은 해로운 돌연변이를 걸러내는 자연선택의 힘이 늙을수록 쇠퇴한다는 홀데인의 주장을 재탕한 것에 불과하다. 그러나 이런 주장을 최초로 일반화해서 노화 과정에서 인체가 쇠락하는 여러 가지 방법을 설명한 사람은, 홀데인이 아닌 영국의 과학자 피터 메더워(Peter Medawar) 경이었다. 노년에 심혈관에 이상을 불러일으키는 돌연변이가 있는 반면, 암이나 병원균에 대한 저항력을 약화시키는 돌연변이도 있고, 정력을 없애거나 이성을 무너뜨리는 돌연변이도 있다. 이처럼 긴 도화선을 가진 돌연변이들은 한번 시작되면 죽을 때까지 이어지며, 자연선택에서 걸러지지 않기 때문에 인구 전체로 퍼져 보편적인 유전질환으로 자리잡는다.

노화의 궁극적인 원인에 대한 메더워의 설명은 여러 가지가 들어맞지만, 우연성에 비중을 둔다는 약점이 있다. 노년의 몇 가지 슬픈 착오를 유발하는 돌연변이가 왜 자연선택에서 걸러지지 않는지는 쉽게 이해할 수 있지만, 방해를 받지 않는다는 사실만 가지고 이런 돌연변이들이 인류 전체에 그토록 널리 퍼진 이유를 설명할 수 있을까? 아마도 가능하리라 생각된다. 노년에 악영향을 끼치는 돌연변이들은 아마 수천 가지일 것이고, 이들은 인류 역사상 셀 수도 없이 여러 번 발현되었을 것이다. 따라서 몇 가지가 우연히 퍼졌다는 짐작도 충분히 그럴듯하다. 특히 인구가 아주 적었던 시절이라면 더욱 그러하다.

그러나 우연성에 비중을 두는 것은 결코 만족스럽지 못하다. 우리 인간은 결정론적인 이론을 선호하기 때문이다. 1957년 미국의 진화생물학자 조지 윌리엄스(George Williams)가 한 가지 결정론을 제시하였다. 그는 노화를 일으키는 돌연변이는 우연성 때문이 아니라 젊음에 혜택을 주기 위해 퍼졌다고 주장했다. 90세에 발기불능을 야기하지만 20세에는 정력을 매우 왕성하게 해주는 돌연변이가 있다고 가정해보자. 이런 돌연변이를 가진 사람은 남보다 아이를 많이 낳을 수 있기 때문에 그가 가진 유전자도 널리 확산될 것이다. 자연선택으로 따질 때, 일찍 거둔 작은 수확은 나중에 커다란 대가를 부과하기도 한다. 이런 관점에서 생각하면 노년의 노화는 젊음의 활기찬 생명력과 아름다움에 대한 대가인 것이다.

일부 유전학자들은 이런 논리를 이용해서 헌팅턴병이 그토록 흔한 이유를 설명하였다. 그들은 헌팅턴병을 가진 여성들은 발병 초기에 성적으로 문란하거나 무책임해지고, 아니면 최소한 비정상적으로 아이를 많이 낳는다고 주장한다. 어떤 연구에서는 헌팅턴병 여성들은 병이 없는 형제자매들에 비해 사생아를 더 많이 낳는다는 결과가 나왔다. 그들의 주장에 따르면 헌팅턴병이 성행동에 영향을 미치는 호르몬인 생식선자극호르몬(gonadotropin)의 왕성한 분비를 촉진한다고 볼 수도 있다. 그러나 이런 주장을 뒷받침할 만한 증거는 거의 없다.

일반적으로 인간의 노화를 유발하는 유전자에 대해서는 알려진 바가 거의 없기 때문에 메더워와 윌리엄스의 견해 중 어느 것이 정확한지는 알기 힘들다. 어떤 점에서는 두 이론의 차이점은 중요하지 않다. 두 이론 모두 옳을 수도 있는데, 원인과 결과가 비슷하기 때문이다. 두 이론 모두 노화는 절대적인 것이 아니라, 진화의 부수적인 현상에 불과하다고 제시한다. 자연선택이 노년에 질병을 일으키는 돌연변이를 걸러내지 못했기 때문에 결국 노화가 진행된다고 말한다. 두 이론 모두 노화의 구조적 원인이나 분자적 원인에 대해서는 명확히 설명하지 못한다. 또한 불로장생을 위해 고쳐야 할 분자 장치가 무엇인지도 지적하지 못한다. 그 대신에 두 이론 모두 그런 장치는 앞으로도 발견되지 못할 것이며, 노화는 인체를 점진적으로 마모시키다가 마침내 파괴시키는 여러 가지 돌연변이의 총체적인 결과라고 말한다.

이런 이유 때문에 무수한 노력에도 불구하고 노화의 구조적 원인이 미궁 속에 빠져 있는 것인지도 모른다. 노화라는 재앙의 근원이 인체의 10여 가지 생물학적 특징 중 하나라는 주장은 항상 있었다. 어떤 이들은 내장에 있는 박테리아의 발효 작용이 노화의 원인이라고 주장했고, 어떤 이들은 체내 세포 분열 속도의 둔화가 원인이라고 주장했다. 일각에서는 아이를 낳고 기르느라 기운이 소진된 결과 노화가 찾아온다고 말했다. 반면에 다른 일각에서는 특정한 생명 유지 물질이 소진되거나, 체내 세포가 만드는 화학 물질이 몸을 조금씩 중독시키기 때문에 노화가 발생한다고 제기하였다. 대다수는 말도 안 되지만, 몇 가지 주장은 최소한 일말의 진실을 포함하고 있을지도 모른다.

이제부터 가장 그럴듯한 주장들에 대해, 다시 말해서 쇠락의 간략한 역사를 살펴보기로 하자.

노인 정치가들

전화 발명으로 돈과 명예를 거머쥔 알렉산더 그레이엄 벨은 노년이 되자 유전학에 관심을 기울이기 시작했다. 첫 번째 연구 주제는 그저 그런 것이었다. 그는 정상적인 두 개의 유두가 아닌 네 개의 유두를 가진 변종 양을 만들어냈다. 그런 다음 소리와 유전에 관심을 가지고 있던 그는 귀머거리의 유전학을 연구하였다. 그러나 그가 열정을 쏟은 분야는 장수의 유전학이었다. 그는 미국의 필그림 파더스 중 한 명이며 1660년 코네티컷의 노리치에 정착한 윌리엄 하이드(William Hyde)의 가족을 연구하기 시작했다. 당시 계보학자들은 그의 후손들 8797명 전체에 대한 계보를 추적해놓은 상태였다. 이 기록을 분석하면서 벨은 장수는 대부분 유전되는 것이라고 결론지었다. 그의 연구 데이터나 통계치가 이런 결론을 뒷받침해준 것은 아니었다. 그러나 그가 아주 많이 틀린 것도 아니었다. 현대 의학에서도 유럽인들 장수의 유전 가능성을 20~50퍼센트 정도로 추정하기 때문이다. 결국 그는 자신의 결론을 믿고 좀더 웅대한 계획을 실행하기 시작했다.

18세기 초의 많은 과학자들처럼 벨도 우생학(eugenics)에 열광했다. 그러나 1920년대에 성행했으며 국가 차원에서 정신지체아나 반사회주의자들의 씨를 말리고자 했던 '부정적'인 우생학이 아니었다. 벨은 이런 우생학은 찬성하지 않았다. 그는 인간적인 사람이었다. 미국 최고의 농아협회 명칭에 그의 이름이 포함된 것은 괜한 허명이 아니다. 우생학에 대한 벨의 견해는 좀더 '긍정적'이고 진보적이며 진취적인 것이었다. 벨은 이 학문을 통해 인간적인 애정이 증가하리라고 생각했다. 벨은 워싱턴의 학교들에서 장수에 대한 방대한 기록을 모으기 시작했다. 그는 우선 아이들에게 부모와 조부모의 나이를 물어본 뒤 '인간 혈통서(human stud-book)'라고 이름 붙인 책에 조사 결과와 함께 그들의 이름과 주소도 같이 실어서 출간할 예정이었다. 그는 사람들이 분명 이 혈통서를 참고할 것이며, 장수하는 가계의 후손들이 같은 부류의 후손들을 찾아서 사랑에 빠져 자식을 낳을 것이라고 생각했다. 그렇다면 단명하는 사람의 후손들은 어떻게 될까? 그들은 결혼하지 못할지도 모른다. 아니면 장수하는 사람들과 단명하는 사람들이 다른 종족으로 갈라질지도 모른다. 진정한 노인 정치(gerontocracy)가 생기게 되는 것이다. 경제적인 과정처럼 유전적 과정에도 효율적인 시장이 필요하며, 효율적인 시장에는 정보가 필요하다. 벨은 불을 보듯 뻔하다고 생각했다.

벨의 계획은 몽상적인 데다 다소 허무맹랑한 것에 불과했다(우리 중에서 조상의 장수를 기준으로 연인을 고르는 사람이 누가 있겠는가?). 이런 생각은 1922년 그의 죽음과 함께 세상에서 당연히 잊혔다. 그러나 그의 계획이 널리 퍼지고 사람들이 그의 희망대로 행동했다면 놀라운 결과가 생겼을 것이다. 분명 장수 가계끼리 묶여서 주의 깊게 자손을 생산하면 장수 종족이 생겼을 것이다. 창세기의 사람들처럼 수백 살까지는 아니더라도, 천수로 여겨지는 나이인 70대 전후반보다는 훨씬 오래 살 것이다. 이렇게 생각할 수 있는 이유는 다른 동물들에게 행한 장수 프로젝트 실험(벨의 계획과 그리 다르지 않다)이 성공을 거두었기 때문이다.

1980년대, 노화에 대한 윌리엄스와 메더워의 진화적 설명에 착안해서 과학자들은 장수 초파리의 혈통을 만들려는 실험을 시작했다. 그들은 자연선택이 말년에는 발휘되지 않기 때문에 노화가 발생한다면 나이든 초파리에 억지로 자연선택을 부과해서 장수 초파리를 만들 수 있을 것이라 생각했다. 초파리는 2주 정도가 되면, 다시 말해 번데기에서 나오자마자 거의 곧바로 번식 능력이 생긴다. 초파리의 나이가 10주면 꽤 늙은 셈이며 사람으로는 80세 정도다. 수컷 초파리는 결코 이때까지 살지 못하며 암컷도 거의 불가능하다. 강인한 생명력으로 그나마 살아남은 암컷들도 신진대사 능력이 거의 고갈된 데다 날개는 넝마와 다름없고 다리도 약하다.

그러나 이 암컷들은 최소한 두세 개의 알을 낳을 수 있다. 여러 세대 동안 이런 식으로 번식시키자 가장 나이든 초파리가 낳은 알에서 부화한 초파리들만으로 이뤄진 집단이 생겨났다. 이 실험 결과로 탄생한 초파리들은 노년의 생존과 번식력을 촉진시키는 유전적 다형성과 상당히 비슷했다. 이러한 다형성의 빈도가 증가하자 초파리들의 수명도 계속 늘어났다. 수명 연장의 속도는 놀라울 정도였다. 10세대 동안 선택적인 번식을 한 결과 초파리들의 평균수명이 30퍼센트 증가했다. 인간으로 보면 78세에서 100세 남짓한 나이까지 수명이 늘어나는 것과 같다. 선택적인 번식이 50세대를 지나자 수명이 두 배로 늘어났다.

이런 장수 초파리들을 유심히 관찰하면 그들이 놀라울 정도로 강인하다는 사실을 알 수 있다. 물이나 음식이 없거나 독성 화학 물질에 노출되었을 때 평균수명의 초파리들은 죽는 반면 장수 초파리들은 살아남았다. 그러나 노년의 영광은 그에 걸맞은 대가를 요구했다. 장수 초파리들의 수명이 계속해서 상향 곡선을 그릴수록 수컷들은 짝짓기에 점점 흥미를 잃어갔다. 장수 초파리들은 짝짓기를 피하고, 에너지를 아끼면서 지방과 당분을 비축하였다. 그들은 게을러졌으며 평균수명의 초파리에 비해 움직임이나 숨쉬기, 신진대사가 느려졌다.

이런 결과는 조지 윌리엄스의 이론과 정확히 일치한다. 젊은 시절 왕성한 생식력의 유전적 대가가 노화라면, 이와 반대로 수명 연장의 대가는 젊음의 활기와 번식 능력임이 분명하다. 이는 번식 능력과 수명 사이에는 간단한 경제적 관계가 존재함을 의미한다. 초파리는 자신의 에너지를 장수나 자손 번식 중 하나에 사용할 수 있지만, 둘 다에 사용할 수는 없다. 이런 주장은 아리스토텔레스의 주장과 일맥상통한다. 그는 동물생리학을 설명하면서 동물은 살기 위해 '수분'이 필요하지만 제한된 양의 수분만을 가진다고 말했다. 그렇기에 삶은 따뜻하고 축축하지만 죽음은 차갑고 건조하다는 것이었다. 그는 이렇게 말한다. "이런 이유로 동물들은 번식기가 되면 교미의 횟수가 그토록 빨리 늘어나는 것이다. 자손은 그 잔여물이며, 그러다가 길에서 벗어나면 그 대가로 건조함이 찾아온다."

아리스토텔레스 이후 다양한 생물에 대해 행해진 연구들은 번식을 위해서는 그만큼의 생존이 희생된다는 사실을 확인시켜주었다. 정확히 같은 비율만큼 생존이 희생된다는 것은 오스트레일리아의 주머니쥐(*Antechinus stuarti*)에서 나타난다. 주머니쥐 수컷들에게 생존 목표는 교미라고 해도 과언이 아니다. 수컷들의 짧은 성인기는 다른 수컷들과 경쟁하면서 암컷을 찾아다니는 행동으로 점철되어 있다. 암컷을 찾으면 거의 2주 동안 매일 12시간씩 교미하는 데 모든 기운을 다 쓴다. 당연하지만, 단 한 번의 짝짓기 시즌이 끝나면 수컷들은 죽음을 맞이하고, 그들의 조직에서는 노쇠의 재앙적인 징후가 모두 드러난다. 짝짓기를 마친 수컷들은 정액이 없으며, 전립선이 오그라들고, 고환은 결합조직의 침입을 받으며, 부신이 비대해지고, 간이 괴사하며, 위장관 출혈을 일으키고, 음경이 무기력해진다.

주머니쥐는 노화가 젊음의 활력과 정력의 대가라는 생각을 입증하는 극단적인 예이다. 이보다는 정도가 덜하지만, 인간도 같은 경제적 원칙의 영향을 받는다는 증거가 존재한다. 영국인들은 계보를 작성할 필그림 파더스가 없다. 대신 노르만 시절부터 내려온 귀족 가계가 있으며, 그들의 유일무이한 절대 미덕은 후손 생산을 통한 종족 보존이었다. 영국 귀족 가문들에 대한 계보학은 『버크 귀족 명감*Burke's peerage*』에 자자손손 기록되어왔지만, 현재는 애버콘 가문의 공작들과 백작들에서 윌러비 드 브로크 가문의 남작들에 이르기까지 영국 귀족 대부분의 계보를 CD롬으로 한층 간편하게 만날 수 있다. 서기 740년까지 거슬러 올라가는 이 데이터베이스에는 영국 귀족들의 출생일과 혼례일, 혈통이 자세히 기록돼 있다. 이 데이터들은 새로 아기가 태어날 때마다 부모의 수명이 몇 년씩 단축된다는 생각을 입증하는 데 사용되었다.

산업혁명 전에 영국 귀부인들의 예상 평균수명은 45세 정도였다. 또한 그들은 두세 명 정도의 아이를 출산했다. 그러나 이런 평균값 속에는 살면서 벌어지는 다양한 변수들이 숨겨져 있다. 몇몇 귀부인은 요절했기에 아이를 가지지 못했다. 어떤 사람들은 폐경기 이후 1,20년 뒤에 죽었으며, 그들의 평균 자녀수는 2.4명이었다. 그러나 극히 드물긴 하지만 90세가 넘게 산 여인들도 있었다. 이런 노부인들의 평균 자녀수는 1.8명에 불과했으며, 거의 절반은 아이가 없었다.

상당히 흥미진진한 결과이다. 이는 초파리의 실험 결과와 일치할 뿐 아니라, 벨의 실험이 결실을 보았다면 그의 '노인 정치가들'이 아이를 매우 적게 가졌으리라는 것을 시사하기도 한다. 젊은 시절의 왕성한 생리학적 · 성적 에너지가 줄지 않는다면, 노년에 나타나는 여러 가지 쇠락 현상들이 개선되기 힘들 것이라는 결론도 나온다. 미래에 인간은 원하는 만큼 장수하기 위해 약물이나 유전자 조작으로 자신의 몸을 조종할 수 있게 될 것이다. 그러나 그 대가로 20대의 활기찬 정력과 성욕, 매력을 중년에게 양보해야 할지도 모른다.

소박한 삶

장수를 위한 비결이 있을까? 루이기 코르나로(Luigi Cornaro)는 그렇다고 생각했다. 1550년에 『소박한 삶에 대한 강론 *Discorsi della vita sobria*』을 펴낸 이 빈의 귀족은 책에 자신의 장수 비결이 무엇인지를 대략 적어놓았다. 책을 출간했을 무렵 그의 나이는 83세였으며, 아마도 98세나 103세 정도까지 살았을 것이다. 출생일이 정확하지 않아 몇 세에 죽었는지는 분명치 않지만, 그가 상당히 장수했다는 사실은 모두 인정한다. 그는 자신이 40세까지는 난봉꾼이었다고 밝혔다. 문란한 생활로 인해 위와 옆구리에 통증이 생겼고, 통풍(gout)*에다 열이 나고 끝없는 갈증에 시달렸다. 의사들은 그에게 생활 습관을 바꾸지 않으면 죽을 것이라고 경고했다. 의사들의 충고를 가슴에 새긴 그는 이후 생활 방식을 절제되고 체계적인 것으로 바꾸고자 노력했다.

그의 새로운 생활 방식의 핵심 요소는 간단했다. 적게 먹고 기분 좋은 일만을 한다는 것이었다. 그는 이렇게 적었다. "음식으로 배를 불리지 않는 것이 건강의 요체이다." 구체적으로 언급하지는 않지만 한 부분에서 자신의 실제 식단은 남다르지 않다고 밝히고 있다. 일반적으로 아침에는 빵으로 시작해서 달걀과 묽은 고기 수프를 먹었다. 그러나 그는 이렇게도 말한다. "나는 송아지 고기와 어린 염소, 양고기도 먹었다. 또한 모든 종류의 가금류를 비롯해서 엽조와 개똥지빠귀 등의 새 고기를 먹었으며, 골드니와 같은 바다 생선도 먹었다. 그리고 창꼬치 등을 포함해 민물고기의 알을 먹었다." 16세기에 이탈리아인들이 즐겨 먹던 식단에 비해 다를 것이 없었다. 그런데도 그가 너무 마르자 친구들은 그에게 더 먹으라고 강요하기도 했다. 코르나로는 그들에게 예언자적

* 痛風, 팔다리 관절에 심한 염증이 생기는 질환.

인 어투로 "누구든 오래 먹기를 원한다면 적게 먹어야 한다"고 말했다.

다소 독선적이지만 『소박한 삶에 대한 강론』은 매혹적인 책이다. 코르나로가 자신의 장수에 기뻐한 것이 분명했으니까 말이다. 틴토레토가 그린 초상화에는 그의 노년의 아름다운 모습과 함께, 나이에 맞게 반투명해진 피부와, 장중하면서도 섬세한 아름다움을 지닌 귀족의 모습이 잘 나타나 있다. 코르나로는 라파엘로가 벽화를 그려준 파도바의 궁과, 브렌타 강 근처의 에우게니안 언덕에 위치한 아름다운 정원과 분수로 꾸며진 별장에서 노년을 보냈다. 그는 이렇게 말한다. "세상이 이토록 아름다운 것임을 나는 노년이 되어서야 깨달았도다."

『소박한 삶에 대한 강론』은 엄청난 성공을 거두었다. 나이가 더 먹어갈수록 코르나로는 계속 내용을 추가해서 4판까지 후속판을 출간했다. 이탈리아 르네상스 시대에 지어진 이 책은 고전적인 스타일로 장식되어 있으며(야코프 부르크하르트는 완벽한 스타일을 언급하며 이 책을 인용하였다), 그의 생리학은 아리스토텔레스의 이론을(수분 손실에 대해 기록한 부분이 많다), 책의 분위기는 키케로를 따르고 있다(노년은 열정이 다한 뒤에 찾아오는 현명함의 시기이므로 환영받아 마땅하다고 말한다). 이 책은 오랫동안 영향을 미쳤는데, 한 예로 독일 의사인 크리스토프 후펠란트(Christoph Hufeland)가 1796년에 현대적인 건강 식단의 궁극적인 탄생 원인을 개괄적으로 정리해 펴낸 『장수법*Makrobiotik*』도 이 책의 영향을 받았다.

장수의 비결이 소식(小食)이라는 코르나로의 주장에는 일말의 진실이 숨어 있다. 지금까지 내가 말한 식단은 엄청난 비만이나 중년의 펑퍼짐해짐을 예방해주는 식단이 아니라, 웬만한 사람들은 자발적으로 유지하기 힘든 극단적인 형태의 식이요법이다. 포유류가 일반적인 생리학적 수명을 연장하기 위해 취할 수 있는 유일하게 믿을 만한 방법은 매일 필요한 칼로리의 3분의 2 이하를 섭취하는 것이다. 수십 가지 연구들은 '칼로리 제한'을 받은 쥐들이 원하는 만큼 칼로리를 섭취한 쥐들보다 어떤 환경에서건 10~50퍼센트 정도 오래 산다는 사실을 보여주었다. 그들은 나이에 비해 다른 쥐들보다 민첩하고 털에 윤기가 돌며 건강하다. 그리고 그들은 몸집이 더 가늘고, 몸무게는 일반 쥐들의 반밖에 되지 않는다. 물론 칼로리 제한을 받은 쥐들도 결국은 죽지만, 당뇨병이나 감염증, 신부전, 자가면역 기능의 손상, 근골격계의 퇴행, 심근병증, 신경계의 퇴행, 가장 놀랍게는 암에 걸리는 시기가 늦춰진다. 현재는 칼로리 제한이 영장류에 미치는 영향을 알아보기 위해 붉은털원숭이에 대한 연구가 진행 중이지만, 앞으로 10년은 기다려야 답을 얻을 수 있을 것이다.

불확실성에도 불구하고 코르나로의 생각을 계승한 많은 사람들은 수명 연장을 위해 엄격한 식이요법을 행하고 있다. 칼로리 제한은 다른 방법들처럼 전문서적과 전문가의 도움으로 행하는 건강요법이 되었다. 이 식단은 일반적으로 하루 1000칼로리로 구성되어 있는데, 반드시 비타민과 미네랄을 보조로 섭취해야 한다. 1000칼로리는 성적 욕구 유지나 성적 매력 발산에는 충분치 않지만, 평균 체구의 남성이 생활을 유지하는 데 필요한 최소한의 양이다. 이처럼 극도로 엄격한 생활양식이 보답받을 수 있을지는 두고 봐야 한다. 1944~1945년 네덜란드에 불어닥친 '기아의 겨울'로 수많은 네덜란드인들이 극단적인 칼로리 제한을 경험했지만, 생존자들의 수명이 늘어났다는 뚜렷한 징후는 나타나지 않았다. 그러나 수십 년 동안 거의 아사에 가까운 생활을 해야 효과가 나타난다고 주장할 수도 있다.

칼로리 제한은 쥐와 생쥐, 초파리, 선충류의 수명을 연장시킨다. 왜 그런지는 아직 모르지만, 번식력을 줄인다는 데서 한 가지 이유를 생각해볼 수 있다. 칼로리 섭취가 제한된 동물은 원하는 만큼 먹을 수 있는 동물보다 새끼를 덜 가진다. 생식에 사용되지 않는 에너지 저장분이 장수를 보장해주는 것일지도 모른다. 그러나 이것보다 더 그럴듯한 이유가 있다. 칼로리 섭취가 제한된 초파리는 번식과 관련된 유전자들이 작동하지 않을 뿐 아니라 감염에 대한 저항력, 다시 말해 면역계통과 관련된 유전자들이 활발하게 활동한다. 그렇기 때문에 정상 수명의 초파리들보다 면역단백질 생성 수치가 높다. 이런 결과는 칼로리 섭취가 제한된 동물들이 장수하는 이유를 두 가지 정도 제시해준다. 다른 이유들도 생각해볼 수 있다. 초파리 게놈의 1만 5000개 유전자 중 2000개 정도는 칼로리 제한에 반응을 보인다. 칼로리 제한의 마법적인 힘이 수십 가지 다양한 분자 경로를 통해서 파급 효과를 퍼뜨린다고 생각할 수도 있다.

어쩌면 당연한 일인지도 모른다. 진화론은 여러 다양한 시스템의 독립적인 파괴에서 노화가 비롯된다고 말한다. 칼로리 제한이 건강에 그토록 광범위한 영향을 미친다면, 여러 다양한 방법으로 신체를 유지시켜줌으로써 효력을 발휘할 것이 분명하다. 그럴지라도 많은 노인학자들은 다양한 노화 증상을 설명해줄 하나의 이유와, 칼로리 제한이 어떤 방식으로 노화를 늦추는지를 알고 싶어한다. 살아 있기 때문에 생기는 독에 몸이 중독되어 노화가 생긴다는 것도 그들이 생각해낸 이유 중 하나이다.

죽음의 숨결

토머스 브라운 경은 『의사의 종교』에서 이렇게 말한다. "우리는 잠을 죽음에 빗대지만, 그럼에도 우리를 죽게 하는 것은 깨어 있는 순간이다." 생명 유지 물질이 소진되기 때문이든 아니면 점진적인 자가중독 때문이든, 삶 자체가 쇠락의 원인이라는 것은 노화에 대한 과학에서 가장 오래된 개념 중 하나이다. 이에 대한 최근의 견해는 작지만 치명적인 분자가 노화의 원인이라고 해석한다. 이 분자는 DNA와 단백질, 지질(脂質)을 비롯해서 자신과 접하는 거의 모든 물질을 산화시키는 능력을 가지고 있다. 정상적인 호흡에서 산소는 물로 환원된다. 그러나 이 과정이 불완전한 데다 '라디칼(radical, 基)'이라는 여러 종류의 분자가 부산물로 만들어진다. 이러한 분자들은 예컨대 •OH(•는 쌍을 이루지 않은 전자를 의미함)와 같은 화학식을 가지며, 세포 내에서 호흡이 일어나는 위치인 미토콘드리아에 다량 함유되어 있다. 이곳에서 출발한 라디칼 분자들은 세포의 다른 부분으로 스며들어 지나는 길에 있는 다른 구조들을 공격한다.

라디칼 이론은 이런 분자들이 여러 해 동안 세포에 끼친 피해가 누적되어 노화가 발생한다고 가정한다. 여러 가지 관련 증거들이 이런 가정을 뒷받침한다. 라디칼이 세포를 손상시키는 것은 분명하며, 이러한 피해는 노년에 한층 분명하게 드러난다. 무엇보다 가장 큰 피해는 돌연변이를 일으킨다는 것이다. 인체 세포의 DNA는 매일 1만 번 정도의 산화 공격을 받는다. 대부분은 치유되지만, 치유되지 않는 부분도 많다. 나이든 쥐는 세포당 200만 개의 돌연변이를 가지고 있는데, 이는 어린 쥐의 거의 두 배에 해당한다. 이런 돌연변이들은 대부분 특정 세포의 건강에는 전혀 영향을 미치지 않는다. 그러나 라디칼이 세포 생존에 필요한 유전자를 공격한다면 세포가 죽게 된다. 만약 라디칼이 줄기세포의 증식을 억제하는 유전자를 공격한다면, 암이 발생할 수도 있다. 이 분자가 세포 내에서 정액이나 난자를 만드는 유전자를 공격한다면 다음 세대까지 그 피해가 전해질 수도 있다.

라디칼은 확실히 치명적인 힘을 가지고 있다. 그러나 이것이 노화의 이유가 될 수 있을까? 그럴 것이다. 원래 그렇든 칼로리 제한을 통해서든 장수하는 동물들은 라디칼 생성을 유도하는 패러콰트와 같은 독성 물질에 강한 내성을 가진 것으로 보인다. 여러 동물들의 유전자 조작에서 좀더 직접적인 증거를 얻을 수 있다. 동물세포는 라디칼의 공격을 막는 방어수단을 가지고 있는데, 라디칼 제거를 전담하는 유해산소제거효소(superoxide dismutase, SOD)도 여기에 속한다. 여러 가지 다양한 증거들은 이 효소가 노화의 영향 중 몇 가지를 막는다는 사실을 암시한다.

앞에서 언급된 나이든 초파리들이 낳은 후대 초파리들의 장수 원인도 활성화된 형태의 유해산소제거효소인 것으로 여겨진다. 이런 장수 초파리들의 1세대는 두 가지 유해산소제거효소 변이에 대한 다형성을 가지고 있었다. 자연선택 과정에서 이런 변이의 빈도가 바뀌어 장수초파리에서는 좀더 활성화된 유해산소제거효소가 정상 수명의 초파리들보다 훨씬 많이 생성되었다. 이것은 단순한 우연의 일치가 아니었다. 실험을 다섯 번 반복했지만, 매번 같은 결과가 나왔기 때문이다. 이 효소의 효과를 입증해줄 좀더 직접적인 증거를 찾기 위해 초파리에서 인간의 유해산소제거효소가 나타나도록 초파리의 운동신경세포에 유전자 조작을 가했다(인간의 것이 초파리의 것보다는 강력하기 때문이다). 실험 대상이 된 초파리들은 그렇지 않은 초파리들보다 40퍼센트 오래 살았는데, 이는 유해산소제거효소가 신경계를 보호할 수 있음을 암시하는 매우 흥미진진한 결과이다. 마지막으로, 최근 몇 년 동안 초파리와 선충류에서도 상당히 오랫동안 장수하는 돌연변이들이 여러 개 발견되었다(이 중 한 초파리에는 창세기에 등장하며 969세까지 살았던 이스라엘의 조상 이름을 따서 '므두셀라Methuselah'라는 이름이 붙여졌다). 이런 돌연변이들은 유해산소제거효소 유전자의 배열을 바꾸는 대신 이 효소의 활성화 시기와 방법을 조절하는 유전자에 영향을 미친다. 결국 어떤 방법으로든 유해산소제거효소 수치를 높이지 않는 한 장수 초파리나 선충을 만들기는 힘든 것으로 보인다.

이런 모든 결과들은 다음과 같은 연쇄적인 주장을 제기한다. 유해산소제거효소 수치가 높으면 (최소한 선충류와 초파리의) 노화를 지연시키며, 라디칼의 공격을 방어한다. 따라서 자유 라디칼(free radical)은 노화를 야기한다. 이것만으로 인간의 노화를 미룰 수 있는 방법을 알았다고 생각할 수 있을까? 좀더 강력한 유해산소제거효소가 생기도록 조작하지 않아도 몇 년의 수명을 연장시킬 수 있을까? 대답은 간단치 않다. 더욱이, 앞에서 제시한 주장들 중 하나가 의심스럽다는 점도 그렇지 못할 것이라는 근거를 제시해준다.

인간 게놈에는 유해산소제거효소를 암호화하는 세 개의 유전자가 포함되어 있다. 이 중 하나인 SOD1(superoxide dismutase 1)에서 생기는 돌연변이가 여러 해 전에 밝혀졌다. 이 돌연변이는 기능 획득이며 우성이고, 과활성화된 단백질을 제공한다. 초파리나 선충류처럼 인간의 수명을 120세까지 연장시켜줄 수 있는 것도 이런 종류의 돌연변이라고 생각할 수 있다. 그러나 이 돌연변이 유전자는 50세가량이 되면 사망한다. SOD1 돌연변이는 척수와 뇌간, 피질의 운동신경세포가 점진적으로 파괴되어서 신경세포를 마비시키고 결국 사망으로 이끄는 치명적인 신경계통 질환인 근위축성측삭경화증(amyotrophic lateral sclerosis, ALS)을 야기한다. 미국에서는 이 질환을 앓다가 사망한 야구 선수의 이름을 따서 루게릭병(Lou Gehrig disease)이라고 부른다. ALS 질환은 의사가 안락사를 도와줘야 한다는 논의가 가장 열띠게 벌어지는 분야이기도 하다.

이런 돌연변이들은 역설적인 논리를 제기한다. 다시 말해 유해산소제거효소는 초파리의 운동신경세포를 보호해주는 반면, 인체의 운동신경세포를 죽인다. 왜일까? 지난 10년 동안 다음과 같은 논리로 이런 역설에 대한 해답이 제시되었다. 유해산소제거효소는 라디칼을 중화시키는 효소 경로의 첫 단계에 불과하다. 이것은 산소 라디칼($O\bullet_2$)을 과산화수소(H_2O_2)로 전환한다. 하수구 세척제나 미인들의 전형적인 자살 수단으로 사용되는 화학 약품의 주성분에 과산화수소가 들어간다는 사실에서도 이것이 생물체에 얼마나 파괴적인 영향을 미치는지를 확실하게 알 수 있다. 과산화수소를 물로 전환해서 분해하려면 카탈라아제(catalase)라는 또 다른 효소가 필요하다. 초파리에서는 그렇지 않지만 인체에서는 두 효소의 불균형적인 활동으로 인해 과산화수소가 쌓여 뉴런을 죽인다고 여겨진다.

그럴듯한 설명이지만 완전히 틀렸을 수도 있다. SOD1 돌연변이가 운동신경세포를 죽이는 이유는 라디칼이나 과산화수소 중독과는 전혀 상관이 없다. 이 돌연변이로 인한 피해는 무언가 다른 것, 다시 말해서 유해산소제거효소가 뇌 속에서 담당하는 다소 불가사의한 역할과 관련이 있는 것 같다. 뉴런은 이상한 세포이다. 세포 자체도 큰 데다, 축색(axon)이라는 긴 돌기를 가지고 있으며, 각각의 돌기에 맞춰 세포마다 독특한 모양을 하고 있다. 유해산소제거효소는 뉴런 안에서 라디칼을 제거하는 일 외에 다른 역할도 맡고 있는 듯 보인다. 생물학자들은 이처럼 복합적인 역할을 수행하는 이 단백질에 '문라이터(moonlighter, 월광체)' 라는 시적인 이름을 붙였다. 월광을 받은 SOD1은 근위축성측삭경화증 외에 또 다른 신경계 질환인 '다운증후군(Down's syndrome)'을 불러일으킬 수도 있다. 다운증후군 아이들은 SOD1 유전자가 있는 21번 염색체에서 두 번이 아닌 세 번의 복사가 일어난다. 21번 염색체에 있는 수백 개의 유전자들이 다운증후군의 특징인 정신지체나 얼굴기형, 심장문제 등 몇 가지 문제를 야기할 수 있다. 그러나 SOD1 유전자도 과다하게 복사되었기 때문에 한층 파괴적인 결과가 생긴 것이라는 생각도 오랫동안 이어져왔다.

유해산소제거효소가 월광을 발산한다면, 잘못된 전제하에 위의 주장들을 제기했다는 의미가 된다. 또한 이와 함께 노화에 대한 라디칼 이론들에 신빙성을 부여해주는 몇 가지 근거도 잘못되었다는 결론이 나온다. 라디칼 이론에 찬성하는 사람들은(이런 과학자들이 수천 명은 된다) 이런 주장을 들으면 일반론으로 발전할 만한 유일한 노화 이론을 너무 폄하한다고 생각할 것이다. 아직까지 유해산소제거효소가 노화를 억제한다고 생각하는 주된 이유는 이 효소가 라디칼을 제거해주기 때문이지만, 이는 두고 봐야 할 문제이다. 그러나 당분간은, 그대로 말년의 쇠락을 피하게 해줄 만병통치약 목록에서 유해산소제거효소가 등장할지도 모른다는 데 이견을 가진 사람은 없을 것이다.

주름

라디칼이 돌연변이의 유일한 원인도 주요한 원인도 아니지만, 돌연변이는 여전히 최소한 노화의 몇 가지 특징을 야기할 수 있다. 돌연변이는 피부와 같은 조직에서 특히 파괴적인 영향을 미치는데, 이런 조직들은 일생 동안 세포 분열을 거듭하기 때문이다. 어떤 사람들은 나이가 들어서도 상당히 젊은 피부를 가진 반면, 어떤 사람들은 젊은 데도 상당히 주름이 많다. 이런 차이점은 우리 각자가 햇빛을 비롯한 피부 노화의 요인들에 얼마나 노출되느냐에 따라 달라진다. 자외선은 강력한 돌연변이원이기 때문이다. 그러나 아무리 햇빛을 피해도 피부 노화를 막을 수는 없다. 양산을 쓰고 베일로 가리고 자외선 차단제를 바른다 해도 35세의 피부가 15세의 생기 있는 피부로 돌아갈 수는 없다.

주름이 지는 것은 표피가 재생 능력과 피부의 결합조직을 유지시킬 수 있는 능력이 점점 떨어지고 있다는 증거이다. 이는 신체 전체에서 나타나는 문제이다. 피부와 결합조직이 비정상적일 정도로, 실제로 재양과도 같이 급속히 노화되는 사람들에게서 이런 증거가 더욱 뚜렷이 나타난다. 유전질환인 베르너 증후군(Werner's syndrome)은 10대에 머리가 회색으로 변하고 벗어진다. 20대가 되면 남자들은 고환이 위축되고, 여자들은 일종의 조기 폐경기가 찾아오며 난포가 위축된다. 30대가 되면 이 질환자들은 백내장을 치료하기 위해 수정체 이식을 받아야 하며, 동맥이 딱딱하게 굳고 지방 덩어리가 내부를 뒤덮는다. 그리고 40대가 되면 대부분 심장마비로 사망한다.

베르너 증후군은 노화가 급속히 진행되는 유전질환인 '유전조로증(progeria)'의 일종이다. 이 증후군은 돌연변이가 복사되면서 DNA를 보존해주는 단백질을 와해하기 때문에 발생한다. 보존 단백질이 없는 세포는 돌연변이 발현율이 매우 높다. 이런 돌연변이들이 일제히 공격을 가하면 세포는 증식하는 대신 죽어버리거나 비정상적인 단백질을 생성한다. 피부와 같은 조직들은 원래의 상태를 유지하기 위해 수없이 세포 분열을 해야 하는데, 그러지 못하기 때문에 붕괴되고 만다. 우리 모두도 이와 비슷한 현상을 겪을 것이다. 단지 그 속도가 훨씬 느릴 뿐이다.

나이가 들수록 세포에서는 생명력이 빠져나간다. 이는 실험실에서도 관찰할 수 있다. 세심하고 철저한 실험 계획을 세워서 인간 세포를 배양하는 것은 오래전부터 가능했다. 그러나 아무리 알맞은 배양 환경을 설정해도 갓 배양된 세포는 일정 횟수만 분열하다가 더 이상 분열하지 않고 멈춘다. 이 세포 분열의 둔화는 점진적으로 발생하는데, 일종의 본질적인 한계가 원인이다. 많은 학자들은 이런 세포 노화가 인체 노화의 원인과 결과를 동시에 제공한다고 말했다.

이런 생각을 뒷받침하듯, 인간 태아에서 채취한 세포는 죽기 전까지 90세 노인의 세포보다 두 배 정도 많은 분열을 한다. 그렇다면, 노인들의 복제 능력이 말기에 다다랐기 때문에 일상적인 상처나 손상을 회복

시키지 못한 세포가 많다고 짐작할 수 있다. 따라서 1998년 세포 분열 한계의 분자적 원인이 밝혀지고 해결책이 마련되자 전 세계는 흥분에 휩싸였다. 세포 노화를 치유할 수 있다면 노화도 치료할 수 있기 때문이다.

세포가 분열할 때마다 그것의 염색체 역시 복제되어야 한다. 그러나 효소들은 염색체의 DNA를 복제해도 염색체의 목표까지 복제하지는 못한다. 따라서 염기 길이가 수천 개나 되는 텔로미어(telomere)가 이런 목표를 보호하는데, 텔로미어는 세포 분열 한 회마다 100개의 염기쌍이 깎여나가기 때문에 분열이 거듭될수록 길이가 조금씩 짧아진다. 텔로미어가 일정 길이 이하로 짧아지면, 세포는 더 이상 분열하지 못하고 죽게 된다. 결국 노화가 시작되는 시간을 근본적으로 설정해주는 것은 텔로미어가 깎이는 비율이다.

따라서 노화를 막으려면 텔로미어의 감소를 방지해야 한다. 모든 세포들의 텔로미어가 감소되는 것은 아니다. 난자나 정자를 생산하는 생식세포는 텔로머라아제(telomerase)라는 복잡한 효소가 있어서 이것이 텔로미어를 유지해주고 그 불멸성을 부여해준다. 생식세포를 제외한 다른 세포에서 텔로미어가 감소하는 이유는 텔로머라아제가 없기 때문이다. 텔로머라아제가 없던 세포에 이 효소를 주입하면 여러 번의 세포 분열이 거듭되어도 텔로미어가 그대로 유지된다. 또한 세포도 죽지 않는다.

불사(不死)의 세포를 만들기가 그렇게 쉽다면 왜 이 방법을 인체에 적용할 수 없는 것일까? 그 이유는 간단하다. 불사는 암의 영역이기 때문이다. 역사상 거의 모든 종양세포들에게는 다른 세포에 없는 텔로머라아제를 가지게 하는 돌연변이가 생겼다. 인간 세포에 텔로머라아제가 없는 것은 세포의 이런 일탈적인 증식을 막기 위한 최초의 방어수단일지도 모른다. 게다가 텔로미어의 감소가 노화를 야기한다는 증거도 아직은 거의 없다. 이 문제를 직접 다룬 실험은 단 한 번에 불과한데, 이 실험은 쥐의 텔로머라아제를 없앤 뒤 6세대까지 이런 쥐를 번식시켰다.

실험 대상이 된 쥐들은 한동안은 텔로머라아제 없이도 아무 이상이 없는 듯 보였다. 텔로머라아제가 제거된 1세대 쥐들은 조로 증상이 전혀 없었다. 어떤 면에서는 놀랄 일이 아니다. 이런 쥐들은 다른 쥐들과 똑같은 길이의 텔로미어를 가지고 있었다. 인간처럼 쥐들도 텔로미어를 정상인 부모 쥐들로부터 물려받았기 때문이다. 그러나 생식세포 안에 텔로머라아제가 없기 때문에 이런 돌연변이 쥐들은 다음 세대로 이어질수록 훨씬 짧은 텔로미어를 가지고 태어났다. 4세대가 되자 그 결과가 겉으로 드러났는데, 수컷 쥐들이 살아 있는 정자를 거의 가지고 있지 않았던 것이다. 6세대에서는 살아 있는 정자가 하나도 없었다. 암컷들도 불임은 아니었지만 정상 쥐에 비해 난자를 적게 만들어냈으며, 난자를 만들었어도 대부분 결함이 있는 배아가 생겨났다. 6세대가 되자 수컷과 암컷 모두 일찍 늙기 시작했다. 인간처럼 쥐도 나이가 들면 털이 빠지고 회색으로 변하는데, 6세대 쥐들은 아직 젊은 나이에도 이런 증상이 나타났다.

이런 결과는 텔로미어 결손이 노화를 야기한다는 생각을 뒷받침해줄 뿐이다. 텔로미어가 매우 짧으면 조로 증상이 나타나는 것은 분명하지만, 이런 현상은 6세대에 이르러서야 분명해졌기 때문에 짧아진 텔로미어가 정상적인 노화의 원인일 리 없다. 텔로미어가 조금씩 짧아지는 것이 인간 노화의 원인이라고 결론지을 수도 있겠지만 아직은 시기상조다. 실험실 쥐들은 매우 긴 텔로미어를 가지고 있다. 인간보다 훨씬 길다. 다만, 인간이 태어났을 때부터 다소 짧은 텔로미어를 가지고 있고 인간의 신체 크기와 수명으로 따질 때 쥐보다 텔로미어 결손 비율이 훨씬 크다면, 텔로미어가 인체에 상당히 중요한 작용을 할 수도 있다.

이런 주장을 입증할 수 있는 한 가지 방법은 복제인간(clone)을 만드는 것이다. 클론의 텔로미어는 태어날 때부터 비정상적으로 짧을 것이다. 생식세포의 도움 없이 태어난 데다, 체내의 텔로미어도 결코 재생되지 않기 때문이다. 클론의 후대로 이어질수록 텔로미어의 길이도 점점 짧아지고, 이에 비례해서 노화의 속도도 계속해서 빨라질 것이다. 특히 클론 제공자가 노인일 경우에는 이런 현상이 더욱 심해질 것이다. UFO 숭배자나 종교적 윤리를 무시하는 이탈리아 산부인과 의사가 아닌 이상,* 전 세계적으로 인간 복제를 금하고 있기 때문에 이런 실험이 속행될 가능성은 거의 없다. 그러나 복제 동물은 만들어진 적이 있다. 여섯 살짜리 핀 도셋 종 암양의 유선세포에서 염색체를 채취해 6LL3 복제양, 다시 말해 '돌리(Dolly)'가 탄생했다. 생식세포의 도움 없었기 때문에 돌리는 비정상적으로 짧은 텔로미어를 가지고 태어났다. 많은 관계자들은 돌리가 빨리 늙을 것이라고 생각했다. 그러나 약간의 관절염만 제외하면 돌리는 아주 건강했으며, 폐질환으로 인해 여섯 살 때 안락사당했지만 이 바이러스성 질환에서도 특별히 이상한 점은 발견되지 않았다.** 복제소나 복제쥐도 비만 등 여러 가지 건강상의 문제가 있었지만, 유전조로증의 증세가 보고된 적은 없었다. 클론의 조로증을 논하는 것은 아직은 시기상조이다.

텔로머라아제 돌연변이를 가진 사람들도 많은 참고가 될 수 있다. 베르너 증후군보다 훨씬 심각한 유전조로증을 앓는 사람들은 아동기부터 노화의 징후가 뚜렷이 나타나기 시작한다. 이 질환자들은 베르너 증후

---

* 외계인이 지구상의 생명을 과학적으로 창조했다고 믿는 종교단체가 세운 클로네이드(Clonaid) 사와 이탈리아의 불임치료 전문가인 세베리노 안티노리(Severino Antinori)가 인간 복제를 실험 중에 있다.

** 이 복제양을 만든 로슬린 연구소는 2003년 2월 14일에 돌리를 안락사시켰는데, 양의 평균 수명이 10~12년인 데 반해 돌리의 사망 나이가 6세였기 때문에 일각에서는 클론이 조로증을 유발할 수 있다는 심각한 우려를 제기했다.

군처럼 심장마비가 원인이 되어 12세 정도에 사망하며, 그때가 되면 그들은 80세 노인이라고 해도 믿을 외모를 가지게 된다. 이런 증상들은 텔로미어에 문제가 있음을 말해준다. 세포의 급속한 노쇠 때문에 이런 우울한 질환이 생긴다고 정의해도, 우리는 노화의 신비 중 극히 일부만을 밝힐 수 있을 뿐이다. 유전조로증이 몇 가지 신체적인 쇠락을 재촉하지만 환자들의 정신까지 침범하지는 못하기 때문이다.

100세 장수

지난 10년 동안 노화 연구에 일대 혁명이 있었다. 그 중 상당수는 선충류인 예쁜꼬마선충에 대한 연구에서 비롯되었다. 이 선충은 크기가 1밀리미터 정도에 불과하며, 배양 접시에서 수천 마리까지 배양이 가능하다. 그들의 몸은 완벽하게 투명하다. 고배율 현미경으로 관찰하면 그들의 몸을 이루는 959개의 세포 하나하나를 모두 관찰할 수 있다. 어떤 이유에서인지 유난히 장수하는 돌연변이 선충은 매우 식별하기 쉽다. 이런 돌연변이 중 어떤 놈들은 정상 선충보다 두 배 가까이 오래 산다. 이런 선충들은 40일 정도 사는데, 사람으로 치면 150세까지 사는 것과 같다.

지금까지 이 선충의 장수 돌연변이를 일으키는 것으로 판별된 유전자는 100개 정도이다. 이런 돌연변이 중 상당수는 예쁜꼬마선충의 인슐린유사 성장인자(IGF) 신호 경로를 와해시킨다. 이렇게 해서 선충의 생리 기능 전체를 변화시킨다. IGF 신호전달에 결함이 발생한 돌연변이 선충은 번식을 적게 하며, 많은 양의 지방과 당분을 체내에 저장하고, 유해산소제거효소를 비롯한 스트레스 내성 단백질(stress-resistance protein)을 암호화하는 유전자들을 활성화시킨다. 그 결과 정상 수명의 선충들이 배양 접시 안에서 죽어가는 동안에도 장수 선충들은 완벽한 건강을 유지한다.

앞에서도 설명했듯, 이 인슐린유사 성장인자(IGF) 호르몬이 부족하기에 피그미 족은 작은 신체를 지니고, 이 호르몬이 과다하기에 그레이트데인 종은 그토록 몸집이 크다. 또한 IGF 호르몬이 없는 생쥐들은 왜소한 몸집으로 태어나고 장수한다. 선충류에서는 IGF가 신체 크기 조절에 관여하지 않는 것처럼 보인다(이는 매우 놀라운 사실인데, 초파리를 비롯한 다른 여러 생물들에서는 IGF가 신체 크기를 조절하기 때문이다). 그렇다 해도 선충에서 나온 연구 결과를 쥐나 초파리, 그 외 여러 생물들의 IGF 연구 결과와 합치면 모든 동물들에게 보편적으로 적용할 수 있는 메커니즘을 대략 파악할 수 있다. 다시 말해 동물들이 장수해야 할 때 장수하도록 해주는 메커니즘을 파악할 수 있다.

예쁜꼬마선충은 그다지 영리한 생물은 아니다. 뇌에 있는 것들까지 포함해서 선충이 가진 뉴런은 302개에 불과하며, 인간의 두뇌에는 그것의 10억 배 이상의 뉴런이 존재한다. 그렇다고 해도 예쁜꼬마선충은 자신이 먹어야 할 양을 판단할 만한 이성을 가지고 있다. 배고프다고 판단하면, 선충의 머리에 있는 감각기관에서 신경 신호가 나와 몸으로 전해지고 IGF 신호가 차단된다. 환경 변화가 많은 돌연변이들이 하는 행동을 흉내 내고, 선충의 수명이 연장된다는 마찬가지 결과가 나온다.

생소한 결과는 아니다. 결국 칼로리 제한을 받은 쥐들에게서도 같은 결과가 나왔기 때문이다. 또한 이 결과는 『소박한 삶에 대한 강론』의 여러 장점이 무엇인지도 이해하게 해준다. 칼로리 제한에 대한 이런 반응은 불사의 꿈을 좇는 노인학자들이나 다이어트 전문가들만이 흥미를 가질 만한 실험실의 기현상이 아니라, 동물들이 삶의 흥망성쇠에 대처할 수 있도록 진화해온 장치일지도 모른다. 고난이 닥쳐올 것이라고 판단하면 어린 동물은 삶의 목표를 바꾼다. 몸집을 불리고 빨리 번식하는

데 에너지를 소모하는 대신, 생존 자체에 전력을 투자한다. 몸집을 작게 유지하고 번식을 멈추는 것은 결국 조만간 고생이 끝나고 낙이 찾아올 것이라고 도박하는 것과 같다. 칼로리 제한에 대한 이런 식의 해석이 맞다면, 칼로리 제한 주창자들은 실제로 선사시대 수천 년 동안(그리고 역사에서도 상당 기간) 인류의 많은 부분을 차지했던 '궁핍'에 대처하도록 진화해온 장치를 부활시키려 하는 것이라는 결론이 나온다. 그들은 모르겠지만, 음식의 모든 칼로리를 일일이 계산하고 비타민 제제를 손닿는 곳에 두고 매달 골밀도를 체크하면서 무의식중에 문명에 대한 불평불만자의 역할을 가장 헌신적으로 담당하고 있는 것이다.

인간의 장수유전자(longevity gene)를 찾을 수 있을까? 많은 과학자들은 가능하다고 생각한다. 프랑스와 영국, 네덜란드, 일본, 핀란드, 미국의 노인학자들은 100세 이상 장수하는 사람들의 목록을 수집해서 그들의 장수 원인을 밝히기 위해 DNA 분석에 열을 올리고 있다. 그들은 100세 이상 장수하는 사람들의 공통된 돌연변이나 다형성을 발견하리라 기대하지 않는다. 또한 학자들은 100세 이상 장수하는 사람들 중 일부는 순전히 행운과 올바른 생활양식 덕분에 장수하는 것이라는 사실도 전적으로 인정한다. 대신 노인학자들은 노환의 원인으로 여겨지는 여러 유전자를 자세히 조사하고, 다른 사람들에 비해 오래 사는 사람들의 공통된 유전자 변이가 무엇인지를 찾고자 노력한다.

이런 연구 과정에서 처음 밝혀진 장수유전자 중 하나가 아포지방단백질 E(apolipoprotein E, APOE)였다. 이 유전자가 암호화하는 단백질은 $\varepsilon2$, $\varepsilon3$, $\varepsilon4$ 등 다양한 형태 변이를 지닌다. 프랑스에서 70세 이하의 노인 중 약 11퍼센트는 최소한 한 개 정도의 $\varepsilon4$ 유전자를 가지고 있지만 100세 이상 사람들은 5퍼센트만이 이 유전자를 가지고 있으며, 그 차이를 $\varepsilon2$ 변이가 메우는데 이런 현상이 좀더 흔해진다. 이것은 100세

생일을 맞이하고 싶으면 ε2 변이를 최소한 하나는 가지고 있어야 하지만 ε4는 하나도 없어야 된다는 것을 의미한다.

그 이유는 APOE 유전자가 콜레스테롤 수송을 담당하는 단백질을 암호화하는 데다 알츠하이머병과도 관련이 있기 때문이다. 65세 이상의 노인 중 10명에 1명은 알츠하이머병에 걸릴 위험이 있지만, ε4 변이를 가지고 있을 경우 그 가능성은 극적으로 늘어난다. ε4가 없는 사람에 비해 하나라도 가지고 있는 사람은 알츠하이머병에 걸릴 위험이 세 배로 증가하며, 두 개일 경우 위험률은 여덟 배로 높아진다. 게다가 ε4를 가진 사람은 심혈관 질환에 걸릴 위험이 높다. 이런 ε4의 두 가지 위험을 감안하면 왜 이 분자를 가진 사람이 100세까지 장수하기 힘든지를 충분히 이해할 수 있다.

흑인일 경우 이런 내용들이 중요하지 않을 수도 있다. APOE 유전자를 조사한 결과 사하라 이남에는 ε4 유전자를 가진 아프리카인들이 많은 것으로 나타났다. 아프리카 피그미들의 거의 절반은 최소한 한 개의 ε4 유전자를 가지고 있다. 그렇다면 에페 족은 알츠하이머병의 공격에 속수무책이라는 의미인가? 실제로 그런지는 알 수 없다. 피그미 족의 알츠하이머병에 대한 역학적 연구는 행해진 적이 없으며, 사실상 연구도 거의 불가능하다. 감염이나 사고 등으로 인한 사망률이 높은 탓에 알츠하이머병이 생기는 나이까지 사는 피그미 족이 거의 없기 때문이다. 아프리카인들 중에서 ε4를 가진 사람이 많은 이유를 이런 식으로 풀이할 수 있겠지만, 그보다는 이 변이가 유럽인들보다는 아프리카인들에게 덜 위험하기 때문이라는 가정이 더 옳을 것이다. 여러 연구들이 ε4 변이를 가진 나이지리아인들과 아프리카계 미국인들의 알츠하이머 발병률이 높은지를 알아내고자 했지만 실패로 돌아갔다. 그 원인은 아직 밝혀지지 않고 있다.

최소한 유럽인들의 알츠하이머병에 대한 유전학은 노화에 대한 진화론의 훌륭한 예를 제시해주며, 헌팅턴병에 대한 진화론보다 훨씬 설득력이 강하다. 알츠하이머병에 걸리기 쉬운 (백인인) 프랑스인들에서도 ε4는 흔하게 나타나는 치명적 변이이다. 그리고 이 변이를 보유한 사람의 생식 능력에는 거의 해를 끼치지 않는다는 사실로 그것의 존재 이유를 설명할 수 있다. 알츠하이머병을 유발하는 다른 유전자와의 대조도 도움이 된다. 알츠하이머병을 일으키는 다른 유전자 돌연변이는 3개가 있지만, 이런 유전자들은 대략 30세쯤에 병을 야기한다. 그들은 환자가 한창 젊은 나이에 사망하게 하며, 자연선택에 그대로 노출되기 때문에 자연스럽게(그리고 다행히) 발현 빈도가 낮아진다.

이런 종류의 발견은 시작에 불과하다. 앞으로 몇 년 내에 우리의 수명을 연장하거나 줄여주는 다형성을 수백 개는 아니더라도 수십 개는 발견하게 될 것이다. 이런 다형성들은 대부분 노인성치매, 동맥경화증, 신부전증, 전립선 기능부전, 폐경, 암 등 우리가 잘 알고 있는 노화의 특징을 늦추거나 재촉하는 것들이다. 한 사람의 게놈 안에 장수에 바람직한 변이가 모두 들어 있는 경우는 전혀 없다. 이는 우리의 사망 원인이 매우 다양하다는 사실에서도 분명히 드러난다. 그러나 특정 게놈을 가진 것이 상대적으로 얼마나 위험한지를 통계적인 방식으로 설명할 수는 있다. 한 가지 예를 들어보자. 다른 모든 것이 동일할 경우, 40세의 사람이 게놈 속에 다음과 같은 변이를 가지고 있다고 가정해보자.

SRY(–/–); APOE(ε2/ε2); ACE(D/D); MTHFR(Ala222/Ala222)

이 사람은 심혈관 질환이 생길 위험이 낮기 때문에 다음과 같은 변이를 가진 사람에 비해 사망률도 낮다.

SRY(+/–); APOE(ε4/ε4); ACE(I/I); MTHFR(Val222/Val222)

위의 두 목록의 차이는 매우 분명하다. 여기에는 SRY, APOE, ACE, MTHFR라는 네 개의 유전자가 존재하며, 이들 각각은 중년과 노년의 사망률을 다르게 하는 것과 관련된 변이를 두 개씩 가지고 있다. 따라서 위의 두 목록은 장수에 대한 예언론적인 성격을 지니지만, 금연에 금주를 하고 성적 충동이 없으며 섹스도 하지 않는 사람이 이들 전부를 하는 사람에 비해 일반적으로 오래 산다고 주장하는 것과 기본적으로 다를 바 없다. 게놈 속에 존재하는 위험 인자의 역할은 여기까지이다.

두 번째 게놈을 가진 사람이 반드시 일찍 사망한다는 보장도 없다. 알츠하이머병을 예방해주는 식이요법 처방은 불가능하지만, 심장마비를 예방해주는 식이요법은 여러 가지이다. 이런 유전자들이 특정 나이에 죽게 하는 여러 위험 요소를 제공하는 것은 분명하지만, 몇 년 내에 이런 위험들 간의 차이점을 해석하지는 못할 것이다. 그렇게 하려면 전례가 없을 정도로 대대적인 연구를 수행해야 한다. 그러나 한 가지 예외가 있다. 미국에서는 SRY(-/-)를 가진 사람들은 SRY(+/-)를 가진 사람들에 비해 평균 5년 정도 오래 산다. 이는 물론 SRY(+/-) 인자를 가진 사람들에게는 다소 불쾌한 사실이지만, 프랑스인들처럼 무시하고 이렇게 중얼거리는 것 외에는 달리 할 수 있는 일이 없다. "차이 만세(Vive la différence)!"

수명 연장의 꿈

1994년 놀라운 일이 일어났다. 스웨덴의 8세 소녀들 중 단 한 명도 사망하지 않은 것이다. 독감에 걸린 아이도, 버스에 치인 아이도 전혀 없었다. 연초에 8세 여아의 수는 11만 2521명이었으며, 이 수는 연말까지 그대로 이어졌다.

이는 물론 통계적인 요행수에 불과하다. 같은 해 스웨덴의 8세 소년들을 비롯해서 7세와 9세 소녀들 중에도 사망자가 있었다. 또한 다음해에는 8세 소년 소녀 모두 몇 명의 사망자를 기록했다. 그러나 1994년 스웨덴 8세 소녀들 중 죽은 아이가 하나도 없다는 것은 '사망으로부터의 아동 보호' 라는 산업 문명의 가장 위대한 업적을 나타내는 상징으로 기록될지도 모른다.

선진국의 아동 사망률은 눈에 띌 정도로 줄어들었으며, 사고나 폭력으로 인한 아동 사망을 제외하면 그 수는 더욱 적어졌다. 이는 지난 250년 동안 인간 수명을 연장하기 위한 기나긴 등반에서 이룬 위대한 업적이라 할 수 있다. 1750년대 전에 신생아의 예상 수명은 20세에 불과했지만, 오늘날 선진국 신생아들의 예상 수명은 75세로 늘어났다. 어린 아이들에게 특히 치명적인 악영향을 미치는 기아를 없앤 것이 수명 연장에 큰 몫을 했다. 그러나 이상한 것은 '사망으로부터의 아동 보호' 가 거의 완료 단계에 이르렀음에도 선진국의 평균수명이 계속 상승한다는 것이다.

1960년대는 혁명적인 시기였다고 말해진다. 문화적 · 성적 혁명인 슈투름 운트 드랑(질풍노도)은 아니지만, 훨씬 중요한 사건이 발생하고 있었다. 노인 사망률이 감소하기 시작한 것이다. 1970년에 80세를 맞은 미국인 여성이 90세까지 살 확률은 30퍼센트였다. 그러나 1997년 80세 여성이 10년을 더 살 확률은 40퍼센트로 올라갔다. 똑같은 현상이 스웨덴의 최장수 연령에서도 나타났다. 1860년부터 1960년까지 스웨덴 최장수 노인의 사망 연령은 10년마다 0.4세씩 꾸준히 증가하였다. 1969년에서 1999년 사이에는 10년마다 1.1세씩 증가율이 껑충 뛰었다. 수명이 꾸준히 증가하긴 했지만, 1960년대 이후부터는 그 증가세가 더욱 빨라진 것이다.

이런 수치는 노화가 치료 가능한 질병인 동시에, 훌륭한 치료 방법들이 계속 쏟아져 나오고 있음을 암시한다. 노화로 인해 이와 관련된 사망률이 증가한다면, 사망률을 줄이는 방법은 노화 치료 외에는 없다. 노인 사망률 감소의 주된 이유는 지난 수십 년 동안 심혈관 질환이나 암으로 인한 사망률이 줄었기 때문이다. 1920년대에 심혈관 질환은 노인 사망의 주요 원인이었지만, 1950년대와 1960년대에 이 질환으로 죽은 사람은 반으로 줄었다. 일본에서도 1960년대부터 암 발생률이 줄기 시작했으며, 산업화된 다른 나라들에서도 1980년대가 되면서 그 숫자가 줄어들기 시작했다. 공중 보건의 점진적인 발전에 따른 당연한 결과이다.

그러나 점진적인 발전이 우리가 기대할 수 있는 한계이다. 노화의 유전학에 대한 진화론이나 물밀듯 밀려오는 여러 정보들을 살펴보면, 빨리 오든 늦게 오든 노화는 우리가 순차적으로 치료해야 할 여러 가지 질환이라는 사실을 알 수 있다. 이와 동시에 이런 점진적인 발전을 막을 만한 장애는 전혀 없으며, 인간의 수명이 고정되어 있다고 생각할 필요도 전혀 없다. 1994년 80세에 사망한 스웨덴 여성은 1674명이었다. 미래에 아무도 죽지 않게 하려면 어떤 의학적인 신기술이 마련되어야 하는지는 예측할 수 없다. 그러나 그러한 시기가 오면 산업 문명의 두 번째 위대한 프로젝트인 '사망으로부터의 노인 보호'가 마침내 마침표를 찍게 될 것이다.

10

인간의 변이 | 맺음말

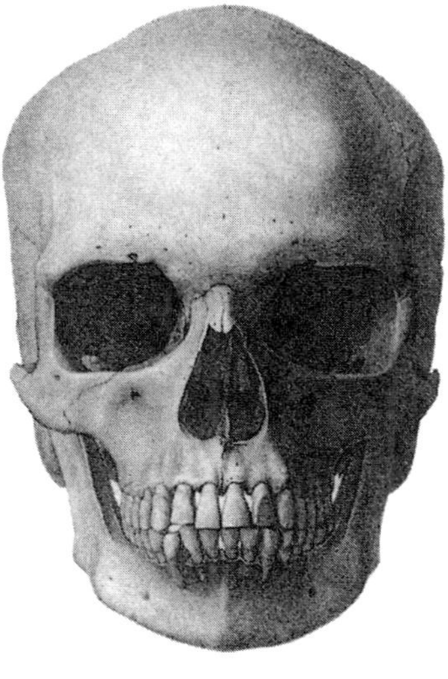

오스트레일리아 원주민의 두개골, 아넴 랜드.
아르망 드 콰트르파주, 『민족별 두개골: 인종별 두개골에 대하여』, 1882

일반 독자를 대상으로 유전학 책을 쓴 저자들은 여러 가지 주제에 대해 의견을 달리한다. 그들은 인류의 미래를 예측해야 하며 이를 도덕적인 방향으로 이끌어야 한다는 점에만 생각을 같이한다. 그들은 미래를 예측하면서 항상 대규모의 유전자 선별검사(genetic screening), 배아 선별, 복제, 배선(胚線, germ line) 조정 등 '새로운 유전자 기술'이 개인의 삶과 사회에서 어떤 역할을 맡을지에 관심을 쏟는다. 어떤 저자들은 낙관론을 펼치면서 출산율이나 이민처럼 대대적인 인구통계학이 인류의 유전자풀을 형성할 때 미치는 영향력에 비하면 이런 기술들은 아무것도 아니라고 확신한다. 어떤 저자들은 인간이 높은 지능을 지닌 식물과 흡사한 것으로 바뀔 것이라는 생각을 놀라울 정도로 담담하게 털어놓는다. 몇몇 사람들은 자신의 클론을 만들고 싶어하고(특히 미디어에 자주 나오는 과학자들), 어떤 사람들은 유전질환자들의 자손 생산 의지를 꺾기 위해 세제(稅制)를 개편하고 싶어한다. 소위 도덕가나 변증법적 생물학자, 주교와 같은 사람들은 '인간 존엄성'을 열렬히 부르짖으며 '유전자 결정론'에 악담을 퍼붓거나 '우리 모두에게 닥친 윤리적

딜레마'를 넌지시 중얼거린다. 그러나 이런 딜레마가 정확히 무엇인지 자세히 설명하는 사람은 거의 없다.

나는 이런 식의 행동을 답습하지는 않을 것이다. 나는 미래를 모른다. 그리고 인간 복제나 배선 조작의 윤리적 문제에 대한 공개적인 주장을 내놓을 만큼 진지하거나 독특한 견해를 가지지도 못했다. 그저 내가 용기가 없어서가 아니라 말을 삼가는 성격이기 때문이라고 생각해주기 바란다. 이 책은 인체의 구조에 대해 우리가 알고 있는 여러 사실들을 총괄하였다. 그리고 이제, 우리가 모르는 것과 알고 싶은 것에 대한 몇 가지 생각을 적으면서 이 책을 끝맺고자 한다.

나는 변이(variety)에 대해 알고 싶다. 이 책에서는 대부분 인체에 해악을 끼치는 희귀한 돌연변이에 대해 설명하였다. 변이를 언급했다 해도 스쳐가는 정도에 불과했다. 지금까지 말한 변이는 우리 주변의 신체 건강한 사람들의 외모나 특징에서 나타나는 정상적인 변이를 의미한다. 스코틀랜드의 가장 작은 마을에서도 볼 수 있는 변이를 의미한다. 이런 마을이라도 사람들의 눈은 갈색, 초록색, 파란색 등 다양하다. 그러나 이 책에서 말한 변이는 키 작은 피그미 족과 키 큰 반투 족처럼 서로 인접해서 살지만 완전히 다른 특징을 지닌 사람들 사이에서 나타나는 외형상의 차이를 의미하기도 한다. 또한 피부색이나 머리가 곱슬한 정도, 눈의 모양 등 어느 대륙 출신인지를 가늠하게 해주는 다양성을 의미하기도 한다. 이들 중에서도 가장 알고 싶은 것이 인종이다.

인종은 오랫동안 공격의 대상이었다. 유전학자들이 이런 과학적 공격의 선봉에 섰다. 그들의 공격은 세계의 유전적 다양성이 지닌 패턴을 연구하면서 도출된 두 가지 경험적 결과에 근거를 두고 있다. 첫 번째 결과는 인간 게놈에서 뚜렷이 드러나는 변이의 대부분은 전통적·민속적 문화인류학에 들어맞는 인종 구분 방법을 제시해주지 못한다는 것이다. 모든 유전자들은 다양한 변이를 가지고 있지만, 대부분의 변이들은 '침묵' 하며 자신이 암호화하는 단백질에 영향을 미치지 않는다. 물론 특정 지역에서는 어떤 변이들이 다른 변이들에 비해 더 흔하게 나타난다. 그러나 세계적으로 볼 때 변이 유전자(variety gene)의 편재성이나 희소성은 인종을 구분하는 전통적인 잣대와는 대부분 맞지 않는다. 일반적으로 인종적 경계는 뚜렷한 반면, 유전자 변이의 빈도는 모호하게 변한다. 또한 유전자마다 변이의 빈도도 다르게 변화한다. 인종을 구분지을 경계선이 존재한다 해도 대부분의 유전자들은 자신들의 길을 그렇게 간단히 보여주지는 않는다.

두 번째 발견은 유전학자들에게 인종이란 것이 정말로 존재하는지에 대한 의구심을 제공하는 원인이 되었는데, 가장 작은 집단에서도 유전적 다양성이 편재한다는 사실이다. 나라와 장소를 불문하고 유전적 다양성의 85퍼센트는 세계적으로 일치한다. 캄보디아인이건 나이지리아인이건 상관없다. 그리고 8퍼센트 정도가 나라 간의 차이를 만들어내는데, 이로 인해 네덜란드 사람과 에스파냐 사람이 구분된다. 나머지 7퍼센트만이 대륙 간의 차이를 만들어 '인종' 을 구분한다. 네덜란드인과 딩카 족 사이에는 유전적 차이가 분명히 존재하지만, 델프트 주민 두 명 사이에 존재하는 유전자 차이에 비해 그렇게 많은 것도 아니다.

1960년대 이후부터 인간의 이러한 유전적 다양성에 대한 사실들이 알려지게 되었다. 그 후 10년이 지날 때마다 과거보다 훨씬 풍부한 데이터와 더욱더 정교한 연구 방법으로 인간의 유전적 다양성을 발견하고 분석하면서 이런 사실들이 확고히 자리 잡게 되었다. 1960년대에는 겔에서 변이 단백질 이동을 검사하는 식으로 유전적 다양성을 연구했지만, 오늘날은 게놈 전체의 배열을 연구한다. 그리고 이 책의 주장과 마찬가지로 과학자들 역시 이런 연구 결과를 설명하면서 최소한 유전학적인 관점에서 볼 때 인종이란 존재하지 않는다고 단언했다. 인종이란 인위적인 개념이나 사회적인 구조이고, 불명예스러운 이데올로기의 잔재에 불과하다.

대부분의 사람들은 아직 이를 납득하지 못하고 있다. 그래도 여하튼 인종이라는 개념이 과거와는 의미가 상당히 달라졌다는 사실은 이해했다. 그래서 인종이라는 말 대신 문화적 · 물리적 변이를 좀더 포괄적으로 통합하는 '민족성(ethnicity)' 이나 이와 비슷한 말을 사용하고 있다. 어떤 면에서 보면 인종이라는 개념을 계속 사용하는 것은 인종주의의 잔재라고 볼 수도 있다. 과연 그럴까? 그보다는 유전학의 교훈이 그토록 철저히 무시당하는 이유는 눈앞에 보이는 증거와 이 교훈이 전혀 다르기 때문일 것이다. 만약 인종이 존재하지 않는다면 어째서 그 사람이 어느 대륙 사람인지, 심지어 그의 가계가 어느 나라 출신인지 한눈에 파악할 수 있는 것일까?

이 질문에 대한 대답은 나머지 7퍼센트에 들어 있다. 전체적인 다양성에서 차지하는 비중은 적지만 이 7퍼센트가 세계 여러 지역 사람들의 생김새를 구분한다. 세계적인 유전자 다양성에서 7퍼센트는 작은 부분에 불과하지만, 한 대륙에는 흔하거나 편재하는 데 반해 다른 대륙에서는 희귀하거나 전혀 없는 유전적 다형성이 수백 혹은 수천 가지가 있음을 의미하는 데는 충분하다. 최근 몇 년 전부터 일부 유전학자들은 이런 변이들을 찾기 시작했다. 이 변이들은 AIM(Ancestry Informative Markers, 조상정보표지)으로 알려져 있다. 이런 명칭을 붙인 이유는 이 유전 표지들이 조상이 어느 대륙 출신인지, 그리고 여러 대륙의 조상들이 뒤섞여 있을 경우(우리 중 상당수가 여기에 속한다) 조상들의 출신을 분류할 수 있게 해주기 때문이다. 처음에는 아프리카인들과 유럽인들의 AIM을 찾는 데 연구의 초점을 맞췄지만 현재는 그 범위를 넓혀 아프리카인들과 유럽인들의 제2형 당뇨병 발병률이 다른 이유 등 여러 질환의 유전적 원인을 찾으려는 연구를 하고 있다.

이미 여러 가지 AIM이 발견되었다. 그 중 몇 가지는 어떤 대륙에는 존재하면서 다른 대륙에 없는데, 그 이유를 쉽사리 이해할 수 있다. 가령 아프리카인들은 FY 유전자 변이를 보편적으로 가지고 있지만 다른 대륙 사람들에게는 극도로 드물다. 아프리카인들이 가진 이 변이는 상당히 기이한 것으로 FY 단백질의 생성을 방해한다. 다른 대륙 사람들은 정도의 차이는 있지만 모두 이 FY 단백질을 생성한다. FY 단백질은 혈액세포에 존재하는 성장인자 수용체인데, 말라리아 역시 이 단백질을 사용하는 것으로 여겨진다. 따라서 아프리카인들에게 FY 단백질이 없는 이유는 말라리아에 대한 내성을 가지기 위해 자연선택 과정에서 점차 그렇게 된 것임이 분명하다. 아프리카에는 FY 단백질이 없고 다른 대륙에는 존재한다는 사실이 밝혀진 것은 이미 수십 년 전이다. FY처럼 극적인 대비를 보이지는 않지만 그 외에도 여러 AIM들이 현재 속속 발견되고 있다. 다만 대부분의 AIM의 역할이 무엇인지, 그리고 존재 이유가 무엇인지는 아직 아무도 모른다.

그러나 AIM 중 어딘가에 한족(漢族) 소녀의 눈꺼풀이 완만한 곡선을 그리고 솔로몬 섬의 소년이 자줏빛에 가까운 검은 피부를 지니게 만드는 유전자가 들어 있을 것이다. 또한 두개골의 형태에 영향을 미치는 유전자도 있을 것이다. 문화인류학에서는 오랫동안 두개골을 측정해 왔다. 두개골을 최초로 주도면밀하게 측정한 사람은 1700년대 네덜란드의 학자인 피터르 캄퍼르(Piter Camper)로, 그는 얼굴선의 편평함을 주로 나타내는 지수인 '안면각(facial angle)'을 창안하였다. 그의 가장 유명한 도해를 보면, 원숭이, 아프리카인, 유럽인, 그리스 조각상의 순으로 얼굴과 두개골의 안면각이 줄어들고 있음을 알 수 있다. 캄퍼르는 결코 인종주의자가 아니었다. 자신의 글에서도 그는 기원이 무엇이든 모든 인간은 밀접한 관계를 가지고 있음을 거듭 강조했다. 그는 1764년에 이렇게 주장했다. "흑인들을 형제처럼 돌보며, 그들도 우리 모두가 공통된 조상으로 생각하는 최초의 인간의 자손임을 인정하라." 여기에다 그는 최초의 인간은 피부가 희었을 수도 있고, 갈색이었을 수도 있고, 검었을 수도 있으며, 유럽인들은 단지 '흰 무어인(white Moors)' 에 불과하다고 덧붙였다. 그가 이렇게 주장한 시기는 마침 린네가 인종을 분류한 것과 같은 시기였다.

아쉽게도 캄퍼르의 말보다는 그의 도해가 좀더 설득적이었다. 원숭이에서 아폴론 신으로 나아가는 단계라는 의미를 은연중에 함축하고 있는 데다 아프리카인이 신보다는 원숭이에 가깝게 놓여 있기에 그의 도해는 19세기 문화인류학의 핵심 요소가 되고 말았다. 19세기와 20세기 초에 일부 인류가 다른 인류보다 똑똑하다는 사실을 입증하기 위해 행해졌던 두개골 측정학을 다시 언급하거나 비평할 필요는 없다. 다른 사람들이 이미 철저하게 분석했기에 다시 언급해봤자 과학적인 가치가 거의 없다. 그러나 현대의 체질인류학자들은 3차원 레이저 스캐너와 다변량 통계를 사용하면서까지 두개골 형태를 설명하는 데 여전히 많은 관심을 나타내고 있다. 당연한 일이겠지만, 그들은 모집단 내의 변이에도 불구하고 지역마다 사람들의 머리 모양이 다르다는 사실을 잘 알고 있다.

캄퍼르의 주장대로 사하라 이남 아프리카인들은 유럽인들에 비해서 평균적으로 턱이 이마보다 돌출되어 있다. 이와 같은 특징을 '턱돌출(prognathism)' 이라고 한다. 멜라네시아 사람들과 오스트레일리아 원주민들 역시 유럽인들에 비해 턱돌출이 두드러진다. 그러나 캄퍼르의 생각과 달리 이런 턱돌출 현상이 아프리카인들의(또는 오스트레일리아 원주민들의) 두개골이 유럽인보다 원숭이에 가깝다는 것을 의미하지는 않는다. 안면각은 지나칠 정도로 복잡한 두개골 형태를 파악하기 위한 다소 조악한 방편일 뿐이다. 안면각으로는 여러 가지 턱돌출 현상을 구분할 수 없다. 침팬지는 얼굴 전체와 이마의 경사 때문에 안면각이 높은 반면, 아프리카인들과 오스트레일리아 원주민들은 턱의 돌출 때문에 유럽인들보다 안면각이 높다. 게다가 유럽인들조차 가장 편평한 얼굴을 가지지는 못했다. 이걸 영예라고 친다면, 이런 영광은 캐나다 북부의 이누이트 족(에스키모)에게 돌아가야 한다.

인간의 두개골은 놀라울 정도로 다양하다. 또한 이누이트 족은 안와가 크고 광대뼈가 넓기로도 유명하다. 다른 사람들에 비해 아프리카 남부의 코이산(Khoisan) 족은 이마가 튀어나온 편이며, 오스트레일리아 원주민들은 이마가 넓고(안와상릉), 일부 사하라 이남 아프리카인들은 미간이 넓다. 안다만 섬의 주민들(니그리토)은 작고 둥근 두개골을 가지고 있다. 이런 식으로 두개골의 다양성을 열거하자면 끝도 없다. 이런 차이점도 절대적인 차이를 나타내지는 않는다. 다른 나라 사람들이나 대륙 사람들보다는 같은 나라와 대륙 안에서 대부분의 유전자 빈도의 다양성을 찾을 수 있듯이, 두개골의 다양성도 마찬가지이다. 게다가 각 나라의 두개골 차이도 매우 미묘하다. 오스트레일리아 원주민들과 이누이트 족의 턱돌출 편차는 6퍼센트에 불과하다. 작은 차이에 불과하지만 이런 차이로 인해 처음 대면한 순간부터 두개골이 얼마나 다른지를 깨닫게 된다.

두개골의 다양성을 담당하는 유전자가 곧 식별될 것이라고 주장했는데, 이런 주장은 '이런 유전자가 정말로 존재하는가?' 라는 중요한 질문을 제시한다. 1912년 미국의 인류학자 프란츠 보애스는 이런 유전자가 존재하지 않는다는 사실을 입증하고자 했다. 인간적이고 관대한 성격을 지닌 보애스는 두개골 형태를 토대로 인간을 구분하고자 하던 사람들과 철저히 반대되는 입장에서 있었다. 뢰제(Röse)라는 독일의 치과의사가 1905년 기고했던 인류학 논문에서 따온 다음의 글은 그가 무엇에 반대하는지를 짐작케 해준다. 뢰제의 글은 이렇다. "독일인들의 긴 얼굴 형태는 그들이 한층 높은 정신적 삶을 구가하고 있으며, 지배

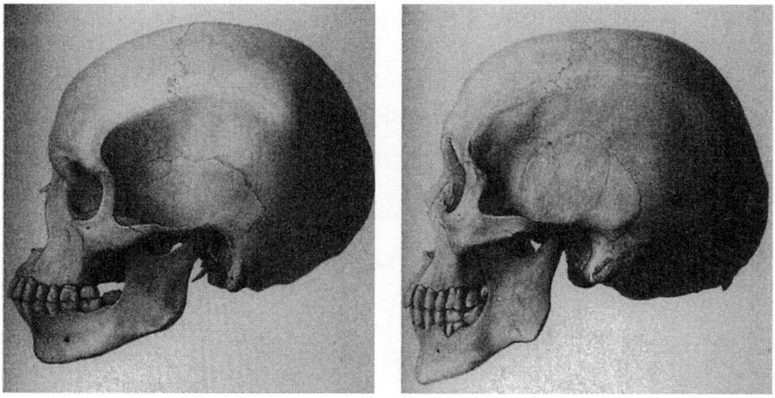

인간 두개골의 다양성. (왼쪽부터) 오스트레일리아 원주민, 중국인, 유럽인, 코이산 족의 두개골.
아르망 드 콰트르파주, 『민족별 두개골: 인종별 두개골에 대하여』, 1882

자의 위치를 점할 운명을 선천적으로 타고났으며, 조국과 사회 질서의 수호자라는 직분을 타고났음을 알려준다. 그러므로 좀더 서민적 정신을 가지고 있으며 독일인이 아니며 '둥근 머리를 가진' 사람들의 희생은 불가피하다."

'긴' 얼굴과 '둥근' 얼굴은 두개골의 최대폭을 최대길이로 나눈 비율인 '두장폭지수(cephalic index)'를 의미한다(이 지수는 퍼센트로 나타내며, 긴 얼굴인 장두형은 70퍼센트 이하의 두장폭지수를 가지는 반면, 둥근 얼굴인 단두형의 두장폭지수는 80퍼센트 이상이며, 중간 얼굴인 중두형은 그 중간이다). 보애스는 보헤미아인, 슬로바키아인, 헝가리인, 이탈리아인, 스코틀랜드인, 동유럽계 유대인 등 엘리스 섬 이민자들의 두장폭지수가 다양하다고 말하면서, 이런 차이가 유전자 요인 때문인지(다시 말해 '인종적' 차이에 근거한 것인지) 아니면 환경적 요인 때문인지에 의문을 가졌다. 그는 이런 다양한 민족적 배경을 가지고 미국에서 태어난 아이들의 두개골이 유럽에서 태어난 아이들보다 자국 내 아이들과 비슷하다면 혈통보다는 환경이 두개골 다양성의 원인이 될 것이라고

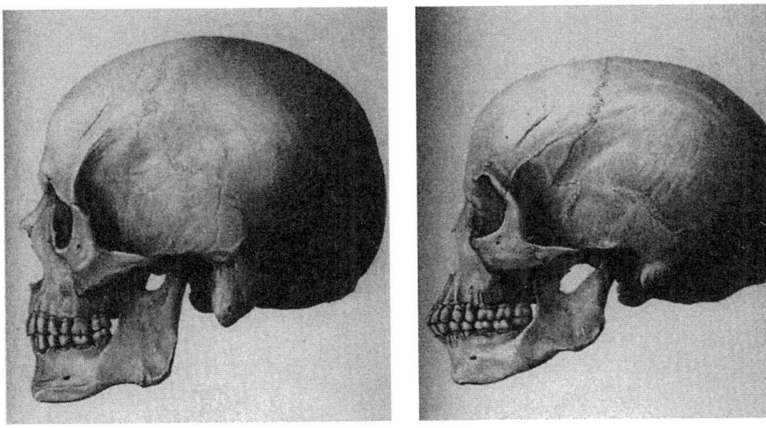

예상했다. 보애스는 1만 3000명에 이르는 사람들의 머리 치수를 측정했는데, 컴퓨터도 없던 시대에 이처럼 대대적인 연구를 수행하는 것은 대단히 힘든 일이었다. 어쨌든 그는 미국에서 태어난 시칠리아계 아이들과 동유럽 유대계 아이들(둘 모두 다소 장두형의 머리를 가진 민족이다)의 두장폭지수에 대한 그래프를 그릴 수 있었는데, 실제로 양쪽 아이들의 두장폭지수가 서로 수렴하고 있었다. 신세계에 맞는 새로운 얼굴형이 생긴 것이었다.

보애스의 연구는 두개골 측정학에 새로운 충격을 던졌다. 얼마 전에 사망한 세계적인 진화생물학자 스티븐 제이 굴드(Stephen Jay Gould)의 이론을 차치하더라도, 보애스의 이론은 지난 90년 동안 두개골 형태는 유전적 차이 때문이 아니라 '조형적'으로 만들어진다는 것을 입증하기 위해 여러 차례 인용되었다. 그러나 보애스가 틀렸다. 최근 현대적인 통계학 기법을 사용해서 그의 데이터에 대한 종합적인 재분석이 이뤄졌다. 미국에서 태어난 아이들의 두개골이 부모와는 다른 형태인 것은 맞지만 항상 그렇지는 않았다. 실제로 보애스가 시칠리아계 아이들과 동유럽 유대계 아이들 대신 스코틀랜드와 헝가리계 아이들의 두개골을 비교했다면, 미국이라는 환경이 두개골의 수렴보다는 다양성의 원인이 된다는 사실을 입증했을지도 모른다. 그러나 그가 틀린 이유는 더 근원적인 데서 찾을 수 있다. 그의 데이터를 재분석하자 혈통과 가계, 즉 유전자 요인으로 인한 두개골 차이에 비해 미국이라는 환경 때문에 생긴 두개골의 변화는 미미하다는 것이 드러났다. 실제로 유럽계 이민자들 말고 다른 사람들을 생각하면 이것은 당연한 결과이다. 미국과 영국의 법의인류학자(forensic anthropologist)들은 특정 두개골이 아프리카 혈통에 속하는지 유럽 혈통에 속하는지를 매우 능숙하게 밝힐 수 있다. 유전자가 상당히 혼합되었다는 사실은 차치하더라도, 수십 년 심지어 수백 년 동안의 공존에도 불구하고 법의인류학자들이 혈통을 구분할 수 있다는 사실은 인간의 차이가 단순히 피부 한 꺼풀이 아니라 두개골 깊숙한 데서 시작되고 있음을 말해준다.

따라서 유전적 차이는 모든 종류의 사람들에게 존재한다. 이런 차이가 무엇인지 밝혀야 할 필요가 있을까? 대부분의 과학자들은 그럴 필요가 없다고 생각한다. 어떤 학자들은 인간들 사이에 존재하는 이런 물리적 다양성은 '시시한' 것이므로 개의치 않아도 상관없으며 연구할 가치도 없다고 생각한다. 어떤 사람들은 흥미있는 주제지만, 이를 생각하는 것만으로도 사회적인 부당함을 야기할 수 있기 때문에 연구해서는 안 된다고 생각한다. 그들은 인종에 대한 과학뿐 아니라 인종주의까지 부활될 것을 염려한다.

내 생각을 밝히자면, 나는 인간의 다양성과 관련된 유전자에 대해 알고 싶다. 같은 마을에 사는 남녀들이 가지고 있는 차이에 대해, 그리고 서로 동떨어진 대륙에 사는 사람들의 차이를 이끄는 유전자에 대해 알고 싶다. 이것은 부분적으로 지적 유희에 불과하다. 이것은 19세기 영국의 화가이자 시인인 단테 게이브리얼 로세티의 〈길란다타〉를 바라보며 그림의 모델인 알렉사 윌딩이 두 개의 MC1R 기능 상실 돌연변이를 지녔기에 그토록 불타는 듯한 붉은 머리를 가지게 되었다는 사실을 아는 것과 같은 유희이다. 또한 모든 과학이 이런 식의 지적 유희를 제공해주지만, 여기에는 한때는 익숙했어도 완전히 신비에 둘러싸인 무언가의 원인을 이해할 수 있다는 데서 비롯되는 지적 유희가 추가된다.

인간의 다양성이 따분한 주제라는 관점은 지나친 오만감에서 비롯된 것이다. 결국 집단유전학자들이 인간의 다양성을 무시한다면 정원달팽이의 껍질 색깔과 초파리의 등을 덮은 강모(剛毛) 숫자의 다양성을 연구하는 데 수십 년 동안 열정적인 에너지를 쏟아부었다는 의미가 된다. 이런 연구가 마치 인간의 다양성과 똑같이 커다란 지적 유희를 제공한다고 생각했다는 의미가 된다.

인간에 대한 유전학이 도덕적 위험을 제기한다는 주장은 좀더 심각히 생각해봐야 할 문제이다. 인종에 대한 과학의 역사를 생각한다면 왜 이런 주장이 제기되는지는 불 보듯 뻔하다. 그럼에도 불구하고 이 주장은 잘못된 것이다. 이성적인 사람들은 인간의 차이가 매우 경미하기 때문에 이런 차이를 밝혀낸다고 사회 정의를 침해할 이데올로기를 성립시킬 수 없다는 사실을 잘 알고 있다. 스티븐 제이 굴드의 슬로건을 인용한다면 '인간 평등은 인간 역사의 우발적인 사실'이다. 그러나 인간 변이의 원인이 밝혀지지 않는 한, 다시 말해 대륙과 대륙을 구분짓는 7퍼센트의 유전적 변이의 차이가 미지의 영역으로 존재하는 한, 이러한 미지의 영역을 이용해 사회적으로 부당한 이론을 세우려는 사람들이 항상 있게 마련이다. 부당함은 신지식의 결과인 경우도 있지만, 그보다는 무지라는 틈새를 비집고 들어오는 경우가 훨씬 많다.

우리가 온 힘을 다해 신체의 다양성을 연구해야 하는 가장 중요한 이유는 이것이 점차 사라지고 있기 때문일 것이다. 불가사의할 정도로 피그미 족과 비슷한 사람들인 동남아의 니그리토들은 그 수가 감소하고 있다. 그들은 수렵과 채집을 하며 살아간다. 신석기 시대에 오스트로네시아어를 말하는 농부들에게 밀려난 그들은 대부분 외딴섬에서 살았다. 현재는 현대화의 위험이 그들을 위협한다. 소(小) 안다만에 남은 옹게 족은 보호 구역에서 살고 있다. 대(大) 안다만에서는 활과 화살을 무기 삼아 호기심 어린 이방인들을 물리친 덕에 200~300명의 자라와스(Jarawas) 족이 살고 있지만(지난 50년 동안 그들은 100명 이상의 사람들을 죽이거나 상처 입혔다), 그들 역시 인도 정부가 제공하는 하찮은 물건에 이끌려 숲에서 나오고 있다. 앞서의 부족민들이 그랬던 것처럼 그들 역시 조만간 결핵이나 홍역, 문화적 충격의 희생자가 될 것이다.

그들은 오스트로네시아 족과 유럽의 확장(물론 중국인들과 반투 족, 하라판도 여기에 포함됨)에 따른 가장 최근의 희생양에 불과하다. 1520년 페르디난드 마젤란은 자신의 이름으로 불리게 될 해협에 도착한 뒤, 티에라 델 푸에고 깊숙이에 거인족이 존재한다고 말했다. 그들은 에스파냐 기사도 동화에 등장하는 거인의 이름을 따와 이 부족을 '파타고니(Pataghoni)'라고 불렀다. 훗날의 여행자들이 이 거인족의 이야기를 윤색했는데, 1767년이 되자 잔인하고 야만적인 이 거인들의 키는 3미터로 자라났다. 오늘날 티에라 델 푸에고의 거인들은 플리니우스의 아리마스피아 족*과 마찬가지로 신화 속에 등장하는 전설적인 존재이다. 하지만 파타고니는 실제로 존재하는 부족이었다. 그들은 자신들을 셀크남(Selk'nam) 또는 오나(Ona)라고 불렀으며, 성인 남자의 평균키는 178센티미터였다. 당시로서는 키가 큰 편이었지만, 16세기 에스파냐 항해사들의 눈에나 그런 것이었다. 그러나 그들의 체구에는 별다른 특징이 없다 해도 두개골은 얘기가 다르다. 그들은 다른 사람들에 비해 크고 두꺼우며 튼튼한 두개골을 가지고 있으며, 골격 전체가 매우 장대하다. 셀크남 사람들을 찍은 몇 장의 사진이 오늘날까지 전해지고 있

* 외눈박이 전사로 그리핀으로부터 황금을 훔치는 부족.

티에라 델 푸에고의 셀크남 사람들, 1914년경.

다. 사진에는 잘생기고 건장하며 힘센 사람들이 자신들의 키와 맞먹는 활을 가지고 숲에서 사냥한 과나코 가죽으로 만든 망토를 두르고 있다. 아르헨티나의 양목장주들이 집단 학살로 셀크남들을 전멸시켰으며, 마지막 셀크남은 1920년경 사망하였다.

인종 외에도 한 가지 더 알고 싶은 것이 있다. 이 주제는 좀더 보편적인 주제인 동시에 인종만큼이나 의견이 분분한 주제이다. 그것은 미(美)이다. 미란 시각과 청각, 촉각, 후각에 기쁨을 주는 동시에 그 형태가 무한히 변한다. 그러나 지금 다루고자 하는 것은 오직 신체적인 미이다.

철학자 일레인 스캐리(Elaine Scarry) 교수는 이렇게 말한다. "미는 자식을 낳으라고 재촉한다. 아름다운 것이 눈에 들어오면 몸 전체가 그것의 재생을 원한다." 스캐리 교수는 플라톤도 같은 생각이었다고 지적한다. 『향연』에서 소크라테스는 만티네아의 여인 디오티마가 설파하는 사랑의 기술에 어떤 가르침을 받았는지, 그리고 사랑과 미의 본질에 대해 어떤 대화를 나눴는지를 말한다. 디오티마는 이렇게 말한다. "좀더 분명히 말하죠, 소크라테스. 사랑의 대상은 당신이 생각하듯 미가 아닙니다." "그럼 무엇인가요?" "사랑의 대상은 자식을 낳고 아름다움을 싹 틔우는 것입니다." "그럴까요?" "물론이죠, 장담합니다."

다윈도 더 좋은 의견을 내놓지는 못했을 것이다. 『인간의 유래와 성 선택』은 미의 존재와 개념과 목적을 파악하고자 하는 내용으로 가득 차 있다. "가장 세련된 미는 다른 목적이 아니라 여성을 유혹하기 위한 매력을 발산하는 데 사용할 수 있다." 그는 눈 모양 무늬가 기하학적으로 배열되어 있는 청란의 꼬리 깃털에 대해 생각했다. 그러나 청란과 피지 사람들의 심리는 거의 다를 바가 없다. 다윈은 미에 대한 사랑은 매우 일반적인 진화적 힘이며, 힘만을 놓고 본다면 자연선택의 뒤를 이어 두 번째 지위를 차지한다고 생각한다. 아름다운 대상을 선택하는 동물들은 세대를 이을수록 자연계에 그 자손을 더욱 많이 남긴다. 성 선택으로 인해 마다가스카르의 카멜레온은 뿔을, 소드테일은 검처럼 뾰족한 꼬리지느러미를, 극락조와 청란은 아름다운 꼬리를, 인류는 다양성을 갖게 되었다.

미에 대한 다윈의 설명 중 가장 매혹적인 부분은 철학자나 예술가를 언급하지 않고도 미학의 가장 위대한 주제를 꼬집었다는 점이다. 그는 미가 보편적인 것인지 특정한 것인지, 흔한 것인지 드문 것인지, 의미를 가지고 있는지 아닌지를 알고자 했다. 이런 모든 질문에 대해 다윈은 명료한 답을 제시한다. 그는 신체적 미는 보편성이 아니라 특수성이라고 단언한다. 세계 각지의 사람들은 미에 대해 저마다 다른 기준을 가지고 있다. 그리고 이는 드문 것이다. 아름다운 사물은 주변의 모든 사물에 비해 다소 색다른 특징을 가지고 있다. 또한 무의미하다. 어떤 이유에선지 우리의 뇌는 무언가를 아름답다고 인지하면 그 대상이 가진 다른 특징과는 상관없이 그것을 아름답다고 받아들인다. 미는 특별한 의미를 나타내지 않는다. 그것은 그 자체로 존재한다.

미에 대한 다윈의 견해는 독특하면서도 쉽고 독창적이다. 예를 들어 『인간의 유래와 성 선택』은 미에 대한 고전적인 관념에 대해 어떤 설명도 하지 않는다. 고졸기(古拙期)의 쿠로스(kouros, 남자 누드 입상)에서 안토니누스*의 찡그린 얼굴에 이르기까지 마치 미의 전형이라도 되듯 수세기 동안 지중해 전역에서 모사되었으며, 르네상스 시대에는 인간의 아름다움을 나타내는 황금분할이 되었고, 18세기에는 모든 인류의 아름다움을 판단하는 잣대가 되었던 이상적인 미에 대한 얘기가 없다. 이런 이상적인 미는 빙켈만(Winckelmann)이 모든 인류 중에서 고대 그리스인들이 가장 아름답다고 생각하는 원인이 되었으며(그러나 그는 당시의 나폴리인들도 아름답다고 생각했다), 캄퍼르가 안면각을 보여주기 위해 여러 그림을 보여줄 때 한 귀퉁이에 그리스 석상의 머리를 신게 하는 원인이 되었다. 또한 이 이상적인 미는 뷔퐁이 갠지스 강에서 모로코에 이르는 북위 20~35도 지역을 '미의 지대'로 식별하여 여기에 페르시아인, 터키인, 카프카스 족, 그리스인, 유럽인들을 포함시킨 원인이 되었으며, 1768년 부갱빌이 타히티에 도착했을 때 와토가 그린 전형적인 목가적 풍경의 관점에서 이 섬의 사람들을 아름답다고 찬미하게 만든 원인이 되었다. 다윈은 이런 모든 전형적인 미를 피한다. 그는 자신이 아름답다고 생각하는 것이 무엇인지 말하지 않는다. 그 대신에 다른 사람들이 아름답다고 여기는 것이 무엇인지 찾고자 노력한다. 그는 여행자들의 보고서를 수집한다. 그는 아메리칸 인디언들은 넓고 평평한 얼굴에 작은 눈, 높은 광대뼈, 낮은 이마, 넓은 턱, 매부리코, 피

---

* 로마 황제 하드리아누스의 동성애 상대가 되었던 그리스의 미소년.

대(皮帶) 아래까지 가슴이 늘어진 여성을 아름답게 여긴다는 말을 들었다. 만주에서는 귀가 큰 여성이 미인이었다. 코친 차이나에서는 머리가 둥근 여성이, 샴에서는 콧구멍이 넓게 벌어진 여성이, 남아프리카의 호텐토트에서는 둔부가 거대할 정도로 풍만해서 한번 앉으면 일어서기 힘든 여자들을 미인으로 여겼다.

다윈은 자신이 수집한 자료의 의미를 알고자 한다. 그리고 올바른 방향을 잡는다. 그러나 그는 세계 각지 사람들의 미에 대한 관점이 매우 다르다고 확신한다. 그의 관점이 흥미를 끈다. "자연의 아름다움은 다양성에 있다." 엘리자베스 1세의 말이지만, 아마도 다윈의 슬로건이자 베네통 사의 슬로건도 되지 않을까 싶다. 휙휙 변하는 유행을 보면 미에 대한 사랑은 드물고 무의미한 것에 대한 애착이기도 하다는 사실을 부인할 수 없다. 그러나 미를 연구하는 과학자들은(실제로 미에 대한 연구 자체가 점점 유행이 되고 있는 것도 사실이다) 다윈의 견해가 다소 기묘하다고 생각한다. 오늘날 미에 대한 연구들은 대부분 미적 기준이 보편적이며, 미란 흔하게 존재하는 무의미한 것이 아니라 논할 만한 가치를 가지고 있다는 생각에서 출발한다.

미적 기준의 특수성이 존재하듯 보편성 역시 분명히 존재한다. 어떤 부분에는 기호의 차이가 적용되지만 그렇지 않은 부분이 있다는 점을 인정하면 이런 대립성을 이해할 수 있다. 체모(두개골, 얼굴, 몸), 색소 침착(눈동자 색, 머리색, 피부색), 심지어 체형(허리-엉덩이 둘레 비율)에 대한 기호는 사람마다 장소마다 시대마다 상당히 달라진다. 그러나 상대적인 젊음에 대한 비율, 또는 남성이 여성을 판단할 때의 기호는 많이 다르지 않다. 또한 특정 형태의 얼굴에 대한 기호 역시 변하지 않는다. 평균적인 얼굴은 변화가 극심한 얼굴에 비해 보편적인 매력을 가진다. 비대칭보다는 대칭이 선호된다. 많은 문학들이 아름다운 것을 누가 언제 발견했는지를 밝히는 데 전념하면서 이런 보편성이 생겨났다.

그들 중 상당수가 확실한 사실을 보여주고 있다. 결국, 파푸아뉴기니의 남성을 런던 국립박물관에 데려와서 보티첼리의 〈마르스와 비너스〉에 등장하는 비너스와 얀 마시스의 〈기괴한 노파〉에 등장하는 노파를 보여주며 배우자를 선택하라고 한다면, 명화에 대한 감상은 기대할 수 없다 해도 그가 어떤 여자를 선택할지는 뻔한 일이다.

미의 의미는 논의의 여지가 더 크다. 내가 주장하고 싶은 생각은 단 한 가지이다. 미는 생리학적 상태와 관련이 있으며, 사실 건강에 대한 보증수표라는 점이다. 간단히 생각하면 이런 생각에 숨은 진실을 다른 데서 찾아볼 필요도 없다. 깨끗한 피부, 또렷한 눈, 하얀 치아는 모두 아름다움과 건강의 상징이다. 브라질 남성이 리우데자네이루의 아름다운 여성을 보고 "쿠에 사우데(Que saúde, 참 건강하구나)!"라고 감탄하는 것이 우연의 일치는 아니다. 그러나 특별한 안면 비율이나 대칭이 건강을 상징하는가는 불분명하다. 컴퓨터로 만든 얼굴을 이용한 연구들은 아름다운 얼굴이 건강한 얼굴임을 보여준다. 그러나 인간의 아름다움과 건강의 상관 관계에 대한 연구 결과, 그 관계가 미약하고 모순적이라는 것이 드러났다.

이는 아마도 과거의 미가 현재의 미로 이어지지 않기 때문일 것이다. 인간의 역사 동안, 건강이 안 좋은 이유는 영양과 병원균 때문이었다. 전자는 부족하고 후자는 너무 많았다. 미는 환경의 유익함이나 환경의 흥망성쇠를 이겨내는 능력을 나타내는 지표였다. 이 말이 어느 정도 사실이라면, 선진국만이라도 미의 다양성이 감소해야 하지만 오히려 늘고 있다. 갑상선종과 크레틴병은 여전히 세계 여러 지역의 사람들을 괴롭히고 있지만, 스위스에서는 사라졌다. 천연두의 흉터는 모든 곳에서 사라졌다. 대부분의 영국인들은 죽을 때까지 치아를 가지고 있다. 여러 가지 형태의 영양 결핍은 물론이고 사상충증, 말라리아, 수면병 등 많은 아이들을 괴롭히는 질병을 이겨낸 사람들의 얼굴에서 대칭과 비율로 이런 병을 읽어낼 수 있는지에 의문이 생긴다. 번영의 대가가 비만과 충치, 스트레스라는 사실에는 의심의 여지가 없다. 그러나 이런 대가를 치르고도 괜찮은 결과가 나온다면, 미국이나 유럽의 대학 강의실에는 역사상 유례가 없을 정도로 많은 미인들이 흘러넘칠 것이다.

귀에 거슬릴 수도 있지만 이렇게 말하는 이유는 우리가 미의 발전에 대해 아는 바가 거의 없기 때문이다. 미는 부와 같다. 시간이 지날수록 늘어나지만 배분은 여전히 불공평하다. 얼마나 많은 아름다움이 존재하든 항상 더 많이 가진 사람이 있게 마련이다. 그 이유는 부분적으로 미가 건강의 결과인 동시에 부의 결과이기 때문이다. 그러나 매우 부유하고 공평해서 영양과 병원균의 관점에서 따질 때 만인 평등을 이룬 사회가 있다고 가정해보자. 이런 종류의 사회에 가장 근접한 국가가 네덜란드인데(영국과 미국은 이런 사회에 도달하려면 아직 멀었다), 이 나라의 경우 신체적 외모만 가지고는 아이의 사회경제적 배경을 판단할 수 없다. 이런 사회라면 모두 똑같이 아름다울까? 미의 차이가 사라졌을까? 그렇지 않을 것이다. 평균적인 네덜란드인이 자신이 얼마나 아름답다고 생각하든, 같은 나라 사람 중에는 그보다 더욱 아름다운 사람이 있을 것이다. 그렇다면 아동 복지정책을 아무리 완벽히 관리해도 없애지 못하는 미의 다양성이 있을 것이다. 그리고 이런 다양성은 유전자 속에 존재한다.

아동기의 영양 결핍과 병원균에 대한 노출이 얼굴에 미치는 영향은 불분명하지만, 유전자가 미치는 영향은 그렇지 않다. 임상유전학자들이 환자의 증상을 분류할 때 제일 먼저 관찰하는 부분이 얼굴이다. 그들은 전문가이기에 얕은 인중, 낮게 자리 잡은 귀, 들창코, 좁거나 넓은 미간 등 보이지 않는 깊숙한 곳에서 유전 질서가 무너지고 있음을 보여주는 유일한 외적 증거를 인식할 수 있다. 연골무형성증에서 농축이골증에 이르기까지 이 책에서 설명한 거의 모든 질환의 징후를 얼굴에서 읽을 수 있다.

우리의 얼굴은 돌연변이의 공격에 매우 약한 듯 보인다. 아니면 얼굴에 나타난 돌연변이의 징후를 읽는 데 익숙할 뿐일 수도 있다. 어느 쪽이든 돌연변이의 영향은 실제 환자들의 얼굴뿐 아니라 우리 모두의 얼굴에 드러난다. 처음 이 책을 시작할 때 임신으로 새로 생기는 배아는 건강에 악영향을 줄 돌연변이를 평균적으로 300개 정도 가지게 된다는 가정을 세웠다. 인간이 그토록 많은 돌연변이를 가지는 것이 불가능할 수도 있다. 그러나 특정 수의 돌연변이는 자궁 선택 과정에서 제거된다. 임신 사실을 알고 난 뒤의 유산 확률은 15퍼센트 정도이며, 임신을 모르는 상태에서 배아가 죽을 확률은 그보다 더 높다. 유산된 태아의 70퍼센트 이상은 염색체에 심각한 결함이 있으며, 그 중 대다수가 특정 유전자에 돌연변이를 가지고 있을 가능성도 높다. 오늘날, 유산을 모체가 유전적으로 잘못된 아이를 걸러내게 해주는 진화적 장치라고 생각하는 사람들이 많다.

돌연변이는 우리 모두가 참여해야 하고 모두가 패배하는 우연성의 게임이다. 그러나 어떤 사람들은 다른 사람들에 비해 한층 쓰라린 패배를 맛본다. 몇 가지 계산은 이런 패배의 배분을 넌지시 암시한다. 만약 새로 생기는 배아가 평균적으로 가지는 300개의 돌연변이들이 사망(유산, 영유아기 사망, 아동기 사망)으로 인해 한 세대마다 다섯 개씩 사라진다면, 성인은 일반적으로 295개의 악성 돌연변이를 가지게 된다. 돌연변이를 가장 적게 가지는 1퍼센트의 사람들은 약 250개 정도를 가지며, 가장 많이 가지는 사람들은 342개를 가진다. 그리고 세상 어딘가에는 돌연변이를 가장 적게 가지는 사람이 존재할 것이고, 그의 돌연변이는 191개 정도일 것이다.

이런 계산은 어느 누구도 유전자라는 카지노 게임에서 무사히 빠져나올 수 없음을 확인시켜준다. 그러나 이런 계산들은 단지 지식에 기초

한 추측에 불과하다. 또한 돌연변이 각각의 상대적인 대가를 고려하지 못한다. 마치 카지노에서 칩의 가치는 무시한 채 칩의 개수만 가지고 잃은 돈을 셈하는 것과 같은 이치이다. 아마도 대다수 돌연변이들이 요구하는 대가는 상당히 작을 것이다. 이들은 허리의 통증이나 약시처럼 신체의 사소한 질병을 부과한다. 또한 고르지 못한 치아나 못생긴 코, 비대칭적인 귀도 이런 돌연변이에서 비롯될 것이다. 이런 생각이 맞다면, 미의 진정한 의미는 유전자 착오가 얼마나 없는가를 나타낸다고 볼 수 있다.

그러나 최소한 인간의 경우 이런 생각에 대한 증거가 매우 희박하다. 진화생물학자들은 오랫동안 공작새의 꼬리와 꽃사슴의 엉덩이는 유전자 특징을 나타내는 신호라고 생각해왔기에 이런 이론을 뒷받침할 많은 증거를 모아왔다. 돌연변이의 관점에서 미의 의미를 설명하는 것은 결국 미의 배분에 대한 우리의 직관(또는 편견)과 얼마나 일치하는지를 따지는 것과 같다. 악성 돌연변이가 미를 앗아간다면 친인척과 결혼할 경우 이런 현상이 더욱 두드러질 것이다. 새로 생긴 돌연변이는 대부분 최소한 부분적으로는 열성이기에 근친 결혼은 분명 이런 부정적인 결과를 두드러지게 할 것이다. 근친 결혼은 동종접합이기 때문이다. 근친 결혼에는 대가가 따른다는 사실은 의심의 여지가 없다. 근친 사이에서 태어난 아이들은 근친이 아닌 부부 사이에서 태어난 아이들보다 2~4퍼센트 정도 많은 결함을 가지고 있다. 이런 아이들이 족외(族外) 결혼에서 태어난 아이들보다 아름답지 않다고 판단할 수 있을까? 사촌과의 결혼이 60퍼센트를 넘는 파키스탄 사람들이 좋은 예가 된다. 이와 반대로, 브라질 사람들처럼 혈통이 뒤섞인 사람들은 열성 돌연변이가 겉으로 드러나지 않는다는 미적인 효과를 보여준다. '쿠에 사우데!'

신체적 아름다움이 그토록 경이로운 이유는 무엇일까? 우리 주변의 광고나 유명인사들이 신체적 아름다움을 얼마나 많이 찬미하는가에 상관없이, 이를 별개의 것으로 간주하려는 생각에 일침을 가해서 신체적 아름다움의 힘을 의심하게 만드는 것은 무엇일까? 앞에서 대략 언급한 답에 일말의 진실이 들어 있다면, 아름다운 얼굴과 완벽한 균형의 몸매에 대한 형상은 실제로 가시적인 것이 아니라 비가시적인 것에 따라 달라진다고 봐야 한다. 이런 형상의 핵심 주제는 불완전성의 부재(不在)이다. 다시 말해 자궁기와 아동기, 청장년기, 노년기의 흥망성쇠에서 빚어지며, 신체의 모든 부분에서 드러나고, 여기저기 편재해 있기에 이런 불완전성의 공격을 피한 사람을 본 순간 기쁨의 탄성을 지르게 만드는 기계적 착오의 부재인 것이다. 스탕달은 '미는 행복을 약속해주는 것에 불과하다'고 말한다. 그럴지도 모른다. 그러나 이와 동시에 미는 슬픔을 떠올리게도 하는 것이다.

이 책을 쓰면서 많은 신세를 졌다. 브록만의 에이전트인 케이틴카 맷슨이 『돌연변이』의 책으로서의 가능성을 점쳐주었다. 또한 미국 바이킹 펭귄의 카렌 머피, 네덜란드 콘택트의 마르텐 카르보, 영국 하퍼콜린스의 마이클 피시윅에게 감사드린다. 그들의 믿음 덕분에 이 책이 어려움을 이겨내고 출간될 수 있었다. 하퍼콜린스의 훌륭한 편집자인 로버트 레이시에게도 감사드린다. 네덜란드어 번역가인 로버트 베르누이는 날카로운 비평을 해주었다. 여러 친구들과 동료들도 원고를 위해 많은 조언을 해주었다. 오스틴 버트, 아널드 휴메이커스, 바버라 반 이제렌, 마리 프랑스 르로이, 얀-룰로프 우스트라, 코린 퍼넷, 조너선 스와이어에게 감사드린다. 훌륭한 논평을 해준 올리비아 저드슨, 클레어 이삭, 제니퍼 론, 알베르토 사에스에게도 형언할 수 없는 깊은 감사를 보낸다.

친구들과 동료들도 내 질문에 귀중한 답변을 해주었다. 엘리자베스 앨런, 앨런 애시워스, 피터 베이턴, 친치앙, 프랑수아 들랑주, 프랑크 디쾨터, 솔 듀보, 아데마르 프레이르 마시아스, 프리츤 갤리스, 질 헴스, 크리스티안 헤르텔, 안느마리 휴메이커스, 마이클 호크버그, 베아트리스 하워드, 그레이스 이오스니두, 마틴 켐프, 한넬로어 키슈케비츠, 드보라 포셀, 리스벳 라우징, 레이먼드 루스, 존 윌모스에게 감사드린다. 암스테르담의 얀 룰프 우스트라와 파리의 세드릭 크레미르와 장 루이 피셰는 기형학과 그 역사에 대해 많은 전문적인 조언을 해주었다. 프라이부르크의 베로니크 다센은 고대의 기형학에 대해 조언을 해주었으며, 케임브리지 대학의 마르타 라흐르와 로버트 폴리는 자신들의 훌륭한 두개골 컬렉션을 보여주었다. 예루살렘의 예후다 코렌과 엘리아트 네게브는 나치 독일 시대의 오비츠 가족의 삶에 대해 말해주었다. 그들의 놀라운 지식에 경의를 표한다. 내 제자인 앤 릭비와 사라 아흐마드는 책에만 나와 있는 자료들을 찾아주었다. 캐롤린 리처드슨과 이린 메이어는 여러 책들을 연구하고 번역해주었다. 런던 웰컴 의학사박물관의 미리엄 구티에레스 페레스와 필라델피아 뮈테르 박물관의 로라 린드그렌과 그레첸 워든의 도움이 없었다면 책에 삽화를 싣지 못했을 것이다.

그러나 가장 큰 감사는 나와 가장 가까운 사람들에게 바친다. 임페리얼(Imperial)의 동료들과 내 연구실의 직원들에게 감사를 바친다. 오스틴 버트, 짐 이삭, 올리비아 저드슨, 기오르고스 코코리스, 바소 쿠포파노, 미카엘리스 쿠트루마니디스와 카테리나 쿠트루마니디스, 알렉산드라 멜리아두, 제니 론, 조너선 스와이어, 리스베스 베레이트에게 감사드린다. 가족인 마리 프랑스와 해리, 이라세마, 조지프, 무엇보다 부모님인 앙투안과 요한나에게 감사드린다. 누구보다 이 글을 쓰는 동안 정신적인 지주가 되어준 클레어 이삭에게 감사드린다. 사랑을 담아 이 책을 그녀에게 바친다.

임상유전학이나 발생유전학에 대한 문헌은 워낙 방대한 데다 계속 증가하고 있다. 그러나 나는 중요한 연구 결과를 어디에서 찾을 수 있는지를 밝혔으며, 특정 주제에 대해서는 한층 더 자세한 설명을 붙여놓았다. 이 주 외에 특정 유전질환에 대한 정보를 더욱더 자세히 알고자 하는 사람은 존스 홉킨스 대학의 맥커식(V.A. McKusick)과 그의 동료들이 저술하고 편집했으며, 미국립생명공학정보센터(National Center for Biotechnology Information, NCBI)가 후원하는 온라인 데이터베이스인 Mendelian Inheritance in Man(MIM)을 우선적으로 참조할 수 있다. 이 데이터베이스는 각 질환과 그 질환들을 야기하는 돌연변이, 임상유전학 문헌들에 대한 설명을 계속해서 업데이트하고 있다.

MIM은 http://www3.ncbi.nlm.nih.gov/Omim/에 접속하면 만날 수 있다. 이 난해한 문헌을 살펴보려는 사람들을 돕고자 각각의 증상과 유전자에 대해 예컨대 'achondroplasia(연골무형성증, **100800**)는 FGFR3(**134934**) 유전자의 돌연변이로 인해 발생한다' 는 식으로 MIM에서 부여하는 일련번호를 굵은 글씨로 첨부하였다. MIM이나 이 책 모두 자가진단에는 사용할 수 없다는 점을 밝혀둔다. 또한 주의 처음 일련번호는 해당 본문이 나오는 이 책의 쪽수를 가리킨다.

시작하며

7 한 인기 작가의 말을 인용하자면, 유전학은 하나의 언어이다. 스티브 존스(Steve Jones)의 『유전자 언어*The language of the genes*』(1993, 런던, HarperCollins/ 김재희 · 김희백 옮김, 2001, 김영사). 그는 오늘날까지 인간집단유전학 분야에서 최고의 명성을 누리고 있다.
8 2001년 2월 15일. 인간 게놈 배열(2001, International Sequencing Consortium).
8 동물 연구만을 행한다면. 레오나르도 다 빈치의 소의 태반에 대해서는 길버트(Scott Gilbert, 2000) p.361을, 인간 발생에 대한 클레오파트라의 예는 니덤(J. Needham, 1959) p.65 참조.

1 돌연변이

13 라벤나에 괴물이 태어났다는 말이 돌던 차에. 라벤나의 괴물에 대해 언급된 책이 많다. 괴물에 대한 당시의 설명을 원한다면 란두치(1542; 1927)의 책 p.249~250 참조. 장 세아르(Jean Céard)는 파레의 『괴물과 불가사의』(1573; 1971)를 현대에 펴내며 괴물의 진화를 논한다(p.153~155). 니콜리(1990)는 p.35~51에 괴물의 정치적 의미를 논하고 있으며, 피셔(1991) p.54~56과 대스턴과 파크(Daston and Park)의 공저(1998) p.177~182에도 등장한다. 본문에서 이 괴물의 질환이 로버츠 증후군(**268300**)인 것 같다고 말했지만, 월턴(Walton) 외(1993), 마르티네즈 프리아스(Martinez-Frias, 1993) 등 다른 사람들은 단안기형이나 인어체기형, 수두증(水頭症, hydrocephalus)이라고 말했다. 이런 진단은 모두 추측에 불과하며, 어떤 진단을 따르지는 괴물을 어떻게 묘사하느냐와 그것의 이상한 모습 중 어느 것을 사실이라고 믿는지에 따라 달라진다.
15 16세기와 17세기에는 괴물이 흔했다. 르네상스 시대의 기형학에 대한 설명은 파크와 대스턴(1981), 대스턴과 파크(1998)에서 인용했다. 그러나 이보다는 휘그적 역사해석(역사는 자유가 지속해온 선형적 과정이며, 현재는 그 과정의 정점이라는 해석)이 선호되는 편이다. 당대의 훌륭한 기형학 원고를 살펴보고 싶다면 보에스튀오(1569, 2000)를, 수도사-송아지에 대한 설명은 멜란히톤과 루터(1523, 1823)를, 기형의 원인에 대한 목록은 파레(1573, 1982) p.3~4를 참조하기 바란다. 산모의 각인에 대한 19세기의 시각은 굴드와 파일(Gould and Pyle, 1897), 본데슨(Bondeson, 1997) p.144~169를 보기 바란다. 17세기의 기형학자들에 대해서는 알드로반디(1642)를 참조하라. 리세티의 『자연 속에서 찾은 괴물의 원인과 다양성』 초판은 1616년에 나왔지만, 여기서는 제2판(1634)과 함께 시놉시스, 그리고 우사이(Houssay, 1937)가 옮긴 프랑스어 번역판을 참조하였다. 리세티의 삶과 연구에 대해서는 베이츠(Bates, 2001)에 간략히 나와 있다.

18 17세기 영국이 내전에 휩싸이던 몇십 년 동안. 『의사의 종교』(1654)에 나오는 기형에 대한 토머스 브라운 경의 견해는 그의 『연구논문*Works*』(1904) 제1권 p. 26~27을 참조하라. 괴물은 신의 분노가 아니라 경이라고 여기게 되는 것에 대해서는 파크와 대스턴(1981)을 참조하라. 동물 발생에 대한 윌리엄 하비의 글은 『동물 발생에 대한 해부학실험: 분만과 피막, 자궁 속의 유동체, 임신에 대한 논문*Anatomical Exercises on the generation of animals; to which are added, essays on parturition; on the membranes, and fluids of the uterus; and on conception*』(1650)을 참조하라. 그러나 이 책에 나온 인용문은 1653년 마틴 레웰린(Martin Llewellyn)이 옮긴 글(1653)을 니덤(1959)이 인용한 부분(p.134)에서 따왔다.

21 하비와 같은 시대에 진정한 과학적 차원에서. 베이컨의 분류는 베이컨(1620, 2000) p. 148~149, p.223~224를 참조하라. 르네상스 시대의 괴물들과 기이한 피조물 수집은 대스턴과 파크(1998) p.255~301을 보라. 존 오브리(John Aubrey)는 하비가 철학자나 작가로서의 베이컨을 높이 사지는 않았지만, 다음과 같은 글을 쓰면서 베이컨적인 생각을 매우 강하게 드러냈다고 말한다. "자연은 정도(正道)에서 벗어나는 작품을 선사함으로써 자신의 비밀스러운 불가사의를 가장 분명하게 드러낸다."

24 이런 실험대상자들은 대부분 돌연변이를 가지고 있다. 온라인 데이터베이스 MIM은 병리학적인 표현형 변이(phenotypic variation)와 그렇지 않은 표현형 변이(예: 갈색 눈)를 일으키는 1000개 정도의 유전자 목록을 보여준다.

26 완벽이나 표준 상태를 나타내는 게놈이 없다면. 게놈의 염기쌍이 마지막 한 세대에서 몇 번의 돌연변이를 일으키는지에 대한 측정은 크루글리악과 니커슨(Kruglyak and Nickerson, 2001)이 제시한 것이다. 유전자의 65퍼센트가 다형성을 가지고 있다는 추정치는 비유사성 다형성(non-synonymous polymorphism)만으로 정의된 대립유전자에 적용한 것이다. 이와 반대로 나는 대부분의 유전자들이 매우 흔한 변이를 가지고 있다고 주장했는데, 유전자의 35퍼센트가 일원형(monomorphic)이며 현재 알려진 다형성 유전자들 중에서 소수의 대립유전자들은 일반적으로 5퍼센트 미만의 빈도를 가지고 있기 때문에 이런 생각을 제기했다. 다시 한 번 말하지만 이런 생각은 비유사성 다형성에만 적용된다(Cargill 외, 1999; Stephens 외, 2001).

28 새로 생긴 배아는 부모에게 없는 100여 개의 돌연변이를 가지게 된다. 에어 워커와 키틀리(Eyre-Walker and Keightely, 1999)는 인간의 악성 돌연변이 발현 비율을 추정한다. 그들의 추정치는 카길(1999)과 스티븐스(2001)의 생각과 일치한다. 크로(Crow, 2000)는 새로 생긴 돌연변이가 건강에 미치는 영향을 고찰한다.

34 파로디 부부는 파리에 도착했다. 아농(Anon, 1829 a; b; c), 생탕주(Saint-Ange, 1830), 자냉(Janin, 1829), 다네로프(Danerow, 1830)에서 리타-크리스티나 파로디에 대한 당시의 설명을 찾아볼 수 있다. 훗날 톰슨(Tompson, 1930; 1996) p.84와 본데슨(2000) p.168~173에서도 그들에 대한 설명을 찾을 수 있다.

36 처음 메스를 댄 곳은 흉부였다. 리타-크리스티나에 대한 주요 해부학적 논문은 세르(Serres, 1832)이다. 에티엔 조프루아 생틸레르(1829)는 소녀들에 대해 간략한 논문을 작성했으며, 이지도르 조프루아 생틸레르(1832~1837)는 기형학에 대한 개괄적인 논문 제3권 p.161~174에서 소녀들에 대한 설명을 적어놓았다.

37 현재 밝혀진 가장 오래된 결합쌍생아. 카탈 후유크(Catal Huyuk)에서 발견된 아나톨리아 시대의 조각상은 기원전 6500년의 것으로 추정되며, 오스트레일리아의 바위 조각은 기원전 3000~4000년쯤으로 추정된다. 몰리오니데스 형제와 더불어 고대 그리스 예술이나 과학, 신화에 등장하는 결합쌍생아들에 대한 좀더 일반적인 설명은 데이센(Dasen, 1997; 2002)을 참조하라. 르네상스 시대의 기형학에 대해서는 파레(1573; 1982)와 보에스튀오(1560; 2000) p.134~137을 참조하라. 몽테뉴의 글에 대한 설명은 몽테뉴의 수상록(1603; 1998)을, 결합쌍생아의 지적인 맥락에 대한 해석은 대스턴과 파크(1998) p.205~207을 참조하라. 뒤베르네와 경쟁자 사이의 견해차는 피셔(1991) p.71~74, 윌슨(1993) p.150~159에 나온다. 전성설과 후성설에 대한 자세한 설명은 니덤(1959) 제3장과 제4장, 핀토-코레이아(Pinto-Correia, 1997)를 참조하라.

41 결합쌍생아는 어떻게 만들어지는가? 결합쌍생아가 태어날 비율은 10만분의 1이며, 일란성 분리형 쌍생아가 태어날 확률은 300분의 1이다. 결합쌍생아에 대한 아리스토텔레스의 설명은 아리스토텔레스 전집의 『동물발생론』 제1권 p.1192~1996을 참조하라. 결합쌍생아에게 세례를 주는 것에 대해서는 프리드먼(Friedman, 1981) p.180~181을 참조하라.

43 최근까지 논란이 분분했다. 결합쌍생아의 의학적 발생에 대한 전형적인 설명은 새들러(Sadler, 2000) p.155를 참조하라. 대부분의 결합쌍생아는 일란성으로 보이지만(그들은 거의 대부분 동성으로 태어난다) 유전학 실험에서 최소한 한쌍의 결합쌍생아가 이란성 배아가 융합되어서 태어난다는 것을 입증한 사례가 존재한다(Logroño 외, 1997). 결합쌍생아의 성비에 대해서는 슈타인만(Steinman, 2001 a; b)을 참조하라. 스펜서(2000 a; b; 2001)는 결합의 기하학을 토대로 결합쌍생아에 대한 분열 모델을 자세히 설명한다. 결합쌍생아의 원인에 대한 이론의 발전은 마틴(1880) p.153~169를 참조하라.

45 임신 7일이 지나면. 인간 발생의 초기 단계에 대한 설명은 베딩턴과 로버트슨(Beddington and Robertson, 1999), 새들러(2000)를 참조하라.

46 1920년 봄. 힐다 만골트(또는 프뢰숄트)의 논문은 슈페만과 만골트(Spemann and Mangold, 1924)를, 번역 및 논평은 빌리어와 오펜하이머(Willier and Oppenheimer, 1964)를, 그녀의 일생에 대해서는 함부르거(Hamburger, 1988)와 파슬러와 잔더(Fassler and Sander, 1996)를 참조하라.

48 70년 동안 발생생물학자들은. 형성체 분자 연구의 역사에 대한 간략한 설명은 길버트(Gilbert, 2002) 『귀납의 선택적 역사*A selective history of induction*』를 참조하라(http://zygote.swathmore.edu/). 슈페만은 길버트(2000)에 인용되어 있다.

49 여러 시행착오가 있었고. '노긴'은 'head'의 은어이다. 노긴(**602991**)의 최초 식별에 대해서는 램 외(Lamb et al., 1993)를, 당시의 해석에 대해서는 배링거(Baringa, 1993)를, 형성체에 대한 교과서적인 조사는 길버트(2000) p.303~338을, 최근의 기술적 고찰에 대해서는 베딩턴과 로버트슨(1999)을 참조하라. 세포 간 의사소통에 관여하는 분자의 개수에는 신호전달분자와 이 분자의 수용체가 모두 포함된다(2001, International Sequencing Consortium). BMP4와 코르딘(**603475**), 노긴의 대립관계에 대해서는 치머만 외(Zimmerman et al., 1996)를 참조하라. 노긴 결함 쥐에 대해서는 맥마본 외(McMabon et al., 1998)를, 노긴과 코르딘의 이중결함 쥐에 대해서는 배실러 외(Bachiller et al., 2000)를 참조하라.

54 샴쌍둥이인 엥과 창은 미국을 순회하면서. '두 개의 형성체' 이론은 분열 및 융합 모델과 차이점을 두기 위해 밀집(crowding) 모델이라고도 불린다(J.-F. 우스트라). 대부분의 융합모델은 분리형 배반을 가정한다. 이 책의 융합모델은 함부르거(1947)와 유사하다. 또한 스펜서(2000 a; b; 2001)의 융합모델과도 유사하다. 다만 스펜서는 결합쌍생아가 하나의 배반에서 생기는지 두 개의 배반에서 생기는지에 대해 모호한 입장을 취하고 있다. 대다수의 결합쌍생아가 하나의 양막과 하나의 태반을 가지고 있더라도, 몇몇 경우는 양막이 두 개이며, 심지어 태반도 두 개라는 증거가 분명히 존재한다. 이런 결합쌍생아에게는 '두 개의 형성체' 모델을 적용할 수 없다. 결합쌍생아(또한 단일 양막의 일란성 쌍생아)를 유도하는 화학적 방법에 대해서는 카우프만과 오셔(Kaufman and O'Shea, 1978)를 참조하라.

56 결합쌍생아의 '결합 상태'를 깊이 연구한 사람으로는. 인공적인 인큐베이션 장치에 대해서는 니덤(1959) p.22~25와 p.203~204를 참조하라. 기형의 닭을 인위적으로 만들기 위한 조프루아의 실험에 대해서는 조프루아 생틸레르(1825)와 피셔(1972), 아펠(1987) p.121~129를 참조하라. 또한 조프루아 생틸레르의 실험이 미친 영향에 대해서는 이지도르 조프루아 생틸레르(1847)를 참조하라. 에티엔의 기형학에 대한 주요 연구 결과는 조프루아 생틸레르(1822) 『괴물인간에 대한 해부 원리*Philosophie anatomique des monstruosités humanies*』를 참조하라. 그의 분류 작업은 훗날 아들인 이지도르 조프루아 생틸레르(1832~1837)가 『인간과 동물에서의 기형 형성에 대한 개괄적 역사와 특수

한 역사*Historie générale et particulière des anomalies de l'organisation chez l'homme et les animaux*』에 실어놓았다. 조프루아 식 기형학에 대한 현대적 해석은 모랭(Morin, 1996)을 참조하라. 조프루아의 학술적 배경에 대해서는 아펠(Appel, 1987) p.121~129를, 조프루아가 베이컨에 대해 호의적으로 말한 부분은 조프루아 생틸레르(1825)를 참조하라.

58 이런 유도 결과에 깊이 매료된 조프루아는. 이지도르 조프루아 생틸레르(1847)는 자신의 아버지가 리타-크리스티나가 등장하기 여러 해 전인 1826년 '대자적 자아'라는 개념을 처음 생각했다고 주장했다. 에티엔 조프루아 생틸레르(1838)와 아펠(1987)에서 이 법칙의 의미가 좀더 완전하게 정의되어 있다.

60 이질적인 원기관들이 서로 만나고 융합해서. 세포접착분자에 대한 교과서적인 고찰은 앨버츠 외(Alberts et al., 1994) p.950~1006을 참조하라. 이분척추(**182940**)와 무뇌증(**206500**)은 모두 미지의 유전적 요인과 여러 가지 환경적 요인 때문에 발생하는 신경적 결함이다(Corcoran, 1998). 이분심장에 대해서는 길버트(2000) p.474를 참조하라.

61 인체로 발생하기 위한 세포들의 유착력은 경이로울 정도이다. 기생형 결합쌍생아의 출산율은 100만분의 1이다. 이런 두상흉복부장골결합형 결합쌍생아에 대해서는 세르(1832)를 참조하라. 결합쌍생아와 기생에 대한 설명은 스펜서(2000 a; b; 2001)를 참조하라. 라자루스 콜로레도에 대한 설명은 파크와 대스턴(1981)과 본데슨(2000) p.vii~xix에 등장하며, 랄루에 대한 얘기는 톰슨(1930; 1994) p.93에, 중국인 남성에 대해서는 타메이 외(Ta-Mei et al., 1982)를, 복합적인 기생체에 대한 설명은 로드리게스(Rodriguez, 1870)를 참조하라. 스펜서(2001)는 '태아 속의 태아 기형종' 이론을 설득력 있게 주장한다. 나우딘 텐 카테(Naudin ten Cate, 1995)는 21명의 태아기형종에 대해 설명한다.

65 최근 몇 년 동안 인간의 장기가 특별한 방향으로 배열되는 이유에 대해. 이 노병에 대해서는 조프루아 생틸레르(1832~1837) 제3권 p.8~11, 마틴(1880) p.147, 피셔(1991) p.74에 적혀 있다. 조프루아와 마틴은 이 노병의 이야기가 몰리에르의 희극 『억지 의사*Le Médicin malgré lui*』에서 의사가 환자의 심장이 가슴 오른쪽에 붙어 있다고 진단하는 사건의 영감이 되었다고 주장한다. 흥미진진한 주장일지는 몰라도 몰리에르가 이 희극을 쓴 시기는 1666~1667년이고, 앵발리드는 1671년에 건설되었으며 노병이 죽은 해는 1688년이므로 그들의 주장은 신빙성이 없다(J.-L. 피셔).

66 이 진단에 따라. 카르타게너 증후군 또는 원발성 섬모운동이상증(primary ciliary dyskinesia, **244400**)은 DNAI1(**604366**)과 DNAH5(**603335**) 유전자의 열성 돌연변이가 원인이다(기샤드 외, 2000, 올브리히 외, 2002). 섬모와의 인과관계에 대해서는 아프젤리우스(1976)를, 최근의 견해에 대해서는 코사키와 케이시(Kosaki and Casey, 1998), 케이시와 헤이켓(Casey and Hachett, 2000)을 참조하라.

68 형성체가 배아의 원시선 한쪽 끝에 위치한. 결절 주변의 섬모운동에 대해서는 노나카 외

(Nonaka et al., 1998)를 참조하라. 물론 어떤 점에서는 비대칭적인 섬모운동이 배아의 방향성에 대한 문제를 절대적으로 해결해주는 것은 아닌데, 이는 단지 섬모가 어째서 왼쪽에서 오른쪽이 아니라 오른쪽에서 왼쪽으로 움직여야 하는지에 대한 문제만을 제기할 뿐이기 때문이다. 아직까지 포유류에서는 이 질문에 대한 명확한 답을 찾아내지 못했지만, 배아는 3차원적인 물체이며 두 개의 축(머리에서 꼬리, 등에서 배까지의 축)이 정해지면 나머지(왼쪽에서 오른쪽)는 저절로 해결된다. 따라서 세포가 오른쪽에서 왼쪽으로 방향을 잡기를 원한다면 배아의 다른 구조와 관련해서 섬모가 어떤 방향으로 돌출되는지만 알면 된다. 대칭파괴에 대한 개념적 모델은 랜더 외(Lander et al., 1998)를 참조하라.

68 이런 사실을 입증해주는 한 가지 훌륭한 실험이 있다. 닭의 좌우 비대칭을 결정하는 신호가 무엇인지를 정립한 최초의 혁신적인 논문은 랜더 외(1995)이다. 이후 주요 척추동물의 좌우 신호전달에 대해 많은 논문이 발표되었으며, 쥐와 닭의 다양한 신호분자의 분포는 세부적으로는 다를지라도 일반적인 원칙은 같다고 여겨진다(Tsukui et al., 1999; Meyers and Martin, 1999; 케이시와 헤이켓, 2000). 쥐와 닭의 차이는 결합쌍생아의 내장역위를 최초로 설명한 레빈 외(Levin et al., 1996)의 해석에도 영향을 미쳤다. 이들의 설명은 근본적으로는 옳지만, 닭에 대한 초기의 데이터를 토대로 한 것이며 현대적 관점에서는 세부적으로 옳다고 볼 수 없다.

71 에티엔 조프루아 생틸레르의 선천성 기형에 대한 연구는. 이 인용문은 그의 『해부 원리 *Philosophie anatomique*』에서 따온 것이며 전문(全文)은 다음과 같다. "les Monstres ne sont plus des jeux de la Nature; leur organisation est soumise à la loi commune; les Monstres sont d'autres êtres normaux; ou plutôt il n'y a pas de Monstres et al Nature est une."

3 최후의 심판

75 1890년 암스테르담 시는. 네덜란드의 기형학에 대한 역사와 브롤릭 표본에 대한 재평가는 암스테르담 대학에 있는 브롤릭의 후학들인 발리에트와 우스트라(Baljet and Oostra, 1998)와 우스트라 외(Oostra et al., 1998a-e)가 쓴 방대한 논문을 참조하라. 발리에트와 외이스외(Balijet and Öjesjö, 1994)는 히에로니무스 보스의 그림에 나오는 마물(魔物)은 인간 기형에서 영감을 얻은 것이라고 제안하였다. 그러나 대부분의 학자들은 중세 설화나 셰르토겐보스(s'Hertogenbosch)의 성 얀(Sint Jan) 대성당의 이무기돌에서 영감을 얻은 것이라고 말한다. 보스가 기형의 유아들을 직접 보지 못한 것은 분명하지만 그의 그림에 등장하는 마물들은 세상에 알려진 기형의 모습과 놀랍도록 유사하다.

77 빌렘 브롤릭의 저서 중 가장 훌륭한 책으로는. 단안기형에 대한 브롤릭의 최초의 주요 작품은 네덜란드어로 발간한 장편의 논문인 브롤릭(1834)이었으며, 10년 뒤에는 『인간과 포유류의 정상적 · 비정상적 발생에 대한 판화』(1844~1849)가 발행되었다. 브롤릭의 단안기형에 대한 연구와 그의 컬렉션에 대한 설명은 발리에트(1990)와 발리에트 외(Baljet et al., 1991)를 참조하라.

77 헤시오도스의 『신통기神統記, *Theogonia*』에는. 호메로스의 『오디세이아』(리에우E. V. Rieu 옮김, 1946년. Penguin Books, 영국 하몬즈워스), 오비디우스의 『변신이야기』(멜빌A.D. Melville 옮김, 1986년. Penguin Books, 영국 하몬즈워스) 참조. 전형적인 단안기형의 도상학에 대해서는 토우체페우-메이니에르(Touchefeu-Meynier, 1992)를 참조하라.

78 대부분의 기형학자들은 기형을 신화 속의 괴물에 연관지어 생각했다. 신화에 대한 병인학(病因學)적인 설명은 흥미롭게도 과학적으로 검증이 불가능하지만, 그럼에도 많은 기형학자들은 신화와 기형을 연결지었다. 그리스 신화에 등장하는 다양한 괴물들(키클롭스, 히드라, 티폰, 하피 등)이 여러 가지 기형적인 태아에 기인한다는 주장에 대해서는 샤츠(Schatz, 1901)를 참조하라. 단안기형이 시칠리아에서 발견된 홍적세(洪積世, Pleistocene)의 유물인 소형 코끼리에서 착안되었다는 주장은 메이어(Mayor, 2000)를 참조하라. 고전학자들이 말한 고대 그리스와 이집트의 기형에 좀더 자세한 설명은 베로니크 데이센(Veronique Dasen)의 여러 논문에서 찾아볼 수 있다. 키클롭스들의 관계와 상징적인 의미는 저명한 비교신화학자인 커크(G. S. Kirk, 1974) p.85, p.207에서 찾을 수 있다.

78 키클롭스의 기원이 무엇이든 호메로스에서 브롤릭에 이르기까지. 대(大)플리니우스의 『박물지』(힐리J.F. Healy 옮김, 1991년. 영국 하먼즈워스) 참조. 플리니우스의 책에 등장하는 민족의 기원에 대한 최초의 중요한 설명과 그들이 중세 문학에서 어떤 모습으로 등장했는지에 대해서는 위트코워(Wittkower, 1942)를 참조하라. 더 자세한 설명을 원한다면 프리드먼(1981), 캐플러(Kappler, 1980), 윌리엄스(Williams, 1996), 대스턴과 파크(1998)를 참조하라.

81 신화에 등장하는 키클롭스와 뚜렷이 다른 모습의 단안기형 그림을. 리세티(1634)는 또한 피르메 아이의 머리 뒤에 눈이 두 개가 더 있다고 말하지만, 이는 사실이 아님이 분명했다(그는 아이를 직접 본 적이 없었고, 스케치를 통해서 연구했기 때문이다). 단안기형에 야누스 얼굴을 가진 쌍둥이의 원본 그림은 현재 유실된 상태이다. 전부는 아니지만 리세티의 판화에 나오는 몇몇 특징은 다 빈치의 원본 그림과 일맥상통한다. 리세티의 다른 기형학 그림들은 현재 알려진 것이 전혀 없다(Martin Kemp, pers. comm). 단안기형의 야누스 머리를 가진 쌍생아에 대한 보고서는 애벗과 카우프만(Abbott and Kaufmann, 1916)에 나온다.

81 빌렘 브롤릭은 자신이 수집한 표본을 관찰하면서. 19세기와 20세기에 나온 단안기형의 원인론에 대한 역사적으로 유명한 설명들은 아델만(Adelmann, 1936)을 참조하라. 완전전뇌증에 대한 현대적인 정의는 코헨(Cohen, 2001)을, 이 질환의 발병률에 대해서는 뮤언키와 비치(Muenke and Beachy, 2000)를, 기형학에 대한 재검토는 코헨과 시오타(Cohen and Shiota, 2002)를, 양의 단안기형에서 베라트룸(veratrum)의 역할에 대해서는 인카르도나 외(Incardona et al., 1998)를 참조하라.

83 그러나 대부분의 단안기형은. 완전전뇌증(HPE)은 최소한 7가지의 다른 유전적 증후군으로 이루어져 있다(HPE1~HPE7). HPE3(**142945**)은 소닉 헤지호그(**600725**)의 돌연변이나 결손에 대한 이형접합(heterozygosity)이 원인이다. 소닉 헤지호그(Shh) 돌연변이의 범위에 대해서는 나니 외(Nannie et al., 1999, 2001)를 참조하라. 소닉 헤지호그 유전자가 완전히 파괴된 쥐들에 대해서는 치앙 외(Chiang et al., 1996)를, 그 외 HPE 유전자에 대한 전반적인 검토는 뮤언키와 비치(2000)를 참조하라.

85 배아의 얼굴은. 두개안면(craniofacial)의 형성과 돼지 디토에서 소닉 헤지호그의 역할에 대한 자세한 연구는 후와 헴스(Hu and Helms, 1999)를 참조하라. Gli3(**165240**) 돌연변이는 양안격리증이 가장 큰 특징인 그레이그 뾰족머리다합지증(Greig's cephalo-polysyndactyly)(**175700**)을 유발한다. 코갈라짐(nasal bifurcation)이 함께 나타나는 양안격리증은 안면이마코(craniofrontonasal, CFNS)(**304110**) 증후군의 특징이다. 이 증후군을 일으키는 원인 유전자는 아직 밝혀지지 않았다.

87 대규모 기형 컬렉션에는 인어체기형. 인어와 비슷하게 생긴 도상학에 대한 역사는 그루버(Gruber, 1955)를, 최근의 좀더 자세한 설명에 대해서는 발렌자노 외(Valenzano et al., 1999)를 참조하라. CYP26A1(**602239**) 유전자를 제거한 쥐에 대해서는 사카이 외(Sakai et al., 2001)와 아부아베드 외(Abu-Abed et al., 2001)를 참조하라. 안구가 없는 쥐에 대해서는 헤일(Hale, 1933)을, 인체에서의 이소트레티노인의 역할에 대해서는 래머 외(Lammer et al., 1985)를, 배아에서 레틴산의 기능과 구성 요소에 대한 설명은 메이든(Maden, 1999)을 참조하라.

92 세포가 이런 실수를 저지르면 어떤 결과가. 서턴(Sutton, 1890)은 판의 목에 달린 혹덩어리가 과다외이라는 주장을 제기하며, 코케인(Cockayne, 1933)은 염소의 혹덩어리에 대해 논한다. 과다경부외이를 지니고 있는 헬레니즘 양식의 판 신에 대해서는 보드맨(Boardman, 1997a) p.36~37을 참조하라. 그리스와 로마 시대의 예술품에 등장한 판 신의 역사에 대한 전문적인 설명과 그리스 예술에 나오는 판 신에 대한 권위자들의 도상학적인 설명은 보드먼(1997a; b)을 참조하라. 네 개의 외이를 달고 있는 소녀에 대해서는 버켓(1858)에 나와 있으며, 과다외이에 대한 자세한 설명은 베이트슨(1894) p.177~180과 코케인(1933)에 등장한다.

95 상동이질형성을 하나의 독특한 현상으로. 발생 분야를 연구하기 위해 호메오 변이를 이

용하는 것이 베이트슨(1894)의 원래 의도는 아니었다. 그는 대신 유전 형질에 대한 이론을 정립하고자 노력했는데, 다시 말해 다윈의 진화론의 단점을 보완하고자 노력했다. 베이트슨의 노력은 실패했지만, 그는 불가해하고 어려운 『브륀 자연조사학회 조사록 *Verhandlungen des naturforschenden Vereines in Brünn*』에서 멘델의 완두콩 실험을 재현해낸 최초의 과학자 중 하나였다. 또한 그는 오늘날 근대 과학의 아버지 중 하나로 인정받고 있다.

96 지난 80여 년 동안, 초파리(*Drosophila*)의 호메오 유전자에 대한 설명은 로런스(1992)를 참조하라. 엄밀히 말하면 이 유전자는 배아의 구분을 담당하는 환체절을 지정하지만, 기록을 보면 이런 체절은 유충에서도 볼 수 있다. 호메오 유전자에 대한 세미나 논문은 루이스(Lewis, 1978)를 참조하라. 1995년 에드 루이스(Ed Lewis)는 두 명의 다른 초파리학자인 크리스티안 뉘슬라인 폴하르트(Christiane Nüsslein-Volhard), 에릭 비샤우스(Eric Wieschaus)와 함께 노벨상을 수상하였다.

100 과다늑골은 항상 논란의 대상이었다. 『연구논문』(1994) 제3권 제2장 p.5~8에 나오는 토머스 브라운 경의 『전염성 유견, 또는 일반적인 속설과 잘못 알려진 진리에 대한 탐구』를 참조하라. 과다늑골에 대한 평가는 브론스타인(Bronstein)과 페터슨(Peterson)이 1966년 발표한 1239개의 골격에 대한 연구 결과에서 따온 것이다. 그들은 연구 대상 골격 중 9퍼센트가 13쌍의 늑골을 가지고 있다는 사실을 알아냈다. 이 9퍼센트 중에서 제7경추에 늑골이 생기는 경우는 1퍼센트 미만에 불과했으며, 제1요추에 늑골이 생기는 경우는 약 5퍼센트였고, 전체 척추 수가 늘어난 경우는 3퍼센트였다. 결론적으로 호메오 형질전환에 의한 척추 변이는 없었다. 갈리스(Galis, 1999)가 행한 다른 연구들에서 제7경추가 다소 낮게 자리잡고 있는 경우는 0.2퍼센트였다. 경추늑골은 목의 혈관과 신경이 압박당하는 증상인 '흉곽출구증후군(thoracic outlet syndrome)'을 야기할 수 있다. 또한 갈리스(1999)는 모든 포유류 종이 7개의 경추를 가지고 있는 반면 그 외의 척추는 종마다 다르다는 흥미진진한 질문을 제기한다.

101 인간의 척추 역시 호메오 유전자의 통제를 받으며 정체성을 확립한다. 제7경추에 대한 계산식은 쥐에서 특정 혹스(Hox) 유전자를 제거했을 때의 결과를 토대로 한 것이다. 이는 불완전할 수도 있으며 AND 문장의 일부는 OR가 되거나(부분적인 형질전환이 흔히 발생하는 데다 다른 혹스 유전자가 이 자리를 보완할 수도 있기 때문이다) 좀더 계량적인 조건을 설정해야 하지만, 시작은 합리적인 편이다. Hoxa4(Horan et al., 1994), Hoxa5(Jeanotte et al., 1993), Hoxb5(Rancourt et al., 1995), Hoxa6(Kostic and Capecchi, 1994), Hoxb6(랑코르 외, 1995) 유전자들을 제거하면 제7경추가 제1흉추로 형질이 전환된다. 그 외 Hoxc4와 같은 유전자들도 경추에 영향을 미칠 수 있지만, 결과에 대해서는 의견이 분분하다(Boulet and Capecchi, 1996; Saegusa et al., 1996; 호란 외, 1995a; b).

102 한 척추와 다른 척추를 구별하는 것은. Hox5b 제거는 전방형 늑골(랑코르 외, 1995)을, Hoxa1 제거는 부분적으로 결손된 후뇌(Lufkin et al., 1991, Mark et al., 1993, Carpenter et al., 1993)를, Hoxd4 제거는 탈장(Ramirez-Solis et al.,1993)을, Hoxa3 제거는 가슴선 부재(Chisaka and Capecchi, 1991)를 야기하며, Hoxc8을 제거하면 걷지 못한다(Le Mouellic, 1992).

103 인간에게서도 혹스 유전자라는 계산자는. 인간 배아에서 혹스 유전자 발현에 대해서는 비엘리에 그로스장 외(Viellie-Grosjean et al., 1997)를 참조하라. 이 연구에 사용된 배아들은 '전적으로 인도적인 허가하에서' 수집되었다. 이 연구의 의미와 여러 나라에서의 비슷한 실험에 대한 논의는 번과 스트라칸(Burn and Strachan, 1995)을 참조하라.

104 '운명의 계산자'라는 말을 사용하면서. 과다속눈썹이나 두줄속눈썹(distichiasis)(**126300**)에 대해서는 코케인(1933) p.330을 참조하라. 코케인은 고슴도치들도 일반적으로 두 줄의 속눈썹을 가지고 있다는 사실을 알게 되었다. 7개의 심장을 가진 닭에 대해서는 토시그(Taussig, 1988)를 참조하고, 또한 우연히 이 여인숙에 머물고 있다가 닭의 내장을 입수해서 연구할 수 있었던 병리학자인 베로카이(Verocay)가 1904년 발행한 보고서를 참조하라. 이지도르 조프루아 생틸레르(1832~1837) 제1권 p.723~729는 인간에게서 발생할 수 있는 심장중복 기형을 여러 가지 상상하지만, 믿을 만한 예는 18세기에 몸 전체가 기형으로 태어난 유아의 경우밖에 없는 것으로 보인다. 베타카테닌 조절에 따른 무표지 돌연변이(null mutant) 쥐에 대해서는 리케르 외(Lickert et al., 2002)를 참조하라.

105 다음으로 '해체'라는 것이 있다. 해체(**223200**). 해체 돌연변이를 처음 연구한 사람은 허멜(Hummel, 1958, 1959)이었고, 그 뒤를 크로스비 외(Crosby et al., 1992)가 이었다. 윈터와 도나이(Winter and Donnai, 1980), 도나이와 윈터(1989)는 인간에게서 해체와 상동한 돌연변이가 발생할 가능성을 점쳤는데, 그들은 여러 가지 복잡한 원인을 가진 기형아들을 설명하기 위해 이러한 상동성의 존재를 제기하였다. 해체는 쥐의 14번 염색체의 우성 돌연변이가 원인이다.

106 호메오 유전자가 신체기관의 수와 종류를 결정하는 데. 콘과 티클(Cohn and Tickle, 1999)은 뱀이 사지가 없는 방향으로 진화한 것을 설명한다. 뱀이 앞다리가 없는 것에 대한 그들의 설명은 뒷다리가 없는 이유를 밝히지는 못하는데, 뒷다리가 없는 것은 지아가 자라지 못하기 때문이다. 많은 연구들은 혹스 유전자 발현 패턴의 비교가능한 변화들을 보여주는데, 특히 절지동물의 예가 많다. 또한 최근의 연구 몇 가지는 실제로 혹스 유전자 돌연변이가 진화상의 형태학적인 변화와 직접적으로 연관됨을 보여주었다(혹스 유전자 발현의 변화를 설명하기 위한 뱀의 예는 특정 상류성 조절인자에서 돌연변이가 발생했음을 의미한다). ems 유전자와 상동하는 인간 유전자인 Emx2(**600035**)는 뇌갈림증(schizencephaly)(**269160**)과 관련이 있다. ems 유전자와 그 외 뇌 보존 유전자에 대해

서는 레이처트와 시메온(Reichert and Simeone, 2001)을 참조하라. 아일리스(eyeless) 유전자와 상동하는 인간 유전자인 Pax6(**607108**) 유전자 돌연변이는 무홍채증(aniridia)(**106210**)을 야기한다(Ton et al., 1991). 눈의 진화에서 아일리스 유전자나 Pax6 유전자의 보전에 대한 설명은 게링과 이케오(Gehring and Ikeo, 1999)를 참조하라.

108 이보다 훨씬 모호하긴 하지만, 현재 상동성이라고 불리는 것에 대해 조프루아가 어떻게 생각했는지는 그의 저서인 『해부 원리: 각 종(種)의 결정과 동질성하에서의 호흡기 *Philosophie anatomique. Des organes respiratoires sous de la détermination et de l'identité de leurs pièces osseuses*』(1818), 『일반적 검토*Considérations générales*』에서 찾을 수 있다. 르 귀야데르(Le Guyader, 1987)가 수집한 『척추에 대해*Sur la vertèbre*』(1822)에서는 조프루아와 퀴비에의 논박을 다루고 있으며, 이런 논박은 아펠(Appel, 1987)에서도 찾아볼 수 있다. 배복부전위(背腹部轉位, dorso-ventral inversion) 가설의 부활에 가장 큰 기여를 한 사람은 드 로베르티와 사세(De Robertis and Sasai, 1996)이다. 이에 대한 회의론은 게르하르트(Gerhart, 2000)를 참조하라.

4 집게손

115 카인의 낙인에. 프리드먼(Friedman, 1981) p.87~107을 참조하라. 이 글에 나온 축구 코치(p.106)는 글렌 호들(Glenn Hoddle)이었다. 그는 해고당했다(『더 타임스』, 1999년 2월 1일자, 런던).

117 비교적 현대에도 이를 떠올리게 하는 기록. 클레피 가족에 대한 이야기는 영국의 유전학자 칼 피어슨(1908)의 '이지증' 가족에 대한 최초의 연구 중 하나에 등장한다. 매콜리(Macaulay)를 위시한 대부분의 영국 역사학자들은 위그타운의 순교자들이 실재 인물이라는 사실을 인정하지만, 어빙(Irving, 1862)과 같은 일부 학자들은 이 사건의 증인이 없기 때문에 이 사건 전체를 회의적으로 바라본다. 하지만 무덤이 존재하는 것은 사실이다. 이 사건에 대한 가장 훌륭한 설명은 프레이저(Fraser, 1877)에 등장한다. 어빙과 프레이저는 주임사제가 등장하는 다른 판본의 전설 속에서 윌슨에게 이렇게 말한 사실에도 주목한다. "빌어먹을, 이봐! 한잔 더 마셔라." 이렇게 말한 뒤 그는 끝을 모르는 갈증에 시달리게 되었다. 이 이야기는 "훌륭하신 찰스 왕(찰스 2세)"이라는 언급 때문에 그 불확실성이 더해진다. 처형은 1685년 5월 11일 벌어졌지만, 찰스 2세는 몇 달 전에 죽었기 때문이다. 역사학자들은 일반적으로 찰스 2세를 이어 왕위에 오른 로마 가톨릭 신자인 제임스 2세가 스코틀랜드 로랜드에 군대를 풀어놓은 사실을 비난한다. 'clep'이라는 단어의 어원 역시 혼란을 더한다. 크레이기(W. A. Craigie)는 『스코틀랜드 고어사전

Dictionary of the older Scottish tongue』(1931)에서 'clep'을 'call'이라고 풀이하지만, 피어슨의 이야기 속에서는 'clepped'가 사지기형이라는 의미도 가지고 있음을 암시한다. 클레피 벨 가족은 피어슨(1908), 맥뮬런과 피어슨(McMullen and Pearson, 1913)과 루이스와 엠블러턴(Lewis and Embleton, 1908)에 설명되어 있다. 피어슨의 논문은 사적으로 매우 흥미로운데, 그는 멘델학파에 반박할 만한 생물측정학자들의 논제를 끌어내기 위해 클레피 가족의 돌연변이 유전자가 우성임이 분명함에도 멘델법칙으로는 이를 분리할 수 없다는 사실을 보여주었기 때문이다. 멘델학파에 반박하려는 피어슨의 노력은 허사로 돌아갔지만, 한 가지 점에서는 그가 옳았다. 즉 최소한 한 가지의 손발가락결손증 대립유전자는 남성 혈통에서 상당히 많이 나타나는데, 이는 인간병리학에서 유일하게 알려져 있는 감수분열성 추동(meiotic drive, 감수분열 과정에서 한쪽 배우자에게만 유전형질이 우세해지는 경우)의 예가 분명하다(Jarvik et al., 1994).

119 과학문명 이전부터. 유테르페 바조폴로우-키르카니도우(Euterpe Bazopoulou-Kyrkanidou, 1997)는 헤파이스토스 신의 절름발이가 일반적으로 만곡족(club-foot)으로 표현된다는 설득적인 주장을 제기한다. 아테르만(Aterman, 1999)은 헤파이스토스의 기형은 이집트 신 중 하나인 프타(Ptah)의 연골무형성증과 관련이 있다고 말한다(연골무형성증에 대해서는 제5장에 자세히 설명되어 있다). 또한 뒷부분에서 대장장이들이 걸리는 후천성 질환인 비소성 신경염(arsenic neuritis)이라고 말한다. 이런 견해들이 오랜 시간 동안 변천을 거듭한 헤파이스토스 신의 도상학과 항상 일치하는 것은 아니다. '타조 발을 가진 사람들'인 와도마 족에 대한 이야기의 출처를 찾으려면 겔플랜드 외(Gelfland et al., 1974), 로버츠(Roberts, 1974), 신화를 언급한 여러 기사들(예, Barrett and McCann, 1980)과 유전자 조사(Farrell, 1984, Viljoen and Beighton, 1984)를 참조하라. 사지기형은 선천성 심장기형에 이어 두 번째로 빈도가 높은 선천성 질환이다(Bamshad et al., 1999).

121 사지의 가장 놀라운 점 중 하나는. 피어슨(1908)과 루이스, 엠블러턴(1908)은 '이지증' 가족이 손을 얼마나 잘 놀리는지를 설명한다. 헤르만 운탄(1935)이 팔이 없는 것을 이겨낸 것에 대해서는 그의 회고록(1935)을 참조하라. 뒷다리로 깡충깡충 뛰어다닌 염소에 대해서는 슬레이퍼르(Slijper, 1942)에 나온다.

123 지아가 몸을 비집고 나와 외부로 뻗어 나가도록 유도하는 것은 무엇일까? 정단외배엽융기(AER)에 대한 최초의 설명과 절제 실험은 선더스(1948)에 설명되어 있다. 무수족증(**200500**)에 대해서는 프레이레마이아(Freire-Maia, 1975, 1981)에 나와 있다.

124 정단외배엽융기는 사지를 조각해준다. 현재는 '이지증'과 '결손증'보다는 '열지증(SHFM)'이라는 말이 더 많이 사용된다. 이 질환은 1만 8000명당 1명꼴로 발생하며, 일반적으로 우성유전이다. 인간에게서는 세 가지 SHFM 발생 장소가 있는데, 7q21.3-q22.1(**183600**)에서의 SHFM1, Xq26(**313350**)에서의 SHFM2, 10q24(**600095**)에서의

SHFM3이며, 여기에 3q27(**129900**)에서의 열지증과 외배엽 이형성증(ectodermal dysplasia), 구순열증후군(이상 세 가지를 EEC라 칭함)을 추가할 수 있다(Celli et al., 1999). 이 외에도 관련된 질환이 여러 가지 있다. 셀리 외(1999)는 EEC 유전자를 p63으로 인식하며, 이것은 암형성 억제유전자 p53과 밀접한 관련이 있다. 양 외(Yang et al., 1999)와 밀스 외(Mills et al., 1999)는 쥐에서 EEC 유전자가 담당하는 기능을 연구한다. 쥐의 또 다른 결손증 유전자인 손발가락 이형성증(Dactylplasia)은 단백질 파괴에 관여하는 것으로 여겨지는 F-box/WD40 단백질군을 암호화한다. 그러나 인간에서 나타나는 이 유전자 지도에 대한 상동성이 SHFM3과 근접하지만, 아직까지 이것이 일반적인 관련성을 가진다고 밝혀지지는 않았다(Crackower et al., 1998, Sidow et al., 1999). 또한 끝마디가 없는 것과 관련된 두 유전자인 DLX5와 DLX6에도 같은 원칙이 적용되며, 이 두 유전자는 SHFM1을 발현시킨다고 여겨진다(Merlo et al., 2002). p63과 손발가락 이형성증은 정단외배엽융기(AER)의 유지와 관련이 있으며, p63–동형성인 쥐들은 여러 가지 피부 결함과 더불어 사지가 전혀 없다.

125 배아의 먼 곳까지 활동한다는 것은. 발생생물학자라면 이 책에서 AER가 사지의 성장 촉진에 결정적인 역할을 한다고 설명한 내용이 교과서에 실려 있지 않다는 것을 알아볼 것이다. AER가 어떻게 해서 '진행대시간(Progress-Zone clock)'을 통해 지아의 사지축을 형성하는지에 대해서는 아무런 언급도 없다(Wolpert, 1971). 이는 최근에 나온 두 편의 논문(Sun et al., 2002, Dudley et al., 2002)이 설득력 있는 주장을 펼치며 진행대시간 모델이 틀렸음을 보여주었기 때문이다. 그들의 주장은 흥미진진하면서도 당혹스럽다. 이로 인해 사지 형성에 대한 문제가 또다시 도마 위에 오른 듯하기 때문이다. 니스원더 외(Niswander et al., 1993)는 FGF에 적신 구슬이 어떻게 정단외배엽융기를 대신할 수 있는지를 보여준다. 선 외(2002)는 또한 쥐의 FGF가 과다해지면 어떻게 되는지도 설명해주고 있다.

126 융기에 있는 FGF는 중배엽 세포가 지속적으로 증식하고, FGF의 세포 자살 조절에 대해서는 더들리 외(2002)에 나와 있다. 닭에서는 발가락 사이를 가르기 위해 세포가 자살하지만 오리에서는 그렇지 않다는 사실에 대해서는 조우와 니스원더(Zou and Niswander, 1996)를 참조하라. 인간에서의 손발가락 붙음, 다시 말해 합지증은 FGF 수용체인 FGFR2에서 기능 획득 돌연변이가 발현되어 FGF신호전달이 과다하게 전달되기 때문에 발생하기도 한다. 이는 에이퍼트 증후군(Apert syndrome)(**101200**; **176943**)이라고도 한다(Wilkie et al., 1995).

127 사지의 형성을 설명하면서. 해표상지증에서 탈리도마이드가 맡은 역할을 처음 보고한 사람은 맥브라이드(1961)와 렌츠(1962)였다. 해표상지증은 로버츠 증후군(**268300**)과 SC 해표상지증 A(**269000**)와 비슷하다. 같은 질환일 수도 있기 때문에 '유사탈리도마이드(pseudothalidomide)' 증후군이라고 알려져 있다. 이 두 질환의 유전적 원인은

아직 밝혀지지 않았다. 해표상지증 아이를 그린 고야의 그림은 루브르에 전시되어 있으며, 브롤릭(1844~1849)은 페팽의 그림을 담고 있으며, 페팽의 인생에 대해서는 굴드와 파일(Gould and Pyle, 1897) p.263에 간략히 적혀 있다.

129 탈리도마이드가 이런 파괴적인 결과를 야기하는 이유는 무엇일까? 스티븐 외(Stephen et al., 2000)는 탈리도마이드에 대한 방대한 논문들 중 몇 편을 검토한다. 그는 탈리도마이드로 인해 해표상지증을 가지고 태어난 사람들(지금 그들은 30대 후반이다)이 해표상지증 아이를 낳는다는 주장을 단호하게 무시하는데, 이런 주장이 사실이라면 특정한 형태의 라마르크 식 유전이 존재할 수도 있음을 암시하는 것이기 때문이다. 그러나 원칙적으로 따질 때 탈리도마이드는 총체적인 돌연변이원이 될 수도 있기 때문에, 다음 세대의 아이에게서 온갖 종류의 유전질환이 발현될 가능성이 높아질 수도 있다. 여러 가지 연구가 행해졌지만 이를 입증하지는 못했다. 지금까지의 논문 중에서 탈리도마이드가 사지 형성에 미치는 역할을 가장 잘 설명한 것은 타빈(Tabin, 1998)이다. 그의 설명은 다른 논문들(Neubert et al, 1999; 타빈 1999)에 대해 설득적인 논조로 수세적 입장을 취하는데, 이는 탈리도마이드가 지아의 증식과 사지지정 사이의 연결고리를 끊어버린다는 생각에서 온 것이었다. 다시 말해 그는 사지지정을 '진행대' 모델의 관점에서 피력하였다. 진행대 모델의 신빙성이 없어지면서(선 외, 2002; 더들리 외 2002) 탈리도마이드의 성격을 설명하기가 좀더 어려워졌지만 아직은 이 물질이 뼈 전구체의 증식을 비정상적으로 막는다는 생각이 지배적인 편이다. FGF8을 조절하면 쥐들이 해표상지증의 사지 돌연변이를 가지고 태어난다는 것은 매우 놀라운 사실이다(Lewandoski et al., 2000; Moon and Capecchi 2000).

130 미터법의 기본단위가 10이 된 이유는. 최근까지는 모든 척추동물은 사지 하나당 손발가락이 다섯 개를 넘지 않는다는 생각이 보편적이었다(Shubin et al., 1997). 판다나 두더지 같은 일부 동물들은 여섯 개의 발가락을 가지고 있다고 여겨졌지만, 사실은 진짜 발가락이 아니라 앞발목뼈가 변형된 것이라고 볼 수 있다(판다의 요골종자뼈와 두더지의 낫모양뼈). 그러나 다지증은 익티오사우루스(어룡, 학명은 *Opthalmosaurus*)의 물갈퀴 발처럼 지느러미에서 진화된 것일 수도 있는데, 이 동물은 한 지느러미에 여덟 개의 발가락을 가지고 있던 것으로 여겨지며(Hinchliffe and Johnson 1980, p.50), 바퀴타 돌고래는 지느러미당 여섯 개의 발가락을 가지고 있다(Ortega-Ortiz and Villa-Ramirez, 2000). 알베르크(Alberch, 1986)는 다지증 개에 대해, 로이드(Lloyd, 1986)는 다지증 고양이에 대해, 라이트(Wright, 1935)는 기니피그의 다지증에 대해 논한다. 갈리스(Galis, 2001)는 다지증 돌연변이의 발현 빈도에도 불구하고 사지 하나당 손발가락이 다섯 개를 넘는 종이 거의 없는 이유가 무엇인지를 검토한다. 이외에도 여러 논문에서 인간의 다지증(**603596**)을 다루고 있다. 다지증의 발현 빈도와 종류에 대해서는 플랫(Flatt, 1994)에, 루에 가족에 대해서는 글래스(Glass, 1947)에, 스키피온 가족의 경우는 마노일로프

(1931)에 나와 있다.

132 정단외배엽융기로 인해. 극성화 활성대의 발견에 대해서는 선더스와 개슬링(1968)을, 이에 대한 해석은 티클 외(1975)를 참조하라. 소닉 헤지호그(**600725**)를 모르포겐을 암호화하는 유전자로 처음 인식한 논문은 리들 외(Riddle et al., 1993)였다. 그 후 어떤 논문(양 외, 1997)은 이것이 사지의 기울기를 형성해주지 않기 때문에 모르포겐이라고 볼 수 없다고 주장하였다. 보다 최근의 증거에서는 이것이 모르포겐이라고 주장한다(Zeng et al., 2001).

133 이런 돌연변이들은. 배아 내의 쥐와 인간의 다지증을 유발하는 여러 유전자가 식별되었으며 상당수가 전사인자이다. 예를 들어, 징크 핑거(zinc finger) 전사인자인 Gli3(**165240**)의 돌연변이는 그레이그 뾰족머리다합지증(**175700**)과 폴리스터-홀 증후군(Pallister-Hall syndrome)(**146150**), 축뒤다지증(postaxial polydactyly)(**174200**; **174700**)을 유발한다. 그 외 다른 질환에 대해서는 마누브리외-하누 외(Manouvrier-Hanu, 1999)를 참조하라. 온라인 MIM은 임상적 개요에서 다지증을 가진 97개의 질환을 열거한다. 이들 중 완전히 다른 것이 몇 개일지는 모르지만, 소닉 헤지호그의 활동을 정확히 결정하는 데 관련된 유전자는 10개 이상인 것이 분명하다고 여겨진다. 소닉 조절 돌연변이는 추가의 엄지나 검지를 유발하며, 좀더 광범위하게는 축앞다지증(preaxial polydactyly)(**190605**; **174500**)을 유발한다. 유전학은 복잡한 학문이다. 즈구리카스 외(Zguricas et al., 1999)는 소닉 헤지호그와 밀접한 7q36의 돌연변이와 결실, 전위 지도를 작성하였다. 클라크 외(Clark et al., 2001)는 이런 돌연변이들이 소닉 헤지호그 근처의 Lmbr1(**605522**) 유전자 중 일부를 제거함을 보여주면서, Lmbr1이 원인이라고 추정하였다. 이 책에 적힌 해석은 레티스 외(Lettice et al., 2002)를 따른 것이며, 이 논문은 Lmbr1 자체가 아니가 Lmbr1 개재배열(intron) 안에 있는 소닉헤지호그 발현 조절요소가 없어지기 때문에 7q36 돌연변이가 발생한다는 증거를 제시한다. 마찬가지로 7q36에 대한 지도를 그리는 무수족증(**200500**)도 복잡한 역사를 가지고 있다. 무수족증 돌연변이도 Lmbr1을 제거하는데, 여기에서도 이 유전자가 원인이라고 여겨졌다(Ianakiev et al., 2001; 클라크 외, 2001). 그러나 소닉 헤지호그 조절 돌연변이가 원인일 수도 있는데, 아직 정확한 판단은 내려지지 않고 있다(레티스 외, 2002). 다만 무수족증의 사지와 소닉 헤지호그를 제거해서 발이 없는 상태로 태어난 쥐의 사지가 놀라울 정도로 흡사하다는 점은 분명하다(Chiang et al., 1996; 치앙 외, 2001).

136 임신 32일 무렵이면. 인간 사지의 총체적인 발달 과정은 힌클리페와 요한슨(1980) p.75와 페레티와 티클(Ferretti and Tickle, 1997)을 참조하라. 응축에 대해서는 슈빈과 알베르크(1986)를 참조하라. 인간 수족생식기병(hand-foot-genital syndrome)(**142959**; **140000**)을 야기하는 Hoxa13에 대해서는 모틀록과 이네스(Mortlock and Innes, 1997)를 참조하라. 쥐의 경우는 프로멘탈-라마인 외(Fromental-Ramain et al.,1996), 모틀록

외(1996)를 참조하라. 요척골 유합(radioulnar synotosis)(**142958**; **605432**)을 야기하는 Hoxa11 돌연변이에 대해서는 톰슨과 구엔(Thompson and Nguyen, 2000)을 참조하고, Hoxd13(기능 획득)(**142980**)에 대해서는 무라가키 외(Muragaki et al., 1996)를, Hoxd 군의 결실에 대해서는 델 캄포 외(Del Campo et al., 1999)를 참조하라. 혹스 유전자가 사지 결정에서 담당하는 역할에 대한 가장 종합적인 설명은 자카니 외(Zakany et al., 1997)를 참조하라. 이 논문은 Hoxa와 Hoxd 유전자 여러 가지를 함께 제거했을 때 나타나는 결과를 설명하고 있다.

137 혹스 유전자는 사지 형성 외에. 인간의 사지기형과 성기기형 모두를 유발하는 혹스 돌연변이에 대해서는 앞부분의 미주와 콘도 외(Kondo et al., 1997)를 참조하라. 음경의 크기와 발 크기에 대해서는 시미노스키와 베인(Siminoski and Bain, 1993)을, FGF와 소닉 헤지호그가 성기에서 담당하는 역할은 페리턴 외(Perriton et al., 2002)와 하라구치 외(Haraguchi et al., 2000)를 참조하라.

140 상당히 당황스러운 결과였다. 엽상형 어류의 지느러미와 사지동물의 팔다리의 상동성에 대해서는 슈빈 외(1997)를 참조하라. 소르디노 외(Sordino et al., 1995)는 제브라다니오의 혹스 유전자 발현 패턴을 사지동물과 비교해서 설명한다. 콘과 브라이트(Cohn and Bright, 2000)는 제브라다니오의 지느러미 발달에 대해 검토한다. 돌레 외(Dolle et al., 1993)는 쥐에서 Hoxd13 유전자를 제거한 실험을 보고하며, 자카니 외(Zakany et al., 1997)는 진화 과정에서 혹스 유전자 생장의 연속성을 주장한다. 다윈의 『사육 동식물의 변이』 초판은 1868년에, 게겐바우어의 비평서는 1880년에 출간되었다. 이 책에 적힌 다윈의 인용구는 『사육 동식물의 변이』 제2판(1882) p.457~458에서 따온 것이다. 제2판에서 그는 자신의 생각을 번복한다. 코티스와 클라크(Coates and Clack, 1990)는 아칸토스테가의 사지를 설명한다.

5 내 뼈 중의 뼈요, 살 중의 살이라

145 1896년, 아널드라는 중국인 선원이 희망봉에 도착했다. 아널드와 그의 후손들에 대해서는 잭슨(Jackson, 1951)과 라메사 외(Ramesar et al., 1996)에 나온다. 그들의 질환은 빗장머리뼈 이형성증(cleidocranial dyplasia)(**119600**)이었으며, 이 질환은 조골세포 전사인자인 CBFA1 유전자(**600211**)에서 발현되는 우성인 하플로 부족(haploinsufficient) 돌연변이가 원인이다. 이 돌연변이를 알아보는 방법과, 쥐에게 미치는 영향 및 질환에 대한 전반적인 검토는 코모리 외(Komori et al., 1997)와 뮌들로 외(Mundlos et al., 1997), 뮌들로(1999)를 참조하라. 이 질환에 대한 사소한 의문점 한 가지는 남아프리카에서 동종접합을 분명하게 드러내는 유아들이 없다는 점이다. 작은 집단에서 같은 돌연

변이를 가진 사람들이 많이 살다보면 때로는 보유자 두 사람이 결혼하는 일도 빈번하게 발생할 것이다. 이 돌연변이가 쥐에게 미치는 것과 비슷한 효력을 발휘한다면(여러 가지 사항에서 이런 징후가 존재한다) 이런 동종접합 결혼에서 태어나는 아이들의 4분의 1은 뼈가 전혀 없는 사산아로 태어날 것이다(또한 이 아이들의 반은 뼈의 일부가 없을 것이고, 나머지 4분의 1은 정상으로 태어날 것이다).

146 아마도 무덤 속에서 가장 마지막에 흙으로 돌아가는 것이 뼈이기에. 뼈 성장에 대한 좀더 자세한 설명은 올슨 외(Olsen et al., 2000)를 참조하라. 골형성 단백질(BMP)에 대해서는 코헨(2002)을 참조하라. 응축 과정에서 BMP의 역할을 강조했는데, 이는 논쟁의 여지가 있는 부분이다. 그러나 쥐의 돌연변이에서 나온 증거는 BMP가 조골세포와 연골세포의 구분 및 응축 형성이 아니라 패턴 형성에서 중요한 역할을 맡는다는 점을 보여준다(Wagner and Karsenty, 2001). 그 이유는 BMP의 중복 때문인 것으로 여겨진다.

148 유전자의 역사로 살펴볼 때. 스클레로스테오시스(**269500**)는 분비되는 단백질(**605740**)인 스클레로스틴에서의 열성 돌연변이가 원인이다. 최근까지 반부켐병(Van Buchem's disease) 또는 전신성 피질성 과골증(hyperostosis corticalis generalisata)(**239100**)과 유사한 질환을 가진 남아프리카의 가계(이들은 모두 토종 아프리카인이다), 브라질 바이아(Bahia)의 가계, 네덜란드의 가계는 먼 방계 친척이라고 여겨졌다. 그러나 아프리카너와 바이아, 네덜란드의 가계는 현재 SOST 유전자 안이나 근처에서 서로 상이한 돌연변이를 보여주었기 때문에 이들의 연관성을 찾기는 힘들다. 세 가계 사이에서 비슷한 질환이 나타나는 것은 우연의 일치에 불과하다(Brunkow et al., 2001; Balemans et al., 2001). 손가락이 합쳐지는 질환은 손발가락마디융합증(**185800**)이라고 하며, 노긴(**602991**)에서의 하플로 부족 우성 돌연변이가 원인이다(Gong et al., 1999). 쥐에서 노긴 단백질을 없앤 경우의 돌연변이에 대해서는 브뤼네 외(Brunet et al., 1998)를 참조하라.

149 이 질환을. 진행성 골화성 섬유이형성증(FOP)(**135100**)은 우성 돌연변이인데 어떤 유전자에서 발현되는지는 모른다. 2001년 프랑스 연구진이 FOP 환자들에게서 노긴 돌연변이가 나타난다고 보고했지만(Semonin et al., 2001), 같은 실험이 반복되지는 못했다(코헨, 2001). 해리 이스트랙의 병에 대한 임상보고서는 워든(Worden, 2002) p.185~186을 참조하라. FOP에 대한 자세한 설명과 이 질환을 앓는 환자들 및 치료법에 대해서는 매데르(Maeder, 1998)를 참조하라.

152 신생아들의 골격은. 베이커(Baker, 1974)는 대부분 성인의 두개골은 5밀리미터이며, 오스트랄로이드(Australoid, 오스트레일리아 원주민과 그 유연 민족의 총칭)의 두개골은 10밀리미터인 경우도 있다고 지적한다. 콘(Kohn, 1995)은 머리를 두드리는 의식에 대해 간략히 설명한다.

152 이처럼 단단하고 두꺼운 뼈를 만들어주는 것은 무엇일까? 빅터 트위티의 실험에 대한

설명은 트위티와 슈윈드(Twitty and Schwind, 1931)와 트위티(1966)를 참조하라. 트위티의 실험은 이 실험을 처음 주도했던 위대한 발생생물학자인 로스 해리슨(Harrison, 1924)의 예일 대학 실험실에서 행해졌다. 도롱뇽의 사지 재생에 대해서는 브로키스(Brockes, 1998)를 참조하라.

154 유전학의 역사에 길이 남을 악명을 떨친 멩겔러는. 멩겔러의 일생에 대해서는 포스너와 베어(Posner and Ware, 1986)를 참조하라.

156 엘리자베스 오비츠라는 서른 살의 유대인 여인이 있었다. 이 부분의 일부는 엘리자베스 오비츠(Moskovitz, 1987)의 회고록을 토대로 하였으며, 인용구의 일부도 이 책에서 따왔다. 그러나 그녀의 가족이 아우슈비츠 비르케나우 수용소(Koren and Negev, 2003)에서 겪은 경험담을 자세히 관찰하면 정확치 못한 내용이 상당 부분 실려 있음을 알 수 있다. 나치 독일하에서 인간을 대상으로 행해진 생체 실험에 대한 자세한 설명은 리프톤(Lifton, 1986)에 나온다.

161 오비츠 가족의 경우처럼 가성연골무형성증은 위와 같은 일련의 과정들에. 가성연골무형성증(**177170**)은 연골 올리고머 기질단백질 유전자(cartilage oligomeric matrix protein gene)(**600310**)의 우성 기능 획득 돌연변이가 원인이다(Briggs and Chapman, 2002). 오비츠 가족의 질환을 연골무형성증이 아니라 가성연골무형성증으로 진단한 논문은 코렌과 네게브(2003)이며, 이는 그들의 매력적인 얼굴 생김과도 상관성을 가지고 있다.

162 연골무형성증의 원인은, 연골무형성증(**100800**)은 섬유아세포 성장인자 수용체 3(**134934**)의 우성 기능 획득 돌연변이가 원인이다(Rousseau et al., 1994; Bonaventure et al., 1996). 왜소증의 도상학적인 역사에 대해서는 데이센(1993, 1994)과 아테르만(1999)을 참조하라.

162 과다한 FGF 신호전달분자로 인해. 사지의 생장에서 FGF가 맡는 역할에 대해서는 나스키 외(Naski et al., 1996; 1998)와 첸 외(Chen et al., 2001)를 참조하라. 콜빈 외(Colvin et al., 1996)는 FGFR3을 제거한 쥐에 대한 연구를, 드 루카와 배런(De Luca and Baron, 1999)은 FGFR3의 기능에 대한 연구를 담고 있다.

163 연골무형성증은 생명에는 크게 지장이 없는 기형이다. 치사성 이형성증(**187600**)의 원인은 FGFR3의 심각한 우성 기능 획득 돌연변이이다(루소 외, 1995; Tavormina et al., 1995). 우스트라 외(1998b)는 브롤릭 컬렉션에 등장하는 골격 이형성증인 표본들을 설명한다.

164 FGF는 인체 곳곳에서 성장을 제한하는 여러 분자들 중. 발육과다에 대한 신뢰할 만한 검토는 코헨(1989)에서 찾을 수 있다. 미오스타틴(**601788**)의 경우, 쥐의 돌연변이에 대해서는 맥페런 외(McPherron et al., 1997)를, 소의 돌연변이에 대해서는 맥페런과 리(McPherron and Lee, 1997)를 참조하라. 최초의 미오스타틴 돌연변이는 플랑드르에 있는 농가에서 자연적으로 발생했으며, 벨지언 블루스의 고기는 세계 곳곳에서 햄버거용

재료로 사용된다. 생명공학기업인 몬산토(Monsanto)가 이 종을 개발했다면, 벨지언 블루스 종의 고기는 '유전자조작식품'으로 의심받아 일반인들에게 기피 대상이었을 것이다.

165 뼈 콜라겐의 기능을 못 하게 하는 돌연변이는. 골형성부전증에는 몇 가지 종류가 있다. 사산아로 태어나지 않는 가장 일반적인 타입은 골형성부전증 타입 1(**166200**)이며, 이 질환은 콜라겐 1A2나 콜라겐 1A1 유전자(**120150**; **120160**)의 하플로 부족 또는 기능 획득 돌연변이가 원인이다(올슨 외, 2000).

166 성장판이 닫히고 성장이 멈춘 뒤에도. 용골세포의 기능과 자세한 내용에 대한 검토는 블레어(Blair, 1998)와 귄테르와 쉥케(Gunther and Schinke, 2000)를 참조하라.

166 뼈의 성장과 파괴의 균형 감각이 무너지는. 악성 상염색체 골화석증(malignant autosomal recessive osteopetrosis)(**259700**)은 염산 전달에 필요한 공포성 양성자 펌프(vacuolar proton pump)의 일부를 암호화하는 유전자의 열성 돌연변이가 원인이다(Kornak et al., 2000).

167 어떤 학자들은 앙리 드 툴루즈 로트레크의 왜소증도. 로트레크의 전기로 가장 유명한 책은 프레(Frey, 1994)의 글이며, 그에 대한 전기 자료나 일화도 대부분 이 책에서 따온 것이다. 골화석증과 골다공증의 관계에 대해서는 라즈너 외(Lazner et al., 1999)를 참조하라. 마로토와 라미(Maroteaux and Lamy, 1965)는 로트레크의 병을 농축이골증이라고 진단하였다. 그의 병에 대한 논쟁에 대해서는 프레(1995 a, b)와 마로토(1995)를 참조하라. 농축이골증(**265800**)은 카텝신 K 유전자(**601105**)의 열성 돌연변이가 원인이다(Gelb et al., 1996).

6 두루미와의 전쟁

175 에스파냐의 프라도 미술관. 왜소증에 대한 도상학은 티체-콘라트(Tietze-Conrat, 1957)와 에메리(Emery, 1996)를 참조하라. 태너(Tanner, 1981) p.120~121은 난쟁이에 대한 조프루아와 뷔퐁의 의견을 논한다.

176 궁정 난쟁이들이 모두 인간적인 존엄성마저. 보루블라스키의 회고록(1792)을 참조하고, 그의 일생에 대한 현대적인 설명은 헤론(Heron, 1986)을 참조하라.

181 두개골 안쪽의 뇌의 기부(基部)에는. 시상하부-뇌하수체(hypothalamus-pituitary) 경로에 의한 성장 조절에 대해서는 레이콕과 와이즈(Laycock and Wise, 1996)를 참조하라. 원발성 성장호르몬결핍(**262400**)은 성장호르몬유전자(**139250**)의 열성 돌연변이가 원인이다. 이 질환들에 대해서는 많은 문헌이 있으며, 간략한 설명을 원한다면 로페즈-베르메조 외(Lopez-Bermezo)를 참조하라.

182 5세 아동의 신체 크기와 비율. 에콰도르의 난쟁이들은 성장호르몬 수용체 유전자

(600946)의 열성 돌연변이 때문에 발생하는 병인 라론(Laron), 다시 말해 성장호르몬 저항증후군(**262500**)을 가지고 있다. 로젠펠트 외(Rosenfeld et al., 1994)와 로젠블룸과 구에바라-아퀴에르(Rosenbloom and Guevara-Aquierre, 1998)를 참조하라.

182 1782년에 요제프 보루블라스키는. 프랜컴과 무스그레이브(Frankcom and Musgrave, 1976)는 패트릭 코터에 대해, 본데슨(1997)은 찰스 번에 대해, 톰슨(1930, 1996)은 두 거인뿐 아니라 18세기 유명했던 다른 거인들에 대해 적고 있다.

185 찰스 번의 병명은 뇌하수체 종양. 최초의 진단에 대해서는 키스(1911)를 참조하라.

185 한 장의 낡은 사진은 런던 자연사박물관의 전시실에 서 있었던. 이 골격을 입수하게 된 경위에 대해서는 슈니처(에민 파샤의 이름, 1888)를 참조하라. 아카디무와 만난 경위에 대해서는 슈바인푸르트(1878)를 참조하라. 호메로스의 인용구는 『일리아스*The Ilias*』에서 따온 것이다. 타이슨(1699, 1966), 카발리-스포르자(Cavalli-Sforza, 1986) 모두 그리스와 로마 시대의 피그미에 대한 문헌을 설명하지만, 고대의 피그미에 대한 가장 훌륭한 논문은 데이센(1993)이다. 피그미 족에 대한 시는 애디슨(1721)을 참조하라.

188 애디슨의 시를 끝으로 호메로스풍의 전통은 스러지기 시작했다. '피그미' 해부에 대해서는 타이슨(1699, 1966)을 참조하라. 콰트르파주(1895)는 '아카'라는 단어를 5세기 이집트 무덤의 비석에 새겨진 프레스코화에서 찾을 수 있으며, 그 위에는 춤추는 피그미 족이 그려져 있다고 말한다. 카발리-스포르자(1986)도 같은 이야기를 반복한다. 그들의 말이 사실이라면 매우 놀랍겠지만, 베르니크 데이센의 글을 보면서 그렇지 않음을 확신했다.

189 프랑스의 인류학자인 아르망 드 콰트르파주는. 니그리토의 역사에 대해서는 셰베스터(Schebesta, 1952)와 웨버(Weber, 1995~1999)를 참조하라. 다이아몬드(1991)는 피그미 족의 왜소증에 대한 이론을 전개한다. 안다만 섬의 니그리토들의 유전적 관계에 대한 최신의 연구를 원한다면 탕가라이 외(Thangaraj et al., 2003)를 참조하라.

190 그러나 정말로 연골무형성증인지 아닌지는. 아테네 시대의 화병은 데이센(1993)이 그리스에서의 피그미 족에 대한 도상학을 보여주기 위해 예로 든 여러 개 중 하나에 불과하다. 게이츠(Gates, 1961)는 피그미 족이 연골무형성증을 가졌다고 단언했다.

191 에민 파샤가 수집한 피그미 족 골격 컬렉션을 보면. 피그미 족 왜소증의 유전적 원인은 불분명하지만 에민 파샤가 수집한 골격은 단일한 유전자가 지배력을 발휘하는 것은 아님을 보여준다. 피그미 족의 신체비율에 대한 분석에 대해서는 베일리(Bailey, 1986), 시와 고메즈(Shea and Gomez, 1988), 시(Shea, 1989)를 참조하라.

192 지리학자들은 기뻐하면서도. 차이르 알라와 티바우트에 대한 이야기는 콰트르파주(1895)와 슈바인푸르트(1878)에 나오며, 그들의 성장곡선은 카발리-스포르자(1986) p.366에 나온다.

194 신생아는 첫해에 18센티미터 정도 성장한다. 사춘기의 급성장에 대해서는 태너(1990)

p.12를, 이에 대한 연구사는 태너(1981)를 참조하라. 다른 영장류에서 보이는 사춘기 급성장에 대해서는 보긴(Bogin, 1999)을 참조하라.

195 사춘기의 급성장은 성장호르몬 증폭 때문이다. 피그미 족이 IGF-1 혈청 적정량이 낮은 것인지 아니면 다른 사람들에 비해 IGF-1 수용체의 효과가 덜한 것인지에 대해서는 의견이 분분하다. 여하튼 현재 우리가 피그미 족의 작은 체구에 대해 알고 있는 사실은 내분비학을 토대로 한 것이다(Merimee et al., 1981; 1987, Geffner et al., 1995). 바로 아래에 나오는 주(註)도 이러한 데이터에 대한 해석을 토대로 한다.

195 초소형 생쥐에서 이런 사실을 확인할 수 있다. 여기에 적힌 IGF와 GH의 관계에 대한 설명은 대부분의 책에 나오는 '소마토메딘 가설(somatomedin hypothesis)' 과는 다르다. 최근에 행한 실험들은 다음과 같은 가설을 제안하였다. (1) 외분비호르몬이 아니라 이웃분비(paracrine) 성장인자로의 작용이 IGF-1의 주요 역할이다. (2) 간의 IGF-1이 대부분의 혈청 IGF를 담당하며 출생 후 성장에는 거의 영향을 미치지 않는다. (3) 따라서 IGF-1은 전체는 아닐지라도 성장에 상당한 영향을 미치며 GH에 비의존적이다. 이런 내용을 자세히 보려면 로이스 외(Roith et al., 2001)를, GHR에 대한 설명과 IGF-1이 이중으로 제거된 쥐에 대해서는 루푸 외(Lupu et al., 2001)를 참조하라.

196 슈바인푸르트의 발견을 시작으로, 에스파냐와 아틀라스 산맥, 스위스의 '피그미'에 대해서는 핼리버턴(Haliburton, 1891; 1894)을 참조하라. 화석 원인의 체구에 대해서는 요한슨과 에드거(Johanson and Edgar, 1996)를, '디즈니랜드의 마야'에 대해서는 보긴(1999a) p.3을 참조하라.

197 심지어 가장 최근에 발견된 피그미 족은 실제로는. 그들을 발견한 탐험에 대한 설명은 킹던-워드(Kingdon-Ward, 1924; 1937)를 비롯해서 동 작가가 쓴 다른 저서들에서도 찾을 수 있다. 나는 1964년 카친 주를 여행하다가 그들을 보았다는 해리 세잉(Harry Saing) 교수를 통해 버마의 '피그미 족'에 대해 처음으로 알게 되었다. 버마 정부의 보고서는 미아 투 외(Mya tu et al., 1962; 1966)에 나온다.

200 전혀 뜬금없는 소리는 아니다. 요오드 결핍으로 인해 발생할 수 있는 질병들과 크레틴병에 대해서는 델랑게와 헤첼(Delange and Hetzel, 2000)을 참조하라. 중국 서부에서 나온 여러 편의 보고서들은 점액수종성 크레틴병의 형태를 보여주는데, 이 병은 타론 족의 신체적 특징과 일치하는 부분이 많다. 셀레늄 결핍이나 갑상선종을 유발하는 식물을 먹는 경향 등 콩고에서 나타나는 극단적 형태의 크레틴병에 대해서는 여러 가지 요인들이 제시되었다.

201 크레틴병은 세계적으로 발병률이 높다. 나폴레옹의 명에 따라 스위스의 크레틴병 환자를 조사한 것과 아오스타 성당에 그려진 크레틴병 환자의 모습에 대해서는 메르케(Merke, 1993)를 참조하라. 갑상선 발견에 대해서는 델랑게와 헤첼(2000)을, 갑상선의 역할에 대해서는 레이콕과 와이즈(1996) p.230~240를 참조하라. '티록신' 호르몬은 엄

밀히 말하면 두 가지 호르몬인데, T3(triodothyronine)과 T4(tetraiodothyronine)이다. 윌리엄스 외(1998)는 성장판에서 티록신이 맡는 세포적 역할을 논한다. 티록신 생성 부족이나 기능 장애를 일으킨다고 알려진 유전자들은 여러 가지가 있다. 갑상선호르몬 생성에 관여하는 갑상선 과산화효소(thyroid peroxidase)(**188450**)(Abramowicz et al., 1992), 티로글로불린(thyroglobulin)(**606765**), 갑상선호르몬 수용체(**190160**) 등을 들 수 있으며, 이외에도 갑상선호르몬 합성과 전달, 저장에 관여하는 유전자는 여러 가지이다(Refetoff et al., 1999; Vassart, 2000). 이런 유전자들의 돌연변이는 모두 갑상선종을 수반한 크레틴병을 야기한다.

203 단순한 갑상선 기능부전보다 훨씬 심각한, 티록신의 뇌하수체 자극에 영향을 미친다고 알려진 돌연변이가 발현되는 유전자들은 갑상선자극호르몬(TSH) 자체(**188540**)를 암호화한다(Hayashizaki et al., 1989). 또한 이 유전자들은 결합성 뇌하수체호르몬 결핍(combined pituitary hormone deficiency, CPHD)을 야기하는데, 성장 자극세포(somatotroph), 갑상선자극세포(thyrotroph), 유선자극세포(lactotroph), 세포들의 역할 지정에 필요한 전사인자유전자인 PROP-1(**601538**)과 PIT-1(**173110**) 등에서 돌연변이가 발현되기 때문이다(Tatsumi et al., 1992; Voss and Rosenfeld, 1992; Sornson et al., 1996; Wu et al., 1998). 이런 돌연변이들은 갑상선종을 수반하지 않는 크레틴병을 야기하며, 왜소증이 동반되는 경우도 있다.

204 거의 1500여 년 아리스토텔레스는 전 에게 해의 외딴섬에서 학문을 연구하는. 거세의 영향에 대한 아리스토텔레스의 생각에 대해서는 그의 저서인 『동물지』 제1권 p.981~982를 참조하라. 같은 주제에 대한 좀더 자세한 검토는 윌슨과 로어본(Wilson and Roehrborn, 1999)을 참조하라.

208 일반적으로 에스트로겐은. 에스트로겐 수용체 결핍(**133430**)이 남성에 미치는 영향에 대해서는 스미스 외(Smith et al., 1994)를 참조하라. 테스토스테론을 에스트로겐으로 전환하는 효소는 P450(aromatase cytochrome)(**107910**)이다. 남성의 지속적인 성장을 유발하는 기능상실 돌연변이에 대해서는 샤프(Sharpe, 1998)와 리와 위첼(Lee and Witchel, 1997)을 참조하라. 여성의 과잉 성장을 유도하는 기능 획득 돌연변이에 대해서는 스트라타키스 외(1998)를 참조하라.

209 성장호르몬과 IGF-1은 매우 강력한 성장촉진 호르몬이다. PTEN(**601728**) 돌연변이로 야기되는 여러 가지 암소질증후군(cancer-predisposition syndrome) 중 하나가 카우덴 증후군(Cowden syndrome)(**158350**)이다. 프로테우스 증후군도 PTEN 기능상실 돌연변이에 의해 발현된다는 증거를 찾아보려면 주 외(Zhou et al., 2000; 2001)를 참조하라. 오비디우스의 인용문은 『변신 이야기』에서 따온 것이다. 시워드(Seward, 1992)는 제임스 메릭의 골격을 자세히 재검토한 뒤 신경섬유아종 제1형(nerofibromatosis type 1)(**162200**)이라는 기존의 진단을 지지한다. 그러나 티블스와 코헨(1986), 코헨(1988),

코헨(1993)은 프로테우스 증후군이라고 주장한다.

211 개들에게서도 성장과 암의 유착관계가 뚜렷하게 나타난다. IGF 적정량과 개의 체구 사이의 관계에 대해서는 아이겐만 외(Eigenmann et al., 1984; 1988)와 아이겐만(1987)을 참조하라. 골육종과 개의 체구 사이의 관계를 간파한 사람은 티알마(Tjalma, 1966)였으며, 아동에서의 골육종을 관찰한 사람은 프라우메니(Fraumeni, 1967)이었다. 프라우메니의 관찰 결과를 검증하기 위해 이후 네 번의 실험이 행해졌고, 이 중 세 번에서 이 사실을 확인하였다. 소아암의 원인에 대한 일반적인 논의는 르로이 외(Leroi et al., 2003)를 참조하라. 젠킨스(Jenkins, 1998)는 여러 종류의 암에서 말단비대증 성향이 증가하는지를 검토한다. IGF가 원인이 된다는 것은 홀리 외(Holly et al., 1999)가 검토한다. 노화에 대한 논문인 컴퍼트(Comfort, 1964)는 대형견들은 소형견들만큼 오래 살지 못한다는 사실을 처음으로 주시하였다. 패트로넥 외(Patronek et al., 1997)와 밀러와 오스타드(Miller and Austad, 1999)도 참조하라. 노화 속도에 대한 가장 훌륭한 데이터는 스웨덴의 애완동물 건강보험을 토대로 얻은 것이며, 이는 에겐발 외(Egenvall et al., 2000)에 적혀 있다.

213 이것만으로는, 장수한 최초의 난쟁이 쥐들은 스넬 난쟁이쥐(Snell dwarfs, *dw*)였으며, 이들은 뇌하수체 구분 전사인자인 PIT-1에서의 돌연변이 때문에 상당수의 뇌하수체 계보에 결함을 가지고 있다. 아메스 난쟁이쥐(Ames dwarf, *df*)도 표현형이 같았지만 다른 전사인자인 PROP-1에서 돌연변이를 가지고 있다. 두 종류의 쥐 모두 장수하지만 성장자극세포와 티록신자극세포(tyrotroph)가 모두 부족하기 때문에 성장호르몬이나 갑상선자극호르몬을 생성할 수 없다. 따라서 어느 쪽의 결함으로 체구가 작고 장수하게 되는 것인지는 구분할 수 없다(Brown-Borg et al., 1996; Bartke et al., 2001a; b). 그러나 리틀마우스(Little mouse, *lit*) 역시 장수한다(Flurkey et al., 2001). 리틀마우스는 성장호르몬방출호르몬 수용체(growth hormone releasing hormone receptor, GHRHR) 돌연변이를 가지고 있기 때문에 장수를 유발하는 성장호르몬 결핍이나 이로 인한 후유증을 가질 가능성이 매우 높다.

213 나는 이러한 발견에 매혹되었다. 크르지스닉 외(Krzisnik et al., 1999)는 PROP-1의 열성 돌연변이와 상동성을 가지는 사람들인 크루크 섬의 난쟁이들에 대해 논한다. 사마라스와 엘리크(Samaras and Elrick, 1999)과 사마라스 외(Samaras et al., 1999)는 인간의 키와 장수 사이에는 역의 관계가 존재한다는 사실을 열렬히 피력한다. 건강과 장수 사이에 존재하는 일반적인 관계에 대해서는 발러(Waaler, 1984), 파워와 매슈스(Power and Matthews, 1997)를 참조하라. 그러나 핀란드에서 나온 여성의 U자형 수명분포도를 보면 키가 매우 큰 여성들의 골격근육 문제와 관련이 있는 것으로 여겨진다(Laara and Rantankallio 1996; Silventoinen et al., 1999).

214 빈곤은 작은 키는 물론이고, 네덜란드인들의 성장에 대해서는 만숄트(Mansholt,

1987)를, 네덜란드에서 신장의 차이에 대한 사회경제학적 요인에 대해서는 마켄바흐(Mackenbach, 1991)를, 네덜란드에서 신장과 관련된 행동주의에 대해서는 디데(Didde, 2002)를 참조하라. 또한 유럽 모든 국가의 일반인들의 키가 증가하지는 않더라도 다소간 비슷한 비율로 신장이 증가하고 있음을 보여주며, 이를 훌륭히 비교한 논문을 원한다면 카벨라스 외(Cavelaars et al., 2000)를 참조하라. 우유 소비가 키의 신장을 위한 환경적 변화와 직접적인 관련이 있음을 보여주는 증거가 많은데, 일본과 같은 국가를 예로 들 수 있다. 타카하시(Takahashi, 1984)와 보긴(1999a) p.268을 참조하라.

215 영국 북부의 빈곤과 작은 신장은. 영국인들의 지역별 신장 차이에 대한 자료는 로젠바움 외(Rosenbaum et al., 1985)와 매시-테일러와 볼드센(Mascie-Taylor and Boldsen, 1985)을 참조하고, 영국에서의 건강상의 불평등에 대한 믿을 만한 자료는 타운젠드 외(Townsend et al., 1992)를 참조하라. 태너(1981) p.147은 채드윅과 그의 신장에 대한 조사 자료에 대해 다루고 있다.

216 건강과 신장 사이에는 오래전부터 긍정적인 상호관계가. 신장이 크면 매력적으로 보인다고 말하는 문헌이 많다. 이런 문헌 중 몇 가지는 보긴(1999a) p.326~327에 등장한다. 키가 작은 아이들을 위한 성장호르몬 치료요법에 대해서는 샌드버그 외(Sandberg et al., 1994)와 기다(Guyda, 1998), 루트(Root, 1998)를 참조하라.

7 완전함에 대한 욕망과 열망

221 1868년 2월 파리. 이에 대한 기사나 관련 자료는 바르뱅(1980)을 참조하라. 에르퀼린 바르뱅(알렉시나)은 자신을 '카미유(Camille)'라고 부른다.

225 알렉시나는 여성인가? 세스네(1860), 『보건과 의료법에 대한 연대기 *Annales d'hygienè et de médecine légale*』 2e série XIV. 바르뱅(1980)에 대해서는 p.124~128에 인용됨. 해부에 대해서는 구종(Goujon, 1869)을 참조하라. 자웅동체의 사회역사적 의미에 대해서는 드레거(Dreger, 1998)를 참조하라.

227 그러나 해부학자들의 관심사는 다른 데 있다. 라퀘르(Laqueur, 1990)는 베살리우스와 갈레노스의 상동성은 19세기 무렵까지 믿어졌지만 실제로는 그렇지 않다고 주장한다. 티에리와 하우차거(Thiery and Houtzager, 1997) p.51은 베살리우스가 질을 분석하게 된 배경을 설명하면서 베살리우스가 자궁과 음낭 사이의 상동성을 매우 확신했기에 음낭의 솔기가 없음에도 불구하고 자궁이 둘로 갈라져 있는 음낭에 비유할 수 있다고 묘사했음을 주목한다.

229 파도바의 또 다른 해부학자이며. 라퀘르(1989)는 남성과 여성 생식기의 정체성에 대한 역사를 깊숙이 파헤친다. 오코넬 외(O'Connell et al., 1998)는 음핵으로서의 질전정

구를 재설명하며, 윌리엄슨과 노왁(Williamson and Nowak, 1998)은 이런 발견에 대한 보다 자세한 내용을 덧붙인다. 코벨트(1844)는 이에 대한 초기의 견해를 피력한다.

231 임신 28일이 되면. 발생학적 사건에 대한 설명과 시기는 맥라클란(McLachlan, 1994)에서 인용했다. 생식기 내부(나팔관, 질 윗부분, 부고환, 정관, 정낭)에 대한 설명은 하지 않았는데, 이들 기관은 발생학적 기원이 다른 데다 이를 통제하는 호르몬도 다른 것이기 때문이다.

233 여성이 되기 위한 여행은 시원하게 뻗은. Y염색체의 발견에 대해서는 미트보흐(Mittwoch, 1973)를 참조하라. 또한 XX[n]Y인 남성들은 정신지체나 불임을 수반하는 경우가 많다. 이런 상태를 클라인펠터 증후군(Kleinfelter syndrome)이라고 하며, 출산 남아의 1000분의 1을 차지한다(코너와 퍼거슨-스미스, 1993).

234 성을 관장하는 Y염색체의 힘의 원천을 찾는 데. 인간과 쥐의 SRY(**480000**)를 설명한 논문은 싱클레어 외(Sinclair et al., 1990)와 구베이 외(Gubbay et al., 1990)를 참조하라. 맥라렌(McLaren, 1990)은 이에 대한 동시대의 논평을 담고 있다.

236 SRY는 남성성에 필요한 몇 가지 유전자를. 생식샘에서 SRY가 조절능력을 발휘하는 것으로 알려진 유전자들에 대한 최근의 견해는 그레이브스(Graves, 1998)를 참조하라. 알렉상드르 조스트의 실험에 대해서는 조스트(1946~1947)를 참조하라. 임신한 지 22일이 되기 전에 거세를 행한 토끼에서도 같은 결과가 나타난다.

237 생식샘까지는 아니더라도 최소한 라이디히 세포(Leydig cell)가. 테스토스테론 합성 경로는 여러 순간 흐트러질 위험에 처할 수 있다. 황체형성호르몬 수용체 유전자(luteinising hormone receptor gene)(**152790**) 돌연변이는 라이디히 세포 형성 저하증을 일으켜 가성반음양을 만든다(Kremer, 1995; Laue et al., 1996). 따라서 여러 가지 돌연변이들이 테스토스테론의 생합성 경로를 와해할 수 있다(Besser and Thorder, 1994). 이런 돌연변이 중 몇 가지는 선천성 부신 과다형성(congenital adrenal hyperplasia, CAH)(예 **201910**)과 같은 질환을 일으킨다. 이는 이런 돌연변이들이 테스토스테론 합성뿐 아니라 부신샘에서 만드는 다른 스테로이드들의 합성에도 영향을 미치기 때문이며, 그 결과 생리적 결과 전체에 영향을 미친다. 테스토스테론 합성 돌연변이의 예로는 17-베타 수산화스테로이드 탈수소효소 유전자(17-β hydroxysteroid dehydrogenase gene)(**605573**) 돌연변이를 들 수 있다(러셀 외, 1994; Geissler et al., 1994).

238 이런 소녀들은 최소한 겉보기에는 완벽한 여성이다. 안드로겐 무반응 증후군(Androgen insensitivity syndrome)(**300068**)은 테스토스테론 수용체 유전자(**313700**) 돌연변이로 인해 발현된다. 테스토스테론 수용체가 없는 사람들의 신장에 대해서는 퀴글리 외(Quigley et al., 1992)를 참조하라. 스튜어디스가 된 일란성 쌍둥이에 대해서는 마셜과 하더(Marshall and Harder, 1958)를 참조하고, 프랑스 모델에 대해서는 네테 외(Netter et al., 1958)를 참조하라.

239 알렉시나/아벨과 마리/제르맹 모두. 인문학자인 몽테뉴는 마리/제르맹은 성적 욕망이 승화된 결과 성이 바뀌게 된 것이라고 말했다. 외과의인 파레는 변화를 원했기 때문에 마리의 성기가 떨어져 나간 것이라고 생각했다. 몽테뉴(1580; 1958) p.38, 파레(1573; 1982) p.31 참조. 도미니카 공화국의 '구에베도체'에 대해서는 임페라토-맥긴리 외(Imperato-McGinley et al., 1974)를, 파푸아뉴기니의 '퀄루-아트물'에 대해서는 임페라토-맥긴리 외(1991)를 참조하라. 이런 경우의 돌연변이 유전자는 5-α-환원효소(**264600**; **607306**)가 원인이거나 그런 것으로 추정된다.

241 앞에서 여성이 되기 위한 여행은 시원하게 뻗어 있는 고속도로를. 방향화효소(**107910**) 결핍으로 생기는 유아의 여성형 가성반음양에 대해서는 쇼주 외(Shozu et al., 1991)를 참조하라. 성인의 방향화효소 결핍에 대해서는 콩트 외(Conte et al., 1994)와 모리시마 외(Morishima et al., 1995)를 참조하라. 우성 기능 획득 돌연변이로 인해 발생하는 방향화효소 과다(소년들의 작은 키와 여성형 유방증과 소녀들의 거대 유방)에 대해서는 스트라타키스 외(1998)를 참조하라.

243 점박이 하이에나만큼 인간의 사랑을 받지 못하는. 점박이 하이에나의 내분비계와 생식기, 사회구성에 대해서는 니브스 외(Neaves et al., 1980), 글릭먼 외(Glickman et al., 1992), 리흐트 외(Licht et al., 1992), 홀캠프 외(Holekamp et al., 1996), 프랭크(1997)를 참조하라. 두더지(*Talpa*)도 일종의 여성형 가성반음양을 가지고 있다. 그러나 두더지는 실제로는 난소고환조직(ovotestes)을 가지고 있기 때문에 진성반음양이라고 말할 수 있다.

245 『향연』에서. 『향연』 p.59~65(해밀턴 옮김, 1951년, 펭귄북스, 영국 하몬즈워스). 구에베도체와 퀄르-아트물의 성적 관계에 대해서는 임페라토-맥긴리 외(1001)와 헤르트(Herdt, 1994)를 참조하라.

8 연약한 거품

251 1758년 이후 우리 인간은. 벤디시(Bendyshe, 1865)는 린네의 인류학 연구에 대한 요약본과 함께 번역된 내용을 담고 있다. 피어슨 외(Pearson et al., 1913)와 브로베르크(Broberg, 1983)는 '호모 트로글로디테스'를 논한다. 린드로스(Lindroth, 1983)는 중세적 사고에 기반을 둔 린네의 지식을 논한다.

255 여기에는 그의 라이벌인 프랑스의 뷔퐁도. 주느비에브에 대해서는 뷔퐁(1777)을 참조하라. 또한 『박물지 부록 *Supplément à l'histoire naturelle*』 제4권 p.371~454에 나오는 논문 「인간종의 변이 *Variétés dans l'espèce humaine*」도 참조하라.

257 우리 인간은 다색소 종이다. 색소침착 유전에 대한 일반적인 고찰은 스트럼 외(Strum

et al., 1998)를 참조하라. 가장 일반적인 백색증은 눈피부백색증 제1형(OCA1)(**203100**)이며, 이는 티로시나제 유전자(**606933**)의 열성 돌연변이가 원인이다. 회색눈이 나오는 백색증은 눈피부백색증 제2형(OCA2)(**203200**)이며, 이는 P 유전자에서 열성 돌연변이가 발현되기 때문이다(Durham-Pierre et al., 1994; 스티븐스 외, 1997).

258 1871년 피그미 족인 아카 족을 만나러 가는 여정에서, 아프리카의 백색증 사람에 대한 설명은 슈바인푸르트(1878) 제2권 p.100~101을 참조하고, 호피 족의 백색증 사람에 대해서는 울프와 듀케푸(Woolf and Dukepoo, 1969)를 참조하라.

259 뷔퐁은 얼룩백색증에 매료되었던 것 같다. 마리 사비나의 인생에 대해서는 뷔퐁(1777) p.557, 피어슨 외(1913), 돕슨(Dobson, 1958)을 참조하라. 그 외 18세기의 얼룩백색증 사람에 대해서는 블란차드(Blanchard, 1907)를 참조하라. 리스비에 대해서는 피어슨(1913)을 참조하라. 얼룩백색증 계보의 유전을 다소 강력하게 말하는 피어슨의 주장은 멘델의 유전 이론에 대한 반대 입장에서 온 것이다.

265 신경능선세포가 멜라닌 세포로 바뀌고, 얼룩백색증의 특징인 하얀 앞머리와 사지와 몸통의 양측색소결핍증(bilateral hypopigmentation)(**172800**)은 수용체티로신활성효소(receptor tyrosine kinase)를 암호화하는 c-Kit(**164920**)에서 우성 돌연변이가 발현되기 때문이다. c-Kit의 배위자는 쥐의 *Sl*(steel)이며, 인간의 경우 이 유전자의 돌연변이로 인한 질환은 아직까지 밝혀진 것이 없다. c-Kit과 이것의 배위자는 아마도 멜라닌 세포의 방향 설정을 돕는다고 여겨진다. 앞머리를 하얗게 하면서 귀머거리와 거대결장증을 동반하는 얼룩백색증도 있다. 이런 질환은 바르덴부르크 증후군(Waardenburg's syndrome) 제1, 2, 3, 4형(**193500**, **193510**, **602229**)이며, Pax3, Sox10, MITF의 우성 돌연변이가 원인이다(Tassabehji et al., 1992; Watanabe et al., 1998). 이런 유전자들은 멜라닌 세포 계열을 지정하는 데 필요한 전사인자이다(Goding, 2000). 이런 증후군은 모두 서로 다르게 표현되지만 모두 우성 돌연변이이며, 동형접합인 경우 사산을 유발할 수도 있다.

265 우리의 피부색을 결정하는 것은 무엇인가? 멜라닌 소체의 구조나 밀도를 보면 아프리카인은 유럽인, 동아시아인들이 모두 다르다(Szabó et al., 1969; Toda et al., 1972). 그러나 P 유전자와 관련이 있을 것이라는 짐작 외에는 이들 유전자에 대해서는 알려진 바가 거의 없다(스텀 외, 1998). 인간 종에 대한 린네의 구분을 보려면 린네(1758) p.20~21을, 번역본은 로빈스(Robins, 1991) p.171을 참조하라.

266 거의 반세기 동안 남아프리카공화국이라는 체제를 건설해온 사람들은, 남아프리카 인종분류의 역사에 대해서는 포젤(Posel, 2001)을 참조하라. 리타 회플링의 이야기는 조지프와 고드슨(1988)에 나온다.

269 성장호르몬과 마찬가지로 멜라닌세포자극호르몬도 인체를 순환하지만, 붉은 머리와 비만은 POMC(**176830**)의 돌연변이가 원인인데, 이 유전자는 α-MSH와 ACTH 전구체를 암

호화한다(Krude et al., 1998).

270 그러나 붉은 머리가 모두 비만은 아니다. 붉은 머리(**266300**)는 MC1R 유전자(**155555**)의 열성 돌연변이가 원인이다(로빈스 외, 1993; Valverde et al., 1995; 스미스 외, 1998; Flanagan et al., 2000; Healy et al., 2001). 이 책에서 말한 붉은 머리가 진화 과정에서 선택되었는지 아닌지 또한 돌연변이로 봐야 할지 다형성으로 봐야 할지에 대한 주장들 외에도, 역사적인 선택 양태를 간파할 수 있는 훌륭한 통계 검증도 있다. 이런 검증들을 MC1R에 적용해보았지만 결과는 모호했다(Rana et al., 1999; 하딩 외, 2000).

272 하얀 피부에 자부심을 가졌던 19세기의 문화인류학자들은. PRC 이전의 중국 문화인류학의 연사와 우생학적 사고에 대한 자세한 설명은 디쾨테르(Dikötter, 1992, 1997, 1998)를 참조하라. 아이누 족의 털이 많은 것에 대해서는 하비와 브로스웰(Harvey and Brothwell, 1969)을 참조하라.

273 나폴리의 카포디몬테 미술관에는. 곤살부스 가족의 생애와 모습에 대해서는 알드로반디(1641), 지볼트(1878), 자페리(Xapperi, 1995), 홉트 외(Haupt et al., 1990) p.92~97을 참조하라. 특히 헤르텔(Hertel, 2001)을 많이 참조하라.

277 1826년 영국의 외교관이며 박물학자인 존 크로퍼드는. 슈웨마옹과 그의 가족에 대한 생애는 크로퍼드(1827), 본데슨과 마일즈(1996)를 참조하라.

280 인간은 500만 개 정도의 모낭을 가지고 태어나며. 털과 피부의 성격 결정에 대한 일반적인 검토는 오로와 스콧(Oro and Scott, 1998)을 참조하라. BMP와 FGF의 역할에 대해서는 정 외(Jung et al., 1998), 노러믈리와 모건(Noramly and Morgan, 1998)을 참조한다. 레이놀즈 외(Raynolds et al., 1999)는 성전환 이식실험을 행한다.

283 많은 사람들이 가장 궁금해하는 것은. 일례로 든 자료 중 상당수는 대머리들의 유쾌한 역할을 서술하고 있는 시그레이브(Segrave, 1996)를 참조하라. 남성형 대머리인 '안드로겐 유전성 탈모증' (**109200**). 죽어가는 모낭에 대한 생물학적인 일반론은 코트사렐리스와 밀라(Cotsarelis and Millar, 2001)를 참조하고, 안드로겐 유전성 탈모증에 대한 유전자 검토는 쿠에스터와 하플(Kuester and Happle, 1984)을 참조하라.

285 그러나 잘 알려져 있듯이, 대머리가 되려면 테스토스테론을 다량으로. 아리스토텔레스의 『동물지』 p.983~984를 참조하라. 해밀턴(Hamilton, 1942)은 테스토스테론을 가지고 행한 실험을 자세히 기술한다. 크누스먼 외(Knussmann et al., 1992)는 테스토스테론 수치와 생식력, 대머리 사이의 관계를 논한다.

287 대머리를 치유할 희망이 있을까? 트로터(Trotter, 1928)는 모발이 자라는 것과 이발 사이의 관계를 논한다. 사토 외(Sato et al., 1999)와 캘러핸과 오로(Callahan and Oro, 2001)는 소닉 헤지호그가 모낭 회복 시 담당하는 역할을 논한다.

288 때로는 다모증 돌연변이가. 근대의 과학문헌에서 곤살부스 가족의 초상화를 처음 소개한 사람은 생리학자인 지볼트(1878)였다. 그는 이 가족이 격세유전이라고 제안했으

며, 뒤를 이어 브란트(Brandt, 1897)도 버마의 슈웨마옹 가족도 같은 질환을 가지고 있다고 지적한다. 두 과학자 모두 곤살부스 가족과 슈웨마옹 가족의 과다한 털이 취모라는 사실을 알았지만(지볼트는 페트루스 곤살부스의 털을 오랑우탄 태아의 털과 노골적으로 비교한다), 취모가 좀더 '원시적' 인 것이라고 말한다. 당시 독일의 과학자들은 일반적으로 계통발생과 개체발생을 혼합해서 생각했는데, 이는 헤켈의 영향을 많이 받은 결과였다. 펠겐하우어(Felgenhauer, 1969)는 다모증 사람들에 대한 19세기의 생각이 어떤지를 간략히 설명한다. 현대에 이르러서는 다모증이 어떻게 해서 생기게 되었는지와 함께 누가 어떤 증상을 가지고 있었는지에 대한 논의가 많이 이뤄졌다(Garcia-Cruz et al., 2002). 이 책에서는 페트루스 곤살부스와 슈웨마옹의 가족들이 모두 8번 염색체에 있을지도 모르는 돌연변이 유전자로 인한 배내털과다증(**145700**)을 가지고 있다고 적고 있다. 이 질환을 가지고 있던 아드리안 주티치에프(Adrian Jewtichiev)라는 러시아인의 털을 초정밀현미경으로 관찰한 결과 이 털은 취모인 것으로 보였다. 현대에 가장 유명한 다모증 혈통인 멕시코의 고메스(Gomez) 가족은 배내털과다증과 상관이 없으며, 이들의 병명은 X연관배내털종말증(X-linked hypertrichosis terminalis)(**145701**)이다(Figuera et al., 1995). 이들의 다모증이 실제로는 격세유전이라는 최근의 주장에 대해서는 피구에라 외(1995)와 홀(1995)을 참조하라.

289 다윈도 버마의 털북숭이 가족에 대해 알고 있었다. 성 선택에 대한 다윈의 설명과 버마 가족의 다모증에 대해서는 다윈(1871; 1981) 제2권 p.378을 참조하라. 피부 조직들과 버마 가족, '신드의 힌두 가족' 사이의 상동성에 대해서는 다윈(1859; 1968) p.183~184와 다윈(1882) 제2권 p.319~321을 참조하라. 엑토디스플라신(EDA)의 돌연변이로 인해 생기는 외배엽형성이상증1(또는 anhydrotic, ED1이라고도 한다)을 가진 같은 가계('부처' 가족)에 대한 훗날의 설명에 대해서는 타다니(Thadani, 1935)를 참조하라(Kere et al., 1996). 멕시코의 털 없는 개의 돌연변이에 대해서는 아직 원인이 밝혀지지 않고 있지만(Schnaas, 1974; Goto et al., 1987), 아마도 엑토디스플라신 유전자나 이것의 수용체인 EDAR(**224900**; **604905**)이 원인인 것으로 여겨진다(Headen and Overbeek 1999; Monreal et al., 1999). 비늘 없는 메다카 변종은 EDAR 유전자에 돌연변이를 가지고 있다(Kondo et al., 2001). 털유두(hair papillae) 형성 시 엑토디스플라신이 맡는 역할에 대해서는 바시(Bash, 1999)를 참조하라. 모낭의 진화사에 대해서는 사프(2001)를 참조하라.

291 인간의 치아와 모낭, 땀샘이 하나의 분자를 이용해서 만들어진다는 것은. 닭의 이빨에 대해서는 콜러와 피셔(Kollar and Fisher, 1980)의 실험과 골드(1983) p.177~186에 나오는 논평, 닭의 부리는 BMP-4가 결핍되어 있음을 보여주는 최근의 실험들을 참조하라.

292 다발성 유두나 유방을 가지는 사람이 생기는 원인도. 정수 이상의 유두나 유방과다증(**163700**). 이에 대한 검토는 코케인(1933) p.341~345를, 일본의 유방과다증에 대해서

는 이와이(Iwai, 1907)를 참조하라. '스카라망가'에 대해 알려준 앨런 애시워스(Alan Ashworth)와 비트리스 하워드(Beatrice Howard)에게 감사드린다.

293 유방을 논하려면 린네를 다시 언급해야 한다. 에페소스의 아르테미스에 대한 고대의 도상학은 플레이셔(Fleischer, 1984)에서 다루고 있으며, 린네가 이 여신상을 권두화로 사용한 것에 대해서는 게르츠(Gertz, 1948)에 등장한다. 이 책을 번역해준 리스베트 라우싱(Lisbet Lausing)에게 감사드린다. '*Nosce te ipsum*', 린네에게 많은 의미를 지니고 있었던 이 말은 실제로는 '솔론'의 것이라기보다는 (플라톤의 책에서 나오듯이) 델피의 아폴론 사원에 글을 바친 7인의 현자 중 하나인 프로타고라스의 것이라고 보는 편이 옳다. 『옥스퍼드 인용구 사전*The Oxford dictionary of quotations*』은 이 글의 출처를 '익명'이라고 적고 있다.

9 소박한 삶

301 헌팅턴병은 신경 퇴행성 질환. 헌팅턴병(HD)(**143100**)은 헌팅턴 유전자의 우성돌연변이가 원인이다. 루빈츠타인(Rubinsztein, 2002)은 헌팅턴병의 분자적 원리를 검토하며, 브루인과 웬트(Bruyn and Went, 1986)는 이 병의 역사와 분포에 대해 논한다.

302 어째서 이토록 치명적인 질병이. 홀데인(Haldane, 1941) p.192~194 참조.

304 노화가 그토록 큰 영향을 미치지 않는다면. 리클레프스와 핀치(Ricklefs and Finch, 1995)는 노화가 없을 경우 얼마나 장수할 수 있을지를 예측한다.

305 그러나 이런 주장을 최초로 일반화해서. 노화의 진화론에 대한 독창적인 논문은 메더워(1952)와 윌리엄스(1957)를 참조하라. 앨빈(Albin, 1988)은 리드와 닐(Reed and Neel, 1959)이 수집한 데이터를 토대로 헌팅턴병을 앓는 여인들의 생식능력을 논한다.

308 전화 발명으로 돈과 명예를 거머쥔. 알렉산더 그레이엄 벨(1918)은 하이드 가족을 분석하며, 퀸스(Quance, 1977)는 벨의 장수 유전에 대한 관심을 논한다.

309 1980년대. 노화에 대한 윌리엄스와 메더워의 최초의 실험은 로즈(1984)를, 이에 대한 검토는 로즈(1991)를, 유사 실험에 대한 좀더 자세한 분석은 스그로와 패트리지(Sgro and Partridge, 1999)를 참조하라.

311 아리스토텔레스 이후 다양한 생물에 대해. 아리스토텔레스의 『삶의 길고 짧음에 대하여*On length and shortness of life*』 제1권 p.743 참조. 주머니쥐가 번식을 위해 치르는 대가에 대해서는 다이아몬드(1982)를, 영국 귀족들의 번식에 대한 대가는 웨스턴도프와 커크우드(Westendorp and Kirkwood, 1998)를 참조하라. 이런 번식의 대가에 대한 회의론에 대해서는 르로이(2001)를 참조하라.

313 장수를 위한 비결이 있을까? 『소박한 삶에 대한 강론』의 번역본은 코르나로(1550;

1903)를, 코르나로의 생각과 그 영향력에 대한 검토는 그루먼(Gruman, 1966)을 참조하라.

314 장수의 비결이 소식이라는. 칼로리 제한에 대한 초기의 문헌에 대해서는 펀치(1990) p.506~537을, '기아의 겨울' 동안 네덜란드인의 사망률에 대해서는 같은 책 p.20~21을 참조하라. 번식의 대가와 칼로리 제한에 대해서는 홀리데이(1989)와 채프먼과 패트리지(1996)를 참조하라. 칼로리 제한이 '총체적인 게놈 표현' 에 미치는 영향을 알아보기 위해 초파리와 쥐에 대해 여러 가지 실험이 행해졌다. 가장 유명한 실험은 초파리에 대한 연구(플레처 외, 2002)이며, 쥐에 대한 연구(리 외, 1999)는 이해하기가 다소 힘들다.

316 우리는 잠을 죽음에 빗대지만. 노화에 대한 자유 라디칼 이론에 대한 설명은 베크먼과 에임스(Beckman and Ames, 1998)와 에임스 외(Ames et al., 1993)를 참조하라. 장수초파리의 SOD에 대해서는 로즈(1991)를 참조하라. 초파리 운동신경의 유해산소제거효소의 과다발현에 대해서는 파키스 외(Parkes et al., 1998)를 참조하라.

319 인간 게놈에는 유해산소제거효소를 암호화하는. 가계유전되는 근위축성측삭경화증(ALS)(**105400**)은 Cu/Zn SOD1(**147450**)의 우성 돌연변이가 원인이다(로젠 외, 1993). 쥐에서 이 유전자를 제거하면 명확한 표현형 발현 효과는 거의 나타나지 않는 것으로 보인다. 다만 장수하는지에 대해서는 검토해보지 않은 것 같다(Reaume et al., 1996). ALS의 원인으로서 자유 라디칼과 과산화수소를 배제한 연구에 대해서는 수브라마니암 외(Subramaniam et al., 2002)를, 이에 대한 검토는 오르(Orr, 2002)를 참조하라. ALS의 원인에 대한 보다 일반적인 검토는 뉴베리와 애벗(Newbery and Abbott, 2002)을 참조하라. SOD1이 다운증후군 발현에 맡는 역할에 대해서는 엡스타인 외(Epstein et al., 1987)와 리브스 외(2001)를 참조하라.

321 주름이 지는 것은 표피가 재생 능력과. 베르너 증후군은 RECQL2(WRN이라고도 함) 나선효소(helicase)(**604611**)의 열성돌연변이가 원인이며, 이에 대해서는 마틴과 오시마(Martin and Oshima, 2002)에 나온다.

322 나이가 들수록 세포에서는. 노화 시 세포 쇠락의 역할에 대한 추측으로는 로즈(1991) p.126~136과 세이와 라이트(Shay and Wright, 2000)를 참조하라. 보드너 외(Bodnar et al., 1997)는 인간 세포의 텔로머라아제의 과다발현이 세포에게 불멸성을 부여함을 보여준다. 시험관 안에서는 쥐의 신경세포가 세포노화를 진행하지 않는다는 사실을 보여주는 보고서가 몇 개 있다(탕 외, 2001; Mathon et al., 2001). 시험관 내에서 쥐의 세포가 증식될 경우 텔로미어에 제한이 없다고 강력히 주장하는 논문도 있다(세이와 라이트, 2000).

324 실험 대상이 된 쥐들은 한동안은 텔로머라아제 없이도. 텔로머라아제 결핍 쥐들에 대해서는 블라스코 외(Blasco et al., 1997)와 리 외(1998), 루돌프 외(Rudolph et al., 1999)를 참조하라. 이런 실험 결과에 대한 한 가지 우려할 사항이 있다면 실험실 쥐들은 야생

쥐보다 텔로미어가 훨씬 길다는 점이다(Weinstein and Ciszek, 2002).

325 이런 주장을 입증할 수 있는 한 가지 방법은. 복제양 돌리에 대한 최초의 보고서는 윌무트 외(Wilmut et al., 1997)였다. 돌리는 2003년 2월 14일 죽었다. 시엘스 외(Shiels et al., 1999)는 돌리가 짧은 텔로미어를 가지고 있었다고 보고했다. 복제소는 완벽하게 정상인 듯 보였는데, 실제로 다소 긴 텔로미어를 가지고 있었다(Lanza et al., 2000; Betts et al., 2001). 복제동물의 건강에 대해서는 의견이 분분하다(Cibelli et al., 2002; 윌무트, 2002). 복제쥐들은 6세대 동안 급격한 노화의 징후가 전혀 없었지만, 실제로 이 쥐들은 처음부터 매우 긴 텔로미어를 가지고 있었던 것으로 보인다.

325 텔로머라아제 돌연변이를 가진 사람들도. 허친슨-길퍼드 조로증후군(Hutchinson-Gilford syndrome)(**176670**)은 라민(Lamin) A와 C를 암호화하는 유전자의 돌연변이가 원인이다.

326 지난 10년 동안 노화 연구에 일대 혁명이 있었다. 예쁜꼬마선충의 노화에 대한 선구적인 논문은 케니언 외(Kenyon et al., 1993)를 참조하고, 이에 대한 검토는 르로이(2001), 핀치와 루브쿤(Finch and Ruvkun, 2001), 패트리지와 젬스(Patridge and Gems, 2002)를 참조하라.

328 이런 연구 과정에서 처음 밝혀진 장수유전자 중 하나가. 알츠하이머병(**104300**). 이 병(AD2)이 노년에 나오는 이유는 아포지방단백질 E(**107741**)의 특정한 다형성과 관련이 있다. ε4 대립유전자의 상대적 위험에 대해서는 코더 외(Corder et al, 1993)를, 프랑스의 100세 이상 노인이 이 대립유전자를 적게 가지고 있는 것에 대해서는 슈에터 외(Schächter et al., 1994)와 찰스워스(Charlesworth, 1996)를 참조하라.

329 흑인일 경우 이런 내용들이 중요하지 않을 수도 있다. APOE 대립유전자의 세계적 분포와 민족집단 간의 알츠하이머 발병률 차이에 대해서는 풀러턴 외(Fullerton et al., 2000)를 참조하라. 아프리카인들이 ε4 대립유전자의 파괴적인 공격을 덜 받는 이유에는 두 가지 이론이 있다. 첫째, 일배체형(haplotype) 분석은 아프리카인들의 ε4 대립유전자가 유럽인들의 그것과 다소 다르다는 점을 보여준다. 그렇기에 병원성 영향력이 없는 듯하다. 둘째, 병원성 영향력은 같지만 아프리카인들은 유전자 어디쯤에 ε4 대립유전자와 싸울 수 있는 변이를 많이 가지고 있다. 둘 중 어느 생각이 더 좋은지는 알 수 없다. 아프리카인들의 APOE 대립유전자 발현빈도에 대해서는 제크로이 외(Zekraoui et al., 1997)를 참조하라.

329 최소한 유럽인들의 알츠하이머병에 대한 유전학은. 젊은 나이에 발현되는 알츠하이머병을 발현시키는 유전자들은 다음의 세 가지이다. AD1을 일으키는 εAPP(**104760**), AD3을 일으키는 프렌세닐린1(Prensenilin1)(**104311**), AD4를 일으키는 프렌세닐린2(**600759**) (찰스워스, 1996).

330 이런 종류의 발견은 시작에 불과하다. 헤이만스 외(Heijmans et al., 2000)는 백세 장

수 유전자 추적의 현 상태를 검토한다.

331 1994년 놀라운 일이 일어났다. 최근의 사망률 경향에 대한 논의 대부분은 윌모스(Wilmoth, 2000)와 윌모스 외(2000)를 토대로 한다.

10 인간의 변이

337 일반 독자를 대상으로 유전학 책을 쓴 저자들은. 스티븐 존스는 『유전자의 언어』 마지막 장에서 인류의 미래를 위한 전형적인 유토피아에 대해 말한다. 마크 리들리(Mark Ridley)는 『멘델의 사신 *Mendel's demon*』(2000, 베이덴펠드와 니콜슨) 마지막 장에서 인간이 거대한 게놈과 놀라울 정도로 복잡한 라이프 사이클을 진화시킬 수 있는 기묘하면서도 흥미진진한 아이디어를 제시한다. 자유로운 사고를 가진 과학자들의 윤리적 견해를 살펴보려면 리처드 도킨스와 작고한 윌리엄 해밀턴(William Hamilton)의 저서를 참조하라. 이에 대한 반대 입장은 『뉴욕 북리뷰 *New York Review of Books*』와 『선데이 타임스 *The Sunday Times*』를 참조하라.

338 인종은 오랫동안 공격의 대상이었다. 스티븐 존스는 『유전자의 언어』에서 이 주제를 훌륭히 설명하고 있다. 미세위성(microsatellite) 위치를 토대로 한 좀더 최근의 연구는 바르부야니 외(Barbujani et al., 1997)와 로젠버그 외(2002)를 참조하라. 단일 뉴클레오티드 다형성에 대해서는 스티븐스 외(Stephens et al., 2001)를 참조하라.

340 이 변이들은 AIM으로 알려져 있다. AIM 연구에 대해서는 콜린스-슈람 외(Collins-Schramm et al., 2001)와 스리버 외(Shriver et al., 2003)를 참조하라. FY(Duffy라고도 함)의 분자유전학에 대한 설명은 라이 외(Li et al., 1997)를 참조하라.

341 문화인류학에서는 오랫동안 두개골을 측정해왔다. 캄퍼르의 두개골 측정에 대해서는 빈드먼(Bindman, 2002) p.201~202를 참조하라.

342 아쉽게도 캄퍼르의 말보다는 그의 도해가 좀더 설득적이었다. 두개골 측정과 IQ에 대한 정평 있는 연구는 골드(1981)를 참조하라. 최근의 중요 두개골측정학 연구에 대해서는 라흐르(Lahr, 1996)와 하니하라(Hanihara, 2002), 헤네시와 스트링거(Henessy and Stringer, 2002)를 참조하라. 이 연구들은 모두 빌 하웰스(Bill Howells)의 연구를 토대로 한다.

343 인간의 두개골은 놀라울 정도로 다양하다. 최근의 인간 두개골 다양성에 대한 권위 있는 연구는 라흐르(1996)를 참조하라. 에스키모인들과 오스트레일리아 원주민들의 턱돌출 비교는 하니하라(2002) 표 3을 토대로 계산한 것이다.

343 두개골의 다양성을 담당하는 유전자가. 보애스는 이민자들의 데이터에 대한 연구논문을 여러 편 펴냈는데, 그 중에서 가장 중요한 것은 1912년의 논문이었다. 뢰스의 말을 인

용한 것은 보이드(Boyd, 1955) p.299에서 따왔다. 스파크스와 얀츠(Sparks and Jantz, 2002)와 그래블리 외(Gravlee et al., 2003)는 보애스의 데이터를 재분석하였다. 이 두 논문은 서로 개별적으로 행해졌기에 연구 결과도 다소 다르게 나왔다. 그러나 스파크스와 얀츠(2002)는 중요한 다양성 분석을 행하는데, 조상 및 출생지와 이들 간의 상호작용에 대한 것이었다. 보애스의 가설에서 짐작할 수 있는 것과 마찬가지로, 그들 역시 출생지는 상당한 영향을 미치며 이들 간의 상호작용도 강력함을 보여준다. 그러나 보애스와 달리 환경의 조형력은 조상이 미치는 영향력에 비해 미미하며, 환경과의 상호작용으로 인해 두개골 모양이 반드시 수렴되는 것은 아니라고 말한다. 그들은 보애스의 이론을 비난하지는 않지만, 자신의 가설에 맞는 결과만을 취하고 그렇지 않은 결과는 무시했다고 의심하지 않을 수 없다. 굴드(1981) p.108은 보애스에게 찬성하며 그의 글을 인용한다.

348 그들은 오스트로네시아 족과 유럽의 확장. 셀크남의 역사와 전설, 운명에 대해서는 4장에 나온 니그리토들의 역사에 대한 미주와 맥에반 외(McEwan et al., 1997)의 다양한 글을 참조하라.

349 철학자 일레인 스캐리 교수는 이렇게 말한다. 미와 자손 생산을 위한 욕구에 대해서는 스캐리(2000) p.4를 참조하라. 『향연』(W. 해밀튼 옮김, 1951. 펭귄북스, 영국 하몬즈워스) p.87도 참조하라. 청란에 대해서는 다윈(1861, 1981) 제2권 p.92를 참조하라. 인종적 측면에서의 18세기 미학이론에 대한 조사는 빈드먼(2002)을 참조하라. 미의 특수성에 대해서는 다윈(1871, 1981) 제2권 p.342~354를 참조하라.

352 미적 기준의 특수성이 존재하듯 보편성 역시 분명히 존재한다. 최근의 문헌에 나오는 매력적인 얼굴에 대한 조사는 손힐과 갠지스태드(Thornhill and Gangestad, 1999)를 참조하라. 여성적인 아름다움에 대한 고전 연구는 페릿 외(Perrette et al., 1994)를 참조하라. '쿠에 사우데'는 작고한 윌리엄 해밀턴의 『유전자가 가야 할 좁은 길 *The narrow roads of gene land*』(2002, 옥스퍼드대학 출판부, 옥스퍼드) 제2권 p.677에 나온다. 제10장에 나오는 미의 의미에 대한 여러 생각들을 해밀턴의 저서에서 찾아볼 수 있다.

354 아동기의 영양 결핍과 병원균에 대한 노출이. 얼굴의 유전학에 대해서는 윈터(Winter, 1996)를 참조하라. 자연유산이 결함 있는 배아를 없애기 위한 인체의 작용이라는 설명에 대해서는 포브스(Forbes, 1997)를 참조하라.

355 돌연변이는 우리 모두가 참여해야 하고. 악성 돌연변이의 수와 절단선택 모델에 대해서는 크로(Crow, 2000)를 참조하라.

357 스탕달은 미는 행복을 약속해주는 것에 불과하다'고 말한다. 스탕달의 『연애론』(폴리오, 파리) p.59.

:: 참고문헌

Abbott, M.E. and J. Kaufmann. 1916. Double monster of Janus type: cephalothoracopagus monosymmetros cyclops synotis. *Bulletin of the International Association of Medical Museums* 6: 95~101

Abramowicz, M.J. et al. 1992. Identification of a mutation in the coding sequence of the human thyroid peroxidase gene causing congenital goitre. *Journal of Clinical Investigation* 90: 1200~4

Abu-Abed, S. et al. 2001. The retinoic acid-metabolising enzyme CYP26A1, is essential for normal hindbrain patterning, vertebral identity and development of posterior structures. *Genes and Development* 15: 226~40

Addison, J. 1721. *The battel* [sic] *of the pygmies and cranes*. London

Adelmann, H.B. 1936a. The problem of Cyclopia I. *Quarterly Review of Biology* 11: 161~82

Adelmann, H.B. 1936b. The problem of Cyclopia II. *Quarterly Review of Biology* 11: 284~304

Afzelius, B. 1976. A human syndrome caused by immotile cilia. *Science* 193: 317~19

Alberch, P. 1986. Possible dogs. *Natural History* 95: 4~8

Alberts, B. et al. 1994. *The molecular biology of the cell.* Garland, N.Y.

Albin, R.L. 1988. The pleiotropic gene theory of senescence: supportive evidence from human genetic disease. *Ethology and Sociobiology* 9: 371~82

Aldrovandi, U. 1642. *Monstrorum historia*. Bononiae

Ames, B.N. et al. 1993. Oxidants, antioxidants, and the degenerative diseases of ageing. *Proceedings of the National Academy of Sciences, USA* 90: 7915~22

Anon. 1829a. *Bulletin des sciences médicales* 18: 169~72

Anon. 1829b. *La Clinique* 1: 200

Anon. 1829c. *La Clinique* 1: 254~5

Appel, T. 1987. *The Cuvier-Geoffroy debate: French biology in the decade before Darwin*. Oxford University Press, Oxford, UK

Aristotle. 1984. *The complete works of Aristotle: the revised Oxford translation* J. Barnes (ed.) Princeton University Press, Princeton, N.J.

Aterman, K. 1999. From Horus the child to Hephaestus who limps: a romp through history. *American Journal of Medical Genetics* 83: 53~63

Bachiller, D. et al. 2000. The organiser factors chordin and noggin are required for mouse forebrain development. *Nature* 403: 658~61

Bacon, F. 1620 (2000). *The new organon*. L. Jardine and M. Silverthorne (eds) Cambridge University Press, Cambridge, UK

Baker, J.R. 1974. *Race*. Oxford University Press, N.Y.

Balemans, W. et al. 2001. Increased bone density in sclerosteosis is due to the deficiency of a novel secreted protein (SOST). *Human Molecular Genetics* 10: 537~43

Baljet, B. 1990. The cyclopic monsters of the Vrolik collection. *Actes du 5e colloque de conservateurs des musées d'histoire des sciences médicales* 66~78.

Baljet, B. and M.L. Öjesjö. 1994. Teratology in art or the Dysmorphology-Hieronymus Bosch Connection. *Actes du 7e colloque des conservateurs des musées d'histore des sciences médicales*

Baljet, B. and R.-J. Oostra. 1998. Historical aspects of the study of malformations in the Netherlands. *American Journal of Medical Genetics* 77: 91~9

Baljet, B. et al. 1991. Willem Vrolik on cyclopia. *Documenta Opthalmologica* 77: 355~68

Bamshad, M. et al. 1999. Reconstructing the history of human limb development: lessons from birth defects. *Pediatric Research* 45: 291~9

Barbin, H. 1980. *Herculine Barbin: being the recently discovered memoirs of a nineteenth century French hermaphrodite* (intro. M. Foucault, trans. R. McDougall). Pantheon, N.Y.

Barbujani, G. et al. 1997. An apportionment of human DNA diversity. *Proceedings of the National Academy of sciences USA* 94: 4516~19

Barinaga, M. 1993. New Protein appears to be long-sought neural inducer. *Science* 262: 653~54

Barrett, D. and M. McCann. 1980. Two-toed man. *Sunday Times Magazine* 28~31

Barsh, G. 1999. Of ancient tales and hairless tails. *Nature Genetics* 22: 315~16

Bartke, A. et al. 2001a. Longevity-extending the lifespan of long-lived mice. *Nature* 414: 412

Bartke, A. et al. 2001b. Prolonged longevity of hypopituitary dwarf mice. *Experimental Gerontology* 36: 21~8

Bates, A.W. 2001. The *De monstrorum* of Fortunio Liceti: a landmark of descriptive teratology. *Journal of Medical Biography* 9: 49~54

Bateson, W. 1894. *Materials for the study of variation.* Macmillan, London

Bazopoulou-Kyrkanidou, E. 1997. What makes Hephaestus lame? *American Journal of Medical Genetics* 72: 144~55

Beckman, K.B. and B.N. Ames. 1998. The free radical theory of ageing matures. *Physiological Reviews* 78: 547~81

Beddington, R.S.P. 1994. Induction of a second neural axis by the mouse node. *Development* 120: 613~20

Beddington, R.S.P. and E.J. Robertson. 1999. Axis development and early asymmetry in mammals. *Cell* 96: 195~209

Bell, A.G. 1918. *The duration of life and conditions associated with longevity.* Genealogical Record Office, Washington, DC

Bendyshe, T. 1864. On the anthropology of Linnaeus. *Memoires of the Anthropological Society of London* 1: 421~58

Besser, G.M. and M.O. Thorner. 1994. *Clinical endocrinology* (2nd ed.) Ch. 11. Mosby-Wolfe, London

Betts, D.H. et al. 2001. Reprogramming of telomerase activity and rebuilding of telomere length in cloned cattle. *Proceedings of the National Academy of Sciences, USA* 98: 1077~82

Bindman, D. 2002. *Ape to Apollo: aesthetics and the idea of race in the eighteenth century.* Reaktion, London

Birkett, J. 1858. Congential, supernumerary and imperfectly developed auricles on the sides of the neck. *Transactions of the Pathological Society of London* 9: 448~9

Bittles, A.H. 200l. Consaguinity and its relevance to clinical genetics *Clinical Genetics* 60: 89~90

Blair, H.C. 1998. How the osteoclast degrades bone. *Bioessays* 20: 837~46

Blanchard, R. 1907. Nouvelles observations sur les nèsgres pies. Geoffroy Satin-Hilaire à Lisbonne. *Bulletin de la Société Française d'histoire de la médecine* 6: 111~35

Blasco, M.A. et al. 1997. Telomere shortening and tumor formation by mouse cells lacking telomerase RNA. *Cell* 91: 25~34

Boaistuau, P. 1560(2000) *Histoires prodigieuses*, Facsimile of Wellcome MS 136. (S. Bamforth ed.) Franco Maria Ricci, Milan

Boardman, J. 1997a. Pan in text pp.923~41; Plate pp.612~36 in *Lexicon iconographicum mythologiae classicae*: 8: 1 (text); 2 (Plates)

Boardman, J. 1997b. *The great god Pan.* Thames and Hudson, London

Boas, F. 1912. Changes in bodily form of descendants of immigrants. *American Anthropologist* 14: 530~62

Bodnar, A.G. et al. 1998. Extension of life-span by introduction of telomerase into normal human cell. *Science* 279: 349~51

Bogin, B. 1999. *Patterns of human growth*, 2nd ed. Cambridge University Press, Cambridge. UK

Bonaventure, J. et al. 1996. Common mutations in the Fibroblast Growth Factor Receptor 3 (FGFR3) gene account for achondroplasia, hypochondroplasia and thanatophoric dwarfism. *American Journal of Medical Genetics* 63: 148~54

Bondeson, J. 1997. A *cabinet of medical curiosities.* Tauris, London

Bondeson, J. 2000. *The two-headed boy and other medical marvels.* Cornell University Press, Ithaca. N.Y.

Bondeson, J. and A.E.W. Miles. 1996. The hairy family of Burma: a four generation pedigree of congenital hypertrichosis lanuginosa. *Journal of the Royal Soriety of Medicine* 89: 403~8

Bornstein, P.E. and R.R. Peterson. 1966. Numerical variation in the pre-sacral vertebral column in three population groups. *American Journal of Physical Anthropology* 25: 139~46

Boruwlaski, J. 1792. *The Memoirs of the celebrated dwarf, Joseph Boruwlaski, A Polish gentleman containing a faithful and curious account of his birth, education, marriage, travels and voyages.* (trans. S. Freeman) 2nd ed. J. Thompson. Birmingham

Boulet and Capecchi. 1996. Targeted disruption of Hoxc-4 causes esophageal defects and vertebral transformation. *Developmental Biology* 177: 232~49

Boyd, W.C. 1955. *Genetics and the races of man.* Little, Brown and Co., Boston

Brandt, A. 1897. Üeber die sogenannten Hundemenschen, beziehungsweise über Hypertrichosis universalis. *Biologische Zentralblatt* 17: 161~79

Broberg, G. 1983. *Homo sapiens* Linnaeus' classification of man. in T. Frängsmyr, (ed.) *Linnaeus: the man and his work.* University of California Press, Berkley

Brockes, J.P. 1998. Regeneration and cancer. *Biochimica et biophysica acta.* 1377 M1~M11

Brown-Borg, H.M. et al. 1996. Dwarf mice and ageing process. *Nature* 384:33

Browns, T. 1904. *The works of Thomas Browne.* C. Sayle (ed.) Grant Richards, London

Brueckner, M. 2001. Cilia propel the embryo in the right direction. *American Journal of Medical Genetics* 101: 339~44

Brunet, L.J. et al. 1998. Noggin, cartilage morphogenesis, and joint formation in the mammalian skeleton. *Science* 280: 1455~7

Brunkow, M.E. et al. 2001. Bone dysplasia sclerosteosis results from loss of the SOST gene product, a novel cystine knot-containing protein. *American Journal of Human Genetics* 68: 577~89

Bruyn, G.W. and L.N. Went 1986. Huntington's Chorea. in Vinken, G. W. et al. (eds.) *Extrapyramidal disorders: handbook of clinical neurology* 49: 267~73

Buffon, G.L. 1777. *Histoire naturelle générale et particulière.* Imprimerie Royale, Paris

Burn, J. and T. Strachan. 1995. Human embryo use in developmental research. *Nature Genetics* 11: 3~6

Callahan, C.A. and A.E. Oro. 2001. Monstrous attempts at adnexogenesis: regulating hair follicle progenitors through sonic hedgehog signalling. *Current Opinion in Genetics and Development* 11: 541~6

Cargill, M. et al. 1999. Characterisation of single-nucleotide polymorphisms in coding regions of human genes. *Nature Genetics* 22: 231~8

Carpenter, E.M. et al. 1993. Loss of Hox-A1 (Hox-1.6) function results in the reorganisation of the murine hindbrain. *Development* 118: 1063~75

Casey, B. and B.P. Hackett.2000. Left-right axis malformations in man and mouse. *Current Opinon in Genetics and Development* 10: 257~61

Cavalli-Sforza, L.L. 1986. *The African Pygmies.* Academic Press, N.Y.

Cavelaars, A.E.J.M. et al. 2000. Persistent variations in average height between countries and between socio-economic groups: an overview of 10 European countries *Annals of Human Biology* 27: 407~21

Celli, J, et al. 1999. Heterozygous germline mutations in the p53 homolog p63 are the cause of EEC syndrome. *Cell* 99: 143~51

Chapman, T. and L. Partridge. 1996. Female fitness in *Drosophila melanogaster:* an interaction between the effect of nutrition and of encounter rates with males. *Proceedings of the Royal Society, London Series B Biological Sciences* 263: 755~9

Charlesworth, B. 1996. Evolution of senescence: Alzheimer's disease and evolution. *Current Biology* 6: 20~2

Chen, L. et al. 2001. A Ser(365) → Cys mutation of fibroblast growth factor receptor 3 in mouse downregulates Ihh/PTHrP signals and causes severe achondroplasia. *Human Molecular Genetics* 10: 457~65

Chen, Y. et al. 2000. Conservation of early odontogenetic signaling pathways in Aves. *Proceedings of the National Acadmy, USA* 97: 10044~9

Chiang, C. et al. 1996. Cyclopia and defective axial patterning in mice lacking sonic hedgehog gene function. *Nature* 383: 407~12

Chiang, C. et al. 2001. Manifestation of the limb prepattern: limb development in the absence of sonic hedgehog function. *Developmental Biology* 236: 421~35

Chisaka, O. and M.R. Capecchi.1991. Regionally restricted developmental defects resulting from targeted disruption of the mouse homeobox gene hox-1. 5 (HoxA3). *Nature* 350: 473~9

Cibelli, J.B. et al. 2002. The health profile of cloned animals. *Nature Biotechnology* 20: 13~14

Clark, R.M. et al. 2001. Reciprocal mouse and human limb phenotypes caused by gain and loss-of-function mutations affecting Lmbr1. *Genetics* 159: 715~26

Coates, M.I. and J.A. Clack. 1990. Polydactyly in the earliest tetrapod limbs. *Nature* 347: 66~9

Cockayne, E.A. 1933. *Inherited abnormalities of the skin and its appendages.* Oxford University Press, London

Cohen, M.M. 2002. Bone morphogenetic proteins with some comments on fibrodysplasia ossificans progressiva. *American Journal of Medical Genetics* 109: 87~92

Cohen, M.M. 1988. Further diagnostic thoughts about the Elephant Man. *American Journal of Medical Genetics* 29: 777~82

Cohen, M.M. 1989. A comprehensive and critical assessment of overgrowth and overgrowth syndromes. *Advances in Human Genetics* 18: 181~303

Cohen, M.M. 1993. Proteus syndrome: clinical evidence for somatic mosaicism and selective review. *American Journal of Medical Genetics* 47: 645~52

Cohen, M.M. 2001. Problems in the definition of holoprosencephaly. *American*

Journal of Medical Genetics 103: 183~7

Cohen, M.M. and K. Shiota. 2002. Teratogenesis of holoprosencephaly. *American Journal of Medical Genetics* 109: 1~15

Cohn, M.J. and C. Tickle. 1999. Developmental basis for limblessness and axial patterning in snakes. *Nature* 399: 474~9

Cohn, M.J. and P.E. Bright. 2000. Development of vertebrate limbs: insight into pattern, evolution and dysmorphogenesis. in O'Higgins, P. and M.J. Cohn (eds) *Development, growth and evolution: implications for the hominid skeleton.* Academic Press, N.Y.

Collins-Schramm, H.E. 2002. Ethnic-difference markers for use in mapping by admixture linkage disequilibrium. *American Journal of Human Genetics* 70: 737~50

Colvin, J. S. et al. 1996. Skeletal overgrowth and deafness in mice lacking fibroblast growth factor receptor 3. *Nature Genetics* 12: 391~7

Comfort, A. 1964. *Ageing: the biology of senesence.* Holt, Rinehart and Winston. N.Y.

Conner, M. and M. Ferguson-Smith. 1993. *Essentials of medical genetics.* (5th ed.) Blackwell Science, Oxford

Conte, F.A. et al. 1994. A syndrome of female pseudohermaphroditism, hypergonadotropic hypogonadism, and multicystic ovaries associated with missense mutations in the gene encoding aromatase (P450 arom). *Journal of Clinical Endocrinology and Metabolism* 78: 1287~92

Corcoran, J. 1998. What are the molecular mechanims of neural tube defects? *Bioessays* 20: 6~8

Corder, E.H. et al. 1993. Gene dose of apololipoprotein E Type 4 allele and the risk of Alzheimer's disease in late onset families. *Science* 261 : 921~3

Cornaro, L. 1550 (1903). *The art of living long: a new and improved English version of the treatise by the celebrated Venetian centenarian, Louis Cornaro with Essays by Joseph Addison, Lord Bacon and Sir William Temple.* W.F, Butler, Milwaukee

Cotsarelis, G. and S.E. Millar. 2001. Towards a molecular understanding of hair loss and its treatment. *Trends in Molecular Medicine* 7: 293~301

Crackower, M.A. et al. 1998. Defect in the maintenance of the apical ectodermal ridge in the Dactylaplasia mouse. *Developmental Biology* 201: 78~89

Crawfurd, J. 1827. *Journal of an embassy from the Governor-General of India to the court of Ava in the year 1827.* V.I.H. Colburn. London

Crosby, J.L. et al. 1992. Disorganisation is a completely dominant gain-of-function mouse mutation causing sporadic developmental defects. *Mechanisms of Development* 37: 121~6

Crow, J.F. 2000. The origins, patterns and implications of human spontaneous mutation. *Nature Reviews Genetics* 1: 40~7

Danerow, H. 1830. Ueber Ritta-Christina und die Siamesen. *Litterarishcen Annaleen der gesammten Heilkunde* 16: 454~82

Darwin, C. 1859 (1968). *The origin of species by means of natural selection.* Penguin, Harmondsworth, UK

Darwin, C. 1871 (1981). *The descent of man, and selection in relation to sex.* Princeton University Press, Princeton, N.J.

Darwin, C. 1882. *The variation of animals and plants under domestication,* 2nd ed. John Murray, London

Dasen, V. 1993. *Dwarfs in ancient Egypt and Greece.* Clarendon Press, London

Dasen, V. 1994. Pygmaioi. text pp.594~601; plates pp.466~86. *Lexicon Iconographicum Mythologiae Classicae* VIII: 1 (text); 2 (plates)

Dasen, V. 1997. Multiple births in Graeco-Roman antiquity. *Oxford Journal of Archaeology* 16: 49~61

Dasen, V. 2002. Les jumeaux siamois dans l'Antiquité classique: du mythe au phénomène de foire. *La Revue du Practicien* 52: 9~12

Daston, L. and K. Park. 1998. *Wonders and the order of nature* 1150~1750. Zone, N.Y.

De Luca, F. and J. Baron.1999. Control of bone growth by fibroblast growth factors. *Trends in Endocrinology and Metabolism* 10: 61~5

De Quatrefages, A. 1895. *The pygmies*(trans. F. Starr). Macmillan, London

De Vijlder, J. et al. 1999. Defects in thyroid hormone supply. Ch. 16b. *The Thyroid end Its Diseases.* http://www.thyroidmanager.org

Del Campo, M. et al. 1999. Mondactylous limbs and abnormal genitalia are associated with hemizygosity for the human 2q31 region that includes the HOXD cluster. *American Journal of Human Genetics* 65: 104~10

Delange, F and B. Hetzel. 2000. The Iodine Deficiency Disorders. Ch. 20. *The Thyroid and Its Diseases* . http://www.thyroidmanager.org

DeRobertis, E. and Y. Sasai. 1996. A common plan for dorsoventral patterning in Bilateria. *Nature* 380: 37~40

Diamond, J.M. 1982. Big-bang reproduction and ageing in male marsupial mice. *Nature* 298: 115~16

Diamond, J.M. 1991. Why are pygmies so small? *Nature.* 354: 111~12

Didde, R. 2002. Wetenschap. *Volkskrant* 25 May 2002

Dikötter, F 1992. *The discourse of race in modern China.* Hurst, London

Dikötter, F, 1997. Hairy barbarians, furry Primates, and wild men: medical science and cultural representations of hair in China. in Hiltebeitel, A. and B. D. Miller (eds) *Hair: its power and meaning in Asian cultures.* SUNY Press, Albany, N.Y.

Dikötter, F. 1998. *Imperfect conceptions: medical knowledge, birth defects, and eugenics in China.* Hurst, London

Dobson, J. 1958. Marie Sablna, the variegated damsel. *Annals of the Royal College of Surgeons* 22: 273~8

Dollé, P. et al. 1993. Disruption of the Hoxd-13 gene induces localised heterochrony leading to mice with neotenic limbs. *Cell* 75: 431~41

Donnai D. and R.M. Winter 1989. Disorganisation: a model for 'early amnion rupture'? *Journal of Medical Genetics* 26: 421~5

Dreger, A.D. 1998. *Hermaphrodites and the medical invention of sex.* Harvard University Press. Cambridge, Mass.

Dudley, A.T. et al. 2002. A re-examination of proximodistal patterning during vertebrate development. *Nature* 418: 539~44

Durham-Pierre, D. et al. 1994. African origin of an intragenic deletion of the human P gene in tyrosine positive oculocutaneous albinism. *Nature Cenetics* 7: 176~9

Egenvall, A. et al. 2000. Age pattern of mortality in eight breeds of insured dogs in Sweden. *Preventative Veterinary Medicine* 46: 1~14

Eigenmann, J.E. 1987. Insulin-like growth factor 1 in dogs. *Frontiers of Hormone Research* 17: 161~72

Eigenmann, J.E. et al. 1988. Insulin-like growth factor 1 levels in proportionate dogs, chondrodystrophic dogs and in giant dogs. *Acta Endocrinologica (Copenhagen)* 118: 105~8

Eigenmann, J.E. et. al. 1984. Body size parallels insulin-like growth factor 1 levels but not growth hormone secretory capacity. *Acta Endocrinologica (Copenhagen)* 106: 448~53

Emery, A.E.H. 1996. Genetic disorders in portraits. *American Journal of Medical Genetics* 66: 334~9

Epstein, C.J. et al. 1987. Transgenic mice with increased Cu/Zn-superoxide dismutase activity: animal model of dosage effects in Down syndrome. *Proceedings of the*

National Academy of Sciences USA 84: 8044~8

Eyre-Walker, A. and P.D. Keightley. 1999. High genomic deleterious mutation rates in hominids. *Nature* 397: 334~47

Farrell, H.B. 1984. The two-toed Wadoma-familial ectrodactyly in Zimbabwe. *South African Journal of Medicine* 65: 531~3

Fässeler, P.E. and K. Sander. 1996. Hilde Mangold (1898~1924) and Spemann's organiser: Achievement and Tragedy. *Wilhelm Roux Archives of Developmental Biology* 205: 323~32

Felgenhauer, W.-R. 1969. Hypertrichosis lagnuinosa universalis. *Journal de Génétique humaine* 17: 1~44

Ferretti, P. and C. Tickle. 1997. The limbs. in P. Thorogood (ed.) *Embryos, genes and birth defects.* John Wiley and Sons, N.Y.

Figuera, L.E. 1995. Mapping of the congenital generalised hypertrichosis locus to chromosome Xq24-q27. 1. *Nature Genetics* 10: 202~6

Finch, C.E. 1990. *Longevity, senescence and the genome.* Chicago University Press

Finch, C.E. and G. Ruvkun. 2001. The genetics of ageing. *Annual Reviews of Genomics and Human Genetics* 2: 435~62

Fischer, J.L. 1972. Le concept expérimental dans l'oeuvre tératologique d'Etienne Geoffroy Saint-Hilaire. *Revue d'histoire des sciences* 25: 347~62

Fischer, J.L. 1991. *Monstres: histoire du corps et de ses défauts.* Syros, Paris

Flanagan, N. et al. 2000. Pleiotropic effects of the melanocortin 1 receptor (MC1R) gene on human pigmentation. *Human Molecular Genetics,* 9: 2531~7

Flatt, A.E. 1994. *The care of congenital hand anomalies.* Quality Medical Publishing. St Louis. Mo.

Fleischer, R. 1984. Artemis Ephesia. text pp. 755~63; plates pp 564~73 in *Lexicon iconographicum mythologiae classicae* II: 1 (text); 2 (plates)

Flurkey, K. et al. 2001. Lifespan extension and delayed immune and collagen aging in mutant mice with defects in growth hormone production. *Proceedings of the National Academy of Sciences USA* 98: 6736~41

Forbes, L.S. 1997. The evolutionary biology of spontaneous abortion in humans. *Trends in Ecology and Evolutionary Biology* 12: 446~50

Frank, L.G. 1997. Evolution of genital masculinisation: why do female hyenas have such a large 'penis'? *Trends in Ecology and Evolution* 12: 58~62

Frankcom, G. and J.H. Musgrave. 1976. *The Irish giant.* Duckworth, UK

Fraser, G. 1877. *Wigtown and Whithorn : historical and descriptive sketches, stories and anecdotes, illustrative of the racy wit and pawky humour of the district.* Cordon Fraser, Wigtown

Fraumeni, J.F. 1967. Stature and malignant tumors of bone in childhood and adolesence. *Cancer* 20: 967~73

Freire-Maia, A. 1975. Genetics of acheiropodia (the handless and footless families of Brazil). VI. Formal genetic analysis. *American Journal of Human Genetics* 27: 521~7

Freire-Maia, A. 1981. Historical note: The extraordinary handless and foot-less families of Brazil-50 years of acheiropodia. *American Journal of Human Genetics* 9: 31~41

Frey, J. 1994. *Toulouse-Lautrec: a life.* Weidenfeld and Nicolson, London

Frey, J. 1995a. What dwarfed Toulouse-Lautrec? *Nature Genetics* 10: 128~30

Frey, J. 1995b. Toulouse-Lautrec's diagnosis-reply. *Nature Genetics* 11: 363

Friedman, J.B. 1981. *The monstrous races in medieval thought and art.* Harvard, Cambridge, Mass.

Fromental-Ramain, C. et al. 1996. Hoxa-13 and Hoxd-13 play a crucial role in the patterning of the autopod. *Development* 122: 2997~3011

Fullerton, S.M. et al. 2000. Apolipoprotein E variation at the sequence haplotype level: implications for the origin and maintenance of a major human polymorphism. *American Journal of Human Genetics* 67: 881~900

Galis, F. 1999. Why do almost all mammals have seven cervical vertebrae? Developmental constraints, Hox genes, and Cancer. *Journal of Experimental Zoology* 285: 19~26

Galis, F. 2001. Why five fingers? Evolutionary constraints on digit number. *Trends in Ecology and Evolution.* 16: 637~46

Garcia-Cruz D. et al. 2002. Inherited hypertrichoses. *Clinical Genetics* 61: 321~9

Gat, U. et al. 1998. De novo hair follicle morphogenesis and hair tumors in mice expressing a truncated Beta-catenin in skin. *Cell* 95: 605~14

Gates, R.R. 1961. The Melanesian dwarf tribe of Aiome, New Guinea. *Acta Geneticae Medicae et Gemellogiae.* 10: 277~311

Geffner, M.E. et al. 1995. Insulin-like growth factor 1 resistance in immortalised T cell lines from African Efe Pygmies. *Journal of Clinical Endocrinology and Metabolism* . 80: 3732~8

Geffner, M.E. et al. 1996. IGF-1 does not mediate T lymphoblast colony formation in response to estradiol, testosterone, 1,25(OH) 2 Vitamin D3 and triiodothyronine;

studies in control and Pygmy lines *Biochmical and Molecular Medicine* 59: 72~9

Gegenbauer, C. 1880. Critical remarks on polydactlyly as atavism. *Morphologisches Jahrbuch* 6: 584~96

Gehring, W. and K. Ikeo. 1999. Pax 6: mastering eye morphogenesis and eye evolution. *Trends in Genetics* 15: 371~7

Geissler, W. et al. 1994. Male pseudohermaphroditism caused by mutations of testicular 17beta-hydroxysteroid dehydrogenase 3. *Nature Genetics* 7: 35~9

Gelb, D. et al. 1996. Pycnodysostosis, a lysosomal disease caused by Cathepsin K deficiency. *Science* 273: 1236~9

Gelfland, M., C.J. Roberts, and R.S. Roberts. 1974. A two-toed man from the Doma People of the Zambezi Valley. *Rhodesian History* 5: 92~5

Geoffroy Saint-Hilaire, E. 1822. *Philosophie anatomique des monstruosités humaines.* Deville-Cavellin, Paris

Geoffroy Saint-Hilaire, E. 1829. Rapport sur le monstre bicéphale Ritta-christina. *Gazette de Santé* (NO. 270)

Geoffroy Saint-Hilaire, E. 1838. *Notions synthétiques, historiques et physiologiques de Philosophie Naturelle.* Dénain, Paris

Geoffroy Saint-Hilaire, I. 1832~37. *Histoire générale et particulière des anomalies de l'organisation chez l'homme et les animaux.* J. B. Ballière, Paris

Geoffroy Saint-Hilaire, I. 1847. *Vie, travaux et doctrine scientifique d'Étienne Geoffroy Saint-Hilaire.* La Société Géologique de France, Paris

Gerhart, J. 2000. Inversion of the chordate body axis: Are their alternatives? *Proceedings of the National Aradamy of Sciences, USA* 97: 4445~8

Gertz, O. 1948. Artemis och hinden frontispisplanschen Linnes Fauna Svecica. *Svenska Linne-Sallskapets Arsskrift* 31: 13~37

Gilbert, S.F. 2000. *Developmental biology* (6th edition). Sinauer Associates, Sunderland, Mass.

Glass, B. 1947. Maupertuis and the beginning of genetics. *Quarterly Review of Biology* 22: 196~210

Glickman, S.E. et al. 1992. Hormonal correlates of 'masculinisation' in female spotted hyenas (*Crocuta crocuta*). 1. Infancy to sexual maturity. *Jounal of Reproduction and Fertility* 95: 451~62

Goding, C.R. 2000. Mitf from neural crest to melanoma: signal transduction and transcription in the melanocyte lineage. *Genes and Development* 14: 1712~28

Gong, Y. et al. 1999. Heterozygous mutations in the gene encoding noggin affect human morphogenesis. *Nature Genetics* 21: 302~4

Goto, N. et al. 1987. The mexican hairless dog, its morphology and inheritance. *Experimrntal Animals* (Tokyo) 36: 87~90

Goujon, E. 1869. Étude d'un cas d'hermaphrodisme bisexuel imparfait chez l'homme. *Journal de l'anatomie et de la physiologie normales et pathologiques de l'homme et des animaux* 6: 599~616

Gould, G.M. and W.L. Pyle. 1897. *Anomalies and curiosities of medicine*. W.B. Saunders, Philadelphia

Gould, S.J. 1981. *The mismeasure of man*. W.W. Norton, N.Y.

Gould, S.J. 1983. *Hen's teeth and horse's toes*. W.W. Norton, N.Y.

Graves, J.A. 1998. Interactions between SRY and SOX genes in mammalian sex determination. *Bioessays* 20: 264~9

Gravlee, C.G. et al. 2003. Heredity, environment and cranial from: a reanalysis of Boas' s Immigrant data. *American Anthropologist* 105: 125~38

Gruber, G.B. 1955. Historisches und aktuelles über das Sirenen-problem in der medizin. *Nova Acta Leopoldina* 17: 89~122

Gruman, G.J. 1966. A history of ideas about the prolongation of life. *Transactions of the American Philosophical Society* 56: 1~102

Gubbay, J. et al. 1990. A gene mapping to the sex-determining region of the mouse Y chromosome is a member of a novel family of embryonically expressed genes. *Nature* 346: 245~50

Guichard, C. et al. 2001. Axonemal dynein intermediate-chain gene (DNAI1) mutations result in situs inversus and primary ciliary dyskenesia (Kartagener syndrome). *American Journal of Human Genetics* 68: 1030~5

Günther, T. and T. Schinke. 2000. Mouse genetics have uncovered new paradigms in bone biology. *Trends in Metabolism.* 11: 189~93

Guyda, H.J. 1998. Growth hormone therapy for non-growth hormone-deficient children with short stature. *Current Opinion in Pediatrics* 10: 416~21

Haldane, J.B.S. 1941. *New paths in genetics.* George Allen & Unwin, London

Hale, F. 1933. Pigs born without eyeballs. *Journal of Heredity* 24: 105~6

Haliburton, R.G. 1891. *The dwarfs of Mount Atlas.* David Nutt, London

Haliburton, R.G. 1894. Survivals of dwarf races in the new world. *Proceedings of the American Association for the Advancement of Science* 14: 1~14

Hall, B.K. 1995. Atavisms and atavistic mutations. *Nature Genetics* 10: 126~7

Hamburger, V. 1947. Monsters in nature. *Ciba Symposia* 9: 666~83

Hamburger, V. 1988. *The heritage of experimental embryology: Hans Spemann and the organiser.* Oxford University Press

Hamilton, J.B. 1942. Male hormone stimulation is a prerequisite and an incitant in common baldness. *American Journal of Anatomy* 71: 451~80

Hanihara, T. 2000. Frontal and facial flatness of major human populations. *American Journal of Physical Anthropology* 111: 105~34

Haraguchi, R. et al. 2000. Molecular analysis of external genitalia formation: the role of fibroblast growth factor (FGF) genes during genital tubercle formation. *Development* 127: 2471~9

Harding, R.M. et al. 2000. Evidence for variable selective pressure at MC1R. *American Journal of Human Genetics* 66: 1351~61

Hardy, M.H. 1992. The secret life of the hair follicle. *Trends in Genetics* 8: 55~61

Harrison, R.G. 1924. Some unexpected results of the heteroplastic transplantation of limbs. *Proceedings of the National Acadmy of Sciences, USA* 10: 69~74

Harvey, R.G. and D.R. Brothwell. 1969. Biosocial aspects of Ainu hirsuteness. *Journal of Biological Sciences* 1: 109~24

Harvey, W. 1965. *The works of William Harvey.* Willis, R. (ed., trans.) Sydenham Society, London

Haupt, H. et al. 1990. *Le bestiaire de Rodolphe II.* (trans. L. Marcou) Citadelles, Paris

Hayashizaki, Y. et al. 1989. Thyroid-stimulating hormone(TSH) deficiency caused by a single base substitution in the CAGYC region of the β-subunit. *EMBO Journal* 8: 2291~6

Headon, D.J. and P.A. Overbeek. 1999. Involvement of a novel Tnf receptor homologue in hair follicle induction. *Nature Genetics* 22: 370~4

Healy, E. et al. 2001. Functional variation of MC1R alleles from red-haired individuals. *Human Molecular Genetics.* 10: 2397~2402

Heijmans, B.T. et al. 2000. Common gene variants, mortality and extreme longevity in humans. *Experimental Gerontology* 35: 865~77

Hennessy, R.J. and C.B. Stringer 2002. Geometric morphometric study of the regional variation of modern human craniofacial form. *American Journal of Physical Anthropology* 117: 37~48

Herdt, G. 1994. Mistaken sex: culture, biology and the third sex in New Guinea. in G.

Herdt(ed.) *Third sex, third gender.* Zone Books. Cambridge, Mass.
Heron, T.M. 1986. *Boruwlaski, the little count.* Durham, UK
Hertel, C. 2001. Hairy issues: Portraits of Petrus Gonsalvus and his family in Archduke Ferdinand II's *Kunstkammer* and their contexts. *Journal of the History of Collections* 13: 1~22
Hinchliffe, J.R. and D.R. Johnson. 1980. *The development of the vertebrate limb.* Claredon Press, Oxford
Holekamp, K.E. et al. 1996. Rank and reproduction in female spotted hyenas. *Journal of Reproduction and Fertility* 108 229~37
Holliday, R. 1989. Food, reproduction and longevity: is the extended lifespan of calorie-restricted animals an evolutionary adaptation? *Bioessays* 10: 125~7
Holly, J.M.P et al. 1999. Growth hormone, IGF-1 and cancer. Less Intervention to avoid cancer? More intervention to prevent cancer? *Journal of Endocrinology* 162: 321~30
Horan, G.S. et al. 1994. Homeotic transformation of cervical vertebrae in Hoxa-4 mutant mice. *Proceedings of the National Academy of Sciences, USA.* 91 : 12644~8
Horan, G.S. et al. 1995a. Compound mutants for the Paralogous Hoxa-4, Hexb-4, and Hoxc-4 genes show more complete homeotic transformations and a dose dependent increase in the number of vertebrae transformed. *Genes and Development* 9: 1667~77
Horan, G.S. et al. 1995b. Mutations in Paralogous Hox genes result in overlapping homeotic transformations of the axial skeleton-evidence for unique and redundant function. *Developmental Biology* 169: 359~72
Houssay, F. 1937. *De la nature, des causes, des différences des monstres.* Editions Hippocrates, Paris
Hu, D. and J.A. Helms. 1999. The role of sonic hedgehog in normal and abnormal craniofacial morphogenesis. *Development* 126: 4873~84
Huelsken, J. et al. 2001 . Beta-catenin controls hair follicle morphogenesis and stem cell differentiation in the skin. *Cell* 105: 533~45
Hummel, K.P. 1958. The inheritance and expression of Disorganization, an unusual mutation in the mouse. *Journal of Experimental Zoology* 137: 389~423
Hummel, K.P. 1959. Developmental anomalies in mice resulting from action of the gene Disorganization, a semi-dominant lethal. *Pediatrics* 23: 212~21
Ianakiev, P. et al. 2000. Acheiropodia is caused by a genomic deletion in C7orf2, the

human orthologue of the Lmbr1 gene. *American Journal of Human Genetics* 68: 38~45

Imperato-McGinley, J. et al. 1974. Steroid 5-alpha-reductase deficiency in man: an inherited form of male pseudohermaphroditism. *Science* 186: 1213~15

Imperato-McGinley, J. et al. 1991. A cluster of male pseudohermaphrodites with 5-Alpha-reductase deficiency in Papua New Guinea. *Clinical Endocrinology* 34: 293~8

Incardona, J.P. 1998. The teratogenic *Veratrum* alkaloid cyclopamine inhibits sonic hedgehog signal transduction. *Development* 125: 3553~62

International Sequencing Consortium. 2001 Initial sequencing and analysis of the human genome. *Nature* 409: 860~921

Irving, J. 1862. *The drowned women of Wigton, a romance of the Covenant.* Porteous and Hislop, Glasgow

Isaac, A. et al. 2000. FGF and genes encoding transcription factors in early limb specification. *Mechanisms of Development* 93: 41~8

Iwai, T. 1907. A statistical study on the polymastia of the Japanese. *Lancet* 2: 753~4

Jackson, I. J. 1997. Homologous pigmentation mutations in human, mouse and other model organisms. *Human Molecular Genetics* 6: 1613~24

Jackson, W.P.U. 1951. Osteo-dental dysplasia (Cleidocranial dysostosis) 'The Arnold Head' . *Acta Medica Scandinavica* 139: 293~5

Janin, J. 1829. (1998) Une femme à deux têtes. S. Pestel (ed.) La collection électronique de la Bibliotèque Municipale de Lisieux. http://ourworld. compuserve.com./homepages/bibhhlisieux/

Jarvik, G.P. et al. 1994. Non-mendelian transmission in a human developmental disorder: Split Hand/Split Foot. *American Journal of Human Genetics* 55: 710~13

Jeannotte, L. et al. (1993) Specification of axial identity in the mouse: role of the Hoxa5 (Hox1.3) gene. *Genes and Development* 7: 2085~96

Jenkins, P. 1998. Cancer in acromegaly. *Trends in Endocrinology and Metabolism* 9: 360~6

Johanson, D. and B. Edgar. 1996. *From Lucy to language.* Orion, London

Joseph, R. and p. Godson. 1988. Peace at last for tragic Rita: white outcase in black skin. *Sunday Times* (Johannesburg) 28 August. p.12

Jost, A. 1946~47. Recherches sur la différenciation sexuelle de l'embryon de lapin (Troisième Partie). *Archives d'anatomie microscopique et de morphologie expérimentale* 36: 271~315

Jung, H.-S. et al. 1998. Local inhibitory action of BMPs and their relationships with activators in feather formation: implications for periodic patterning. *Developmental Biology* 196: 11~23

Kappler, C. 1980. *Monstres, démons et merveilles à la fin du Moyen age*. Payot, Paris

Kaufman, M.H. and K.S. O'Shea. 1978. Induction of monozygotic twinning in the mouse. *Nature* 276: 707~8

Keith, A. 1911. An inquiry into the nature of the skeletal changes in acromegaly *Lancet* i: 993~1002

Kenyon, C. et al. 1993. A C. *elegans* mutant that lives twice as long as wild type. *Nature* 366: 461~4

Kere, J. et al. 1996. X-linked anhidrotic (hypohidrotic) ectodermal dysplasia is caused by a mutation in a novel transmembrane protein. *Nature Genetics* 13: 409~16

Kingdon-Ward, F. 1924. *From China to Hkamti Long*. Edward Arnold, London

Kingdon-Ward, F. 1937. *Plant hunter's paradise*. Jonathan Cape, London

Kirk, G.S.1974. *The nature of the Greek myths*. Penguin, Harmondsworth, UK

Knussmann, R. et al. 1992. Relations between sex hormone level and characteristics of hair and skin in healthy young men. *American Journal of Physical Anthropology* 88: 59~67

Kobelt, G.L. 1844. The female sex organs in humans and some mammals (trans. H.F. Bernays) in Lowry, T.P. (1978) *The classic clitoris, historical contributions to scientific sexuality*. Nelson-hall, Chicago

Kohn, M. 1995. *The race gallery: the return of racial science*. Jonathan Cape, London

Kollar, E.J. and C. Fisher. 1980. Tooth induction in chick epithelium: expression of quiescent genes for enamel synthesis. *Science* 207: 993~5

Komori et al. 1997. Targeted disruption of Cbfa1 results in a complete lack of bone formation owing to maturational arrest of osteoblasts. *Cell* 89: 755~64

Kondo, S. et al. 2001. The medaka rs-3 locus required for scale development encodes ectodysplasin-A receptor. *Current Biology* 7: 1201~6

Kondo, T. et al. 1997. Of fingers, toes, and penises. *Nature* 390: 29

Koren, Y. and E. Negev. 2003. *Im Herzen waren wir Riesen*. Econ, Munich

Kornak, U. et al. 2000. Mutations in the a3 subunit of the vacuolar H^+- ATPase cause infantile malignant osteopetrosis. *Human Molecular Genetics* 9: 2059~63

Kostic, D. and M.R. Capecchi. 1994. Targeted disruptions of the murine HoxA-4 and

HoxA-6 genes result in homeotic transformations of components of the vertebral column. *Mechanisms of Development* 46: 231~47

Kremer, H. et al. 1995. Male pseudohermaphroditism due to a homozygous missense mutation of the luteinising hormone receptor gene. *Nature Genetics* 9: 160~4

Krude, H. et al. 1998. Severe early onset obesity, adrenal insufficiency and red hair pigmentation caused by POMC mutations in humans. *Nature Genetics* 19: 155~7

Kruglyak, L. and D.A. Nickerson. 2001. Variation is the spice of life. *Nature Gnetics* 27: 234~6

Krzisnik, C. et al. 1999. The 'Little People' of the Island of Krk-Revisited. Etiology of hypopituitarism revealed. *Journal of Endocrine Genetics* 1: 9~19

Kuester and Happle. 1984. The inheritance of common baldness. Two B or not two B? *Journal of the American Academy of Dermatology* 2: 921~6

Läärä, E. and P. Rantakallio. 1996. Body size and mortality in women: a 29year follow up of 12,000 pregnant women in northern Finland. *Jounal of Epidemiology and Community Health* 50: 408~14

Lahr, M.M. 1996. *The evolution of modern human diveritty: a study in cranial variation.* Cambridge University Press

Lamb, T.M. et al. 1993. Neural induction by the secreted polypeptide noggin. *Science* 262: 713~18

Lammer, E.J. et al. 1985. Retinoic acid embryopathy. *New England Journal of Medicine* 313: 837~41

Landucci, L. 1542, 1927. *A Florentine diary from 1450 to 1516 by Luca Landucci, continued by an anonymous writer till 1542 with notes by Iodoco del Badia* (trans. A. de Rosen Jervis). J.M. Dent & Sons, London

Lanza, R.P. et al. 2000. Extension of cell life-span and telomere length in animals cloned from senescent somatic cells. *Science* 288: 665~8

Laqueur, T.W. 1989. 'Amor Veneris, vel Dulcedo Appeleteur' pp.90~131 in M. Feher (ed.) Zone 5. *Fragments for a history of the human body, part 3.* Zone, N.Y.

Laqueur, T.W. 1990. *Making sex, body and gender from the Greeks to Freud,* Harvard University Press, Cambridge. Mass.

Laue, L.L. et al. l996. Compound heterozygous mutations of the luteinising hormone receptor gene in Leydig cell hypoplasia. *Molecular Endocrinology* 10: 987~97

Lawrence, P. 1992. *The making of a fly.* Blackwell. London

Laycock, J. and P. Wise. 1996. *Essential Endocrinolgy.* (3rd ed.) Oxford University Press

Lazner, F. et al. 1999. Osteopetrosis and osteoporosis: two sides of the same coin. *Human Molecular Genetics* 8: 1839~46

Le Guyader, H. 1998. *Étienne Geoffroy Saint-Hilaire (1772~1844): un naturalist visionnaire.* Belin, Paris

Le Mouellic, H. et al. 1992. Homeosis in the mouse induced by a null mutation in the Hox-3. 1 gene. *Cell* 69: 251~64

Le Roith, D. et al. 2001. What is the role of circulating IGF? *Trends in Endocrinology and Metabolism* 12: 48~52

Lee, C-K. et al. 1999. Gene expression profile of aging and its retardation by caloric restriction. *Science* 285: 1390~3

Lee, H.W. et al. 1998. Essential role of mouse telomerase in highly proliferative Organs. *Nature* 392: 569~74

Lee, P.A. and S.F. Witchel. 1997. The influence of estrogen on growth.*Current opinion in pediatrics* 9: 431~6

Lenz, W. 1962. Thalidomide and congenital abnormalities. *Lancet* i: 45

Leroi, A.M. 2001 . Molecular signals versus the *loi de balancement. Trends in Ecology and Evolution.* 16: 24~9

Leroi, A.M. et al. 2003. Cancer selection. *Nature Cancer Reviews 3*: 226~31

Lettice, L.A. et al. 2002. Disruption of a long-range cis-acting regulator for Shh causes preaxial Polydactyly. *Proceedings of the National Academy of Sciences, USA* 99: 7548~53

Levin, M. et al. 1995. A molecular Pathway determining left-right asymmetry in chick embryogenesis. *Cell* 82: 803~14

Levin, M. et al. 1996. Laterality defects in conjoined twins. *Nature* 384: 321

Lewandoski, M. et al. 2000. Fgf8 signalling from the AER is essential for normal limb development. *Nature Genetics* 26: 460~3

Lewis, E. 1978. A gene complex controlling segmentation in *Drosophila. Nature* 27: 565~70

Lewis, T. and D. Embleton. 1908. Split-hand and split-foot deformities, their types, origin, and transmission. *Biometrika* 6: 26~58

Li, J. et al. 1997. Dinucleotide repeat in the 3' flanking region provides a clue to the molecular evolution of the Duffy gene. *Human Genetics* 99: 573~7

Liceti, F. 1634. *De monstrorum natura caussis et differentiis.* Padua

Licht, P. et al. 1992. Hormonal correlates of 'masculinisation' in female spotted hyenas

(Crocuta crocuta). 2. Maternal and fetal steroids. *Journal of reproduction and fertility* 95: 463~74

Lickert, H. et al. 2002. Formation of multiple hearts in mice following deletion of beta-catenin in the embryonic endoderm. *Developmental Cell* 3: 171~81

Lifton, R.J. 1986. *The Nazi doctors: medical killing and the Pychology of genocide.* Macmillan, London

Lindroth, S. 1983. The two faces of Linnaeus. in T. Frängsmyr (ed.) *Linnaeus: the man and his work.* University of California Press, Berkeley

Linnaeus, C. 1758, 1939. *Systema naturae* 10th edition. British Museum, London

Linnaeus, C. 1761. *Fauna svecica.* Stockholm

Lloyd, A.T. 1986. Pussy Cat, Pussy Cat, where have you been? *Natural Hystory* 95(7): 46~52

Logroño, R. et al. 1997. Heteropagus conjoined twins due to fusion of two embryos: report and review. *American Journal of Medical Genetics* 73: 239~43

Lopez-Bermejo, A. et al. (2000). Genetic defects of the growth hormone-insulin-like growth factor axis. *Trends in Endocrinology and Metabolism* 11: 39~49

Lufkin, T. et al. 1991. Disruption of the Hox-1.6 (Hoxa1) homeobox gene results in defects in a region corresponding to its rostral domain of expression. *Cell* 66: 1105~19

Lupu, F. et al. 2001. Roles of growth hormone and insulin-like growth factor 1 in mouse postnatal growth. *Developmental Biology* 229: 141~62

McBride, W.B. 1961. Thalidomide and congenital abnormalities. *Lancet* ii: 1358

McEwan, C. et al. 1997. (eds) *Patagonia: natural histoy, prehistory and ethnogaphy at the uttermost ends of the earth.* British Museum, London

Mackenbach, J.P. 1991, Narrowing inequalities in children's height. *Lancet* 338: 764

McLachlan, J. 1994. *Medical embryology.* Addison-Wesley, Wokingham

McLaren, A. 1990. What makes a man a man? *Nature* 346: 217~17

McMahon, J.A. et al. 1998. Noggin-mediated antatonism of BMP signalling is required for growth and patterning of the neural tube and somite. *Genes and Development* 12: 1438~52

McMullen, G. and K. Pearson. 1913. On the inheritance of the deformity known as split-foot or lobster-claw. *Biometrika* 9: 381~90

McPherron, A.C. and S.J. Lee. 1997. Doubling muscle in cattle due to mutations in the myostatin gene. *Proceedings of the National Academy of Sciences, USA* 94: 12457~61

McPherron, A.C. et al. 1997. Regulation of skeletal muscle mass in mice by a new TGF-Beta superfamily member. *Nature* 387: 83~90
Maden, M. 1999. Heads or tails? Retinoic acid will decide. *Bioessays* 21: 809~12
Maeder, T. 1998. A few hundred people turned to bone. *The Atlantic*, February. (two Parts)
Manoiloff, E.O. 1931. A rare case of hereditary hexadactylism. *American Journal of Physical Anthropology* 15: 503~8
Manouvrier-Hanu S. et al. 1999. Genetics of limb anomalies in humans. *Trends in Genetics* 15: 409~17
Mansholt, U.J. 1987. The increase in the height of Dutchmen and the attraction of tennis. *Nederlands Tijdschrif voor Geneeskunde* 131: 376
Mark, M. et al. 1993. Two rhombomeres are altered in Hoxa-1 mutant mice. *Development* 119: 319~38
Maroteaux, P. 1995. Toulouse-Lautrec's diagnosis. *Nature Genetics* 11: 362
Maroteaux, P. and M. Lamy. 1965. The malady of Toulouse Lautrec. *JAMA, Journal of the American Medical Association* 191: 111~13
Marshall, H.K. and H.I. Harder. 1958. Testicular feminising syndrome in male pseudohermaphrodite: report of two cases in identical twins, *Obstetrics and Gynecology* 12: 284~93
Martin, E. 1880. *Histoire des monstres.* C. Reinwald, Paris
Martin, G. and J. Oshima. 2000. Lessons from human progeroid syndromes, *Nature* 408: 263~6
Martinez-Frias, M.-L. 1993. Another way to interpret the description of the Monster of Ravenna of the sixteenth century. *American Journal of Medical Genetics* 49: 362
Mascie-Taylor, C.G.N and J.L. Boldsen. 1985. Regional and social analysis of height variation in a contemporary British sample. *Annals of Human Biology* 12: 315~24
Mathon, N.F. et al. 2001 . Lack of replicative sensecence in normal rodent glia. *Science* 291: 872~5
Mayor, A. 2000. *The first fossil hunters.* Princeton University Press, Princeton, N.J.
Medawar, P.B. 1952. *An unsolved problem in biology.* H. K. Lewis. London
Melanchthon, P. and M. Luther. 1523(1823). *Interpretation of two horrible monsters* [*Deuttung der czwo grewlichï Figuren, etc.*]
Merimee, T.J. et al. 1981. Dwarfism in the Pygmy. *New England Journal of Medicine* 305: 965~8

Merimee, T.J. et al. 1987. Insulin-like growth factors in pygmies: the role of puberty in determining final stature. *New England Journal of Medicine* 316: 906~11

Merke, F. 1993. *History and iconogaphy of endemic goitre and cretinism.* MTP Press, Lancaster

Merlo, G.R. et al. 2002. Mouse model of split hand/foot malformation type 1. *Genesis* 33: 97~101

Meyers, E.N. and G.R. Martin. 1999. Differences in left-right axis Pathways in mouse and chick: functions of FGF8 and SHH. *Science* 285: 403~6

Miller, R. and S. Austad. 1999. Large animals in the fast lane. *Science* 285: 199

Mills, A.A. et al. 1999. p63 is a p53 homologue required far limb and epidermal morphogenesis. *Nature* 398: 708~13

Mittwoch, U. 1973. *Genetics of sex differentiation.* Academic Press, N.Y.

Monreal, A.W. 1999. Mutations in the human homologue of mouse *dl* cause autosomal recessive and dominant hypohidrotic ectodermal dysplasia. *Nature Genetics* 22: 366~9

Montaigne, M. de. 1580(1958), *Essays*(trans. J.M. Cohen). Penguin Books, Harmondsworth, UK

Montaigne, M. de 1603(1998). *Florio's translation of Montaigne's essays.* B.R. Schneider (ed.), Renascence Editions, University of Oregon

Moon, A.M. and M.R. Capecchi. 2000. Fgf8 is required for outgrowth and patterning of the limbs. *Nature Genetics* 26: 455~9

Morin, A. 1996. La teratologie de Geoffroy Saint-Hilaire à nos jours. *Bulletin de l'Association des Anatomistes* 80: 17~31

Morishima, A. et al. 1995. Aromatase deficiency in male and female siblings caused by a novel mutation and the physiological role of estrogens. *Journal of clinical endocrinology and metabolism* 80: 3689~98

Mortlock, D.P. and J.W. Innis. 1997. Mutation of Hox a-13 in hand-foot-genital syndrome. *Nature Genetics* 15: 179~80

Mortlock, D.P. et al. 1996. The molecular basis of hypodactyly(Hd): a deletion in Hox a-13 leads to arrest of digital arch formation. *Nature Genetics* 13: 284~8

Moskovitz, E. 1987. *By the grace of the devel.* Rotem, Ramat-Gan, Israel

Muenke M. and P.A. Beachy 2000. Genetics of ventral forebrain development and holoprosencephaly. *Current Opinion in Genetics and Development* 10: 262~9

Mundlos, S. 1999. Cleidocranial dysplasia: clinical and molecular genetics. *Journal of*

Medical Genetics 36: 177~82

Mundlos, S. et al. 1997. Mutations involving the transcription factor CBFA1 cause cleiodocranial dysplasia. *Cell* 89: 773~9

Muragaki, Y. et al. 1996. Altered growth and branching patters in synpolydactyly caused by mutations in Hoxd-13. *Science* 272: 548~51

Mya-Tu, M. et al. 1962. Tarong Pygmies in North Burma. *Nature* 195: 131~2

Mya-Tu, M. et al. 1966. *The Tarons in Burma.* Burma Medical Research Institute, Rangoon. Special Report Series No. 1

Nanni, L. et al. 1999. The mutational spectrum of the sonic hedgehog gene in holoprosencephaly: SHH mutations cause a significant proportion of autosomal dominant holoprosencephaly. *Human Molecular Genetics* 8: 2479~88

Nanni, L. et al. 2001 . SHH mutation is associated with solitary median maxillary central incisor: a study of 13 patients and review of the literature. *Journal of Medical Genetics* 102: 1~10, 2001

Naski, M.C. et al. 1996. Graded activation of fibroblast growth factor receptor 3 by mutations causing achondroplasia and thanatophoric dysplasia. *Nature Genetics* 13: 233~7

Naski, M.C. et al. 1998. Repression of hedgehog signalling and BMP4 expression in growth plate cartilage by fibroblast growth factor receptor 3. *Development* 125: 4977~88

Naudin ten Cate L., C. Vermeij-Keers, D.A. Smit, T.W. Cohen-Overbeek, K.B. Gerssen-Schoorl, T. Dijkhuisen. 1995. Intracranial teratoma with multiple fetuses. Pre- and post-natal appearance. *Human Pathology* 26: 804~7

Neaves, W.B. et al. 1980. Sexual dimorphism of the phallus in spotted hyena (*Crocuta crocuta*). *Journal of Reproduction and Fertility* 59: 509~13

Needham, J. 1959. *A history of embryology.* Cambridge University Press, Cambridge, UK

Netter, A. et al. 1958. Le testicule feminisant. *Annales d'endocrinologie* 9: 994~1014

Neubert, R. et al. 1999. Developmental model for thalidomide action. *Nature* 400: 419~20

Newbery, H.J. and C.M. Abbott. 2002. Of mice, men and motor neurons. *Trends in Molecular Medicine* 8: 88~92

Niccoli, O. 1990. *People and prophecy in renaissance Italy.* (trans. L. G. Cochrane.) Princeton University Press, Princeton

Niswander, L. et al. 1993. FGF-4 replaces the apical ectodermal ridge and directs outgrowth and patterning of the limb. *Cell* 75: 579~87

Nonaka, S. et al. 1998. Randomisation of left-right asymmetry due to loss of nodal cilia generating leftward flow of extraembryonic fluid in mice lacking KIF3B motor protein. *Cell* 95: 839~47

Noramly, S. and B.A. Morgan. 1998. BMPs mediate lateral inhibition at successive stages in feather tract development. *Development* 125: 3775~87

O'Connell, H.E. et al. 1998. Anatomical relationship between urethra and clitoris. *Journal of Urology* 159: 1892~7

Olbrich, H. et al. 2002. Mutations in DNAH5 cause primary ciliary dyskinesia and randomisation of left-right asymmetry. *Nature Genetics* 30: 143~4

Olsen, B.R. et al. 2000. Bone development. *Annual Reviews of Cell and Developmental Biology* 16: 191~220

On-line Mendelian Inheritance in Man. 2000. *OMIM*™. McKusick-Nathans Institute for Genetic Medicine, Johns Hopkins University, Baltimore, MD, and National Center for Biotechnology Information, National Library of Medicine, Bethesda, MD. http://www.ncbi.nlm.nih. gov/omim/

Oosterhout, van C. et al. 2003. Inbreeding depression and genetic load of sexually selected traits: how the guppy lost its spots. *Journal of Evolutionary Biology* 16: 273~81

Oostra, R.-J. et al. 1998a. Congenital anomalies in the teratological collection of the Museum Vrolik in Amsterdam, the Netherlands. I: syndromes with multiple congenital anomalies. *American Journal of Medical Genetics* 77: 100~15

Oostra, R.-J. et al. 1998b. Congenital anomalies in the teratological collection of the Museum Vrolik in Amsterdam, the Netherlands. II: Skeletal Dysplasias. *American Journal of Medical Genetics* 77: 116~34

Oostra, R.-J. et al. 1998c. Congenital anomalies in the teratological collection of the Museum Vrolik in Amsterdam, the Netherlands. III: Primary field defects, sequences and other complex anomalies. *American Journal of Medical Genetics* 80: 46~59

Oostra, R.-J. et al. 1998d. Congenital anomalies in the teratological collection of the Museum Vrolik in Amsterdam, the Netherlands. IV: Closure defects of the neural tube. *American Jaurnal of Medical Genetics* 80: 60~73

Oostra, R.-J. et al.1998e. Congenital anomalies in the teratological collection of the Museum Vrolik in Amsterdam, the Netherlands. V: Conjoined and acardiac twins.

American Jaurnal of Medical Genetics 80: 74~89

Oro, A.E. and M.P, Scott. 1998. Splitting hairs: dissecting roles of signaling systems in epidermal development. *Cell* 95: 575~8

Orr, H.T. 2000. A proposed mechanism of ALS fails the test in vivo. *Nature Neuroscience* 5: 287~8

Ortega-Ortiz, J.G. and B. Villa-Ramirez. 2000. Polydactyly and other features of the manus of the vaquita, *Phocoena sinus*. *Marine Mammal Science* 16: 277~86

Paré, A. 1573 (1971). *Des monstres*. J. Céard (ed.) Droz, Geneva

Paré, A. 1573 (1982). *On monsters and marvels* (trans. J. L. Pallister) Chicago University Press, Chicago

Park, K. and L. Daston. 1981. Unnatural conceptions: the study of monsters in sixteenth and seventeenth century France and England. *Past and Present* 92: 20~54

Parkes, T.L. et al. 1998. Extension of *Drosophila* lifespan by overexpression of human SOD1 in motorneurons. *Nature Genetics* 19: 171~4

Partridge, L. and D. Gems. 2002. Mechanisms of ageing: public or private? *Nature Reviews Genetics* 3: 165~75

Patronek, G.J. et al. 1997. Comparative longevity of pet dogs and humans: implications for gerontology research. *Journal of Gerontology* 52A: B171~8

Pearson, K. et al. 1913. *A monograph on albinism in man*. 3 V. text; 3 V. plates. Draper' s company research memoirs, Biometric series X. Dulau & Co. London

Pearson, K. 1908. On the inheritance of the deformity known as split-foot or lobster claw. *Biometrika* 6: 69~79

Pearson, K. 1913. Notes on the Honduras piebald. *Biometrika* 9: 330~1

Perrett, D.I. et al. 1994. Facial shape and judgements of female attractiveness. *Nature* 368: 239~42

Perriton, C. et al. 2002. Sonic hedgehog signalling from the urethral epithelium controls external genital development *Developmental Biology* 247: 26~46

Piccolo, S. et al. 1996. Dorsoventral patterning in *Xenopus:* inhibition of ventral signals by direct binding of Chordin to BMP-4. *Cell* 86: 589~98

Pinto-Correa, C. 1997. *The ovary of Eve: egg and sperm and prefomationism*. Chicago University Press, Chicago

Pletcher, S.D. et al. 2002. Genome-wide transcript profiles in aging and calorically restricted Drosophila melanogaster. *Current Biolgy* 30: 712~23

Posel, D. 2001 . Race as common sense: racial classification in twentieth century South

Africa. *African Studies Review* 44: 87~113

Posner, G. L. and J. Ware. 1986. *Mengele: the complete story.* Futura, London

Power, C. and S. Matthews. 1997. Origins of health inequalities in a national population sample. *Lancet* 350: 1584~9

Qu, S. et al. 1998. Mutations in mouse Aristaless-like4 cause Strong' s luxoid Polydactyly. *Development.* 125: 2711~21

Quance, E. 1977. *Alexander Graham Bell, human inheritance, and the eugenics movement.* Research Bulletin of the National Historic Parks and Sites Branch, Parks Canada. No. 62

Quigley, C.A. et al. 1992. Complete deletion of the androgen receptor gene: definition of the null phenotype of the androgen insensitivity syndrome and determination of carrier status. *Journal of Clinical Endocrinology and Metabolism* 74: 932~3

Ramesar, R.S. et al. 1996. Mapping of the gene for cleidocranial dysplasia in the historical Cape Town (Arnold) kindred and evidence for locus homogeneity. *Journal of Medical Genetics* 33: 511~l4

Ramirez-Solis et al. 1993. Hoxb-4 (Hox-2.6) mutant mice show homeotic transformation of a cerivical rudiment and defects in the closure of the sternal rudiments. *Cell* 73: 279~94

Rana, B.K. et al. 1999. High polymorphism at the human melanocortin 1 receptor locus. *Genetics* 151: 1547~57

Rancourt et al. 1995. Genetic interaction between Hoxb-5 and Hoxb-6 is revealed by nonallelic noncomplementation. *Genes and Development* 9: 108~22

Reaume, A.G. et al. 1996. Motor neurons in Cu/Zn superoxide dismutasedeficient mice develop normally but exhibit enhanced cell death after axonal injury. *Nature Genetics* 13: 43~7

Reed, T.E. and J.V, Neel. 1959. Huntington's chorea in Michigan. *American Journal of Human Genetics* 11: 107~635

Reeves, R.H. et al. 2001. Too much of a good thing: mechanisms of gene action in Down syndrome. *Trends in Genetics* 17: 83~241

Reichert, H. and A. Simeone. 2001. Developmental genetic evidence for a monophyletic origin of the bilaterian brain. *Philosophicai Transactions of the Royal Society B* 356: 1533~44

Reynolds, A.J. et al. 1999. Trans-gender induction of hair follicles. *Nature* 402: 46~7

Ricklefs, R.E. and C.E. Finch. 1995. Ageing: a natural history. *Scientific American,* N.Y.

Riddle, R.D et al. 1993. Sonic hedgehog mediates the Polarizing Activity of the ZPA. *Cell* 75: 1401~16

Robbins, L.S. et al. 1993. Pigmentation phenotypes of variant extension locus alleles result from point mutations that alter MSH receptor function. *Cell* 72: 827~34

Roberts, R.S. 1974. The making of a Rhodesian myth. *Rhodesian History* 5: 87~91

Robins, A.H.1991. *Biological perspectives on human pigmentation*. Cambridge University Press, Cambridge, UK

Rodriguez, J.M. 1870. Descripcion de un monstruo cuadruple, nacido en Durango el ano de 1860. *Gaceta Medica de Mexico* 5: 33~48

Roessler, E. et al. 1996. Mutations in the human sonic hedgehog gene cause holoprosencephaly. *Nature Genetics* 14: 357~60

Root, A. 1998. Editorial: does growth hormone have a role in the management of children with nongrowth hormone deficient short stature and intrauterine growth retardation? *Journal of Clinical Endocrinology and Metabolism* 83: 1067~9

Rose, M.R. 1984. Laboratory evolution of postponed senescence in Drosophila melanogaster. *Evolution* 38: 1004~10

Rose, M.R. 1991. *Evolutionary biology of ageing*. Oxford University Press, N.Y.

Rosen, D.R. et al. 1993. Mutations in Cu/Zn superoxide dismutase gene are associated with familial amyotrophic lateral sclerosis. *Nature* 362: 59~62

Rosenbaum, S. et al. 1985. A survey of heights and weights of adults in Great Britain *Annals of Human Biology* 12: 115~27

Rosenbloom, A.L. and J.G. Guevara-Aguirre. 1998. Lessons from the genetics of Laron syndrome. *Trends in Endocrinology and Metabolism* 9: 276~83

Rosenburg, N.A. et al. 2002. Genetic structure of human populations. *Science* 298: 2381~5

Rosenfeld, R.G. et al. 1994. Growth hormone (GH) insensitivity due to primary GH deficiency. *Endocrine Reviews* 15: 369~90

Rousseau, F. et al. 1994. Mutations in the gene encoding fibroblast growth factor receptor-3 in achondroplasia. *Nature* 371: 252~4

Rousseau, F. et al. 1995. Stop codon FGFR3 mutations in thanatophoric dwarfism type 1. *Nature Genetics* 10: 11~12

Rubinsztein, D.C. 2002. Lessons from animal models of Huntington's disease. *Trends in Genetics* 18: 202~9

Rudolph, K.L. et al. 1999. Longevity, stress response, and cancer in ageing telomerasedeficient mice. *Cell* 96: 701~12

Russell, A.J. et al. 1994. Mutation in the human gene for 3 alpha-hydroxystoroid dehydrogenase type II leading to male pseudohermaphroditism without salt loss. *Journal of Molecular Endocrinology* 12: 225~37

Sadler, T.W. 2000. *Langman's medical embryology* (8th ed.) Lippincott Williams & Wilkins, Philadelphia

Saegusa, H. et al. 1996. Targeted disruption of Hoxc-4 locus results in axial skeleton homeosis and malformation of the xiphoid process. *Developmental Biology* 174: 55~64

Saint-Ange, M. 1830. *Journal hebdomaidaire de médécine* 6: 42~9

Sakai, Y. et al. 2001. The retinoic acid-inactivating enzyme CYP26 is essential for establishing an uneven distribution of retinoic acid along the anterio-posterior axis within the mouse embryo. *Genes and Development* 15: 213~25

Samaras, T. and H. Elrick. 1999. Height, body size and longevity. *Acta Medica Okayama* 53: 149~69

Samaras, T. et al. 1999. Height, health and growth hormone. *Acta Paediatrica* 88: 602~9

Sandberg, D.E. et al. 1994. Short stature: a psychosocial burden requiring growth hormone therapy? *Pediatrics* 94: 832~9

Sato, N. et al. 1999. Induction of the hair growth phase in postnatal mice by localized transient expression of sonic hedgehog. *Journal of Clinical Investigation* 104: 855~64

Saunders, J.W. 1948. The proximo-distal sequence of origin of the parts of the chick wing and the role of the ectoderm. *Journal of Experimental Zoology* 108: 363~403

Saunders, J.W. and M.T. Gasseling. 1968. Ectodermal-mesenchymal interactions in the origin of limb symmetry. in R. Fleischmajer and R.F. Billingham (eds). *Epithelial-Mesenchymal interactions* pp.78~97. Williams and Wilkins, Baltimore

Scarry, E. 2000. *On beauty and being just*. Duckworth, London

Schächter, F, et al. 1994. Genetic associations with human longevity at the APOE and ACE loci. *Nature Genetics* 6: 29~32

Schatz, F. 1901. *Die Griechischen Götter und die Menschlichen Missgeburten*. J.F. Bergmann Verlag, Wiesbaden (reprint 1969, Editions Rodopi, Amsterdam)

Schebesta, P. 1952. *Die Negrio Asiens* 3 vols. Vienna

Schnaas, G. 1974. El Perro Pelon: mito, fantasia y biologia. *Gaceta medica de mexico*

108: 393~400

Schnitzer, E. 1888. *Emin Pasha in cutral Africa*. Schweinfurth, G., Ratzel, F. Felkin, R.W. Hartlauer, G. (eds) Philip and Son. London

Schweinfurth, G. 1878. *The heart of Africa* (trans. E. E. Frewer). 3rd edition. Sampson Low, Marston, Searle & Rivington, London

Segrave, K. 1996. *Baldness, a social history*. McFarland & Co. Jefferson, NC, USA

Sémonin, O. et al. 2001 . Identification of three novel mutations of the noggin gene in patients with fibrodysplasia ossificans progressiva. *American Journal of Medical Genetics* 102: 314~17

Serres, E. 1832. *Recherches d'anatomie transcendante et pathologique. Théorie des formations et défomations organiques, appliquée à l'anatomie de Ritta-Christina, et de la duplicité monitrueuse*. J.B. Balliére, Paris

Seward, G.R. 1992. *The Elephant Man*. British Dental Association, London

Shriver, M.D. et al. 2003. Skin pigmentation, biogeographical ancestry and admixture mapping. *Human Genetics* 112: 387~99

Sgrò, C. and L. Partridge. 1999. A delayed wave of death from reproduction in *Drosophila* . *Science* 286: 2521~4

Sharpe, P. 2001. Fish scale development: hair today, teeth and scales yesterday? *Current Biology* 11:R751~2

Sharpe, R.M. 1998. The roles of estrogen in the male. *Trends in Endocrinology and Metabolism* 9: 371~7

Shay, J.W. and W.E. Wright. 2000. Hayflick, his limit, and cellular ageing. *Nature Reviews Molecular Cell Biology* 1: 72~5

Shea, B.T. and A.M. Gomez. 1988. Tooth scaling and evolutionary dwarfism: an investigation of allometry in human pygmies. *American Journal of Physical Anthropology* 77: 117~32

Shea, B.T. 1989. Heterochrony in human evolution: the case for neoteny reconsidered. *Yearbook of Physical Anthropology* 32: 69~101

Shea, B.T. and R.C. Bailey. 1986. Allometry and adaptation of body proportions and stature in African pygmies. *American Journal of Physical Anthropolgy* 100: 311~40

Shiels, P.G. et al. 1999. Analysis of telomere lengths in cloned sheep. *Nature* 399: 317

Shozu, M. et al. 1991. A new cause of female pseudohermaphroditism: placental aromatase deficiency. *Journal of Clinical Endocrinology and Metabolism* 72: 560~6

Shubin, N.H. and P. Alberch. 1986. A morphogenetic approach to the organization of the tetrapod limb. *Evolutionary Biology* 20: 319~87

Shubin, N.H. et al. 1997. Fossils, genes and the evolution of animal limbs. *Nature* 388: 639~48

Sidow, A. et al. 1999. A novel member of the F-box/WD40 gene family, encoding dactylin, is disrupted in the mouse dactylaplasia mutant. *Nature Gnetics* 23: 104~7

Siebold, von C.T. 1878. Die Haarige familie von Ambras. *Archiv für Anthropolgie* 10: 253~60

Silventoinen, K. et al. 1999. Social background, adult body-height and health. *International Journal of Epidemiology* 28: 911~18

Siminoski, K. and J. Bain. 1993. The relationship among height, penile length and foot size. *Annals of Sex Research* 6: 231~5

Sinclair, A.H. et al. 1990. A gene from the human sex-determining region encodes a protein with homology to a conserved DNA-binding motif. *Nature* 346: 240~4

Slijper, E.J. 1942. Biologic-anatomical investigations on the bipedal gait and upright posture in mammals, with special reference to a little goat, born without forelegs. I., II. *Proceedings Koninklijke Nederlandse Academie van Wetenschap* 45: 288~95; 407~15

Smith, E.P. et al. 1994. Estrogen resistance caused by a mutation in the estrogen-receptor gene in a man. *New England Journal of Medicine* 331: 1056~61

Smith, R. et al. 1998. Melanocortin 1 receptor variants in an Irish population. *Journal of Investigative Dematology* 111: 119~22

Sordino, P. et al. 1995. Hox gene expression in teleost fins and the origin of vertebrate digits. *Nature* 375: 678~81

Sornson, M.W. et al. 1996. Pituitary lineage determination by the Prophet of Pit-1 homeodomain factor defective in Ames dwarfism. *Nature*. 384: 327~32

Sparks, C.S. and R.L. Jantz. 2002. A reassessment of human cranial plasticity: Boas revisited. *Proceeding of the National Academy of Science USA* 99: 14636~9

Spemann, H. and H. Mangold 1924. Über die induktion von Embryonalanlagen durch Implantation artfremder Organisatoren. *Archiv für mikroskopische Anatomie und Entwicklungsmechanik* 100: 599~638

Spencer, R. 2000a. Theoretical and analytical embryology of conjoined twins: Part I: Embryogenesis. *Clinical Anatomy* 13: 36~53

Spencer, R. 2000b. Theoretical and analytical embryology of conjoined twins: Part 2: Adjustments to union. *Clinical Anatomy* 13: 97~120

Spencer, R. 2001. Theoretical and analytical embryology of conjoined twins: Part 3: External, internal (fetuses in fetu and teratomas), and detached (Acardiacs). *Clinical Anatomy* 14: 428~44

Steinman, G. 2001a. Mechanisms of twinning. I. Effect of environmental diversity on genetic expression in monozygotic multifetal pregnancies. *The Journal of Reproductive Medicine* 46: 467~72

Steinman, G. 2001b. Laterality and Intercellular bonding in monozygotic twinning. *The Journal of Reproductive Medicine.* 46: 473~9

Stephens, J.C. et al. 2001. Haplotype variation and linkage disequilibrium in 313 human genes. *Science* 293 : 489~93

Stephens, T.D. et al. 2000. Mechanism of action in thalidomide teratogenesis. *Biochemical Pharmacology* 59: 1489~99

Stevens, G. et al. 1997. Oculocutaneous albinism (OCA2) in sub-Saharan Africa: distribution of the common 2.7-kb P gene deletion mutation. *Human Genetics* 99: 523~7

Stratakis, C.A. et al. 1998. The aromatase excess syndrome is associated with feminization of both sexes and autosomal dominant transmission of aberrant P450 aromatase gene transcription. *Journal of Clinical Endocrinology and Metabolism* 83: 1348~57

Sturm, R.A. et al. 1998. Human pigmentation genetics: the difference is only skin deep. *Trends in Genetics* 20: 712~21

Subramaniam, J.R. et al. 2002. Mutant SOD1 causes motor neuron disease independent of copper chaperone-mediated copper loading. *Nature Neuroscience* 5: 301~7

Sun, X. et al. 2002. Functions of FGF signalling from the apical ectodermal ridge in limb development. *Nature* 418: 501~8

Sutton, J.B. 1890. *Evolution and disease.* Walter Scott, London

Szabo, G. et al. 1969. Racial differences in the fate of the melanosomes. *Nature* 222: 1081~2

Tabin, C. 1998. A developmental model for thalidomide defects. *Nature* 396: 322~3

Tabin, C. 1999. Developmental model for thalidomide action-reply. *Nature* 400: 420

Takahashi, E. Secular trend in milk consumption and growth in Japan. *Human Biology* 56: 427~37

Ta-Mei, W. et al. 1982. Craniopagus parasiticus: a case report of a parasitic head protruding from the right side of the face. *British Journal of Plastic Surgery* 35: 304~11

Tang, D.G. et al. 2001. Lack of replicative senesence in cultured rat oligodendrocyte precusor cells. *Science* 291: 868~71

Tanner, J.M. 1981. *A history of the study of human growth*. Cambridge University Press, Cambridge, UK

Tanner, J.M. 1987. *Foetus into man*. (Revised ed.) Harvard University Press, Cambridge, Mass.

Tassabehji, M. et al. 1992. Waardenburg's syndrome patients have mutations in the human homologue of the Pax-3 paired box gene. *Nature* 355: 635~6

Tatsumi, K. et al. 1992. Cretinism with combined hormone deficiency caused by a mutation in the pit-1 gene. *Nature Genetics* 1: 56~8

Taussig, H.B. 1988. Evolutionary origin of cardiac malformations. *Journal of the American College of cardiology* 12: 1079~86

Tavormina, P.L. et al. 1995. Thanatophoric dysplasia (types I and II) caused by distinct mutations in fibroblast growth factor receptor 3. *Nature Genetics* 9: 321~8

Thadini, K.I. 1934. The toothless men of Sind. *Journal of Heredity* 26: 65~6

Thangaraj, K. 2003. Genetic affinities of the Andaman Islanders, a vanishing human populations. *Current Biology* 13: 86~93

Thiery, M. and H. Houtzager. 1997. *Der Vrouwen Vrouwlijcheit.* Erasmus, Rotterdam

Thompson, A.A. and L.T. Nguyen. 2000. Amegakaryocytic thrombocytopenia and radio-ulnar synostosis are assoclated with HOXA11 mutation. *Nature Genetics* 26: 397~8

Thompson, C.J.S. 1930(1994) *The history and lore of freaks.* Senate. London

Thornhill, R. and S.W. Gangestad 1999. Facial attractiveness. *Trends in Cognitive Science* 3: 452~60

Tibbles, J.A.R. and M.M. Cohen. 1986. The Proteus syndrome: the Elephant Man diagnosed. *British Medical Journal* 293: 683~5

Tickle, C. et al. 1975. Positional signalling and specification of digits in chick limb morphogenesis. *Nature* 20: 199~202

Tietze-Conrat, E. 1957. *Dwarfs and jesters in art.* Phaidon. London

Tjalma, R.A. 1966. Canine bone sarcoma: estimation of relative risk as function of body size. *Journal of the National Caner Institute* 36: 1137~50

Toda, K. et al. 1972. Racial differences in melanosomes. *Nature New Biology* 236:

143~5
Ton, C.T. et al. 1991. Positional cloning and characterization of a Paired Box- and Homeobox-containing gene from the Aniridia region. *Cell* 67: 1059~74
Touchefeu-Meynier, O. 1992. Kyklops, Kyklopes. text pp.154~9; Plates pp.69~75 in *Lexicon iconographicum mythologiae classicae*: VI: 1 (text); 2 (plates)
Townsend, P. et al. 1992. *Inequalities in health*. Penguin Books, Harmondsworth, UK
Trotter, M. 1928. Hair growth and shaving. *Anatomical Record* 37: 373~9
Tsukui, T. et al. 1999. Multiple left-right asymmetry defects in Shh-/- mutant mice unveil a convergence of the Shh and retinoic acid pathways in the control of Lefty-1. *Proreedings of the National Academy of Sciences, USA*. 96: 11376~81
Twitty, V.C. 1966. *Of scientists and salamanders*. W.H. Freeman and Co., San Francisco
Twitty, V.C. and J.L. Schwind. 1931. The growth of eyes and limbs transplanted heteroplastically between two species of *Amblystoma* (sic) *Journal of Experimental Zoology* 59: 61~86
Tyson, E. 1699 (1966). *A Philological essay concerning the pygmies of the ancients*. B. Windle (ed.). David Nutt, London
Unthan, C.H. 1935. *The armless fiddler: a pediscript*. George Allen & Unwin, London
Valenzano, M. et al. 1999. Sirenomelia. Pathological features, antenatal ultrasonographic clues, and a review of current embryogenic theories. *Human Reproductive Update* 5: 82~6
Valverde, P. et al. 1995. Variants of the melanocyte stimulating hormone receptor gene are associated with red hair and fair skin in humans. *Nature Genetics* 11: 328~30
Vassart, G. 2000. TSH receptor mutations and diseases Ch. 16a. *The Thyroid and Its Diseases*. http://www.thyroidmanager.org
Vieille-Grosjean, I. et al. 1997. Branchial Hox gene expression and human craniofacial development. *Developmental Biology* 183: 4960
Viljoen, D.L. and P. Beighton. 1984. The split-hand and split-foot anomaly in a central African Negro population. *American Journal of Medical Genetics* 19: 545~52
Viljoen, D.L. and S.H. Kidson. 1990. Mirror-polydactyly-pathogenesis based on a morphogen gradient theory. *American Journal of Medical Genetics* 35: 22935
Voss, J.W, and M.G. Rosenfeld. 1992. Anterior pituitary development. *Cell* 70: 527~30
Vrolik, W. 1834. Over den aard en oorsprong der cyclopie. *Niewe verhandelingen der*

Eerste Klasse van het Koninklijk Nederland Institute. 5: 25112

Vrolik, W. 1844~49. *Tabulae ad illustrandam embryogenesin hominis et mammalium tam naturalem quam abnormem.* Amsterdam, London

Waaler, H.T. 1984. Height, weight and mortality: the Norwegian experience. *Acta Medica Scandinavia Supplement* 679: 1~56

Walton, M.T. et al. 1993. Of monsters and Prodigies: the interpretation of birth defects in the sixteenth century. *American Journal of Medical Genetics* 47: 7~13

Watanabe, A. et al. 1998. Epistatic relationship between Waardenburg syndrome genes MITF and PAX3. *Nature Genetics* 18: 283~6

Weber, G. 1995~99. *Lonely islands: the Andamanese.* The Andaman Association, Switzerland. http://andaman.org

Weinstein, B.S. and D. Ciszek. 2002. The reserve-capacity hypothesis: evolutionary origins and modern implications of the trade-off between tumor-suppression and tissue repair. *Experimental Gerontology* 37: 615~27

Westendorp, R.G.J. and T.B.L. Kirkwood. 1998. Human longevity and the cost of reproductive success. *Nature* 396: 743~6

Wilkie, A.O. et al. 1995. Apert syndrome results from localized mutations of FGFR2 and is allelic with Crouzon syndrome. *Nature Genetics* 9: 165~72

Williams, D. 1996. *Deformed discourse. The function of the monstrous in medieval thought.* University of Exeter Press

Williams, G.C. 1957. Pleiotropy, natural selection, and the evolution of senesence. *Evolution* 11: 398~411

Williams, G.R. 1998. Thyroid hormone action on cartilage and bone: interaction with other hormones at the epiphyseal plate and effects on linear growth. *Journal of Endocrinology* 157: 391~403

Williamson, S. and R. Nowak. 1998. The truth about women. *New Scientist* 159: 34~5

Willier, B.H. and J.M. Oppenheimer. 1964. *Foundations of experimental embryology.* Prentice-Hall, N. J.

Wilmoth, J.R. et al. 2000a. Demography of longevity: past, present, and future trends. *Experimental Gerontology* 35: 1111~29

Wilmoth, J.R. et al. 2000b. Increase of maximum life-span in Sweden, 1861~1999. *Science* 289: 2366~86

Wilmut, I. 2002. Are there any normal cloned animals? *Nature Medicine* 8: 215~16

Wilmut, I. et al. 1997. Viable offspring derived from fetal and adult mammalian cells.

Nature 385: 810~13
Wilson, D. 1993. *Signs and portents: momstous births from the Middle Ages to the Enlightenment*. Routledge, London
Wilson, J.D. and C. Roehrborn. 1999. Long term consequences of castration in men: lessons from the Skoptzy and the Eunchs of the Chinese and Ottoman Courts. *Journal of Clinical Endocrinology and Metabolism* 84: 4324~31
Winter, R.M. 1996. What's in a face? *Nature Genetics* 12: 124~9
Winter, R.M. and D. Donnai. 1989. A possible human homologue for the mouse mutant disorganisation. *Journal of Medical Genetics* 26: 417~20
Wittkower, R. 1942. Marvels of the East. *Journal of the Warburg and Courtauld Institutes* 5: 159~97
Wolpert, L. 1971. Positional information and pattern formation. *Developmental Biology* 6: 183~224
Woolf, C.M. and F.C. Dukepoo. 1969. Hopi Indians, inbreeding, and albinism. *Science* 164: 30~7
Worden, G. 2002. *Mütter Museum*. Blast Books, N.Y.
Wright, S. 1935. A mutation of the guinea-pig, tending to restore the pentadactyl foot when heterozygous, producing a monstrosity when heterozygous. *Genetics* 20: 84~107
Wu, W. et al. 1998. Mutations in prop-1 cause familial combined pituitary hormone deficiency. *Nature Genetics* 18 : 147~9
Yang, A. et al. 1999. p63 is essential for regenerative proliferation in limb, craniofacial and epithelial development. *Nature* 398: 714~18
Yang, Y. et al. 1997. Relationship between dose, distance and time in sonic hedgehog mediated regulation of anteroposterior polarity in the chick limb. *Development* 124: 4393~4404
Yu, C.E. et al. 1989. Positional cloning of the Werner's syndrome gene. *Science* 272: 258~62
Yule, H. 1858. *A narrative of the mission sent by the Governor-General of India to the court of Ava in 1855*. Bell, N.Y.
Zákány, J. et al. 1997. Regulation of number and size of digits by posterior Hox genes: A dose dependent mechanism with potential evolutionary implications. *Proceeding of the National Academy of Sciences, USA* 94: 1395~13700
Zapperi, R. 1995. Ein Haarmensch auf einem Gamälde von Agostino Carracci. in

Hagner, M. (ed.) *Der falsche Käper: Bieträge zu einer Gesrhichte der Monstrositäten.* Wallstein, Göttingen

Zekraoui, L. et al. 1997. High frequency of the apolipoprotein $\varepsilon4$ allele in African pygmies and most of the African populations in sub-Saharan Africa. *Human Biology* 69: 575~81

Zeng, X. et al. 2001. A freely diffusible form of sonic hedgehog mediates long-range signalling. *Nature* 411: 716~20

Zguricas, J. et al. 1999. Clinical and genetics studies on 12 preaxial polydactyly families and refinement of the localization of the gene responsible to a1.9 cM region on chromosome 7q35. *Journal of Medical Genetics* 36: 32~40

Zhou, X.-P. et al. 2000. Germline and germline mosaic PTEN mutations associated with a Proteus-like syndrome of hemihypertrophy, lower-limb asymmetry, arteriovenous malformations and lipomatosis. *Human Molecular Genetics* 19: 765~8

Zhou, X.-P. et al. 2001. Association of germline mutation in the PTEN tumor suppressor gene and Proteus and Proteus-like syndromes. *Lancet* 358: 210~11

Zimmerman, L.B. et al. 1996. The Spemann organizer signal noggin binds and inactivates Bone morphogenetic protein-4. *Cell* 86: 599~606

Zou, H. and L. Niswander. 1996. Requirement for BMP signalling in interdigital apoptosis and scale formation. *Science* 272: 738~41

돌연변이의 폭풍은 어디에나 존재한다. 어떤 돌연변이는 붉은 머리와 파란 눈을 만들기도 하고 어떤 돌연변이는 온몸에 털이 자라나게 한다. 어떤 돌연변이는 다른 사람과의 사소한 차이를 만들 뿐이지만 어떤 것은 몸이 붙은 결합쌍생아를 만들기도 하고, 눈이 하나밖에 없게 하며, 거인증이나 소인증을 야기하고, 아예 온몸이 하나로 뭉그러져 어디가 팔이고 어디가 눈인지 구분이 힘들게 하기도 한다.

아먼드 마리 르로이는 계란을 배아에서 노른자, 흰자, 내피, 겉껍질 순으로 해부하듯 최초의 수정란에서 배아, 태아, 그리고 출생 후에서 노년기에 이르기까지 시간 순에 따른 돌연변이의 원천을 종합적으로 고찰한다. 배아 발생의 초기에 문제가 발생하면 옆구리나 머리, 엉덩이가 붙은 결합쌍생아가 태어난다. 뇌의 신경삭이 좌우구분을 제대로 하지 못하면 그리스 신화에 나오는 외눈박이 거인처럼 눈이 하나밖에 없는 단안기형이 생겨난다. 배아 초기에 남성으로의 여정에서 길을 잘못 들게 되면 뒤로 되돌아와 여성으로 여정을 향해 다시 나아간다. 그러면서 자웅동체라는 돌연변이가 생겨난다. 하지만 후기로 갈수록 생기는 돌연변이는 겉으로는 기형이 분명하지만 목숨에는 치명적 위험을 미치지 않는다. 팔다리가 없다고 해서 목숨이 위태로운 것은 아니며, 백색증이나 얼룩백색증으로 태어난다고 영유아 시기의 사망을 야기하지는 않는다. 뇌하수체에 이상이 생겨서 성장호르몬이 지나치게 많이 분비되거나 적게 분비되면 키가 2미터 50센티미터를 넘는 거인이 생기기도 하고 1미터밖에 안 되는 난쟁이가 되기도 한다. 하지만 키가 작다고 단명하는 것은 아니며 키가 크다고 무병장수하는 것도 아니다.

17세기 영국의 과학자였던 토머스 하비는 배아 발생의 신비를 관찰하기 위해 찰스 1세로부터 로열 파크를 돌아다니는 붉은 사슴에 대한 해부를 허락받았다. 프랜시스 베이컨은 돌연변이의 원인을 관찰하기 위해 새롭고 드문 것, 그리고 비정상적인 것들을 모두 수집해야 한다고 주장했다. 박물학자들은 경쟁이라도 하듯 돌연변이 표본들을 수집했고, 제후들은 궁의 여흥을 위한 장식거리로 돌연변이를 불러 모았다. 보루블라스키라는 포쿠치아(우크라이나) 출신의 난쟁이는 유럽 제후들과 왕들의 총애를 받으며 귀족 작위까지 사사받고 90세가 넘는 나이까지 무병장수했다. 샴쌍둥이인 엥과 창은 미국 순회공연을 성공리에 마치고 마찬가지로 쌍둥이인 자매와 결혼했다. 비운의 화가 툴루즈 로트레크는 신체적인 열등감에서 벗어나지 못했고 그의 우울함은 화폭 어디에나 뚜렷하게 드러난다. 콜로레도 라자루스를 그린 그림은 허리춤에 붙어 있는 쌍둥이 형제를 적나라하게 보여준다. 마치 아널드 슈와제네거의 〈트윈스〉처럼 한쪽이 모든 장점을 다른 쪽이 모든 단점을 다 가져가버린 듯하다.

이렇듯 돌연변이는 어느 시대 그리고 어느 장소에나 존재하는 현상이다. 오늘날 우리는 환경오염으로 인한 기형아 출산을 염려한다. 물론 1960년대 의학계의 악몽으로 떠오른 탈리도마이드 사건은 전 세계에 1만 명이 넘는 해표상지증 인간, 다시 말해 팔다리가 없이 손과 발이 어깨와 골반에 바로 붙어 있는 기형아를 낳았다. 하지만 돌연변이나 기형아의 출생을 환경의 탓으로 돌린다면 태곳적부터 존재해온 그 많은 돌연변이들은 어떻게 설명할 것인가? 우리 인간은 평균 300개의 돌연변이를 가지고 있다. 어떤 사람은 운이 좋아서 190여 개 정도의 돌연변이를 가질 뿐이지만 어떤 사람은 350개가 넘는 돌연변이를 가지고 있다. 결국 우리가 물려받은 유전자가 돌연변이가 될 것인지 아닌지를 결정한다. 이건 우리가 임의적으로 선택할 수 있는 것이 아닌 운명의 소관이다.

이 책을 펼치는 순간 처음에는 다양한 돌연변이를 담은 사진이나 그림에 놀라게 된다. 그리고 그림으로는 등장하지 않았지만 더 심한 돌연변이를 설명하는 본문 내용에 또 한 번 놀란다. 마지막으로 돌연변이의 원인을 체계적으로 분석하는 저자의 해박한 지식에 다시 한 번 감탄하게 된다. 그러나 가장 유념해야 할 것은, 데이비드 린치 감독의 영화 〈세븐 픽스〉나 로빈 쿡의 동명소설인 『돌연변이』를 연상하면서 이 책을 읽지 말아야 한다는 점이다. 섬뜩한 그림에 놀란 나머지 책을 덮고 내던져버리지 않기를 당부한다. 저자는 다양성에 대한 인간의 애정은 가식적이고 허울뿐인 것이기에 여기에 약간의 비정상이 개입되면 인간은 싸늘하게 고개를 돌려버린다고 말한다. 그것은 어쩌면 비정상과 장애에 대한 우리의 편견을 꼬집는 말일지도 모른다. 이는 18세기와 19세기의 귀족과 제후들이 음습한 즐거움을 위해 각종 돌연변이를 수집한 것과 진배없다. 그들의 모습이 알려주는 유전적으로 귀중한 정보를 무시한다면 우리는 앞으로도 오랫동안 돌연변이의 폭풍에서 벗어나지 못할 것이다. 아먼드 마리 르로이는 철저하게 객관적이고 과학적인 입장에서 돌연변이를 관찰하고 분석해야 한다고 말한다. 팔다리에 돌연변이를 야기하는 유전자를 찾아낸다면 거꾸로 팔다리를 만들어주는 유전자를 알 수 있다. 결국 돌연변이는 우리의 모습을 반추하게 해주는 거울과 다름없다. 앞으로 해야 할 일도 많고 갈 길도 멀지만 유전자에 대한 연구는 단순한 질병 치료나 돌연변이를 예방하는 차원을 넘어 인간 근원의 모습을 알려주리라 확신한다.

번역에만 6개월이 넘는 시간이 걸렸다. 역사적 사실이나 프랑스어, 라틴어, 독어, 포르투갈어, 이탈리아어와 세계 각지의 말은 차치하더라도, 책의 내용을 이해하기 위해 생물학과 의학, 유전공학과 관련된 사이트나 책들을 수도 없이 봐야 했다. 그러나 육삭둥이 번역을 내보내면서 불안한 마음을 접을 수 없었기에 처음부터 다시 번역을 손봐야 했다. 결국은 아홉 달의 산달을 꽉 채우고 나온 번역이지만 아직도 불안한 마음을 감출 수 없다. 배아나 태아기에 발현되는 돌연변이가 있고 아이가 성장하면서 발현되는 돌연변이가 있듯이, 역자 역시 혹시라도 중간에 잘못된 부분이 있지는 않을까 아직도 노심초사하는 마음이다. 그러나 모든 것은 운명의 뜻, 이제는 마음을 털고 다른 아이를 준비해야겠다. 그리고 이 책이 역자의 시야를 넓히고 관점을 전환하는 데 큰 도움이 되었듯, 독자 여러분도 지식 습득의 차원을 넘어 새로운 사고와 시각을 가지기를 바란다.

2006년 6월

조성숙

ㄱ

가성연골무형성증 156, 161
각인 17
갑상선 202
—자극호르몬 203
—종 202
—호르몬 203
강(腔) 45
개슬링, 메리 132, 134
거대결장증 265
거세 204
게겐바우어, 카를 141
게라노마키아 187, 190
격세유전 140
결지증 118
결합 21
—쌍생아 18, 42~44
『경이와 전능의 연대기』 16
경이의 방 275
경화협착증 304
고든 박사의 컬렉션 75
고비노 266
고야 128
고졸기 351
곤살부스, 아리고 274
곤살부스, 페트루스 272, 275, 276, 288
골간 161
골결손 돌연변이 146
골다공증 166
골육종 211
골트슈미트, 카르트 154
골형성 단백질(BMP) 147, 164, 283
골화석증 166
공여체 48
과다늑골 100
과다외이 95
괴물 논쟁 40
『괴물과 불가사의』 16~17
구안체 족 274
구에베도체 239, 246
굴드, 스티븐 제이 345, 347
궁정 난쟁이 175
궁정 환관 206
그렌델 115
극성화 활성대 133
근위축성측삭경화증 319
근친 결혼 148, 182
〈기괴한 노파〉 353
기능 상실 돌연변이 25

기능 획득 돌연변이 25
기생(parasitism) 63
기형의 피조물 23
기형종 63
꼬임 111

ㄴ

난황 20
　—주머니 62
남성형 가성반음양 226, 238, 241, 247
남성형 대머리 283
낭배 형성 45
내배엽 46
내전근 149
『네이처』 23
넬슨 증후군 268
노긴 50
　— 유전자 50~51
노인 정치 309
　—가 312
노화 303, 307, 311
농축이골증 170
뇌간 61
뇌의 원시 형태 59
뇌하수체 181
　— 종양 185, 269
　—성 거인증 153
　—성 소인증 153
눙스 족 198
늑골결합 38
　— 안면중복기형 62
　— 이두이지형 결합쌍생아 38, 55
　— 이두사지형 결합쌍생아 57
능뇌 103
니그리토 189~190

ㄷ

다리엔 반도 255
다모증 277
다발성 유두 292
다운증후군 320
다윈 140, 289, 352
다합지증 137
다형성 27
단안기형 73
　— 결합쌍생아 81~82
대머리 간부 286
대자적 자아 58
대칭복사형 다지증 133
더비셔 목 202
데포르메 96
돌리 325
돌연변이 134, 24~25, 27, 270, 321
　—체 25
『동물발생론』 41
『동물발생학』 20
『동물지』 285
『동양의 자연사』 253
동형접합 돌연변이 148
두개골 측정학 342
두 개의 형성체 이론 55
두상흉복부장골결합형 결합쌍생아 62
두장폭지수 344
두족류 109
뒤베르네, 조지프기샤르 39~40
뒤퓌트랭 컬렉션 75

DNA 41
— 재조합 기술 49
디코프 52
디토 86~87
디하이드록시테스토스테론 241, 287
딩카 족 265
따오기 미라 56

ㄹ

라디칼 317
라미, 모리스 170
라벤나 13
—의 괴물 14
라이디히 세포 237
라이트, 시월 131
란두치, 루카 13
랄루 63
러다이트 운동 217
레우코에티오프스 252
레틴산 88
로버츠 증후군 15
로세티, 단테 게이브리얼 346
로제타석 24
로트레크, 앙리 드 툴루즈 167, 171, 271
—의 기형 168
뢰제 343
루게릭병 319
루돌프 2세 21, 275
루에, 야코프 132
루이기, 차이르 알라 192~193
리세티, 포르투니오 16, 18, 81
리코스테네스, 콘트라 16
리타-크리스티나 70
린네, 칼 폰 251, 293
릴리풋 재즈밴드 157

ㅁ

마니, 조반니 192
마다카스카르인 145
마로토, 피에르 170
〈마르스와 비너스〉 353
마르크 카조트 128~129
마이봄 선 104
마일로프 132
마젤란, 페르디난드 348
마풍 278~279
만골트, 오토 53
『만물의 본성에 대하여』 80
말단비대증 212
맥브라이드, 윌리엄 127
머리 결합 81
메다카 291
메데워, 피터 49, 305, 306
메디시스, 카트린 드 175
메리 애시베리 163
메릭, 제임스 210~211
멜라닌 257
— 세포 257
—세포자극호르몬 269
—세포자극호르몬수용체 269
— 소체 257
멜리아 87
멩겔러, 요제프 154, 158
며느리발톱 131
모레스키, 알렉산드로 206
모르뒤페이 41, 132

모르포겐 49, 84, 92, 133
모호한 생식기 239, 243
몰리오니데스 형제 37
몽베이야르, 필리베르 귀에노 드 194
몽부투 185
— 족 258
몽테뉴 39, 239
무뇌증 61
무수족증 124, 135
무정자증 235
무형무심체 70
문라이터 320
물개사지 128
물렁물렁한 머리 145
뮈테르 컬렉션 75
므두셀라 318
『미얀마 의학연구학회 회보』 199
미오스타틴 164
미의 지대 351
민족성 340

ㅂ

바넘의 곡예단 23
바르뱅, 아벨/알렉시나 221, 222, 233, 246
바지도 2277
바퀴타 131
『박물지』 31, 79, 260
발생 48
—생물학 46
—학적 정체 65
발암성 돌연변이 212
발현빈도 270
방향화효소 242
— 돌연변이 242, 244
배반 61
배아 45
— 선별 337
— 형성 60
백색증 258
버켓 94
『버크 귀족 명감』 312
번, 찰스 183~184, 211, 269
범도롱뇽 152
법의인류학자 347
베르너 증후군 322
베살리우스, 안드레아스 227, 229
『베어울프』 115
베이컨, 프랜시스 21, 58
베이트슨, 윌리엄 95~96
베타 카테닌 287
벨, 알렉산더 그레이엄 308
변이 22, 27, 338
— 유전자 339
『—에 대한 자료』 95
보나파르트, 나폴레옹 201
보루블라스키, 요제프 176~177, 180, 182
보애스, 프란츠 246, 344~345
보에스튀오, 피에르 16~17, 38
보티첼리 93, 353
복귀 141
복부관 60
복제인간 325
복혈관 102
본티우스, 야코프 253
분자 스위치 134
『불가사의의 역사』 16~17, 38~39
불 논리 97

불완전골형성증 165
뷔퐁, 조르주 르클레르 28, 41, 255, 259
브라우닝, 토드 23
브라운, 토머스 19, 100, 316
브란트, 알렉산더 288
브롤릭, 빌렘 75, 128
— 컬렉션 75
브리테니-애비게일 헨젤 70
블라인드 케이프 피시 271
블라파르 262
블릭센, 카렌 28
비선형 135
빙켈만 351

ㅅ

『사랑의 기술』 284
사비나, 마리에 260~261
사시 258
『사육 동식물의 변이』 140~141
사티로스 18, 188
산소 라디칼 320
산 족 145
상동성 108
상동이질형성 94
새스콰치 131
생식결절 231
생식샘성 226
생식선자극호르몬 307
생틸레르, 에티엔 조프루아 56~57
생틸레르, 이지도르 조프루아 36, 56, 58, 108, 175
샴쌍둥이 43
서혜부탈장 286
『선더볼트』 120
선더스, 존 123, 132, 134
선천성 양측만곡족 119
선택적 친화성 58
선험적 해부학 110
선형 비율 191~192
섬유아세포 성장인자(FGF) 126, 162, 283
— 수용체 돌연변이 162
성(sex) 222
성기 226
성장판 161
성장호르몬 153, 181
— 보조제 217
성전도형 남성 235
성전도형 여성 235
세르, 에티엔 레이노 오귀스탱 36
세스네 225
세이렌 87
세포접착분자 60
셀크남 348
소닉 헤지호그 83, 134, 287
『소박한 삶에 대한 강론』 313~314, 326
소식(小食) 314
수도사 송아지 17
『수상록』 39
수용체 50
숙주 48
슈바인푸르트, 게오르게 아우구스트 186, 258, 192~193
슈웨마옹 272, 278, 288
슈페만, 한스 46~47, 154
스바베르담, 얀 230
『스웨덴의 동물』 294
스캐리, 일레인 349

스키아포데스 18
스키피온 132, 134
스트레스 내성 단백질 326
스틀레로스틴 149
스팔란차니, 라자로 152
신경관 84
신경능선 263
신경삭 60
신경학적 크레틴병 환자 200
『신기관』 21~22
『신통기』 77
실러캔스 139
쌍시류 96

ㅇ

아널드 145
아르페 266
아리마스피아 족 348
아리스토텔레스 41, 285, 311
아메리카누스 266
아서키스 185
아시아티쿠스 266
아우슈비츠 154
아이누 족 272
아일리스(eyeless) 108
아카 족 189
아카디무 186
아칸토스테가 141
아퀴나스, 토마스 42
아파르트헤이트 266
APOE(아포지방 단백질 E) 328
— 유전자 변이 304, 329
아프리카너 304
아프리카발톱두꺼비 50
『아프리카의 심장』 193
아프젤리우스, 비요른 66~ 67
안드로겐 유전성 탈모증 283
안면각 341
안와 291
안테나페디아 96
알드로반디, 율리세 17~22, 276~277
알레이하딩요 124
알츠하이머 병 304, 329
알파 멜라닌세포자극호르몬 269
앙모 272
『앙시클로페디』 178
앙페레르, 아실 165
애그뉴 117
애디슨, 조지프 188
앤젤라-에이미 69
야노마모 족 196
양안격리증 86
얼룩백색증 159, 262
에스트로겐 208
— 수용체 돌연변이 208
에우로파이우스 266
에페 족 189
에페소스의 아르테미스 294
FGF형 50
엑토디스플라신 290
엘 페로 펠론 291
엥과 창 43, 54
여성형 가성반음양 226
여우원숭이 292
『역사 속의 괴물들』 14, 16, 18, 276
역위 64
연골무형성증 99

연골세포 147
연골형성장애증 70
열지증 118
〈염소를 강간하는 판〉 93~94
영원 47
예쁜꼬마선충 110
오르필라 컬렉션 75
오브라이언 183
오비디우스 284
오비츠, 엘리자베스 156~159
와도마 120
완전전뇌증 82
왕립협회논문집 40
외배엽 46
— 형성 이상 290
요오드 201
용골세포 166
우랑우탕 253
우생학 308
『우화집』 275
운명의 계산자 91
울트라비소락스 96, 101
원구 47
원발성 종양 211
원시 인류 252
원시선 46
『위대한 오리노코 강에 대한 자연적, 사회적, 지리적 역사서』 262
윌리엄스, 조지 306
유도 48
유리뼈 질환 165
유멜라닌 257
유방과다증 295
유사인슐린 성장인자-1(IGF-1) 195
유선 292
유전자 24
— 선별검사 337
유전조로증 322
유해산소제거효소 318
유환관증상 207
음포-음포니아나 69
응세보우에 192
응축 136
『의사의 종교』 19, 316
이누이트 족 343
이두형 결합쌍생아 37
이보 족 258
이분심장 61
이분척추 61
이소트레티노인 89
이스틀랙, 해리 레이먼드 149~151
ems 108
이지증 118
2차적 종양 211
이형접합 돌연변이 148
익시아 82
익아(날개싹) 123
익티오스테가 141
인간 혈통서 309
『인간과 유인원 암수의 쾌락 기관에 대하여』 230
『인간과 포유류의 정상정 · 비정상적 발생에 관한 판화』 77, 128
『인간의 기형』55, 84
『인간의 유래와 성 선택』 289, 350~351
인두궁 103
인산칼슘 교미침 147
인슐린 비의존형 당뇨병 266

인슐린유사 성장인자 326
인어체기형(인어증후군) 87, 89
인위 21
인종 339
『인체발생에 대한 연구』 102
『인체해부서』 228
잉여 유전자 53

ㅈ

자냉, 쥘 70
『자연에서 찾은 괴물의 원인과 다양성』 16, 18
『자연의 체계』 251, 293
자유 21
— 라디칼 319
장관 102
장더이 272
『장수법』314
장수유전자 328
장수 초파리 310, 318
장수 프로젝트 309
전구체 122
전사인자 98
전성설 40
『전염성 유견』 19, 100
절름발이 119
점박이도롱뇽 152
점박이 하이에나 243~244
점액수종성 크레틴병 환자 200
정단외배엽융기 123
정위 64
정중선 88
제1조절 유전자 52
제르맹 239
조골세포 146
조골유전자(CBFA1) 148
조반나 밥티스타 63
조상정보표지(AIM) 340
조스트, 알렉상드르 237
조절요소 98
조지프-루카 69
종양억제 유전자(PTEN) 209
주느비에브 256~257
주름 321
주머니쥐 311
줄기세포 285
줄루 족 258
중배엽 46
쥐디트와 엘렌 31
지볼트, 카를 폰 288
지아 119
진성반음양 226
진피 282
진행성 골육종 211
진행성 골화성 섬유이형성증 149
진화생물학 306
질전정구 230
집게손 113

ㅊ

차크렐라츠 252
청색증 35
초(超)모르포겐 90
초기관 139
초어류 139
총기류 139

축색 320
치사성 이형성증 143, 163

ㅋ

카라치, 아고스티노 273
카르타게너 증후군 66, 69
카바예로 205
카스트라토 205
카이저 빌헬름 연구소 154
카인의 낙인에 대한 궤설 115
카쿠를라코스 253
카탈라아제 320
칼로리 제한 315
칼이여 만세 204~206
캄퍼르, 피터르 341~342, 351
캉탱프레, 토마스 아 80
케르베로스 52
케이티-에일리시 69
케이프 말레이 족 145
케이프 콜로니 148
코끼리 인간 211
코르나로, 루이기 313
코르딘 53, 110
코벨트, 게오르크 루트비히 230
코터, 패트릭 183
콜레레도, 라자루스 62
콜롬보, 마테오 레날도 229
콰트르파주, 아르망 드 189
쿠로스 351
『쿠리에 프랑세』 36
쿠싱 병 267
쿠에 사우데 353
퀼루-아트물 240, 247
퀴비에, 조르주 35, 56, 109
크라쿠프의 괴물 17
크레틴병 196, 201
크로퍼드, 존 277
크립토세팔루스 속 57
크호이크호이 족 145
클레피 벨 117
클론 325
키노세팔리 188
키메라 282
키클롭스 18, 77

ㅌ

타론 족 198~199
타마르코 274
타이슨, 에드워드 188
타조 발을 가진 사람들 120
탈리도마이드 128, 130
태아 속의 태아 63
턱돌출 342
털 없는 원숭이 288
털에 대한 해부학 280
테스토스테론 208, 238, 286
텔로머라아제 323
— 돌연변이 325
텔로미어 323~324
『템페스트』 201
통풍 313
투를레프레톤 141
트레팡 178
트위티, 빅터 챈들러 152
특발성 저신장증 217
티라노사우루스 렉스 292

티록신 202
TGF-β형 50

ㅍ

파레, 앙브루아즈 16~17, 38, 239
파로디, 리타 33
파로디, 크리스티나 33~34
파리넬리 205
파브리치우스 20
파샤, 에민 185, 187
파우나 294
파타고니 348
판 92~93
팔 없는 바이올리니스트 122
패러쾃트 318
페어슈어 155
페오멜라닌 257
페트루치아니, 미셸 165
평균곤 96
폐어 139
포유류 296
폴로, 마르코 80
표피 282
표현 촉진 301
프라우벨트 15
프란체스코, 티바우트 192~193
프레, 쥘리아 170
프로보스키페디아 101
프로테우스 증후군 209~211
프뢰숄트, 힐다 46~48
〈프릭스〉 23
프타 파타이코이 162
프톨레마이오스 252
프티 페팽 129
플리니우스 252
피그미 185
『— 족과 두루미의 전쟁』 188
피에상 146
〈필로수트라토스의 판화〉 79

ㅎ

하르피이아 15
하비, 윌리엄 18~20
하이드, 윌리엄 308
함부르거, 빅토르 154
합스부르크 입술 99
해밀턴, 제임스 285
해체(解體) 105
해표상지증 128
『향연』 245, 350
헌터, 존 185
— 박사의 컬렉션 75
헌팅턴, 조지 302
— 병 301~302
헤르마프로디토스 219
헤르만 운탄 121
헤르쿨라네움 92
헤시오도스 77
헤지호그형 50
헤파이스토스 119
형성장애증 76
형성체 48
호가스, 윌리엄 206
호메오 유전자 96, 107
호모 녹투르누스 253
호모 사피엔스 296

호모 트로그로디테스 253
호세 구밀라 262
호키엔 272
호피 인디언 259
혹스 유전자 106, 137
홀데인, J.B.S. 302, 304
『회고록』 176
회플링, 리타 267~268
후펠란트, 크리스토프 314
흑색종 259
흰 무어인 342
힌두 289

옮긴이 **조성숙**

덕성여대 회계학과를 졸업하고 전문번역가로 활동 중이다. 옮긴 책으로는 『퍼펙트 피치』『성장의 모든 것』『마음의 해부학』『사무라이 윌리엄』『버핏, 신화를 벗다』『까다로운 인간 다루기』『칼리 피오리나』(공역) 등이 있다.

돌연변이

1판 1쇄 2006년 7월 15일
1판 4쇄 2014년 7월 30일

지은이 아먼드 마리 르로이
옮긴이 조성숙
책임편집 노일환 마희식

펴낸이 김정순
펴낸곳 (주)북하우스 퍼블리셔스
출판등록 1997년 9월 23일 제406-2003-055호
주소 121-840 서울시 마포구 양화로 12길 24(서교동 선진빌딩) 6층
전자우편 henamu@hotmail.com
홈페이지 www.bookhouse.co.kr
전화번호 02-3144-3123
팩스 02-3144-3121

ISBN 89-89799-55-4 03470

이 도서의 국립중앙도서관 출판시도서목록(CIP)은 서지정보유통지원시스템 홈페이지(http://seoji.nl.go.kr)와 국가자료공동목록시스템(http://www.nl.go.kr/kolisnet)에서 이용하실 수 있습니다.
(CIP제어번호: CIP2006001420)